HISTOIRE

DES

MATHÉMATIQUES

W.W. ROUSE BALL

HISTOIRE

DES

MATHÉMATIQUES

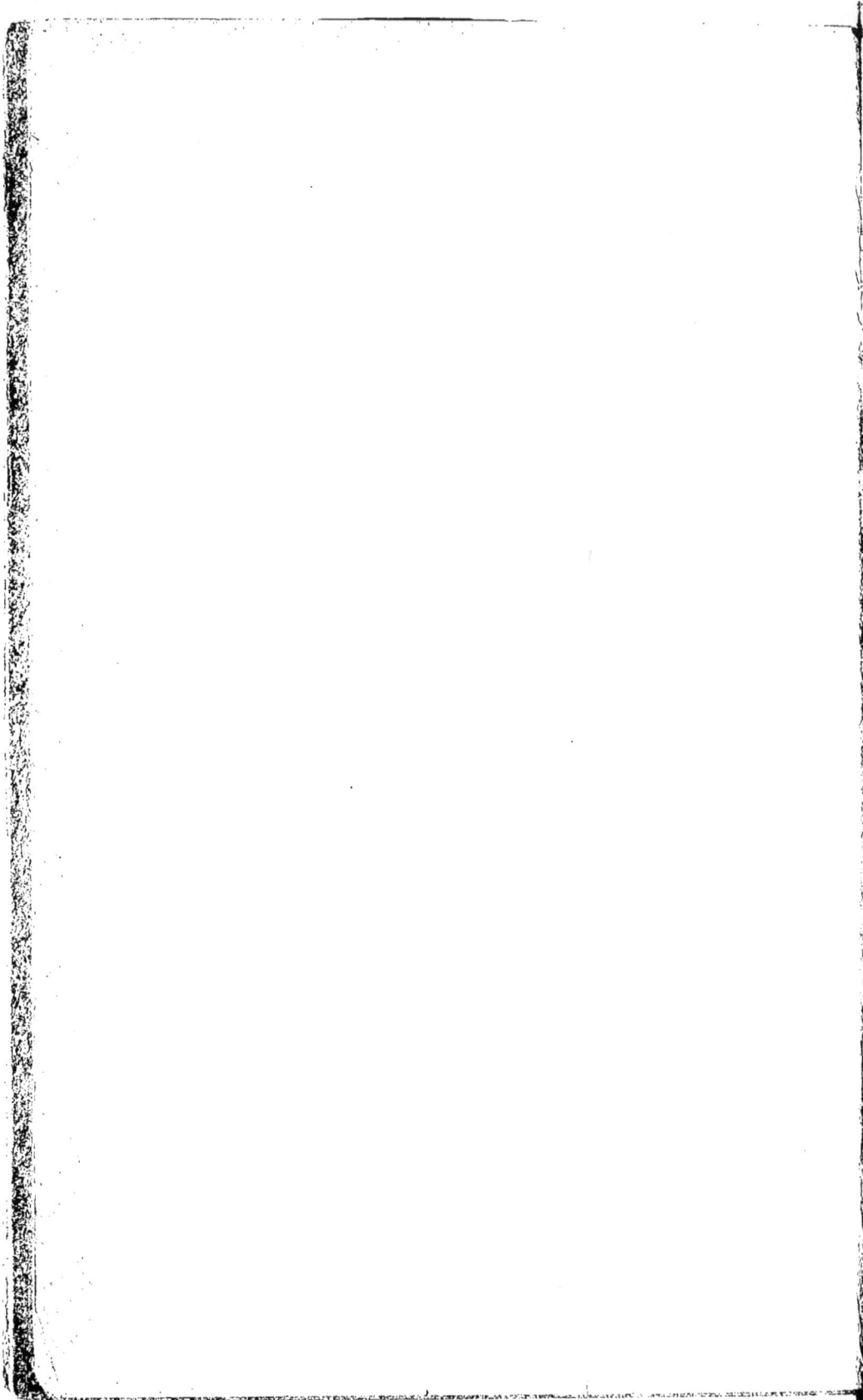

HISTOIRE

DES

MATHÉMATIQUES

PAR

W.-W. ROUSE BALL

Fellow and Tutor of Trinity College (Cambridge)

Édition française revue et augmentée

Traduite sur la troisième édition anglaise

PAR

L. FREUND

Lieutenant de vaisseau

TOME PREMIER

LES MATHÉMATIQUES DANS L'ANTIQUITÉ. — LES MA-
THÉMATIQUES AU MOYEN-AGE ET PENDANT LA
RENAISSANCE. — LES MATHÉMATIQUES MODERNES
DE DESCARTES A HUYGENS. — NOTES COMPLÉMEN-
TAIRES.

PARIS

LIBRAIRIE SCIENTIFIQUE A. HERMANN

ÉDITEUR, LIBRAIRE DE S. M. LE ROI DE SUÈDE ET DE NORVÈGE

6, RUE DE LA SORBONNE, 6

1906

PRÉFACE

—

Cet ouvrage a pour objet d'exposer le développement historique des Sciences Mathématiques, avec un aperçu de la vie
et des découvertes des savants qui ont le plus contribué aux
progrès de la science. Il peut servir d'introduction à un travail
plus étendu, mais il a été composé pour donner un aperçu court
et à la portée de tous, des principaux faits de l'histoire des Mathématiques, que beaucoup ne peuvent pas ou ne veulent pas
étudier à fond, mais devraient cependant connaître.

La première édition reproduisait en substance quelques leçons
que nous avions faites en 1888, avec l'intention de tracer de l'histoire antérieure au xixᵉ siècle une esquisse accessible à quiconque
possédait quelques éléments de mathématiques. Dans la seconde
édition nous avons introduit beaucoup de matières nouvelles et
remanié certaines parties. La nouvelle édition a été revue avec
soin, mais ne présente pas de différences essentielles avec la
deuxième édition.

Pour se rendre compte de l'ordre que nous avons suivi dans
notre exposition, il suffit de jeter un coup d'œil sur la table des
matières.

Le chapitre premier contient un exposé succinct de nos connaissances actuelles sur l'état des Sciences Mathématiques chez les
Egyptiens et les Phéniciens. C'est une introduction à l'histoire
des Mathématiciens grecs.

Le reste de l'ouvrage est divisé en trois périodes : L'histoire des
Mathématiques chez les Grecs ou sous l'influence grecque, chapitres ii à vii ; les Mathématiques au Moyen âge et pendant la
Renaissance, chapitres viii à xiii ; les Mathématiques dans les
temps modernes, chapitres xiv à xix.

*Nous nous sommes contenté de donner les faits principaux,
passant fréquemment sous silence des noms, des travaux dont
l'influence a été relativement moindre. Sans doute l'idée que l'on
se fait ainsi des découvertes des mathématiciens dont nous
citons les noms, peut être exagérée, par suite de l'omission des
travaux des auteurs de moindre importance qui les ont précédés
et qui leur ont préparé la route, mais c'est là un inconvénient
qu'il est difficile d'éviter dans une exposition historique et nous
avons fait notre possible pour l'atténuer en intercalant des remarques sur les progrès de la science aux différentes époques.
Nous devons aussi faire observer, que d'une façon générale, nous
n'avons mentionné les découvertes des Astronomes et des Physiciens qu'autant qu'un intérêt mathématique quelconque s'y rat-
tachait.*

*Nous avons fait constamment usage de la notation moderne,
le lecteur doit par conséquent se rappeler que, si nous ne chan-
geons rien à la substance de la citation empruntée à tel ou tel
écrivain, la démonstration est parfois traduite en un langage
plus familier à nos lecteurs.*

*La plus grande partie de notre ouvrage a été empruntée aux
ouvrages publiés antérieurement sur l'histoire des sciences mathématiques et à divers mémoires; en réalité, il ne peut en être
autrement pour des travaux si nombreux et embrassant un si
vaste champ d'investigations. Quand les autorités citées ne sont
pas d'accord, nous n'avons généralement fait mention que de
l'opinion paraissant présenter le plus de probabilité, et quand il
s'agit d'une question importante nous croyons n'avoir jamais
négligé d'indiquer les divergences d'opinion à son sujet.*

*Nous avons pensé qu'il était inutile de surcharger un exposé
sommaire d'une masse de références détaillées ou de citer les autorités relatives à chaque fait particulier. Pour l'histoire antérieure à 1758, nous nous référons surtout à l'ouvrage si considérable de Cantor :* Vorlesungen über die Geschichte der
Mathematik, *2ᵉ édition, Leipzig. B. G. TEUBNER, 1898-1903.*

*Mais nous avons en outre complété le texte par des notes don-
nant des références se rapportant à divers auteurs à qui nous
avons fait des emprunts. Pour la période postérieure à 1758 il est
nécessaire de consulter les mémoires originaux. Nous espérons*

que nos notes fourniront les moyens d'étudier en détail l'histoire des mathématiques à une période quelconque, si le lecteur en éprouve le désir.

Nous devons des remerciements à nos amis et à nos correspondants qui ont appelé notre attention sur certains points des éditions antérieures et nous serons reconnaissant à tous nos lecteurs des additions ou corrections qu'ils voudront bien nous signaler.

W. W. ROUSE BALL.

Trinity College, Cambridge.

PRÉFACE DU TRADUCTEUR

L'ouvrage de Rouse Ball ne formait qu'un volume. Il nous a paru convenable de le compléter par des additions qui éclairent plusieurs points importants de l'histoire de la Science, et montrent la marche suivie par quelques savants illustres pour parvenir à leurs découvertes. Ces additions nous ont forcé à scinder en deux parties l'ouvrage de Rouse Ball. Le premier volume contient la traduction des quinze premiers chapitres, le deuxième qui débute à Newton contiendra la traduction des quatre derniers. Nous avons ainsi fait une scission factice dans l'ouvrage anglais pour donner une étendue à peu près égale aux deux volumes, les additions pour le deuxième volume étant plus considérables que pour le premier.

HISTOIRE DES MATHÉMATIQUES

CHAPITRE PREMIER

—

LES MATHÉMATIQUES CHEZ LES EGYPTIENS ET LES PHÉNICIENS

On ne peut remonter avec certitude dans l'histoire des mathématiques à aucune Ecole ou période antérieure à celle des Grecs
Ioniens. Mais à dater de cette époque l'histoire peut se diviser en
trois périodes présentant entre elles des distinctions suffisamment
caractéristiques. La première période qui comprend l'histoire des
mathématiques sous l'influence de la civilisation grecque est exposée dans les chapitres ii à vii ; la seconde qui fait l'objet des cha -
pitres viii–xiii nous montre les mathématiques au Moyen-Age et
pendant la Renaissance ; enfin, la troisième, ou période des temps
modernes, est étudiée dans les chapitres xiv–xix.

Bien que l'histoire des mathématiques ne commence qu'avec
les Ecoles ioniennes, il est hors de doute que les philosophes grecs
qui s'en occupèrent les premiers, furent guidés par les recherches
antérieures des Egyptiens et des Phéniciens. Nos connaissances
sur les notions mathématiques que pouvaient posséder ces peuples sont bien imparfaites et reposent en partie sur des conjectures,
nous allons cependant les résumer brièvement ici. L'histoire
basée sur des données certaines ne débute qu'au chapitre
suivant.

Au sujet de cette partie de la science que nous pouvons qualifier
de préhistorique nous ferons observer tout d'abord que si tous les

peuples primitifs qui ont laissé après eux des monuments avaient
quelques notions sur la numération et la mécanique, et si la majorité d'entre eux possédait aussi les premiers éléments de l'arpentage, les règles qu'ils appliquaient étaient en général basées
uniquement sur les résultats de l'observation et de l'expérience et,
dans aucun cas, ne se déduisaient ou ne formaient partie intégrante
d'une science quelconque. Dès lors, le fait que les diverses nations
voisines de la Grèce ont atteint un très haut degré de civilisation
ne prouve pas qu'elles aient étudié les mathématiques.

Les seuls peuples avec lesquels les Grecs de l'Asie-Mineure (et
c'est avec ces derniers que notre histoire commence) eurent vraisemblablement des relations fréquentes, furent ceux qui habitaient
la côte orientale de la Méditerranée, et la tradition grecque attribue uniformément le développement spécial de la géométrie aux
Egyptiens et celui de la science des nombres, soit aux Egyptiens
soit aux Phéniciens. Nous allons examiner successivement ces deux
points.

En premier lieu occupons-nous de la science des *nombres*. Aussi
loin que l'on peut remonter dans les connaissances des Phéniciens
sur ce sujet, il est impossible d'émettre aucune hypothèse certaine.
L'importance des transactions commerciales de Tyr et de Sidon
eut pour effet de provoquer un développement considérable de
l'arithmétique. On a trouvé à Babylone une table des valeurs numériques des carrés d'une série de nombres entiers consécutifs,
ce qui semblerait indiquer que les propriétés des nombres furent étudiées. Suivant Strabon, les Tyriens s'intéressaient particulièrement à la science des nombres, à la navigation et à
l'astronomie ; ils entretenaient, nous le savons, un commerce
considérable avec leurs voisins et alliés les Chaldéens, et Böckh
nous apprend qu'ils employaient régulièrement les poids et mesures
en usage à Babylone. En fait, les Chaldéens, s'étaient certainement occupés d'arithmétique et de géométrie comme le montrent
leurs calculs astronomiques, et quelle que fut l'étendue de leurs
connaissances en arithmétique, il est à peu près certain que les
Phéniciens les possédaient également, de même que, vraisemblablement, les connaissances de ces derniers, furent transmises aux
Grecs. En résumé il semble probable que les premiers peuples de
la Grèce firent de larges emprunts aux Phéniciens en ce qui con-

cerne l'arithmétique pratique ou l'art du calcul, et peut-être aussi, apprirent-ils par eux quelques propriétés des nombres. Il est bon de faire remarquer ici que Pythagore était phénicien ; et, suivant Hérodote, Thalès appartenait à la même race, mais ceci est plus douteux.

Mentionnons aussi que l'usage presque universel de l'abaque ou suan-pan permettait aux anciens d'effectuer aisément l'addition et la soustraction sans aucune connaissance d'arithmétique théorique. Ces instruments seront décrits plus loin dans le chapitre vii, il nous suffira de dire ici qu'ils donnaient un moyen concret de représenter un nombre dans le système décimal et qu'ils fournissaient les résultats d'une addition et d'une soustraction par un procédé purement mécanique. En y joignant un procédé permettant d'écrire le résultat, on avait tout ce qui était nécessaire pour les besoins de la pratique.

Nous sommes en mesure de parler avec plus de certitude de l'arithmétique des Egyptiens. On est parvenu à déchiffrer il y a environ trente ans un papyrus ([1]) hiératique faisant partie de la collection Rhind conservée au *British Museum*, et sa lecture a jeté une grande lumière sur leurs connaissances mathématiques. Le manuscrit a été écrit par un prêtre du nom de Ahmès à une époque qui, suivant les Egyptologistes remonterait à bien plus de mille ans avant J.-C. et l'on croit que c'est la copie corrigée d'un traité qui lui serait antérieur de plus d'un millier d'années. L'ouvrage est intitulé « Instructions pour connaître toutes les choses secrètes » et consiste en une collection de problèmes d'arithmétique et de géométrie ; les réponses sont données mais généralement sans l'indication des procédés au moyen desquels elles ont été obtenues. Il semble être un sommaire de règles et de questions familières aux prêtres.

La première partie traite de la réduction des fractions de la forme $\dfrac{2}{2n+1}$ en somme de fractions ayant toute l'unité pour numéra-

---

([1]) Consulter *Ein mathemastisches Handbuch der alten Ægypter* par A. Eisenlohr, seconde édition, Leipzig, 1891 ; ainsi que Cantor, chap. i, et « *A short History of Greek Mathematics* », par J. Gow, Cambridge, 1884, art. 12-14.

En dehors de ces autorités le papyrus a été discuté dans divers mémoires par L. Rodet, A. Favaro, V. Bobynin, et E. Weyr.

teur : par exemple Ahmes établit que $\frac{2}{29}$ est la somme de $\frac{1}{24}$, $\frac{1}{58}$, $\frac{1}{174}$ et $\frac{1}{232}$; que $\frac{2}{97}$ est la somme de $\frac{1}{56}$, $\frac{1}{679}$ et $\frac{1}{776}$.

Dans tous les exemples n est inférieur à 50. Il n'avait probablement aucune règle pour former les fractions composantes et les réponses données représentent les résultats réunis des expériences des auteurs qui le précédèrent ; il a cependant indiqué sa méthode dans un seul cas particulier car, après avoir avancé que $\frac{2}{3}$ est la somme de $\frac{1}{2}$ et de $\frac{1}{6}$ il ajoute que, par suite, les deux tiers d'un cinquième sont égaux à la somme de la moitié d'un cinquième et du sixième d'un cinquième, c'est-à-dire à $\frac{1}{10} + \frac{1}{30}$.

On peut expliquer qu'on ait attaché une telle importance aux fractions par ce fait que dans les temps anciens, leur application présentait de grandes difficultés. Les Égyptiens et les Grecs simplifiaient le problème en réduisant chaque fraction en une somme de plusieurs autres ayant toutes l'unité pour numérateur, de telle sorte qu'ils n'avaient à considérer que les divers dénominateurs : les fractions $\frac{2}{3}$ et $\frac{3}{4}$ faisaient seules exception à cette règle. Cette façon de procéder fut pratiquée chez les Grecs jusqu'au sixième siècle de notre ère. Les Romains de leur côté, conservaient généralement le dénominateur constant et égal à 12, et traduisaient (approximativement) chaque fraction en un certain nombre de douzièmes. Les Babyloniens firent la même chose en astronomie mais en employant soixante comme dénominateur constant, et c'est d'eux, avec les Grecs comme intermédiaires, que nous vient la division moderne du degré en soixante parties égales. Ainsi, soit d'une manière, soit d'une autre, on évitait la difficulté provenant du changement simultané du numérateur et du dénominateur.

Après avoir considéré les fractions, Ahmes continue par quelques exemples ayant trait aux opérations fondamentales de l'arithmétique. Pour la multiplication il semble avoir procédé par additions répétées. Ainsi dans un exemple numérique où il se propose de multiplier un certain nombre, soit a, par 13, il multiplie d'abord par 2, ce qui lui donne $2a$, puis il double le résultat et obtient ainsi $4a$, il double encore ce dernier résultat ce qui lui donne $8a$, et enfin il additionne les trois nombres a, $4a$ et $8a$. La division était probablement aussi effectuée au moyen de soustractions successives, mais comme il donne rarement l'explication du procédé par lequel il est arrivé au résultat, on ne peut rien dire de certain à ce sujet. Après ces exemples, Ahmes expose la solution de quelques équations numériques simples. Il dit par exemple « inconnue (¹), son septième, son tout, cela fait dix-neuf » ce qui signifie qu'il se propose de trouver un nombre tel qu'en y ajoutant son septième, on trouve dix-neuf comme somme, il donne comme réponse $16 + \frac{1}{2} + \frac{1}{8}$, résultat exact.

La partie arithmétique du papyrus montre que l'auteur avait quelque idée du symbolisme algébrique. La quantité inconnue est toujours représentée par le symbole qui signifie un monceau, un tas ; l'addition est indiquée par une paire de jambes se déplaçant en avant, la soustraction par une paire de jambes se déplaçant en arrière ou encore par des flèches ; et l'égalité a pour signe $\lessdot$.

La dernière partie du livre contient divers problèmes de géométrie sur lesquels nous reviendrons plus loin. Il termine l'ouvrage par quelques questions arithmético-algébriques dont deux se rapportent aux progressions arithmétiques et semblent indiquer qu'il connaissait la manière de sommer ces séries.

Examinons en second lieu ce qui a trait à la *géométrie*. On suppose que cette science tire son origine des besoins de l'arpentage ; mais tandis qu'il est difficile de préciser quand l'étude des nombres et le calcul — dont une certaine connaissance est indispensable chez tout peuple civilisé — sont devenus ce qu'on peut appeler une science, il est facile, au contraire, d'établir une distinction entre les raisonnements abstraits de la géométrie et les règles pratiques de l'arpentage. Quelques méthodes d'arpentage doivent remonter à des temps très reculés, mais dans l'antiquité il était de tradition universelle que l'origine de la géométrie devait être cherchée en Egypte. Ce qui rend encore plus probable la supposition que cette science n'est pas originaire de la Grèce et a eu, comme point de départ, les nécessités de l'arpentage, est l'étymologie de son nom qui dérive de γῆ, terre, et de μετρέω, je mesure. Les géomètres grecs, autant qu'il nous est possible d'en juger par les ouvrages

---

(¹) La quantité inconnue s'appelait *koutcha* ou *hau*.

qui nous restent, se sont toujours occupés de cette science au point
de vue abstrait : ils cherchaient des théorèmes d'une exactitude
absolue et (dans tous les cas, dans les temps historiques) ils auraient fait observer qu'en mesurant les quantités au moyen d'une
unité qui pouvait être incommensurable avec quelques unes des
grandeurs considérées, les résultats obtenus ne pouvaient être
qu'une simple approximation. Le nom ne vient donc pas par
conséquent de la façon dont ils opéraient dans la pratique. Il n'est
pas invraisemblable cependant qu'il indique l'usage que faisaient
de la géométrie les Egyptiens qui l'enseignèrent aux Grecs. Cette
hypothèse concorde avec les traditions grecques qui semblent vraisemblables en elles-mêmes ; Hérodote raconte, en effet, que les inondations périodiques du Nil (qui emportaient les bornes limitant les
terrains dans la vallée du fleuve et qui, en en modifiant le cours,
augmentaient ou diminuaient la valeur vénale des terres avoisi-
nantes) rendaient indispensable un système à peu près juste d'arpentage, et conduisirent, par suite, les prêtres à étudier systématiquement le sujet.

Nous n'avons aucune raison de croire que les Phéniciens ou les
autres peuples voisins de l'Egypte se soient spécialement occupés
de la géométrie. Un témoignage, de faible importance il est vrai,
tendrait à prouver que l'attention des Juifs ne s'est pas beaucoup
portée sur ce sujet : c'est l'erreur commise dans leurs livres
sacrés (¹) où l'on lit que la circonférence du cercle vaut trois fois
son diamètre. Les Babyloniens (²) donnaient également à π la
valeur 3.

En admettant donc que la connaissance de la géométrie eut été
puisée par les Grecs chez les Egyptiens, nous devons rechercher
l'étendue et la nature de cette science chez ce dernier peuple (³).
Que certains résultats géométriques fussent connus à une date antérieure à l'ouvrage d'Ahmès ; cela nous semble évident si on admet
(comme on a des raisons de le faire) que des siècles avant sa rédaction on employait la méthode suivante pour obtenir un angle droit
en procédant à l'implantation sur le terrain de certaines construc-

(¹) I. Les Rois, chap. vii, verset 23, et II. Les Chroniques, chap. iv, verset 2.
(²) Voir J. Oppert, Journal Asiatique, août 1872 et octobre 1874.
(³) Voir Eisenlohr; Cantor, chap. ii ; Gow, art. 75, 76 ; et *Die Geometrie der alten Ægypter*, par Weyr, Wien, 1884.

tions. Les Égyptiens étaient très exigeants en ce qui concerne l'orientation exacte de leurs temples et ils devaient par conséquent tracer soigneusement une ligne donnant la direction Nord–Sud, ainsi qu'une seconde ligne dans la direction Est-Ouest. Ils pouvaient obtenir la première en observant les points de l'horizon où une étoile se montrait et disparaissait et en déterminant la trace d'un plan à mi-chemin entre eux. Pour tracer la ligne Est-Ouest qui devait être perpendiculaire à la précédente on avait recours à certains praticiens exerçant la profession de « traceurs au cordeau ». Ces hommes employaient une corde ABCD divisée en B et C par des nœuds ou des marques spéciales de telle sorte que les longueurs AB, BC, CD étaient entre elles comme les trois nombres 3, 4, 5. La longueur BC une fois appliquée sur la ligne Nord-Sud, on fixait au moyen de chevilles P, Q les nœuds B et C. On tournait alors autour de la cheville P en tenant l'extrémité A de la corde BA (cette portion de la corde étant maintenue toujours tendue) ; on faisait la même chose avec le segment CD en tournant autour de la cheville Q.

On amenait ainsi en coïncidence les deux extrémités A et D et le point déterminé de cette manière sur le terrain était marqué par une troisième cheville R. Le résultat de cette opération était de former un triangle dont les côtés RP, PQ et QR étaient entre eux comme les nombres 3, 4, 5. L'angle en P de ce triangle étant droit, la ligne PR donnait la direction E-O. Les praticiens emploient encore constamment aujourd'hui une semblable méthode pour tracer un angle droit sur le terrain. La propriété employée peut se déduire comme cas particulier de la proposition 48 du livre I d'Euclide, et on a des raisons de penser que les Égyptiens étaient familiarisés avec les résultats de cette proposition et de la proposition 47 du même livre pour les triangles dont les côtés étaient entre eux dans le rapport mentionné ci-dessus. Il est à peu près certain qu'ils devaient également connaître l'exactitude de la dernière proposition pour les triangles rectangles isocèles, car le fait paraît évident si l'on considère un dallage constitué par des carreaux de cette forme. Mais bien que ce soit là des faits intéressants pour l'histoire des arts en Égypte, nous ne devons pas nous y arrêter plus longtemps pour montrer que la géométrie était alors étudiée comme une science. Notre réelle connaissance de la nature de la géométrie égyptienne repose uniquement sur le papyrus de la collection Rhind.

Ahmes débute dans cette partie de son manuel en donnant quelques exemples numériques relatifs à la contenance des mesures pour les grains. Malheureusement nous ne savons pas quelle était la forme usuelle des mesures égyptiennes, mais là où il les définit par trois dimensions linéaires, telles que a, b, c, la réponse est toujours donnée comme s'il avait à former l'expression $a \times b \times \left(c + \frac{1}{2} c \right)$. Il s'occupe ensuite de la détermination des aires de certaines figures rectilignes, et si le texte a été convenablement interprété, quelques-uns des résultats obtenus sont erronés. Puis il continue en cherchant l'aire d'un champ circulaire de diamètre 12 — aucune unité de longueur n'étant spécifiée — et il donne comme résultat $\left(d - \frac{1}{9} d \right)^2$, d étant le diamètre du cercle. Cela revient à prendre $3,1604$ pour la valeur de π, la valeur actuelle étant approximativement $3,1416$. Enfin Ahmes donne quelques problèmes sur les pyramides. On fut longtemps sans pouvoir interpréter les résultats qu'il avait trouvés mais Cantor et Eisenlohr ont montré que le but que se proposait Ahmes était de trouver au moyen de données obtenues en mesurant les dimensions extérieures d'une pyramide, le rapport entre certaines autres dimensions qui ne pouvaient être mesurées directement : son procédé est équivalent à la détermination des rapports trigonométriques de certains angles. Les données et les résultats obtenus concordent exactement avec les dimensions de quelques-unes des pyramides existantes.

Il est à remarquer que tous les spécimens de géométrie égyptienne que nous possédons traitent seulement de quelques problèmes numériques particuliers et non de théorèmes généraux ; et même si un résultat est établi comme étant vrai dans tous les cas, cette généralisation n'est probablement que la conséquence d'une large induction. Nous verrons plus loin que la géométrie grecque fut déductive dès ses commencements. On a des raisons de penser que les progrès des Egyptiens en géométrie et en arithmétique furent faibles ou nuls après la date assignée à l'ouvrage de Ahmes, et bien que près de deux cents ans encore après Thalès, l'Egypte fut considérée par les Grecs comme une Ecole importante de mathématiques, il semblerait que, presque depuis la fondation de l'École Ionienne, ces derniers devancèrent leurs premiers maîtres.

Ajoutons que le livre d'Ahmes nous donne une idée des mathématiques en Égypte plus complète que celle que nous aurions pu nous former d'après les documents empruntés aux divers auteurs grecs et latins qui ont vécu des siècles après lui. Avant sa traduction on pensait généralement que ces documents exagéraient les connaissances que pouvaient posséder les Égyptiens, et sa découverte ne fait qu'augmenter la valeur qu'il faut attacher au témoignage de ces autorités. Nous ne connaissons rien relativement aux mathématiques appliquées (si même il s'en occupèrent) chez les Égyptiens et les Phéniciens. Les connaissances astronomiques des Égyptiens et des Chaldéens étaient, sans doute, importantes, bien qu'elles ne consistassent essentiellement qu'en résultats d'observations : on présente les Phéniciens comme s'étant bornés à étudier tout ce qui pouvait servir à la navigation. L'histoire de l'astronomie n'entre pas dans le cadre de ce livre.

Nous ne voulons pas terminer ce chapitre sans dire quelques mots des Chinois. A une certaine époque, en effet, on avait avancé que ce peuple avait, depuis près de trois mille ans, des connaissances étendues en arithmétique, géométrie, mécanique, optique et navigation, et quelques écrivains inclinaient à croire (attendu que rien, jusque là, n'était venu détruire cette hypothèse) que certaines parties de leur science s'étaient répandues à travers l'Asie vers l'Occident. Il est certain, qu'à une époque très reculée, les Chinois étaient en possession de quelques instruments géométriques ou plutôt servant à la construction, tels que la règle, l'équerre, le compas et le levier, et de quelques machines telle que le treuil ; ils connaissaient la propriété caractéristique de l'aiguille aimantée et savaient que les phénomènes astronomiques se reproduisent en cycles. Mais les minutieuses recherches de L. A. Sédillot ([1]) ont montré que les Chinois n'ont fait aucune tentative sérieuse pour

---

([1]) Voir BONCOMPAGNI « *Bulletino di bibliographia e di storia delle Scienze matematiche e fisiche* » de mai 1868. Vol. I, p. 161-166 ou mieux à l'ouvrage original de SÉDILLOT. Matériaux pour servir à l'histoire des sciences mathématiques et astronomiques chez les Grecs et les Orientaux. 2 vol. 1845-49.

Voir CANTOR, chap. XXXI, pour les mathématiques chez les Chinois principalement à une date plus récente.

classifier ou développer les quelques règles d'arithmétique ou de
géométrie qu'ils possédaient, ou pour expliquer les causes des phénomènes qu'ils avaient observés.

L'idée que les Chinois avaient fait considérablement progresser
les mathématiques théoriques, est due, semble-t-il, à une méprise
des missionnaires jésuites qui se rendirent en Chine dans le courant
du seizième siècle. En premier lieu, ils commirent la faute de
ne pas faire la distinction entre la science primitive des Chinois et
les connaissances qu'ils leur reconnurent à leur arrivée ; ces dernières avaient été répandues par les ouvrages et l'enseignement des
missionnaires Arabes ou Hindous qui étaient venus en Chine dans
le courant du treizième siècle ou plus tard, et qui y introduisirent
la connaissance de la trigonométrie sphérique. En second lieu, en
constatant que l'un des plus importants ministères était connu sous
le nom de « l'Administration des Mathématiques » ils supposèrent
que ses attributions consistaient à favoriser et à diriger l'enseignement des mathématiques dans l'Empire. Ses fonctions étaient en
réalité restreintes à la préparation d'une sorte d'almanach dont les
dates et les prédictions servaient de règles à maintes affaires
publiques et privées. Tous les exemplaires existants de ces almanachs sont défectueux et très incorrects.

Le seul théorème de géométrie dont on peut être certain que les
Chinois connaissaient certains cas (à savoir les cas où les côtés sont
entre eux comme les nombres 3, 4, 5 ou encore comme les nombres
1, 1, $\sqrt{2}$) est que l'aire du carré construit sur l'hypothénuse d'un
triangle rectangle est équivalente à la somme des aires des carrés
construits sur les deux autres côtés. Ils ont pu aussi connaitre quelques autres théorèmes de géométrie pouvant se démontrer par la
méthode quasi-expérimentale de la superposition. Dans leur
arithmétique ils faisaient usage de la notation décimale mais leur
savoir semble avoir été limité à l'art du calcul à l'aide du *suan-
pan* et au moyen d'exprimer les résultats par écrit. Dans tous
les cas les connaissances des Chinois dans les temps anciens, sont
encore supérieures à celles de beaucoup de leurs contemporains.
Cette remarque vient à l'appui de cette constatation qu'une nation
peut faire preuve d'une habileté remarquable dans les arts appliqués tout en ignorant les sciences sur lesquelles ces arts sont fondés.

On voit d'après l'aperçu qui précède que ce que nous savons des connaissances mathématiques de ceux qui ont précédé les Grecs se réduit à peu de chose ; mais nous pouvons raisonnablement affirmer que les Grecs anciens avaient appris, l'usage de l'abaque pour les calculs pratiques, avaient des signes symboliques pour représenter les résultats obtenus et possédaient un bagage scientifique équivalent à celui que comporte le papyrus de Rhind. Il est probable que c'est là, en résumé, tout ce qu'ils ont emprunté aux autres races. Dans les six chapitres qui suivent, nous allons décrire le développement des mathématiques sous l'influence grecque.

PREMIÈRE PÉRIODE

LES MATHÉMATIQUES SOUS L'INFLUENCE
DE LA CIVILISATION GRECQUE

*Cette période commence avec l'enseignement de Thalès, environ
600 avant Jésus–Christ et prend fin avec la prise d'Alexandrie
par les Mahométans, en ou vers 641 après Jésus-Christ. Le
caractère distinctif de cette période est le développement de la géométrie.*

Rappelons que nous avons commencé le dernier chapitre en
disant que l'histoire ancienne des mathématiques pouvait être
divisée en trois périodes, à savoir : celle des mathématiques sous
l'influence grecque ; celle des mathématiques au Moyen-Age et à
la Renaissance ; et enfin celle des mathématiques pendant les temps
modernes.

Les quatre chapitres suivants (chap. ii, iii, iv et v) se rapportent
à l'histoire des mathématiques sous l'influence grecque : il est
utile d'y ajouter le chapitre vi sur l'Ecole Byzantine, puisque par
elle les résultats obtenus par les mathématiciens de la Grèce furent
transmis à l'Europe occidentale, et un dernier chapitre (chap. vii)
sur les systèmes de numération qui furent définitivement remplacés
par le système Arabes.

Nous devons ajouter que plusieurs des dates mentionnées dans
ces chapitres ne sont pas connues avec certitude et ne doivent être
regardées que comme approchées.

CHAPITRE II

—

LES ÉCOLES IONIENNE ET PYTHAGORICIENNE [1]

(D'ENVIRON — 600 A — 400)

Avec l'établissement des Ecoles Ionienne et Pythagoricienne nous abandonnons la période antique des recherches et les conjectures pour entrer dans le domaine éclairé de l'histoire. Cependant les matériaux dont nous disposons pour juger des connaissances de ces Ecoles quatre cents ans avant Jésus-Christ sont rares. Non seulement tous les traités de mathématiques datant de cette époque, à l'exception toutefois de quelques fragments, sont perdus, mais il ne nous reste aucune copie des histoires des mathématiques écrites respectivement vers — 325 par Eudème (qui était un élève d'Aristote) et Théophraste. Heureusement Proclus qui écrivit un commentaire des *Eléments* d'Euclide, connaissait l'histoire d'Eudème et a laissé un résumé de la partie de cet ouvrage ayant trait à la géométrie. Nous possédons aussi un fragment de l'ouvrage de Geminus « *Enarrationes Geometricæ* » écrit vers l'année — 50, sorte d'aperçu historique dans lequel les méthodes de démonstration employées par les premiers géomètres grecs sont comparées avec celles en usage à une époque moins reculée. En dehors de ces renseignements géné-

---

[1] L'histoire de ces Ecoles est traitée par CANTOR, chap. v-v111 ; par G. J. ALLMAN dans « *Greek geometry from Thales to Euclid* » Dublin, 1889 ; par J. Gow dans son ouvrage « *Greek Mathematics* », Cambridge, 1884 ; par C. A. BRETSCHNEIDER dans « *Die Geometrie und die Geometer vor Eukleides* », Leipzig 1870 ; et particulièrement par H. HANKEL dans son ouvrage posthume « *Geschichte der Mathematik* », Leipzig 1874. Voir aussi *Le Scienze esatte nell' antica Grecia*, Modène, 1893-1900 par le professeur G. LORIA.

raux on possède des biographies de quelques-uns des principaux
mathématiciens et quelques notes éparses dans divers auteurs,
renfermant des allusions à la vie et aux œuvres des autres.

Les références originales sont examinées et discutées tout au
long dans les ouvrages dont il est fait mention dans la note qui se
trouve au début de ce chapitre.

L'ÉCOLE IONIENNE

Thalès ([1]). — Le fondateur de la plus ancienne école grecque
des sciences mathématiques et philosophique, fut *Thalès* un des
sept sages de la Grèce, né à Milet, vers — 640 et mort dans la
même cité vers — 550. Les documents dont nous disposons pour
l'histoire de sa vie ne consistent guère qu'en quelques anecdotes
transmises par la tradition.

Pendant les premières années de son existence Thalès s'occupa,
en partie de commerce, en partie d'affaires publiques, et, à en juger
par deux histoires qui nous sont parvenues, il était alors aussi
réputé par sa sagacité dans les affaires et par les ressources de son
esprit qu'il fut plus tard célèbre comme mathématicien.

On raconte que faisant un jour transporter du sel par des mulets,
l'un de ces animaux glissa dans un ruisseau dont l'eau fit fondre
une partie de la charge qu'il portait. La bête ressentant la diminution du poids qui en résultait s'empressa de se rouler de nouveau
dans l'eau au premier gué rencontré. Pour mettre fin à ce manège
Thalès fit charger le mulet d'éponges qui en se mouillant au moment où il se plongeait dans l'eau augmentèrent sensiblement de
poids et l'animal n'eut plus l'envie de recommencer.

Une autre fois, d'après Aristote, Thalès ayant prévu une récolte
exceptionnellement abondante d'olives, fit louer à son compte tous
les pressoirs de la région et cet accaparement d'un genre spécial lui
permit d'imposer ses conditions pour la location des appareils et
par suite de réaliser un beau bénéfice.

Ces historiettes sont peut-être apocryphes, mais il est certain que

_____

([1]) Voir CANTOR, chap. v ; ALLMAN, chap. i.

Thalès devait avoir une grande réputation aussi bien comme homme entendu dans les affaires que comme bon ingénieur puisqu'on le voit chargé de construire une levée pour détourner le cours d'une rivière et pour permettre l'établissement d'un gué.

Ce fut probablement comme marchand que Thalès vint pour la première fois en Egypte, mais il profita de ses loisirs durant son séjour dans cette contrée pour étudier l'astronomie et la géométrie. De retour à Milet dans la force de l'âge, il semble avoir abandonné alors les affaires et la vie publique pour se consacrer entièrement à l'étude de la philosophie et de la science — sujets qui étaient étroitement liés dans les Ecoles Ionienne et Pythagoricienne et peut être aussi dans les Ecoles Athéniennes —. Il demeura à Milet jusqu'à sa mort qui survint vers — 55o.

Nous ne pouvons nous former aucune idée exacte de la façon dont Thalès présentait son enseignement de la Géométrie : on pense cependant, d'après Proclus, qu'il consistait en un certain nombre de propositions isolées ne présentant aucune suite logique, mais dont les démonstrations étaient déductives, de telle sorte que ses théorèmes ne se réduisaient pas à la simple énonciation d'une propriété déduite de la concordance d'un certain nombre d'exemples spéciaux, comme le faisaient probablement les géomètres Egyptiens. Le caractère déductif qu'il donna ainsi à la science constitue son principal mérite.

Voici les quelques propositions qu'on peut probablement lui attribuer :

1° Les angles à la base d'un triangle isocèle sont égaux (Euc. Livre I, prop. 5).

Proclus semble dire que ce théorème se démontrait en prenant un autre triangle isocèle exactement égal au premier que l'on appliquait, sur ce premier, après retournement ; c'était une sorte de démonstration expérimentale.

2° Si deux lignes droites se coupent, les angles opposés par le sommet sont égaux (Euc. 1, 15).

Thalès peut avoir considéré cette proposition comme évidente, car Proclus ajoute qu'Euclide est le premier qui en ait donné une démonstration.

3° Un triangle est déterminé lorsque sa base et les angles à la base sont donnés (c. f. Euc. I, 26).

Selon toute apparence on se servait de ce problème pour fixer la
position d'un vaisseau en mer, la base étant la hauteur d'une tour
et les angles adjacents étant déterminés par l'observation directe.

4° Les côtés des triangles équiangles sont proportionnels (Euc.
VI, 4 ou peut être mieux, VI, 2).

On prétend que Thalès fit une application de cette proposition
en Egypte pour trouver la hauteur d'une pyramide.

Dans un dialogue de Plutarque, l'orateur s'adressant à Thalès
s'exprime ainsi : « en plaçant votre bâton à l'extrémité de l'ombre
de la pyramide vous formiez avec les rayons du soleil deux triangles,
ce qui prouvait que la pyramide (¹) était au bâton (²) comme
l'ombre de la pyramide à l'ombre du bâton ».

On raconte que le roi Amasis qui était présent fut surpris de
cette application de la science abstraite ; il en résulterait que les
Egyptiens ne connaissaient pas ce théorème.

5° Tout diamètre divise un cercle en deux parties égales. Cet
énoncé est peut-être de Thalès mais la propriété devait être connue
comme un fait évident depuis les temps les plus reculés.

6° L'angle sous-tendu par le diamètre d'un cercle en un point
quelconque de la circonférence est un angle droit (Euc. III, 31).

Cette proposition paraît avoir été regardée comme la plus remarquable de toute l'œuvre géométrique de Thalès et, d'après la tradition, il remercia les Dieux immortels de cette découverte en leur
sacrifiant un bœuf. On suppose qu'il démontrait ce théorème en
joignant le centre du cercle au sommet de l'angle droit, décompo-
sant ainsi le grand triangle en deux triangles isocèles auxquels il
appliquait la proposition 1, ci-dessus. Si la démonstration était
réellement présentée ainsi, il devait savoir que la somme des
angles d'un triangle rectangle vaut deux angles droits.

La forme des carreaux employés pour le dallage du sol des pièces
peut avoir fourni une démonstration expérimentale du dernier résultat énoncé, à savoir que la somme des angles d'un triangle est
égale à deux angles droits. Il n'y a là rien d'invraisemblable car
nous savons, d'après Eudème, que les premiers géomètres démon-
traient la propriété générale séparément pour trois sortes de trian-

(¹) La hauteur de la Pyramide.
(²) A la longueur du bâton.

gles.On peut assembler autour d'un point sur un plan, et sans qu'il reste de vide, six triangles équilatéraux ou six carreaux de cette forme, par suite la proposition est vraie pour le triangle équilatéral. On peut encore juxtaposer deux triangles rectangles égaux de façon à former un rectangle, c'est-à-dire une figure dont la somme des angles vaut quatre droits, donc la proposition s'applique aux triangles rectangles, et il faut noter que deux carreaux ayant cette forme donneraient une démonstration expérimentale de ce second cas. Il paraîtrait que cette preuve ne fut présentée tout d'abord que pour le cas des triangles rectangles isocèles, mais il est probable qu'on l'appliqua plus tard à un triangle rectangle quelconque. Enfin tout triangle peut être décomposé en une somme de deux triangles rectangles en abaissant une perpendiculaire du sommet de l'angle le plus grand sur le côté opposé, et par suite, la proposition est vraie d'une façon générale. La première démonstration est évidemment comprise dans la dernière, mais il n'y a rien d'invraisemblable à ce que les anciens géomètres grecs aient continué à enseigner la première proposition sous la forme énoncée plus haut.

Thalès écrivit un traité d'astronomie et, parmi ses contemporains, il était plus renommé comme astronome que comme géomètre. On raconte qu'il se promenait une nuit tellement absorbé dans la contemplation des étoiles qu'il ne fit pas attention à un fossé dans lequel il tomba ; sur ce, une vieille femme, qui était présente, de s'écrier : « comment pouvez-vous nous apprendre ce qui se passe dans le ciel quand vous ne voyez même pas ce qui se trouve à vos pieds ».

Cette anecdote a été souvent reproduite pour montrer combien les philosophes sont peu pratiques.

Sans entrer dans des détails sur les connaissances de Thalès en astronomie, nous pouvons dire qu'il pensait que la durée de l'année était d'environ 365 jours et non (comme on rapporte qu'elle avait été primitivement calculée) de douze mois de chacun trente jours. D'après la tradition, ses prédécesseurs intercalaient occasionnellement un mois pour conserver aux saisons leurs places réelles, et s'il en est ainsi, ils devaient penser que l'année comptait en moyenne plus de 360 jours.

Suivant des critiques récents, il pensait que la terre était un

disque dans l'espace, mais il paraît plus probable qu'il connaissait
sa forme sphérique réelle. Il expliqua les causes des éclipses du
soleil et de la lune, et il est de notoriété qu'il annonça une éclipse
solaire qui eut lieu à l'époque ou à peu près à l'époque fixée : la
date réelle était le 28 mai 585 avant Jésus-Christ ou peut-être le
30 septembre 609 avant Jésus-Christ. Mais bien que cette prophé-
tie et sa réalisation aient donné à son enseignement un prestige
considérable et l'aient fait dénommer l'un des sept Sages de la
Grèce, il est très vraisemblable qu'il fit simplement usage pour
cette prédiction de l'une des Tables dressées par les Égyptiens ou
les Chaldéens qui annonçaient que les éclipses solaires devaient se
reproduire tous les 18 ans et 11 jours.

Parmi les élèves de Thalès figurent *Anaximandre, Mamercus et
Mandryatus*. De ces deux derniers nous ne savons pour ainsi dire
rien. Anaximandre est mieux connu ; il naquit en — 611 et prit
la succession de Thalès à la tête de l'École de Milet ; il mourut
en — 545.

D'après Suidas, il écrivit un traité de géométrie dans lequel il
se serait spécialement occupé, suivant la tradition, des propriétés
de la sphère et aurait longuement insisté sur les idées philosophiques embrassant les conceptions de l'infini dans l'espace et dans
le temps. Il construisit des globes terrestres et célestes.

On prétend aussi qu'Anaximandre introduisit en Grèce l'usage
du *style* ou *gnomon*. En principe l'instrument consistait simplement en une tige enfoncée verticalement au milieu d'un terrain
plan horizontal. Employé à l'origine comme cadran solaire, il était
dans ce cas placé au centre de trois cercles concentriques de telle
sorte que toutes les deux heures, l'extrémité de l'ombre du style
passait d'un cercle sur l'autre. On a trouvé à Pompeï et à Tuscu-
lum des cadrans solaires ainsi construits. Il se serait servi, dit-on,
de ces gnomons pour déterminer sa méridienne (en marquant,
c'est à présumer, les lignes d'ombre projetées par le style le même
jour, au lever et au coucher du soleil, et en traçant le plan bissec-
teur de l'angle ainsi formé). Puis l'observation des époques de
l'année où l'altitude du soleil à midi était la plus grande et la plus
petite, lui fournit les solstices ; en prenant alors la demi-somme
des altitudes du soleil à midi aux deux solstices, il déterminait
l'inclinaison de l'équateur sur l'horizon (qui lui donnait la latitude

du lieu d'observation), et en prenant la demi-différence des mêmes altitudes, il obtenait l'inclinaison de l'écliptique sur l'équateur. On a des raisons sérieuses de croire qu'il détermina effectivement la latitude de Sparte, mais quant à affirmer qu'il fit réellement les autres opérations astronomiques dont nous venons de parler, la question est plus douteuse.

Il est inutile de nous arrêter plus longtemps ici sur les successeurs de Thalès. L'École qu'il avait fondée continua à prospérer jusqu'environ — 400, mais avec le temps, ses membres s'occupèrent de plus en plus de philosophie et négligèrent les mathématiques. Nous savons très peu de chose sur les mathématiciens qui en sortirent, mais ils semblent s'être particulièrement intéressés à l'astronomie. Ils contribuèrent fort peu au développement ultérieur des mathématiques en Grèce qui se produisit presqu'entièrement sous l'influence des Pythagoriciens ; non seulement ces derniers donnèrent une extension considérable à la science géométrique, mais encore ils créèrent la science des nombres.

Si Thalès fut le premier qui sut attirer l'attention générale sur la géométrie, c'est, suivant Proclus qui cite d'après Eudème, Pythagore qui « transforma l'étude de la géométrie dont il fit un enseignement libéral, car il remonta aux principes supérieurs et rechercha les problèmes abstraitement et par l'intelligence pure ».

C'est en conséquence sur Pythagore que nous allons maintenant porter notre attention.

L'ÉCOLE PYTHAGORICIENNE

Pythagore ([1]). — Pythagore naquit à Samos vers l'an — 569 de parents probablement tyriens, et mourut en — 500. Il a donc été contemporain de Thalès. Les renseignements que l'on possède

[1] Voir Cantor, chap. vi, vii ; Allman, chap. ii ; Hankel, pp. 92-111 ; Hœfer, *Histoire des mathématiques*, Paris, 4ᵉ édit. 1895, pp. 87-130 ; et diverses notes de P. Tannery.

Pour un récit de la vie de Pythagore comprenant les traditions pythagoriciennes, voir sa biographie par Jamblique dont il existe deux ou trois traductions anglaises.

sur sa vie présentent quelque peu d'incertitude, mais l'exposé que nous allons en donner est, pensons-nous, exact en substance. Il étudia d'abord sous Phérécide de Syros, et ensuite avec Anaximandre qui lui conseilla de se rendre à Thèbes. Il passa quelques années dans cette ville ou à Memphis. En quittant l'Egypte il voyagea en Asie-Mineure et s'établit à Samos où il créa des cours mais sans grand succès. Vers — 529 il émigra en Sicile avec sa mère et un disciple, seul fruit que semblent lui avoir procuré ses tentatives de Samos. Il se rendit ensuite à Tarente, mais il partit presque aussitôt pour Crotone, colonie dorienne dans le sud de l'Italie. Là l'école qu'il ouvrit ne tarda pas à être encombrée par un public enthousiaste ; les citoyens de tous rangs et particulièrement ceux appartenant à la classe supérieure, venaient l'écouter ; les femmes même enfreignaient une loi qui leur interdisait de se rendre dans les réunions publiques et accouraient en foule pour l'entendre. Parmi ses auditrices les plus attentives se trouvait Theano, la jeune et jolie fille de son hôte Milo, avec laquelle il se maria malgré une grande disproportion d'âge : elle écrivit une biographie de son mari qui malheureusement est perdue.

Pythagore était réellement un philosophe et un moraliste religieux quelque peu ascétique, mais il faisait précéder son enseignement philosophique et moral de l'étude des mathématiques qui lui servait de base. Il groupait ceux qui suivaient ses leçons en deux classes : les *auditeurs* et les *mathématiciens*. En général, un auditeur pouvait être initié au bout de trois ans et faire partie de la seconde classe à laquelle, seule, on confiait les principales découvertes de l'Ecole. En nous conformant à l'usage moderne nous emploierons le mot Pythagoriciens pour désigner seulement ceux qui composaient le second groupe.

Les Pythagoriciens formaient une confrérie dont les membres avaient tous leurs biens en commun, les mêmes croyances philosophiques, poursuivaient le même but et s'engageaient par serment à ne rien révéler de l'enseignement ou des secrets de l'Ecole.

Leur nourriture était simple, leur discipline sévère et leur manière de vivre ordonnée de façon à développer chez eux le sang-froid, la tempérance, la pureté et l'obéissance. Ils se levaient avant le jour et commençaient par rappeler les événemenls de la journée précédente ; ils se traçaient ensuite un programme pour la journée qui s'ouvrait, et enfin en se retirant pour le repos du soir ils étaient tenus de comparer leurs actes avec le plan imposé.

L'un des symboles qu'ils employaient pour se reconnaître était le pentagramme appelé aussi quelquefois le triple triangle — τὸ τριπλοῦν τρίγωνον.

Le pentagramme qui est tout simplement un pentagone régulier étoilé était considéré comme symbolisant la santé, et les sommets étaient probablement désignés par les lettres du mot ὑγίεια, la diphtongue ει étant remplacée par un θ. Notons que la figure consiste en une simple ligne brisée à laquelle on attribuait une certaine importance mystique ([1]).

Jamblique, à qui nous devons la révélation de ce symbole, raconte qu'un Pythagoricien étant en voyage, tomba malade dans

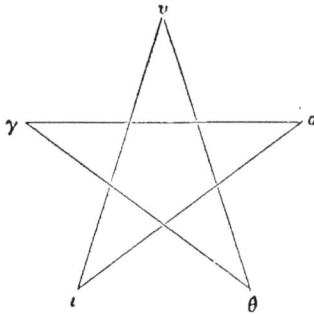

Fig. 1.

une auberge où il s'était arrêté pour passer la nuit ; il était pauvre et fatigué, mais l'aubergiste, homme compatissant, le soigna charitablement et fit tout ce qui dépendait de lui pour le ramener à la santé. Cependant, en dépit de ses soins, l'état du malade empirait. Comprenant qu'il allait mourir et ne pouvant payer à l'aubergiste ce qu'il lui devait, le Pythagoricien demanda alors une tablette sur laquelle il traça la fameuse étoile symbolique ; puis, la présentant à son hôte il le pria de la suspendre à l'extérieur de façon que tous les passants pussent la voir, en l'assurant qu'un jour ou l'autre sa charité serait récompensée. L'étudiant mourut, fut enterré convenablement et la tablette exposée comme il l'avait demandé.

Un long intervalle de temps s'était déjà écoulé lorsqu'un jour le symbole sacré attira l'attention d'un voyageur qui passait devant l'auberge ; mettant pied à terre il entra dans l'établissement et

([1]) Au sujet de la théorie de ces figures on peut consulter nos « Récréations mathématiques » Paris. Hermann. 1899.

après avoir entendu le récit de l'hôtelier le récompensa généreusement.

Telle est l'anecdote de Jamblique et il faut reconnaître que si elle n'est pas vraie, elle est tout au moins intéressante.

La majeure partie de ceux qui suivaient les leçons de Pythagore se composait seulement « d'auditeurs » mais sa philosophie devait servir de guide à ses disciples dans leur existence, soit politique, soit sociale. En recommandant l'empire sur soi-même, en réclamant la direction des affaires pour les hommes les plus capables de l'Etat, l'obéissance absolue aux autorités légalement constituées, en faisant appel aux éternels principes des peines et des récompenses, il avait en vue une société totalement différente de celle de son époque constituée par le parti démocratique, et par suite, naturellement la plupart des membres de la confrérie appartenait à l'aristocratie.

L'association avait également des membres affiliés dans beaucoup de villes voisines et par son organisation spéciale et sa discipline rigoureuse elle possédait un grand pouvoir politique ; mais de même que toutes les sociétés secrètes, elle était un objet de suspicion pour tous ceux qui n'en faisaient pas partie.

Les Pythagoriciens furent tout puissants pendant un court intervalle de temps ; en — 5o1 une révolte populaire renversa le gouvernement et au milieu des émeutes qui accompagnèrent l'insurrection, la populace incendia la maison de Milo (où vivaient les étudiants) et mit à mort un grand nombre des membres les plus marquants de l'Ecole. Pythagore lui-même se réfugia à Tarente, puis de là à Métaponte où il fut tué en — 5oo dans une autre révolte populaire.

Bien que privés de leur chef et brisés comme société politique, les Pythagoriciens semblent cependant s'être reconstitués à la fois comme société philosophique et mathématique avec Tarente comme centre de réunion. Ils continuèrent à prospérer pendant cent ou cent cinquante ans après la mort de leur fondateur, mais jusqu'à la fin, leur société demeura secrète et nous ignorons, par conséquent, les détails de leur histoire.

Pythagore lui-même, ne permettait pas l'usage des manuels ; le principe de l'Ecole était que non seulement toutes les connaissances devaient être considérées comme acquises en commun et dissimulées aux étrangers, mais que, de plus, la gloire de toute découverte devait revenir à leur fondateur. Aussi Hippasus (vers — 470) fut, dit-on, noyé parce qu'il avait violé son serment en se vantant publiquement d'avoir ajouté le dodécaèdre au nombre des solides réguliers énumérés par Pythagore. Plus tard cependant, et lorsque les membres de la Société furent dispersés, cette règle du silence tomba en désuétude et des traités parurent qui contenaient la substance de leur enseignement et de leur doctrine. Le premier livre de ce genre fut composé vers — 370 par Philolaus et l'on prétend que Platon s'en procura une copie. Nous pouvons ajouter que dans la première partie du vᵉ siècle avant Jésus-Christ, les Pythagoriciens étaient, par leur savoir, considérablement en avance sur leurs contemporains, mais vers la fin de cette période leurs découvertes les plus importantes et leurs doctrines se répandirent partout du monde extérieur, et Athènes devint le centre de l'activité intellectuelle.

Bien qu'il soit impossible de séparer nettement les découvertes revenant personnellement à Pythagore de celles plus récentes de son École, nous savons, d'après Proclus, que c'est à lui que la géométrie doit ce caractère rigoureux de déduction qui la distingue encore et qu'il en fit le fondement d'une instruction libérale ; on a d'ailleurs des raisons de croire que c'est encore lui qui le premier sut disposer les propositions principales de la géométrie dans un ordre logique.

Suivant Aristoxène, l'École se glorifiait d'avoir élevé l'enseignement de l'arithmétique au-dessus des besoins du commerce. Les Pythagoriciens se vantaient, en effet, de chercher à acquérir non la fortune, mais des connaissances nouvelles, ce qui, dans leur langage se traduisait par cette maxime « une figure et un pas en avant, non un chiffre pour gagner trois oboles ».

Pythagore était un réformateur moraliste et un philosophe, mais son système de morale et de philosophie était établi sur des bases mathématiques. En géométrie il connaissait probablement et enseignait ce que renferment en substance les deux premiers livres d'Euclide ; il devait également posséder quelques théorèmes isolés sur les grandeurs irrationnelles (ses successeurs trouvèrent plusieurs des propositions des 6ᵉ et 11ᵉ livres d'Euclide), mais on croit que beaucoup de ses démonstrations manquaient de rigueur, et en particulier, que les réciproques des théorèmes étaient parfois admises sans preuves. On ne peut actuellement faire que des conjectures sur les doctrines philosophiques qui pouvaient être basées sur ces résultats géométriques.

Dans la théorie des nombres son enseignement portait sur quatre genres différents de problèmes relatifs respectivement aux nombres polygonaux, aux rapports et proportions, aux facteurs des nombres et aux séries numériques ; mais la plupart de ses recherches arithmétiques, en particulier, sur les nombres polygonaux et les proportions étaient traitées par des méthodes géométriques.

Sachant que la mesure était indispensable pour arriver à une définition exacte de la forme. Pythagore pensait que, jusqu'à un certain point, elle était également la cause de la forme et il enseignait en conséquence que la science des nombres renfermait le fondement de la théorie de l'univers.

Il fut confirmé dans cette opinion en découvrant que la note donnée par une corde vibrante dépendait seulement (toutes les autres conditions étant d'ailleurs les mêmes) de la longueur de la corde, et, en particulier, que les longueurs fournissant une note, sa quinte et son octave, étaient entre elles comme les nombres 6, 4, 3, formant une progression musicale. C'est peut-être ce qui explique pourquoi la musique occupait une si grande place dans les exercices de l'Ecole. Il pensait également que les distances entre la terre et les planètes étaient représentées par des nombres en progression musicale et que les corps célestes dans leur mouvement à travers l'espace produisaient des sons harmonieux, d'où la locution « l'harmonie des sphères ». Si, comme on l'a avancé, il connaissait les notions fondamentales de la cristallographie, il devait les considérer comme confirmant ses vues d'une façon encore plus complète.

Envisageant la science des nombres comme la base de sa philosophie, il alla jusqu'à attribuer des propriétés aux nombres et aux figures géométriques : par exemple, le nombre cinq symbolisait la couleur ; l'origine du feu devait se trouver dans la pyramide ; un corps solide était analogue au tétrade qui représentait la matière comme composée des quatre éléments primaires : le feu, l'air, la terre et l'eau, et ainsi de suite. Le tétrade comme le pentagramme était un symbole sacré et les initiés faisaient ce serment ναὶ μὰ τὸν ἀμετέρᾳ ψυχᾷ παραδόντα τετρακτὺν πάγαν ἀεννάου φύσεως... [1].

Les Pythagoriciens commencèrent par diviser les sujets mathématiques dont ils s'occupaient en quatre sections : les nombres absolus ou l'arithmétique ; les nombres appliqués ou la musique ; les grandeurs à l'état de repos ou la géométrie, les grandeurs en mouvement ou l'astronomie.

Pendant longtemps ce « quadrivium » fut considéré comme constituant un cours d'étude nécessaire et suffisant pour une instruction libérale. Même dans le cas de la géométrie et de l'arithmétique (qui sont cependant basées sur des conclusions déduites d'une façon inconsciente et par tous les hommes) l'exposition faite par les Pythagoriciens était mélangée de philosophie, et il est hors de doute que leur enseignement des sciences astronomique, mécanique et musicale (qui incontestablement peuvent reposer uniquement sur les résultats d'observations consciencieuses et d'expériences) était entremêlé encore plus étroitement d'une métaphysique obscure. Nous ne nous occuperons pas plus longtemps des idées philosophiques de Pythagore, auxquelles nous n'aurions même pas fait allusion, si la tradition pythagoricienne de l'existence d'un lien entre la philosophie et les mathématiques, n'expliquait la malheureuse tendance des Grecs à fonder l'étude de la nature sur des conjectures philosophiques et non sur des observations expérimentales. Quant aux recherches pythagoriciennes sur les parties du « Quadrivium » concernant les applications nous savons peu de chose et nous nous limiterons ici à l'examen de leur enseignement géométrique et arithmétique.

En premier lieu, en ce qui concerne la géométrie, nous ne pouvons bien entendu reproduire l'ensemble de l'enseignement pythagoricien, mais il résulte des notes de Proclus sur Euclide et de quelques remarques éparses dans d'autres ouvrages qu'il possédait les propositions suivantes dont beaucoup ont rapport à la géométrie des aires.

1° Il débutait par un certain nombre de définitions qui, probablement, étaient plutôt un exposé reliant les idées mathématiques avec sa philosophie, qu'une explication des termes employés. On

[1] Oui, je le jure ! par celui qui a donné à notre âme le tetractys, la source ou racine de l'éternelle nature.

a conservé celle du point qu'il présente comme une unité ayant une position.

2° Il démontrait que la somme des angles d'un triangle vaut deux angles droits (Euc. 1, 32), et dans sa démonstration, qui nous est parvenue, il est fait mention des résultats de la proposition 13, du livre 1, d'Euclide et de la première partie de la proposition 29 du même livre. La démonstration est en substance la même que celle qu'on lit dans Euclide et il est très vraisemblable que les démonstrations présentées par Euclide des deux dernières propositions que nous venons de mentionner sont également dues à Pythagore.

3° Pythagore a certainement démontré les propriétés des triangles rectangles faisant l'objet des propositions 47 et 48 du livre I d'Euclide. On sait que les démonstrations de ces propositions données dans les éléments d'Euclide sont dues réellement à ce grand géomètre et on a fait bien des tentatives pour essayer de reconstituer la démonstration du premier de ces théorèmes telle qu'elle a été présentée originairement par Pythagore. Elle peut fort probablement avoir été l'une des deux suivantes ([1]).

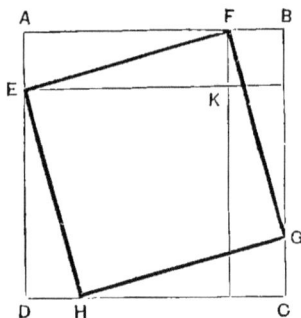

Fig. 2.

a) Tout carré ABCD peut être décomposé comme dans la proposition 4 du livre II d'Euclide, en deux carrés BK et DK et en deux rectangles égaux AK et CK. Ceci revient à dire que le carré ABCD est équivalent aux carrés construits sur FK et sur EK et à quatre fois le triangle AEF. Mais si l'on prend sur les côtés BC, CD et DA les points G, H, E tels que l'on ait :

$$BG = CH = DE = AF,$$

on démontre facilement que la figure EFGH est un carré et que

([1]) Une collection d'environ 30 démonstrations de la proposition 47 du livre I d'Euclide a été publiée dans *Der Pythagorische Lehrsatz* par Joh. Jos. Ign. Hoffmann, seconde édition. Mainz, 1821.

les triangles AEF, BFG, CGH et DHE sont égaux. Le carré ABCD est donc encore équivalent au carré construit sur EF et à quatre fois le triangle AEF.

Par suite le carré construit sur EF est équivalent à la somme des carrés construits sur EK et FK.

b) Soit ABC un triangle rectangle dont A est l'angle droit. Traçons la hauteur AD.

Les triangles ABC et DBA étant semblables, on a :

$$\frac{BC}{AB} = \frac{AB}{BD}.$$

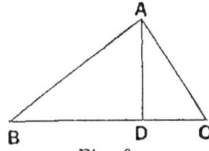
Fig. 3.

De même, les triangles semblables ABC, ADC donnent la proportion

$$\frac{BC}{AC} = \frac{AC}{DC}.$$

De ces deux proportions on déduit :

$$\overline{AB}^2 + \overline{AC}^2 = BC.\ BD + BC.\ DC = BC\ (BD + DC) = \overline{BC}^2.$$

Cette démonstration exige la connaissance des propositions II, 2 ; VI, 4 et VI, 17 d'Euclide, que Pythagore possédait.

4° On attribue également à Pythagore la découverte des théorèmes 44 et 45 du livre I des Eléments d'Euclide, et il aurait donné, dit-on, une solution du problème 14 du livre II des mêmes éléments. On raconte qu'en trouvant la construction nécessaire pour arriver à la solution de cette dernière question, il fit aux Dieux le sacrifice d'un bœuf, mais comme l'Ecole avait tout en commun, la libéralité n'est pas aussi grande qu'on pourrait le croire *à priori*. Les Pythagoriciens d'une époque plus moderne avaient connaissance de l'extension donnée dans Euclide à la prosition 25 du livre VI, et Allman pense que Pythagore lui-même ne l'ignorait pas, mais ceci doit être regardé comme douteux. Il faut remarquer que la proposition 14 du livre II d'Euclide fournit une solution géométrique de l'équation

$$x^2 = ab.$$

5° Pythagore montra que sur un plan la surface autour d'un

point pouvait être couverte par des triangles équilatéraux, des carrés ou des hexagones réguliers. Observations qui ont dû être faites partout où il était d'usage d'employer des carreaux de cette forme.

6° Les Pythagoriciens auraient également trouvé, dit-on, la quadrature du cercle qui était pour eux la plus parfaite de toutes les figures planes.

7° Ils connaissaient l'existence de cinq corps solides réguliers inscriptibles dans la sphère qu'ils considéraient comme le plus beau de tous les solides.

8° Il semblerait d'après leur phraséologie dans la science des nombres et d'après quelques autres remarques faites occasionnellement qu'ils étaient familiers avec les méthodes employées dans les 2e et 5e livres des Eléments d'Euclide et qu'ils avaient la notion des grandeurs irrationnelles. On a, en particulier, des raisons de croire que Pythagore démontra l'incommensurabilité du côté du carré avec sa diagonale et que ce fut cette découverte qui conduisit les Grecs à exclure de leur géométrie les conceptions du nombre et de la mesure. Nous y revindrons un peu plus loin.

Passons en second lieu à la théorie des nombres ([1]).

Nous avons déjà fait remarquer à ce sujet que les Pythagoriciens s'étaient principalement occupés : 1° des nombres polygonaux ; 2° des facteurs des nombres ; 3° des nombres en proportion, et 4° des séries numériques.

Pythagore commence par diviser les nombres en pairs et impairs ; ces derniers étant appelés *gnomons*. Un nombre impair tel que $2n + 1$ était regardé comme la différence de deux carrés $(n+1)^2$ et n^2 ; et il montre que la somme des gnomons de 1 à $2n + 1$ est égale à un nombre carré, à $(n+1)^2$, dont il appelle la racine carrée un *côté*. Le produit de deux nombres était un *plan*, et si le produit n'avait pas une racine carrée exacte on l'appelait un *oblong*. Le produit de trois nombres était connu sous le nom de *solide* ou de *cube* dans le cas d'égalité des trois nombres.

Toutes ces dénominations ont des rapports évidents avec la

---

[1] Voir l'appendice à *La Science Hellène* de P. Tannery. Paris 1897. *Sur l'Arithmétique pythagoricienne.*

géométric, et une remarque d'Aristote confirme cette opinion que lorsqu'on dispose un gnomon autour d'un carré, la figure reste un carré bien que ses dimensions soient augmentées. Ainsi, dans la figure ci-contre, dans laquelle $n = 5$, le gnomon AKC (contenant 11 petits carrés) placé autour du carré AC (qui en contient 5^2) forme un nouveau carré HL (contenant 6^2 petits carrés). Il est possible que plusieurs des théorèmes numériques dus aux écrivains grecs aient été découverts et prouvés par une méthode semblable : l'abaque peut être utilisé pour beaucoup de ces démonstrations.

Les nombres $(2n^2 + 2n + 1)$, $(2n^2 + 2n)$ et $(2n + 1)$ jouissaient d'une importance spéciale comme représentant l'hypothénuse et les deux côtés de l'angle droit d'un triangle rectangle : Cantor pense que Pythagore connaissait cette propriété avant la découverte de la proposition 47 du livre I d'Euclide. Les expressions

$$(m^2 + n^2),\ 2mn\quad \text{et}\quad (m^2 - n^2)$$

sont plus générales et on remarquera qu'on peut en déduire les résultats obtenus par Pythagore en faisant $m = n + 1$. A une époque

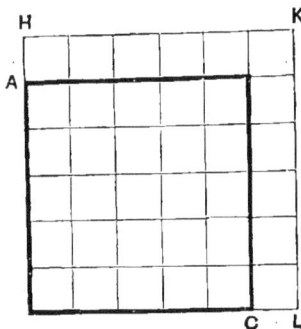

Fig. 4.

plus récente Archytas et Platon donnèrent dans le même but des règles qui reviennent à faire $n = 1$.

Diophante connaissait les expressions générales.

Après avoir posé ces préliminaires, les Pythagoriciens s'occupèrent des quatre problèmes spéciaux auxquels nous avons déjà fait allusion. Pythagore lui-même était familiarisé avec les nombres triangulaires ; les nombres polygonaux d'un ordre plus élevé furent étudiés postérieurement par les membres de l'Ecole.

Un nombre triangulaire représente le nombre total des jetons disposés par rangées sur un plan, la dernière ligne en contenant n et les rangées successives en remontant jusqu'à la première, un de moins que la précédente ; un pareil nombre est dès lors égal à la somme des termes de la série

$$\div n \cdot n - 1 \cdot n - 2 \cdot n - 3 \ldots, 2 \cdot 1$$

c'est-à-dire à

$$n + (n - 1) + (n - 2) + (n - 3) + \ldots + 2 + 1 \quad \frac{n(n+1)}{2}.$$

Ainsi, le nombre triangulaire correspondant à $n = 4$ est 10. Nous avons là l'explication du langage de Pythagore dans le passage bien connu de Lucien où le marchand demande au philosophe ce qu'il peut lui apprendre. Pythagore lui répond : « Je vous apprendrai à compter ». Le marchand « Je sais déjà le faire ». Pythagore « Comment comptez-vous donc? ». Le marchand « un, deux, trois, quatre... ». Pythagore « Je vous arrête là, ce que vous prenez pour quatre est dix, un triangle parfait et notre symbole ».

Nous savons très peu de chose sur ce que les Pythagoriciens ont pu produire en ce qui concerne les diviseurs des nombres. Ils classifiaient les nombres en les comparant à la somme de leurs diviseurs entiers ou facteurs, et les appelaient *abondants*, *parfaits* ou *déficients* suivant qu'ils étaient plus grands, égaux ou plus petits que la somme de ces facteurs. Ces recherches ne conduisirent à aucun résultat utile.

La troisième classe de problèmes qu'ils étudièrent a trait aux nombres en proportion; cette étude se faisait probablement avec l'aide de la géométrie comme on le voit dans le 5ᵉ livre d'Euclide.

Enfin les Pythagoriciens s'occupèrent des suites de nombres formant des progressions arithmétique, géométrique, harmonique et musicale. Les trois premières sont bien connues; quatre nombres sont dits en progression musicale lorsqu'ils sont entre eux comme les expressions

$$a, \quad \frac{2ab}{a+b}, \quad \frac{a+b}{2}, \quad b;$$

par exemple, 6, 8, 9 et 12 forment une progression musicale.

Après Pythagore son enseignement semble avoir été dirigé par Epicharmus et Hyppase, puis par Philolaüs, Archippus et Lysis. Un siècle environ après le meurtre du maître, nous trouvons *Archytas* reconnu comme nouveau maître de l'École.

Archytas ([1]). — Archytas (vers — 400) un des citoyens les plus en renom de Tarente fut choisi sept fois pour être gouverneur de cette cité. Il jouissait parmi ses contemporains d'une très grande influence et eut l'occasion de l'utiliser pour sauver la vie de Platon menacée par Denys. Il était renommé pour sa sollicitude pour le bien être et l'instruction de ses esclaves et des enfants dans la Cité. Il périt dans un naufrage près de Tarente et son corps fut jeté par les flots sur le rivage. Aux yeux des plus rigides Pythagoriciens cette mort parut un châtiment mérité parce qu'il s'était écarté de la ligne de conduite qui leur avait été tracée par leur fondateur. Il comptait parmi ses élèves et amis plusieurs des chefs de l'Ecole athénienne, et l'on pense que beaucoup de leurs travaux furent dus à son inspiration.

Les premiers Pythagoriciens n'avaient fait aucune tentative pour appliquer leur connaissance à la mécanique, mais Archytas, prétend-on, s'occupa de cette science en se servant de considérations géométriques : on lui attribue l'invention de la poulie dont il exposa la théorie, la construction d'un oiseau volant et de quelques autres jouets mécaniques ingénieux. Il fit connaître divers appareils permettant de tracer mécaniquement les courbes et de résoudre les problèmes ; Platon critiquait leur usage estimant que la valeur de la géométrie, en tant qu'exercice intellectuel, en était amoindrie, et les derniers géomètres grecs se bornèrent à employer seulement deux instruments : la règle et le compas. Archytas était également versé en astronomie : il enseignait que la terre était une sphère effectuant une rotation autour de son axe en vingt-quatre heures et autour de laquelle se déplaçaient les corps célestes.

Archytas un des premiers, donna une solution du problème de la duplication du cube qui consistait à trouver le côté d'un cube d'un volume double de celui d'un cube donné. C'était l'un des plus fameux problèmes de l'antiquité ([2]).

([1]) Voir ALLMAN, chap. IV. Un catalogue des travaux d'ARCHYTAS est donné par FABRICIUS dans la *Bibliotheca Græca*, Vol. I, p. 833 ; la plupart des fragments sur la philosophie ont été publiés par THOMAS GALE dans ses *Opuscula Mythologia*, Cambridge, 1670 et par THOMAS TAYLOR comme appendice à sa traduction de la *Vie de Pythagore* de JAMBLIQUE, Londres, 1818.

Voir aussi les références données par CANTOR, Vol. I, p. 203.

([2]) Voir plus loin, pp. 39, 43, 44.

La construction d'Archytas revient à la suivante : sur le diamètre OA de la base d'un cylindre circulaire droit on décrit une demi-circonférence dont le plan est perpendiculaire à celui de la base et on fait tourner ce plan autour de la génératrice passant par le point O. Dans ce mouvement la surface décrite par la demi-circonférence coupe la surface cylindrique suivant une certaine courbe. Cette courbe est à son tour coupée par un cône droit ayant pour axe OA et dont le demi-angle au sommet est connu (60° par exemple) en un point P tel que la projection de OP sur la base du cylindre est au rayon du cylindre dans le rapport du côté du cube cherché au côté du cube donné. La démonstration d'Archytas est naturellement géométrique [1] ; contentons-nous de faire remarquer ici que son exposition montre qu'il connaissait les propriétés faisant l'objet des propositions 18 et 35 du livre III et 19 du livre XI des Éléments d'Euclide.

On peut constater analytiquement l'exactitude de cette construction : prenons OA comme axe des x, et la génératrice passant par O comme axe des z ; avec la notation usuelle en coordonnées polaires et en représentant par a le rayon du cylindre, nous avons pour l'équation de la surface décrite par la demi-circonférence, $r = 2a \sin \theta$, pour celle du cylindre $r \sin \theta = 2a \cos \varphi$, et pour celle du cône $\sin \theta \cos \varphi = \frac{1}{2}$. Ces trois surfaces se coupent en un point tel que $\sin^2 \theta = \frac{1}{2}$; par suite, si φ est la projection de OP sur la base du cylindre, on a :

$$\varphi^3 = (r \sin \theta)^3 = 2 a^3.$$

C'est-à-dire que le volume du cube dont le côté est φ est égal à deux fois le volume du cube de côté a.

Nous avons mentionné ce problème et donné la construction d'Archytas pour montrer jusqu'à quel point l'École pythagoricienne avait poussé ses connaissances à cette époque.

Théodore. — A peu près à la même époque qu'Archytas vivait un autre Pythagoricien, *Théodore de Cyrène*, qui aurait, prétend-

[1] Elle est donnée par ALLMAN, pp. 111-113.

on, prouvé géométriquement que les nombres représentés par $\sqrt{3}$, $\sqrt{5}$, $\sqrt{6}$, $\sqrt{7}$, $\sqrt{8}$, $\sqrt{10}$, $\sqrt{11}$, $\sqrt{12}$, $\sqrt{13}$, $\sqrt{14}$, $\sqrt{15}$ et $\sqrt{17}$ sont incommensurables avec l'unité.

Théætète fut un de ses élèves.

Comme autres Pythagoriciens célèbres de la même époque, on pourrait citer *Timée* de Locres et *Bryson* d'Héraclée. On croit que *Bryson* tenta de trouver l'aire du cercle en inscrivant et en circonscrivant à la circonférence des carrés, qui se transformaient en polygones dont les aires comprenaient celle du cercle ; mais il supposait, dit-on, qu'à un moment donné de l'opération la surface du cercle était la moyenne arithmétique entre les surfaces des polygones inscrit et circonscrit.

AUTRES ÉCOLES MATHÉMATIQUES GRECQUES DU V° SIÈCLE AVANT JÉSUS-CHRIST

Ce serait une erreur de croire que Milet et Tarente fussent les seules villes où, dans le v° siècle, les Grecs aient créé des établissements scientifiques pour l'étude des mathématiques. Ces cités représentaient les principaux centres intellectuels, mais il existait peu de villes ou de colonies ayant quelque importance où on n'enseignât la géométrie et la philosophie. Parmi ces Ecoles secondaires nous pouvons mentionner celles de Chios, d'Elée et de Thrace.

Le philosophe le plus connu de l'Ecole de Chios fut *Ænopides* qui naquit vers — 500 et mourut vers — 430. Il se consacra principalement à l'astronomie, mais il avait étudié la géométrie en Egypte et on lui attribue les deux problèmes suivants :

D'un point extérieur à une droite abaisser une perpendiculaire sur cette droite ; (Euclide, livre I, prop. 12) ;

Construire en un point donné d'une droite donnée, un angle égal à un angle donné (Euclide, livre I, prop. 23).

Un autre centre important se trouvait à Elée en Italie. Il fut créé par *Xénophanes*. *Parménides*, *Zénon* et *Melissus* lui succédèrent. Les membres de l'*école d'Elée* furent célèbres par les difficultés qu'ils soulevèrent au sujet des questions se rapportant aux suites infinies : tel le paradoxe bien connu d'Achille et la Tortue.

Ce paradoxe fut émis par *Zénon* un des principaux membres de l'école, né en — 495 et mis à mort à Elée en — 435 à la suite d'un complot contre l'Etat; il était élevé de Parménides avec lequel il visita Athènes vers 455-450 avant J.-C.

Zénon prétendait qu'Achille, marchant dix fois plus vite qu'une tortue ayant sur lui une certaine avance — 1000 stades, par exemple — ne pourrait jamais la rattraper; car, disait-il, lorsque Achille aura parcouru les 1000 stades, la tortue aura encore sur lui 100 stades d'avance; pendant qu'il parcourra ces 100 stades, la tortue en fera 10 nouveauxet ainsi de suite. De sorte qu'Achille se rapprochera de plus en plus de la tortue mais ne pourra jamais l'atteindre. L'erreur du raisonnement est généralement mise en évidence par cet argument que le temps nécessaire pour atteindre la tortue peut être divisé en un nombre infini de parties qui vont en décroissant successivement et forment une progression géométrique dont la somme des termes donne un temps fini : à la fin de ce temps, Achille et la tortue sont de front. Zénon aurait probablement répliqué que cette argumentation reposait sur l'hypothèse que l'espace est divisible à l'infini ce qui faisait précisément l'objet de la discussion ; car lui-même avançait que les grandeurs ne sont pas susceptibles d'une division illimitée.

Ces paradoxes conduisirent les Grecs à n'employer les quantités infinitésimales qu'avec réserve et finalement les amenèrent à imaginer la méthode dite « *d'exhaustion* ».

Il y avait en Thrace un autre centre d'études important, l'*Ecole atomistique*. Elle fut fondée par *Leucippe* qui était élève de Zénon. *Démocrite* et *Epicure* lui succédèrent. Le mathématicien le plus célèbre de cette école fut *Démocrite* né à Abdera en — 460 et mort, croit-on, en — 370. Ses écrits sont relatifs à la fois à la philosophie, à la géométrie, aux quantités incommensurables et à la théorie des nombres. Ces divers ouvrages sont perdus.

On pourrait encore citer, pendant le vᵉ siècle, plusieurs philosophes remarquables qui enseignèrent dans différentes villes mais il semble bien qu'ils se soient inspirés des écoles de Tarente et vers la fin de cette époque on peut considérer Athènes comme la capitale intellectuelle du monde grec. C'est aux écoles athéniennes que nous sommes redevables des grands progrès qu'ont fait, par la suite, les sciences mathématiques.

CHAPITRE III

—

LES ÉCOLES D'ATHÈNES ET DE CNIDE [1]

(VERS — 420 A — 300)

C'est vers la fin du cinquième siècle avant J.-C. qu'Athènes devint le principal centre des études mathématiques. Plusieurs causes contribuèrent à amener cet événement. Durant ce siècle, Athènes était devenue, par son commerce, et les contributions de ses alliés, la plus riche cité de la Grèce, et le génie de ses hommes d'Etat en avait fait le centre politique de la péninsule. Si le droit à la suprématie politique lui était contesté par certains Etats, son autorité intellectuelle était acceptée par tous. Il n'y avait pas une seule école philosophique qui ne fut représentée à Athènes par un ou plusieurs de ses principaux penseurs, et les idées de la nouvelle science si anciennement étudiée en Asie-Mineure et dans la Grande Grèce, étaient arrivées jusqu'aux Athéniens dans maintes occasions.

Anaxagore. — Parmi les philosophes les plus renommés qui résidaient à Athènes et qui ouvrirent, en quelque sorte, la voie à l'école Athénienne, nous pouvons citer *Anaxagore de Clazomène*

[1] L'histoire de ces Écoles est complètement étudiée dans l'ouvrage d'ALLMAN, *Greek Geometry from Thales to Euclid*, Dublin, 1889 ; et par J. Gow dans *Greek Mathematics*, Cambridge, 1884.
On la trouve aussi dans CANTOR, chap. IX, X et XI ; dans HANKEL, pp. 111-156 ; et dans C. A. BRETSCHNEIDER, *Die Geometrie und die Geometer vor Eukleides*, Leipzig, 1870.
Une sérieuse critique des références originales est due à S. P. TANNERY dans sa *Géométrie grecque*, Paris, 1887 et dans d'autres mémoires. Voir aussi *Le Scienze Esatte nell'Antica Grecia*, Modène, 1893-1900, par le Prof. G. LORIA.

qui fut presque le dernier philosophe de l'école Ionienne. Il naquit
en — 5oo et mourut en — 428. Il paraît s'être établi vers — 440
à Athènes où il reproduisit l'enseignement de l'école Ionienne.
Comme tous les membres de cette école il s'intéressait beaucoup à
l'astronomie. Ayant avancé que le soleil était plus grand que le
Péloponèse, cette assertion jointe à quelques tentatives faites pour
expliquer divers phénomènes physiques attribués jusqu'alors à
l'intervention directe des Dieux, le firent poursuivre et condamner
pour impiété. On raconte que, pendant son séjour en prison, il
écrivit un traité sur la quadrature du cercle.

Les sophistes. — De même qu'Anaxagore les sophistes peuvent
difficilement être considérés comme appartenant à l'école d'Athènes;
mais comme lui, ils la précédèrent immédiatement et en prépa-
rèrent l'avènement, de sorte qu'il est utile de leur consacrer
quelques lignes. Etre bon orateur était une des conditions pour
réussir dans la vie publique à Athènes, et à mesure que la richesse
et la puissance de cette cité se développèrent, un grand nombre de
« sophistes » vinrent s'y établir pour enseigner, entre autres
choses, l'art de l'éloquence. Plusieurs d'entre eux dirigèrent également l'instruction de leurs élèves vers la géométrie. On raconte
que deux de ces philosophes qualifiés de sophistes, Hippias d'Elée
et Antiphon, firent une étude spéciale de la géométrie, un autre,
Méthon, s'occupa particulièrement d'astronomie et c'est de lui que
vient le nom de cycle de Méthon.

Hippias. — Le premier de ces sophistes, *Hippias d'Elée* (vers
— 420) est considéré comme un arithméticien distingué, mais il
nous est plus connu comme inventeur de la courbe appelée *quadratrice* qui permet d'effectuer la trisection de l'angle ou plus
généralement de diviser un angle dans un rapport donné quelconque.
Supposons que le rayon d'un cercle tourne uniformément autour
du centre O en partant de la position OA pour arriver à la position
OB perpendiculaire à la première, si, en même temps, une droite
perpendiculaire à OB se déplace uniformément et parallèlement à
elle-même en partant de la position OA pour arriver à la position
BC, le lieu des points d'intersection de ces deux droites sera la
courbe appelée *quadratrice*.

OR et MQ étant à un moment donné les positions correspondantes du rayon et de la droite perpendiculaire à OB, soit P leur
point d'intersection qui est un point de la courbe.

On a

$$\frac{\text{angle AOP}}{\text{angle AOB}} = \frac{\text{OM}}{\text{OB}};$$

De même OR′ étant une autre position du rayon

$$\frac{\text{angle AOP}'}{\text{angle AOB}} = \frac{\text{OM}'}{\text{OB}}.$$

De ces deux relations on déduit

$$\frac{\text{angle AOP}}{\text{angle AOP}'} = \frac{\text{OM}}{\text{OM}'}$$

et enfin

$$\frac{\text{angle AOP}'}{\text{angle P'OP}} = \frac{\text{OM}'}{\text{M'M}}.$$

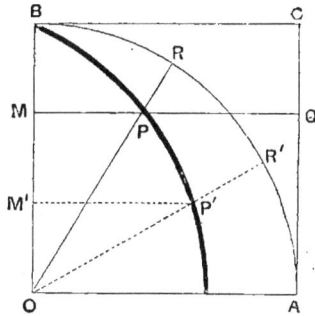

Fig. 5.

Dès lors, l'angle AOP étant
donné, si l'on demande de le diviser dans un rapport donné, il
suffira de diviser OM au point M′ dans le rapport donné et de
tracer la droite M′P′ perpendiculaire sur OM. La droite OP′
joignant le sommet O au point P′ divisera l'angle AOP dans le
rapport donné.

En prenant OA comme ligne origine et posant

$$\text{OP} = r, \quad \text{angle AOP} = \theta, \quad \text{et} \quad \text{OA} = a,$$

nous avons :

$$\frac{\theta}{\frac{1}{2}\pi} = \frac{r \sin \theta}{a}$$

et l'équation de la courbe est

$$\pi r = 2a\theta \, \text{cosec } \theta.$$

Hippias imagina un instrument pour tracer mécaniquement la
courbe, mais les constructions géométriques dans lesquelles inter-
venaient d'autres instruments de mathématiques que la règle et le

compas ayant fait l'objet des critiques de Platon furent écartées par
la plupart des géomètres qui suivirent.

Antiphon. — Le second sophiste que nous avons déjà mentionné fut Antiphon (vers — 420). Il fut un des très rares écrivains de l'antiquité qui essayèrent de trouver l'aire du cercle en le
considérant comme la limite vers laquelle tend un polygone régulier inscrit dont le nombre des côtés augmente indéfiniment. Il
commençait par inscrire le triangle équilatéral (ou le carré, suivant
d'autres auteurs), puis sur chaque côté pris comme base et dans
le plus petit des deux segments déterminés, il inscrivait un triangle
isocèle, et ainsi de suite indéfiniment. Cette façon d'aborder le
problème de la quadrature est identique au fond à celle dont il a
été question plus haut à propos de Bryson d'Héraclée.

Il est hors de doute, qu'indépendamment d'Athènes, il existait
en Grèce d'autres cités qui produisirent des œuvres semblables et
également méritoires bien qu'il n'en existe plus trace aujourd'hui.
Nous avons mentionné les recherches de ces trois savants, d'abord
pour donner une idée du genre de travaux dont on s'occupait à
cette époque un peu partout en Grèce, mais principalement parce
qu'ils furent les prédécesseurs immédiats des créateurs de l'école
athénienne.

L'histoire de cette école commence avec l'enseignement d'Hippocrate vers — 420. Fondée sur des bases durables par les travaux
de Platon et d'Eudoxe, elle poursuivit parallèlement avec l'école
voisine de Cnide le développement des premières découvertes de
ces trois géomètres, jusqu'à ce que la création (environ — 300) de
l'Université d'Alexandrie eut attiré vers ce nouveau centre la plupart des hommes éminents de la Grèce.

Eudoxe qui figurait parmi les mathématiciens les plus distingués
d'Athènes est considéré comme le fondateur de l'école de Cnide.
Les liens qui l'unirent à l'école d'Athènes sont tellement étroits,
qu'il est impossible de séparer l'histoire de ces deux écoles. Hippocrate, Platon et Théœtète appartenaient, suppose-t-on, à l'école
d'Athènes, tandis qu'Eudoxe, Ménœchme et Aristée auraient été de
l'école de Cnide. Il y eut toujours des relations constantes entre ces
deux centres dont les plus anciens membres avaient été instruits
soit par Archytas, soit par son élève Théodore de Cyrène ; on peut

donc, sans inconvénients, les étudier simultanément. Avant d'examiner en détail les œuvres des géomètres de ces écoles, faisons remarquer qu'ils se sont spécialement occupés de trois problèmes ([1]), à savoir :

1° La duplication du cube, c'est-à-dire la détermination du côté d'un cube de volume double de celui d'un cube donné ;

2° La trisection de l'angle, et 3° la quadrature du cercle, c'est-à-dire la détermination d'un carré de surface égale à celle d'un cercle donné.

Les deux premières questions (considérées analytiquement) exigent la résolution d'une équation du 3ᵉ degré, et, puisque toute construction ne faisant usage que de cercles (dont les équations sont de $x^2 + y^2 + ax + by + c = 0$) ou de lignes droites (dont les équations sont de la forme $\alpha x + \beta y + \gamma = 0$) ne peut être ramenée à la résolution d'une équation cubique, les problèmes sont insolubles si nous nous restreignons à l'emploi des cercles et des droites, c'est-à-dire si nous ne voulons faire intervenir que la géométrie euclidienne. Mais ces deux questions peuvent être résolues de bien des manières si l'on fait usage des sections coniques.

Le troisième problème revient à trouver un rectangle dont les côtés seraient respectivement égaux au rayon et au demi-périmètre du cercle considéré. Depuis longtemps on savait que ces deux lignes sont incommensurables, mais c'est depuis peu que Lindemann est arrivé à démontrer que leur rapport ne peut être la racine d'une équation algébrique rationnelle : il en résulte que ce problème n'est pas susceptible d'une solution par la géométrie euclidienne. Les Athéniens et les Cnidiens devaient donc échouer dans leurs tentatives pour arriver à résoudre ces trois problèmes ; mais leurs recherches conduisirent à la découverte de plusieurs théorèmes et procédés nouveaux.

Indépendamment des essais de solutions de ces problèmes, les derniers disciples de l'école platonicienne s'occupèrent de réunir et de coordonner d'une façon systématique tous les théorèmes de géométrie qui étaient alors connus. Les collections ainsi composées comprenaient la série des propositions qui figurent dans les

---

([1]) Au sujet de ces problèmes, de leurs solutions et des renseignements pouvant servir à leur histoire, consultez mes *Mathematical Recreations and Problems*, Londres, 3ᵉ édit., 1896, chap. viii, traduit en français par Ritz Patrick.

livres I à IX, et XI et XII des *Eléments* d'Euclide avec quelques-uns des théorèmes les plus élémentaires sur les sections coniques.

Hippocrate. — *Hippocrate de Chios* (qu'il importe de ne pas confondre avec son contemporain, Hippocrate de Cos, célèbre médecin) fut un des plus grands géomètres grecs. Il naquit à Chios environ 470 avant J.-C. et commença par exercer le commerce. Les uns prétendent qu'il fut dépouillé par les collecteurs de la douane athénienne, qui résidaient dans la Chersonèse, les autres qu'un de ses vaisseaux fut capturé par des pirates athéniens dans le voisinage de Byzance : Quoi qu'il en soit, il vint à Athènes vers — 430 pour essayer de recouvrer ses biens en faisant appel à la justice. Un étranger n'était pas fait pour réussir dans une pareille entreprise et les Athéniens semblent s'être tout simplement amusés de la simplicité dont il avait fait preuve, d'abord en se laissant dépouiller, et ensuite en manifestant l'espoir de recouvrer sa fortune. Tout en revendiquant ses droits il fréquentait les cours des divers philosophes et finalement (selon toute probabilité pour gagner sa vie) il ouvrit une école de géométrie. Il paraît avoir été très au courant de la philosophie pythagoricienne, bien qu'on n'ait pas de preuve suffisante de son affiliation à cette École.

Il composa le premier traité élémentaire de géométrie, traité dont Euclide s'est probablement inspiré pour ses *Eléments,* de sorte qu'on peut dire de lui qu'il esquissa le plan qui sert encore de base à l'enseignement de la géométrie dans les écoles d'Angleterre. On suppose que l'usage des lettres pour désigner les figures fut imaginé par lui ou introduit de son temps, car il se sert d'expressions telles que « le point sur lequel se trouve la lettre A » et « la ligne sur laquelle AB est marqué ». Cantor pense cependant que les Pythagoriciens avaient déjà antérieurement l'habitude de désigner les cinq sommets de l'étoile pentagramme par les lettres du mot ὑγίεα ([1]), et bien que ce ne soit là qu'un simple cas particulier, il est possible qu'ils aient employé ce procédé d'une façon générale. Les géomètres de l'Inde n'employaient jamais de lettres pour se guider dans la description de leurs figures.

Hippocrate désignait aussi le carré construit sur une ligne par le

---

([1]) Voir ci-dessus, p. 21.

mot δύναμις, et donnait ainsi la signification technique du mot *puissance* dont on se sert encore. On a des raisons de croire que l'usage de ce mot nous vient des Pythagoriciens qui énonçaient, dit-on, les conclusions de la proposition 47 du livre I d'Euclide sous cette forme : « la puissance totale des côtés d'un triangle rectangle est la même que celle de l'hypoténuse. »

Hippocrate se servait de la méthode de « réduction » consistant à ramener successivement un problème à un autre, de sorte que le dernier une fois établi, la proposition principale s'en déduisait nécessairement ; la méthode de démonstration par « *la réduction à l'absurde* » peut être considérée comme un cas particulier de la précédente. Il est hors de doute que le principe de la méthode avait déjà été employé d'une façon accidentelle, mais il eut le mérite de la signaler à l'attention comme un mode de démonstration légitime et susceptible de nombreuses applications. On peut dire de lui qu'il créa la géométrie du cercle. Il découvrit que les segments égaux d'un cercle contiennent des angles égaux ; que l'angle sous-tendu par une corde dans un cercle est plus grand, égal ou plus petit qu'un angle droit suivant que le segment du cercle dans lequel il est inscrit est plus petit, égal ou plus grand qu'un demi-cercle (Eucl. prop. 31 du livre III), et probablement plusieurs autres propositions contenues dans le troisième livre d'Euclide. Il est également vraisemblable que les deux propositions suivantes lui sont dues :

les cercles sont entre eux comme les carrés de leurs diamètres (Euclide, prop. 2, livre XII) ;

les segments semblables sont entre eux comme les carrés de leurs cordes.

La démonstration que l'on trouve dans Euclide de la première de ces propositions est attribuée à Hippocrate.

Cependant ses plus célèbres découvertes furent relatives à la quadrature du cercle et à la duplication du cube et grâce à son influence ces problèmes jouèrent un rôle prépondérant dans l'histoire de l'Ecole Athénienne.

Les propositions suivantes montreront suffisamment comment il abordait le problème de la quadrature.

a) Il commençait par évaluer l'aire de la lunule déterminée par l'arc d'un quadrant et la demi-circonférence décrite sur la corde

du quadrant comme diamètre. Voici comment il raisonnait : soit ABC un triangle rectangle isocèle inscrit dans le demi-cercle ABOC de centre O. Sur AB et AC comme diamètres décrivons deux autres demi-cercles (*fig.* 6).

On a, d'après la prop. 47 du livre I d'Euclide

carré sur BC = carré sur AC + carré sur AB,

par suite (d'après la prop. 2 du livre XII)

aire du $\frac{1}{2}$ cercle BC = aire du $\frac{1}{2}$ cercle AC + aire du $\frac{1}{2}$ cercle AB.

Enlevons les parties communes et il vient

aire du triangle BAC = somme des aires des lunules AECD, AFBG.

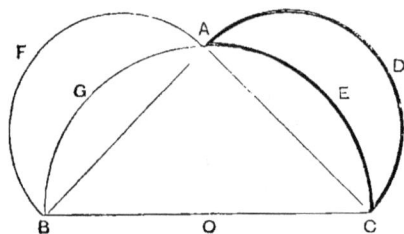

Fig. 6.

Dès lors, l'aire de la lunule AECD est équivalente à la moitié de la surface du triangle ABC.

b) Il inscrivait ensuite un demi-hexagone régulier ABCD dans un demi-cercle de centre O et décrivait des demi-cercles sur OA, AB, BC et CD (*fig.* 7).

Le diamètre AD valant deux fois chacune des droites OA, AB, BC et CD, on avait :

carré sur AD = somme des carrés construits sur OA, AB, BC et CD.

Par suite,

aire du $\frac{1}{2}$ cercle ABCD = somme des aires des $\frac{1}{2}$ cercles décrits sur OA, AB, BC et CD.

Enlevons la partie commune et il vient :

$$\text{aire du trapèze ABCD} = 3 \text{ lunules AEBF} + \frac{1}{2} \text{ cercle sur OA.}$$

Si donc on connaissait l'aire de la lunule AEBF, on pourrait déduire de cette relation l'aire du demi-cercle décrit sur OA comme diamètre.

D'après Simplicius, Hippocrate supposait que l'aire de cette lunule était la même que celle de la lunule déterminée précédemment. Il aurait alors commis une erreur, puisque dans le dernier cas la lunule est formée par un arc égal au sixième de la circonférence et par la demi-circonférence décrite sur la corde du premier arc comme diamètre ; mais il semble plus probable que Simplicius n'a pas exactement compris le texte d'Hippocrate.

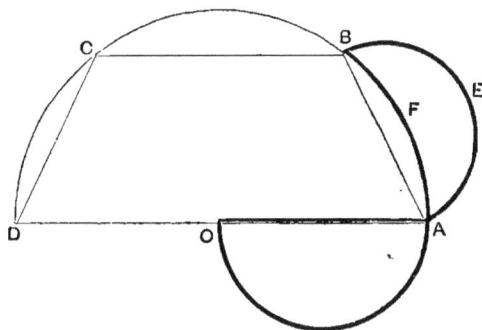

Fig. 7.

Hippocrate énonça également divers autres théorèmes relatifs aux lunules (ils ont été réunis par Bretschneider et par Allman). Ce sont là, croyons-nous, les exemples les plus anciens d'aires limitées par des courbes qui aient été déterminées géométriquement.

Hippocrate s'est également occupé du problème de la duplication du cube dont nous avons déjà parlé.

Cette question était connue dans l'antiquité sous le nom de problème déliaque parce que, d'après la légende, les Déliens auraient consulté Platon à son sujet. Philoponus raconte, en effet, qu'en — 430, les Athéniens éprouvés par la peste, consultèrent l'Oracle de Delphes pour savoir comment ils pourraient arrêter le fléau.

Apollon leur répondit qu'ils devaient doubler l'autel qui lui était consacré, dont la forme était cubique. Au premier abord rien ne parut plus simple : suivant les uns, ils construisirent un nouvel autel dont l'arête était double de celle de l'ancien (d'où il résultait un cube huit fois plus grand et non double) ; suivant les autres, ils placèrent à côté de l'autel existant un second cube ayant exactement les mêmes dimensions. Quoi qu'il en soit, et toujours d'après la légende, la divinité se montrant encore plus courroucée et le fléau augmentant d'intensité, une nouvelle députation lui fut envoyée. L'oracle leur répondit qu'il était inutile d'essayer de tromper les Dieux et que le nouvel autel devait être un cube parfait de volume double du premier. Soupçonnant que cette réponse cachait quelque chose de mystérieux, les Athéniens eurent recours à Platon qui les renvoya aux géomètres et principalement à Euclide qui s'était spécialement occupé du problème. L'introduction des noms de Platon et d'Euclide est un anachronisme évident.

Eratosthène donne un récit à peu près semblable mais avec le roi Minos comme auteur du problème.

Hippocrate ramenait le problème de la duplication du cube à la détermination de deux moyennes proportionnelles entre une ligne droite, a, et son double $2a$.

En désignant ces moyennes par x et y, nous avons

$$\frac{a}{x} = \frac{x}{y} = \frac{y}{2a}.$$

d'où il résulte

$$x^3 = 2a^3.$$

C'est sous cette forme que le problème est généralement présenté aujourd'hui. Hippocrate ne réussit pas à trouver la construction de ces moyennes.

Platon. — Un autre philosophe de l'école athénienne dont nous devons parler ici est *Platon*. Il naquit à Athènes vers — 429 et fut, comme on sait, pendant huit ans élève de Socrate ; l'on doit en grande partie à ses dialogues la connaissance de l'enseignement donné par ce philosophe. Après la mort de son maître en — 399, Platon quitta Athènes, et se trouvant à la tête d'une fortune considérable, il passa plusieurs années à voyager. Ce fut pendant cette période qu'il s'adonna aux mathématiques. Il visita l'Egypte avec Eudoxe et Strabon. On raconte que, de son temps, on montrait encore à Héliopolis le logement qu'ils occupèrent. De là Platon se rendit à Cyrène où il étudia sous la direction de Théodore. Il passa ensuite en Italie où il se lia avec Archytas alors à la tête de l'école pythagoricienne ainsi qu'avec Eurytas, Tétaponte et Timée de Locres.

De retour à Athènes vers l'an — 380 il fonda une école dans un gymnase suburbain auquel on donna le nom d'Académie. Il mourut en — 348.

De même que Pythagore, Platon était surtout philosophe, et l'on pourrait peut-être regarder sa philosophie comme basée sur l'enseignement pythagoricien plutôt que sur celui de Socrate. Quoiqu'il en soit, elle était, comme la philosophie pythagoricienne, dominée par cette idée que le secret de l'univers se trouvait dans le nombre et dans la forme, suivant Eudème « il saisissait toutes les occasions de faire ressortir les relations remarquables existant entre les mathématiques et la philosophie. » On s'accorde à reconnaître que contrairement à plusieurs philosophes plus modernes, il considérait l'étude de la géométrie, ou tout au moins d'une science exacte, comme le préliminaire indispensable de l'étude de la philosophie. On lisait cette inscription au-dessus de l'entrée de son école « que nul n'entre ici s'il n'est géomètre. »

Le prestige de Platon comme l'un des maîtres de l'école mathématique athénienne tient plutôt à l'influence extraordinaire qu'il a exercée sur ses contemporains et ses successeurs qu'à ses découvertes personnelles. Ainsi l'objection qu'il avait présentée relativement à l'emploi, pour le tracé des courbes, d'instruments autres que la règle et le compas, fut immédiatement acceptée comme un dogme qui devait être respecté dans tous les problèmes de ce genre. C'est probablement à Platon que l'on doit l'habitude prise par les géomètres qui vinrent après lui de commencer l'exposition de leur sujet par une suite de définitions, de postulats et d'axiomes soigneusement coordonnés. Il classa également d'une façon systématique les méthodes qui pouvaient être employées pour traiter les questions de mathématiques, et, en particulier, attira l'attention sur l'importance de l'analyse. Dans le mode de démonstration par l'analyse on commence par supposer résolu le problème ou démontré le théorème à établir et de cette supposition on déduit certain résultat : si la conséquence déduite est fausse, le théorème n'est pas exact ou le problème n'est pas susceptible d'une solution : si, au contraire, le résultat obtenu est reconnu vrai, et si l'on peut revenir sur ses pas, on obtient (en reprenant la marche inverse) une preuve synthétique ; mais si l'on ne peut remonter de la déduction à l'hypothèse faite, aucune conclusion ne peut être formulée.

On trouve de nombreux exemples de cette méthode dans tous les ouvrages de géométrie.

Si la classification des méthodes inductives donnée par Mill dans son ouvrage sur la logique avait été universellement admise et si chaque nouvelle découverte scientifique avait été justifiée par une référence aux règles qu'il expose, il aurait, pensons-nous, occupé, par rapport à la science moderne, une place à peu près identique à celle que prit Platon parmi les mathématiciens de son temps.

Nous donnons ci-après le seul théorème qui subsiste et que la tradition attribue à Platon.

Si deux triangles rectangles ABC, ABD ont un côté de l'angle droit AB commun, les deux autres côtés BC, AD parallèles et leurs hypoténuses BD, AC se coupant en P à angle droit, on a

$$\frac{PC}{PB} = \frac{PB}{PA} = \frac{PA}{PD}.$$

Ce théorème était employé pour la duplication du cube, car si l'on pouvait obtenir deux pareils triangles tels que PD · 2 PC, le problème serait résolu.

Il est facile de construire un instrument permettant de former ces deux triangles.

Eudoxe ([1]). — Nous savons très peu de chose sur *Eudoxe*, le troisième grand mathématicien de l'école athénienne et le fondateur de l'école de Cyzique. Il naquit à Cnide en — 408. Comme Platon il se rendit à Tarente où il étudia sous la direction d'Archytas alors à la tête de l'école Pythagoricienne. Il voyagea dans la suite avec Platon en Egypte et s'établit alors à Cyzique où il fonda

---

[1] Les travaux d'EUDOXE ont été étudiés avec beaucoup de détails par H. KÜNSSBERG DE DINKELSBÜHL en 1888 et 1890. Voir aussi les références mentionnées ci-dessus à la page 35.

l'école de ce nom. Finalement il se rendit à Athènes avec ses disciples. Là, il semble avoir pris une certaine part aux affaires
publiques et avoir pratiqué la médecine ; mais l'hostilité de Platon
et sa propre impopularité comme étranger rendirent sa situation
intenable et il retourna à Cyzique ou Cnide peu de temps avant sa
mort qui survint en — 355 lors d'un voyage en Égypte.

Ses œuvres mathématiques semblent remarquables. Il découvrit
presque tout ce que nous savons du cinquième livre d'Euclide, et
ses démonstrations sont à peu près les mêmes que celles d'Euclide.

Il fit connaître quelques propositions sur ce qu'on appelait « la
section d'or ». Le problème consistant à couper une ligne AB dans
la section d'or, c'est-à-dire, à la diviser au point H en moyenne et
extrême raison (autrement dit de telle sorte que $\frac{AB}{AH} = \frac{AH}{HB}$) problème résolu dans Euclide (prop. 11, livre II) et probablement
connu des Pythagoriciens à une date antérieure.

A   H   B

Fig. 8.

Si nous représentons la longueur AB par l et les segments AH,
HB par a et b, les théorèmes démontrés par Eudoxe se traduisent
par les identités algébriques suivantes :

(1) $\left(a + \frac{1}{2} l\right)^2 = 5 \left(\frac{1}{2} l\right)^2$.   [Euclide, prop. 1 du livre XIII].

(2)   Réciproquement, si l'égalité (1) est vraie et si nous faisons AH = a,
la droite AB se trouve divisée en H en une section d'or.
[Euclide, prop. 2 du livre XIII].

(3) $\left(b + \frac{1}{2} a\right)^2 = 5 \left(\frac{1}{2} a\right)^2$.   [Euclide, prop. 3 du livre XIII].

(4) $l^2 + b^2 = 3 a^2$.   [Euclide, prop. 4 du livre XIII].

(5) $\frac{l + a}{l} = \frac{l}{a}$,   ce qui donne une autre section d'or
[Euclide, prop. 5 du livre XIII].

Ces propositions ont été successivement énoncées par Euclide,
au commencement de son XIIIe livre, mais elles auraient pu tout

aussi bien être placées à la fin du second livre. Toutes sont algébri-
quement évidentes, puisque

$$l = a + b \quad \text{et} \quad a^2 = b.\,l.$$

Eudoxe créa plus tard la méthode « d'exhaustion » qui repose
sur cette proposition que « si à la plus grande de deux grandeurs
inégales, on enlève plus que sa moitié, et à ce qui reste encore,
plus que sa moitié, et ainsi de suite, on finira par obtenir un reste
moindre que la plus petite des deux grandeurs proposées ». Euclide avait classé cette proposition comme la première du Xe livre
de ses *Eléments*, mais dans la plupart des éditions scolaires modernes, elle est placée au commencement du XIIe livre. A l'aide de
ce théorème, les géomètres anciens pouvaient éviter l'emploi des
infiniments petits : la méthode est rigoureuse mais d'une application pénible. On en trouve un bon exemple dans la démonstration
de la proposition 2 du livre XII d'Euclide, à savoir que : le carré
du rayon d'un cercle est au carré du rayon d'un autre cercle
comme l'aire du premier cercle est à une aire qui n'étant, ni plus
petite, ni plus grande que celle du second cercle, représente nécessairement celle de ce second cercle.

La démonstration qu'en donne Euclide est (suivant l'usage)
complétée par une *réduction à l'absurde*.

Eudoxe utilisait ce principe pour démontrer que le volume
d'une pyramide (ou d'un cône) est le tiers de celui d'un prisme (ou
d'un cylindre) de même base et de même hauteur (Euclide, prop.
7 et 10 du livre XII). On pense aussi qu'il s'en servait pour établir
que les volumes de deux sphères sont entre eux comme les cubes
de leurs rayons. Quelques écrivains estiment que c'est à lui, et non
à Hippocrate, qu'on doit attribuer la proposition 2 du livre XII
d'Euclide.

Eudoxe considéra également certaines courbes autres que le
cercle.

Eudoxe imagina un système planétaire et écrivit un traité d'astronome pratique dans lequel, adoptant une hypothèse déjà mise
en avant par Philolaüs. il supposait un certain nombre de sphères
mobiles auxquelles le soleil, la lune et les étoiles étaient fixés et
qui, par leur rotation, produisaient les effets observés. Son système

supposait vingt-sept sphères en tout. A mesure que les observations devinrent plus exactes, les astronomes qui acceptèrent son système durent continuellement imaginer de nouvelles sphères pour faire concorder les faits avec la théorie.

L'ouvrage sur l'astronomie écrit par Aratus vers — 300 et qui subsiste encore est basé sur celui d'Eudoxe.

Platon et Eudoxe étaient contemporains.

Ménœchme. — Parmi tous les mathématiciens dont nous venons de donner les noms, nous ferons spécialement mention de *Ménœchme* qui naquit vers — 375 et mourut vers — 325. Il fut, comme nous venons de le dire, élève d'Eudoxe et lui succéda probablement à la tête de l'Ecole de Cyzique. Ménœchme jouissait d'une grande réputation comme professeur de géométrie et fut un des précepteurs d'Alexandre le Grand. A la demande de son élève le priant un jour de présenter ses démonstrations d'une manière simple, il fit cette réponse bien connue que, si dans un pays il existait diverses voies privées, et même des voies royales, il n'existait qu'une seule route pour parvenir à la connaissance de la géométrie, route qui devait être suivie par tout le monde. Ménœchme étudia le premier les sections coniques qui furent pendant longtemps appelées la *triade ménœchmienne*. Il les divisait en trois classes et recherchait leurs propriétés, non pas en faisant différentes sections planes dans un même cône, mais en supposant un plan fixe et en lui faisant couper des cônes différents. Il fit voir que la section d'un cône droit par un plan perpendiculaire à une génératrice est une ellipse si l'angle au sommet est aigu, une parabole s'il est droit, et enfin une hyperbole si cet angle est obtus. Il donna une construction mécanique de ces courbes.

Il montra également comment ces courbes pouvaient être utilisées de deux manières pour la solution du problème de la duplication du cube.

Dans la première de ses méthodes, il fait remarquer que deux paraboles ayant un sommet commun, leurs axes rectangulaires et telles que le paramètre de l'une soit double de celle de l'autre, se coupent en un second point dont l'abscisse (ou l'ordonnée) donne une solution du problème : car (en employant l'analyse), si les équations des paraboles sont $y^2 = 2\,ax$ et $x^2 = ay$, elles se coupent en un point dont l'abscisse est donnée par l'équation $x^3 = 2a^3$.

Il est probable que cette méthode lui fut suggérée par la forme sous laquelle Hippocrate avait présenté le problème : déterminer x et y de telle sorte que l'on ait :

$$\frac{a}{x} = \frac{x}{y} = \frac{y}{2a},$$

d'où l'on déduit

$$x^2 = ay \quad \text{et} \quad y^2 = 2ax.$$

Voici la seconde solution de Ménœchme : On décrit une parabole de paramètre $\frac{l}{2}$, puis une hyperbole équilatère ayant $4l$ pour longueur de son axe réel, et pour asymptotes la tangente au sommet et l'axe de la première. L'ordonnée et l'abscisse du point d'intersection de ces courbes sont les moyennes proportionnelles entre l et $2l$.

L'analyse le prouve immédiatement, car les équations de ces courbes sont

$$x^2 = ly \quad \text{et} \quad xy = 2l^2.$$

Elles se coupent en un point déterminé par les équations

$$x^3 = 2l^3 \quad \text{et} \quad y^3 = 4l^3,$$

dès lors

$$\frac{l}{x} = \frac{x}{y} = \frac{y}{2l}.$$

Aristé et Theætète. — Parmi les autres membres de ces Écoles, *Aristé* et *Theætète* dont les ouvrages sont complètement perdus furent des mathématiciens en renom. Nous savons qu'Aristé écrivit sur les cinq solides réguliers et que Theætète développa la théorie des grandeurs incommensurables. Le seul théorème que nous puissions sûrement attribuer au dernier, est celui qui fait l'objet de la proposition neuf du dixième livre d'Euclide, et dont voici l'énoncé :

Les carrés construits sur deux lignes commensurables ont entre eux le même rapport que le carré d'un nombre au carré d'un autre nombre (et réciproquement) ; les carrés construits sur deux longueurs incommensurables ont entre eux un rapport qui ne peut être exprimé par celui du carré d'un nombre au carré d'un autre nombre (et réciproquement).

Ce théorème comprend les résultats donnés par Théodore ([1]).

Les contemporains ou les successeurs de ces mathématiciens écrivirent quelques nouveaux traités sur les *Eléments* de la Géométrie et sur les sections coniques ; ils firent connaître quelques problèmes relatifs à la recherche des lieux et poursuivirent efficacement le travail commencé par Platon en systématisant les connaissances déjà acquises.

Aristote. — Notre histoire de l'École Athénienne ne serait pas complète si nous passions sous silence Aristote qui naquit à Stagire, en Macédoine, en — 384, et mourut à Chalcis, en Eubée, en — 322. Les sciences naturelles avaient pour lui un attrait tout particulier ; il s'intéressait cependant aux mathématiques et à la mécanique. Un petit ouvrage, contenant quelques questions de mécanique et qu'on lui attribue quelquefois, offre un certain intérêt parce qu'il montre que les principes de la mécanique commençaient déjà à attirer l'attention, et parce qu'il contient le plus ancien exemple connu de l'emploi des lettres pour représenter les grandeurs.

On y trouve une preuve dynamique de la règle du parallélogramme des forces et ce passage remarquable « si α est une force appliquée à une masse β, γ la distance dont cette masse est déplacée et δ le temps du déplacement, on peut dire que α déplacera une masse $\frac{\beta}{2}$ de la distance 2γ dans le temps δ, ou de la distance γ dans le temps $\frac{\delta}{2}$. »

Mais l'auteur continue ainsi « il ne s'ensuit pas que $\frac{1}{2\alpha}$ déplacera β d'une distance $\frac{\gamma}{2}$ dans le temps δ, attendu que la force $\frac{\alpha}{2}$ peut n'être pas du tout en mesure de déplacer β. Ainsi 100 hommes pourront remorquer un vaisseau sur une longueur de 100 mètres, mais il ne s'ensuit pas qu'un seul homme pourra le déplacer d'un mètre. » La première partie de ce raisonnement est correcte, car elle revient

---

([1]) Voir plus haut, p. 32.

à dire que l'impulsion est proportionnelle au *momentum* ([1]), mais la seconde partie demanderait à être discutée.

Aristote signale aussi ce fait que : « ce que l'on gagne en puissance est perdu en chemin parcouru » et que par conséquent deux poids qui s'équilibrent sur un levier (sans poids) sont inversement proportionnels aux bras de levier ; c'est ce qui explique, dit-il, pourquoi il est plus facile d'extraire les dents avec une pince qu'avec les doigts.

Entre autres questions qu'Aristote laisse sans réponse, se trouvent les deux suivantes : pourquoi un projectile s'arrêtera-t-il toujours? — Pourquoi les voitures munies de grandes roues sont-elles plus faciles à mouvoir que celles qui ont des petites roues?

Nous ajouterons que l'ouvrage contient des erreurs graves, et ne présente pas dans son ensemble autant d'intérêt qu'on pourrait le supposer d'après les extraits que nous venons de faire.

En résumé les Grecs ne comprirent pas suffisamment que les principes de la Mécanique ne pouvaient être établis que sur l'observation et l'expérience.

([1]) Cette expression employée en Angleterre désigne le produit de la masse mise en mouvement par la vitesse, c'est-à-dire, la *quantité de mouvement*. (N. du T.)

CHAPITRE IV

—

LA PREMIÈRE ÉCOLE D'ALEXANDRIE ([1])

(D'ENVIRON — 300 A — 30)

C'est à Alexandrie que fut créé pour la première fois un centre intellectuel analogue à nos Universités d'aujourd'hui. Admirablement située, possédant des salles de lecture, des bibliothèques, des musées, des laboratoires, des jardins, tous les appareils, toutes les machines que le génie humain avait inventées, elle devint rapidement la Métropole intellectuelle du peuple grec et conserva son importance pendant une période de près de dix siècles. Elle eut la singulière bonne fortune de produire, pendant le premier siècle de son existence, trois des plus grands mathématiciens de l'antiquité — Euclide, Archimède et Apollonius. — Ils tracèrent la voie qui fut suivie, par leurs successeurs, et ils surent s'affranchir de toute école philosophique. Sa fondation commence une ère nouvelle dans l'histoire de la Science. A partir de cette époque et jusqu'à la destruction d'Alexandrie par les Arabes, en 641 après Jésus-Christ, l'histoire des centres scientifiques se rattache plus ou moins à l'école d'Alexandrie.

([1]) L'histoire des Écoles d'Alexandrie est traitée par CANTOR, chap. XII-XXIII, et par Gow dans *History of greek Mathematics*, Cambridge, 1884.
La question de l'Algèbre des Grecs est traitée par E. H. F. NESSELMANN, dans son ouvrage *Die Algebra der Griechen*, Berlin, 1842 ; on peut consulter aussi L. MATTHIESSEN, *Grundzüge der antiken und modern Algebra der litteralen Gleichungen*, Leipzig, 1878.
Les traités grecs sur les sections coniques sont étudiés dans l'ouvrage *Die Lehre von den Kegelschnitten in Altertum*, de H. G. ZEUTHEN, Copenhague, 1886. Les matériaux pour l'histoire de ces Écoles ont été soumis à une minutieuse critique, par S. P. TANNERY et la plupart de ses mémoires sont réunis dans sa *Géométrie grecque*, Paris, 1887.

La ville et l'Université d'Alexandrie ont été créées dans les circonstances suivantes. Alexandre le Grand monta en — 336 sur le trône de Macédoine à l'âge de vingt ans et, en — 332, il avait conquis ou soumis la Grèce, l'Asie-Mineure et l'Egypte. S'inspirant du plan qu'il s'était tracé chaque fois qu'il trouvait qu'une position avantageuse avait été laissée inoccupée, il fonda une nouvelle cité sur la Méditerranée non loin d'une des bouches du Nil; lui-même en traça le plan, et y envoya des détachements de Grecs d'Egyptiens et de Juifs qui en prirent possession. Il voulait en faire la plus belle ville du monde, et en confia la construction à Dinocrates, l'architecte du Temple de Diane à Éphèse.

A la mort d'Alexandre en — 323, son empire fut divisé, et l'Egypte revint à Ptolémée qui choisit Alexandrie comme capitale de son Royaume. Une courte période de troubles suivit, mais aussitôt que Ptolémée fut établi sur le trône, environ 306 avant Jésus-Christ, il s'efforça, autant qu'il en avait le pouvoir, d'attirer dans la nouvelle cité les savants de tous les pays. Il fit commencer aussitôt la construction des bâtiments universitaires sur un terrain attenant à son propre Palais. L'Université fut prête à ouvrir ses portes environ 300 avant Jésus-Christ, et Ptolémée désirant recruter le personnel enseignant parmi les savants les plus éminents, les fit venir d'Athènes, qui était alors le centre intellectuel le plus renommé. La grande bibliothèque, qui formait la construction centrale, fut confiée aux soins de Demetrius Phalereus, athénien de distinction, et elle prit un tel développement qu'elle possédait quarante ans après sa construction (en y comprenant l'annexe égyptienne) environ 600.000 manuscrits. La direction de l'Enseignement mathématique fut donnée à Euclide, classé ainsi le premier parmi les mathématiciens de l'Ecole d'Alexandrie.

Depuis la fondation de cette nouvelle Ecole, les documents sur lesquels est basée notre histoire deviennent plus nombreux et plus certains. Plusieurs des œuvres des mathématiciens d'Alexandrie nous sont parvenues, et nous possédons en outre un traité inappréciable de Pappus, dont il est parlé plus loin, dans lequel leurs écrits les plus connus sont désignés, discutés et critiqués. Mais, observation curieuse, si nous avons des renseignements importants sur les matières que l'on enseignait, nous en avons beaucoup moins sur les maîtres; leur vie nous est peu connue et il règne une certaine incertitude sur la date exacte de leur naissance et de leur mort.

LE IIIe SIÈCLE AVANT JÉSUS-CHRIST

Euclide (¹). — Ce siècle a produit trois des plus grands mathématiciens de l'antiquité : Euclide, Archimède et Apollonius.

Euclide est le plus ancien. Nous ne connaissons presque rien de sa vie, si ce n'est qu'il était grec et qu'il naquit environ 330 avant Jésus-Christ; il mourut vers — 275. Il connaissait la géométrie platonicienne, mais ne semble pas avoir connu les écrits d'Aristote, probablement parce qu'il avait étudié à Athènes. A Alexandrie il eut un immense succès. Il imposa à un tel point sa propre individualité à l'enseignement de l'Université nouvelle, que, pour ses successeurs et même pour ses contemporains, le nom d'Euclide désignait (comme cela a lieu de nos jours), non l'homme lui-même, mais le ou les ouvrages qu'il avait écrits. Quelques-uns des écrivains du moyen-âge ont été jusqu'à nier l'existence d'Euclide et ont expliqué avec toute l'ingéniosité des linguistes que ce nom était simplement la corruption de ὕκλι, clef, et ὄις, géométrie. Il est à présumer que le premier mot serait un dérivé de κλείς, mais nous ne pouvons expliquer la signification donnée au mot ὄις que par cette conjecture, que le nombre deux symbolisant la ligne d'après les Pythagoriciens ; il est possible qu'un de ses disciples ait pensé qu'il pouvait être choisi pour spécifier la géométrie.

D'après les rares notices sur Euclide, qui nous sont parvenues, nous voyons que le fameux propos cité plus haut comme réponse faite à Alexandre, peut lui être attribué aussi bien qu'à Me-

---

(¹) Outre Cantor, chap. XII et XIII et Gow, pp. 72-86, 193-221, voir l'article *Euclides*, par A. DE MORGAN, dans le *Dictionary of Greek and Roman Biography*, de Smith, Londres, 1849 ; l'article sur *Irrational Quantity*, par A. DE MORGAN, dans le *Penny Cyclopaedia*, Londres, 1839 ; et *Litterargeschichtliche studien über Euklid*, par J. L. HEIBERG, Leipzig, 1882.

La plus récente édition complète de toutes les œuvres d'EUCLIDE est celle de J. L. HEIBERG et H. MENGE, Leipzig, 1883-1887. Une traduction anglaise des 13 livres des *Éléments* a été publiée par J. WILLIAMSON, en 2 volumes, Oxford, 1781 et Londres, 1788, mais dont les notes ne doivent pas toujours être acceptées sans réserve ; il existe une autre traduction, par ISAAC BARROW, Londres et Cambridge, 1660.

nœchme; mais c'est là une de ces observations épigrammatiques que l'on met dans la bouche de bien des grands hommes. On dit aussi qu'Euclide insistait sur cette idée que les connaissances devaient être acquises pour elles-mêmes, et non pour le profit qu'on pouvait en retirer, et Stobacus (qui cependant ne peut être considéré comme une autorité indiscutable) nous raconte que, lorsqu'un débutant dans l'étude de la Géométrie posait cette question : « mais que gagnerai-je en apprenant toutes ces matières? » Euclide commandait à son esclave de donner au jeune homme quelques pièces de monnaie « puisque, disait-il, il doit retirer profit de ce qu'il apprend ». D'après la tradition il était d'une douceur et d'une modestie remarquables.

Euclide a composé plusieurs ouvrages, mais sa réputation repose principalement sur ses *Eléments*. Ce traité contient une exposition systématique des principales propositions de la Géométrie élémentaire (à l'exclusion des sections coniques) et de la théorie des nombres. Il fut aussitôt adopté par les Grecs, comme le livre classique type, pour l'étude des éléments de mathématiques pures.

Le texte moderne (¹) a été établi d'après une édition préparée par Théon, le père d'Hypatie, qui professa à Alexandrie vers 380 après Jésus-Christ. On possède à la bibliothèque du Vatican la copie d'un texte plus ancien et on a, de plus, des extraits de l'ouvrage et des citations données par de nombreux auteurs à des époques diverses. Il résulte de l'examen de ces documents que, dans les éditions qui suivirent, les définitions, les axiomes et les postulats ont été remaniés et légèrement altérés, mais que les propositions elles-mêmes sont telles qu'Euclide les a présentées.

Quant au corps même du traité, ce qui concerne la géométrie est en grande partie une compilation des ouvrages des écrivains antérieurs. Ainsi les livres I et II sont probablement dus à Pythagore; le livre III revient à Hippocrate, le livre V à Eudoxe et l'ensemble des livres IV, [VI, XI et XII aux derniers Pythagoriciens ou aux écoles Athéniennes. Mais, toutes les matières ont été re-

---

(¹) La plupart des traités modernes en Angleterre sont composés d'après l'édition de SIMSON parue en 1758.

ROBERT SIMSON qui naquit en 1687 et mourut en 1768 était professeur de mathématiques à l'Université de Glasgow, il laissa plusieurs ouvrages de valeur sur la géométrie ancienne.

prises, des déductions faciles à saisir omises (par exemple cette proposition : les perpendiculaires abaissées de chaque sommet d'un triangle sur le côté opposé se rencontrent en un même point, a été supprimée) et dans certains cas, de nouvelles démonstrations présentées. La partie consacrée à la théorie des nombres semble avoir été empruntée aux ouvrages d'Eudoxe et de Pythagore, à l'exception de ce livre X, qui a trait aux grandeurs irrationnelles. Cette partie peut avoir été tirée du livre perdu de Theætète, mais il est probable qu'elle contient beaucoup de propositions nouvelles, car Proclus nous apprend qu'Euclide, en arrangeant les propositions d'Eudoxe complétait la plupart de celles de Theætète.

Euclide procède toujours d'une manière uniforme : énoncé, exposition, construction, preuve et conclusion. On lui doit également le caractère synthétique de l'ouvrage, chaque démonstration ayant la forme d'un raisonnement suivi, logiquement correct, mais sans aucun guide relativement à la méthode suivie pour l'obtenir.

Les défauts des *Eléments* d'Euclide, en tant que livre classique de géométrie, ont été souvent signalés. Voici les plus importants :

1° Les définitions et axiomes contiennent beaucoup de suppositions qui ne sont pas évidentes, et il en est ainsi, en particulier, de l'axiome dit des parallèles [1] ;

2° Il n'explique pas, comment il est arrivé à donner aux démonstrations la forme qu'elles ont, c'est-à-dire qu'il présente une preuve synthétique sans donner l'analyse qui lui a permis de l'obtenir ;

3° Aucun essai de généralisation d'un résultat obtenu n'est tenté, par exemple, l'idée de l'angle n'est jamais développée de façon à comprendre le cas où il est égal ou plus grand que deux angles droits.

La seconde partie de la proposition 33 du livre VI, suivant le texte moderne, paraît être une exception, mais elle est due à Théon et non à Euclide ;

4° Le principe de la superposition comme méthode de démonstration pourrait avantageusement être employé plus fréquemment ;

5° La classification des propositions laisse à désirer ;

6° L'ouvrage est long et prolixe sans nécessité.

_____

[1] Il résulte des recherches de LOBATSCHEWSKY et de RIEMANN qu'il ne peut être démontré.

D'un autre côté, dans l'ouvrage d'Euclide, les propositions sont disposées, de façon à former une chaîne de raisonnements géométriques partant de quelques suppositions presque évidentes, pour arriver graduellement et sans peine à des résultats très complexes. Les démonstrations sont rigoureuses, souvent élégantes, et ne présentent pas trop de difficulté aux débutants. Enfin presque toutes les propriétés métriques élémentaires de l'espace (par opposition aux propriétés graphiques) ont été étudiées. Le fait que pendant deux mille ans cet ouvrage a été universellement admis comme *Livre classique* est la meilleure preuve qu'il remplit bien le but auquel il était destiné.

Depuis quelques années, plusieurs tentatives, restreintes il est vrai, ont été faites pour détrôner Euclide dans les écoles d'Angleterre, mais la majorité du personnel enseignant paraît encore le regarder comme le meilleur traité qui ait été publié pour l'enseignement de la géométrie : cependant Euclide a généralement été abandonné sur le Continent comme livre d'enseignement.

A ces arguments en faveur d'Euclide, il faut ajouter que quelques-uns des plus grands mathématiciens des temps modernes, tels que Descartes, Pascal, Newton et Lagrange ont insisté pour son maintien comme livre classique : Lagrange disait, que celui qui n'avait pas étudié la géométrie dans Euclide, était comme une personne qui voudrait apprendre le latin et le grec d'après les ouvrages modernes écrits dans ces langues. Disons aussi, qu'il y aurait un immense avantage à avoir un seul livre classique universellement en usage pour un sujet tel que la géométrie. Les conditions peu satisfaisantes dans lesquelles se fait l'enseignement de la géométrie des coniques, est un exemple typique de l'inconvénient qui résulte de l'emploi de livres classiques différents. Quelques-unes des objections présentées contre Euclide ne s'appliquent pas à certaines éditions récentes de ses œuvres.

Nous ne pensons pas que toutes les objections énumérées plus haut puissent raisonnablement s'adresser à Euclide lui-même. Il publia une collection de problèmes généralement connus sous le nom de Δεδομένα ou *Data*. Ce recueil contient quatre-vingt quinze exemples d'un genre de déduction qui se reproduit fréquemment en analyse. Nous citerons le suivant comme exemple : si l'une des données du problème considéré est que l'angle d'un certain triangle de la figure est constant, il est légitime d'en conclure que le rapport de l'aire du rectangle déterminé par les côtés qui comprennent l'angle à l'aire du triangle est constant (prop. 66). Pappus rapporte que l'ouvrage avait été fait pour ceux « qui désirent apprendre à résoudre les problèmes. » Il constituait en fait une série graduée d'exercices d'analyse géométrique et il peut être considéré comme répondant à la seconde objection formulée.

Euclide composa également un ouvrage intitulé περὶ Διαιρέσεων ou *De Divisionibus* que nous ne connaissons que par une traduction arabe peut-être imparfaite. C'est une collection de trente-six problèmes sur la division des surfaces en parties ayant entre elles un rapport donné. Il est vraisemblable que cet ouvrage faisait partie d'une série plus complète comprenant probablement les *sophismes* et les *porismes* ; en lui-même, il montre qu'Euclide reconnaissait parfaitement l'importance des exercices et des applications.

Mentionnons ici une hypothèse mise en avant par De Morgan qui est peut-être, de tous les critiques modernes d'Euclide, le plus subtil. Il admet comme vraisemblable que les éléments furent écrits vers la fin de la vie du grand géomètre, et que leur forme actuelle n'est qu'une première ébauche de l'ouvrage qu'il se proposait de composer et que sa mort ne lui permit pas de remanier, à l'exception du livre X. Si cette opinion est fondée, il est bien probable que la révision d'Euclide n'aurait pas donné lieu à la cinquième objection formulée plus haut.

La partie des éléments consacrée à la géométrie est tellement connue que nous pourrions presque nous dispenser d'en parler ([1]).

Les quatre premiers livres et le livre VI traitent de la géométrie plane ; la théorie des proportions (entre grandeurs de toute nature) est faite dans le livre V et les livres XI et XII ont pour objet la géométrie dans l'espace.

_____

([1]) EUCLIDE supposait que ses lecteurs connaissaient l'usage de la règle et du compas.

LORENZO MASCHERONI (qui naquit à Castagneta, le 14 mai 1750 et mourut à Paris, le 30 juillet 1800) entreprit d'arriver aux résultats donnés par EUCLIDE en n'employant dans ses constructions que le compas seul. Le traité de MAS-CHERONI sur la *Géométrie du compas*, qui fut publié à Pavie, en 1795, est un tour de force si curieux qu'il vaut la peine d'être mentionné. MASCHERONI fut d'abord professeur à Bergame, puis à Pavie, il laissa de nombreux ouvrages d'importance secondaire.

En admettant l'hypothèse que les éléments représentent la première ébauche d'un ouvrage qu'Euclide se proposait d'écrire, il est possible que le livre XIII constitue une sorte d'appendice contenant quelques propositions additionnelles qui auraient été ultérieurement intercalées dans l'un ou l'autre des premiers livres. Ainsi, comme nous l'avons déjà fait remarquer plus haut, les cinq premières propositions relatives à une droite coupée « en section d'or » auraient pu être introduites dans le second livre. Les sept propositions qui suivent ont trait aux relations entre certaines lignes incommensurables dans les figures planes (telles que celles qui existent entre le rayon d'un cercle et les côtés du triangle, du pentagone, de l'hexagone et du décagone réguliers inscrits) et sont résolues en appliquant les méthodes du livre X et comme applications de ces méthodes. Les six dernières propositions sont consacrées aux cinq solides réguliers. Bretschneider pense que le livre XIII est un sommaire d'une partie de l'ouvrage perdu d'Aristé, mais les applications des méthodes du dixième livre sont fort probablement dues à Théætète.

Les livres VII, VIII, IX et X des *Eléments* sont réservés à la théorie des nombres. Les opérations élémentaires du calcul ou λογιστιχή, étaient enseignées aux enfants. Platon les considérait comme enfantines, et les mathématiciens grecs ne s'en occupèrent jamais beaucoup ; on ne les regardait pas comme faisant partie d'un cours de mathématiques. Nous ne savons pas comment on enseignait ces premières notions, mais il est certain que l'abaque devait jouer un grand rôle. L'étude scientifique des nombres était appelée ἀριθμητιχή, ou « science des nombres. » Elle avait spécialement pour objet les rapports, les proportions et la théorie des nombres.

En discutant l'ordre adopté par Euclide, nous ne devons pas perdre de vue que ses auditeurs étaient déjà initiés à l'art du calcul. Nous décrivons plus loin (¹) le système de numération en usage chez les Grecs, mais il était si peu commode qu'il rendait l'étude de la théorie des nombres bien plus difficile que celle de la géométrie ; c'est pourquoi Euclide commençait son cours de mathématiques par la géométrie plane. Il faut observer en même temps que

---

(¹) Voir plus loin, chap. VII.

les résultats obtenus dans le second livre, bien que géométriques par la forme, sont susceptibles d'être exprimés dans le langage algébrique, et le fait que les nombres pouvaient ainsi être représentés par des lignes, avait été probablement constaté à une époque antérieure. Cette méthode graphique, consistant à représenter les nombres par des lignes, possédait l'avantage évident de fournir des démonstrations applicables à tous les nombres, rationnels ou irrationnels. Il faut noter que parmi les propositions du second livre, on trouve des démonstrations géométriques, des propriétés distributives et commutatives de la multiplication, et des solutions géométriques des équations.

$$a(a - x) = x^2,$$

c'est-à-dire

$$x^2 + ax - a^2 = 0 \qquad \text{(Euc. prop. 11, livre II)}$$

et

$$x^2 - ab = 0 \qquad \text{(Euc. prop. 14, livre II).}$$

La solution de la première de ces équations est donnée sous la forme

$$\sqrt{a^2 + \left(\frac{1}{2}\, a\right)^2} - \frac{1}{2}\, a.$$

Les solutions des équations

$$ax^2 - bx + c = 0 \qquad ax^2 + bx - c = 0$$

sont données également dans Euclide (livre VI, prop. 28 et 29).

Le cas de $a = 1$ peut se déduire des identités établies dans les propositions 5 et 6 du livre II, mais il est douteux que le fait ait été constaté par Euclide.

Les résultats obtenus dans le cinquième livre consacré à la théorie des proportions, s'appliquent à toutes les grandeurs et, par suite, sont vrais pour les nombres aussi bien que pour les grandeurs géométriques. Dans l'opinion de beaucoup d'auteurs, c'est la manière la plus satisfaisante de traiter la théorie des proportions et Euclide l'a prise pour base de sa théorie des nombres.

On croit que cette théorie des proportions est due à Eudoxe ; l'exposition du même sujet faite dans le livre VII est moins élégante : elle reproduit probablement la méthode Pythagoricienne.

Cette double étude des proportions confirme l'opinion qu'Euclide mourut avant d'avoir eu le temps de retoucher son ouvrage.

Dans les livres VII, VIII et IX, Euclide étudie la théorie des nombres rationnels. Le septième livre débute par quelques définitions basées sur la notation pythagoricienne. Dans les propositions 1 à 3 il montre que, si en appliquant le procédé usuel pour trouver la plus grande commune mesure de deux nombres, le dernier diviseur est l'unité, les deux nombres sont premiers entre eux ; il déduit de là la règle pour trouver leur plus grand commun diviseur. Les propositions 4 à 22 comprennent la théorie des fractions qui repose sur celle des proportions ; entre autres résultats il démontre que $ab = ba$ (proposition 16). Dans les propositions 23 à 34, il s'occupe des nombres premiers et énonce beaucoup de propositions que l'on retrouve encore dans les livres classiques modernes. Dans les propositions de 35 à 41, il donne la théorie du plus petit multiple commun de plusieurs nombres et quelques problèmes divers.

Le huitième livre est principalement consacré aux nombres en proportion continue, c'est-à-dire en progression géométrique ; les cas où l'un des nombres (ou plusieurs) est un produit, un carré, ou un cube, sont spécialement étudiés.

Dans le neuvième livre, Euclide poursuit son étude sur les progressions géométriques, et dans la proposition 35 il énonce la règle pour sommer une série de n termes, bien que la démonstration ne soit donnée que pour le cas où $n = 4$. Il développe aussi la théorie des nombres premiers, montre que leur nombre est illimité (proposition 20) et examine les propriétés des nombres pairs et impairs, il termine en établissant que tout nombre de la forme $2^{n-1}(2^n - 1)$, lorsque $2^n - 1$ représente un nombre premier, est « parfait » (proposition 36).

Dans le dixième livre, Euclide traite des grandeurs irrationnelles, et comme les Grecs ne possédaient aucun symbole pour représenter les quantités incommensurables, il a dû adopter un mode de représentation géométrique. Les propositions 1 à 21 roulent en général sur les grandeurs incommensurables. Le reste du livre, c'est-à-dire les propositions de 22 à 117, est consacré à la discussion de chacune des variétés possibles de lignes pouvant être représentées par l'expression $\sqrt{\sqrt{a} \pm \sqrt{b}}$ dans laquelle a et b désignent des lignes incommensurables. Il en existe vingt-cinq espèces, et le fait qu'Euclide a pu les découvrir et les classer toutes est, suivant l'opinion d'une autorité aussi compétente que celle de Nesselmann, la preuve la plus remarquable de son talent. Il semble tout d'abord presque impossible qu'il ait pu obtenir un pareil résultat sans le secours de l'Algèbre, mais il est à peu près certain qu'il y est arrivé réellement par un raisonnement abstrait. La théorie des grandeurs incommensurables ne reçut depuis lors aucun développement jusqu'à Léonard et Cardan, c'est-à-dire pendant un intervalle de plus de mille ans.

Dans la dernière proposition du dixième livre (prop. 117), Euclide établit que la diagonale d'un carré est incommensurable avec le côté du carré. Sa démonstration est si courte et si simple que nous pouvons la donner ici.

S'il était possible que le côté d'un carré fût commensurable avec sa diagonale, le rapport de ces deux lignes pourrait être représenté par $\frac{a}{b}$, a et b étant des nombres entiers. On peut toujours supposer ce rapport réduit à sa plus simple expression et les nombres a et b n'ayant alors d'autre diviseur commun que l'unité, sont premiers entre eux. D'après la proposition 47 du livre I, $b^2 = 2a^2$, par suite b^2 est un nombre pair et il en est de même de b. Mais puisque a est premier avec b, ce nombre a doit être impair.

Or b pouvant se mettre sous la forme $2n$, on a, en remplaçant b^2 par $4n^2$ dans l'égalité précédente

$$2a^2 = 4n^2 \quad \text{ou} \quad a^2 = 2n^2.$$

Dès lors a^2 et, par suite, a, sont des nombres pairs.

Ainsi, le même nombre a devrait être à la fois pair et impair, ce qui est absurde. Donc le côté et la diagonale du carré ne peuvent être des longueurs commensurables entre elles.

Hankel pense que cette démonstration est due à Pythagore, et qu'elle fut insérée dans les *Eléments* à cause de son intérêt historique.

La même proposition se trouve démontrée d'une autre façon dans le livre X (proposition 9).

En dehors des *Eléments* et des deux collections d'exercices mentionnées ci-dessus (que l'on possède encore), Euclide écrivit les ouvrages suivants sur la géométrie :

Un traité élémentaire sur *les sections coniques*, en quatre livres ;

Un ouvrage sur *les surfaces courbes* (probablement et principalement le cône et le cylindre) ;

Une collection de *Sophismes géométriques* qui devaient être proposés comme exercices pour faire découvrir les erreurs ;

Et un traité sur les *Porismes* en trois livres. Tous ces ouvrages sont perdus, mais l'ouvrage sur les Porismes a été discuté si longuement par Pappus que quelques savants ont pensé qu'il serait peut-être possible de le reconstituer. En particulier, Chasles publia, en 1860, une restitution des *Porismes*. On y trouve les conceptions de la division harmonique et des propriétés projectives, c'est-à-dire les fondements de la géométrie moderne, que Chasles et d'autres écrivains de son siècle ont si largement développés. Le recueil est remarquable et ingénieux ; personne, bien entendu, ne peut prouver qu'il n'est pas la reproduction exacte de l'ouvrage écrit par Euclide, mais les explications de Pappus au sujet des *Porismes* ne nous sont parvenues que mutilées et De Morgan avoue franchement avoir trouvé ces fragments inintelligibles ; c'est là une opinion partagée, croyons-nous, par beaucoup de ceux qui les ont étudiés.

Euclide écrivit un Traité sur l'*Optique* qu'il exposa géométriquement. L'ouvrage contient 61 propositions reposant sur 12 hypothèses ; il débute par cette supposition : que les objets sont rendus visibles parce qu'ils sont frappés par des rayons lumineux émis par l'œil, en ligne droite « attendu que, si la lumière nous venait de l'objet, nous ne pourrions faire autrement que d'apercevoir une aiguille sur le sol, bien que le contraire arrive souvent. » Quelques-uns des plus anciens auteurs lui attribuent également un ouvrage appelé *Catoptrique*, mais cela est douteux, car le texte est incorrect. Ce livre contient 31 propositions relatives à la réflexion sur les miroirs plans, convexes et concaves. La partie géométrique de ces deux ouvrages est traitée d'après la méthode Euclidienne.

On attribue à Euclide une ingénieuse démonstration ([1]) du principe du levier, mais son authenticité est douteuse.

Il écrivit aussi les *Phænomena*, traité d'astronomie géométrique

---

([1]) Elle est donnée (d'après l'arabe) par F. Wœpcke, dans le *Journal Asiatique*, série 4, vol. XVIII, octobre 1851, pp. 225-232.

qui contient des renseignements sur un livre d'Autolycus (¹) et sur
une géométrie sphérique dont l'auteur est inconnu. Pappus avance
encore qu'Euclide composa un livre sur les éléments de la musique, mais ceci peut se rapporter à l'ouvrage *Sectio Canonis* qui
est en effet d'Euclide et traite des intervalles musicaux.

Ajoutons à tous ces renseignements sur les écrits d'Euclide ce
petit problème que l'on trouve dans l'Anthologie Palatine et que la
tradition lui attribue.

« Un mulet et un âne chargés de blé se rendaient au marché.
Le mulet dit à l'âne — Si tu me donnes une mesure je porterai
alors deux fois autant que toi, mais si je t'en passe une, nos charges
se trouveront égales — dis-moi d'après cela, savant géomètre,
quelles étaient leurs charges. » On ne peut affirmer que cette question soit d'Euclide. Il n'y a toutefois à cela aucune impossibilité.
Il faut remarquer qu'Euclide raisonnait seulement sur les grandeurs sans s'occuper de leurs valeurs numériques, mais il semble
d'après les ouvrages d'Aristarque et d'Archimède qu'il n'en était
pas ainsi pour tous les géomètres grecs de cette époque.

Comme l'un des ouvrages du premier a été conservé, il va nous
fournir un nouveau spécimen des mathématiques grecques de
cette période.

Aristarque. — *Aristarque* de Samos, né en — 310 et mort
en — 250, était plutôt un astronome qu'un mathématicien. Il prétendait que le soleil est le centre de l'Univers et que la terre tourne
autour du soleil. Cette conception, malgré la simplicité avec laquelle elle permettait d'expliquer les divers phénomènes astronomiques, n'eut aucun succès auprès de ses contemporains. Mais ses
propositions sur la mesure des dimensions du soleil et de la lune
et de leur distance à la terre étaient vraies en principe et les résultats de ses calculs furent généralement acceptés (par Archimède,
par exemple, dans les Ψαμμίτης (¹) que nous mentionnons plus loin).

(¹) Autolycus vivait à Pitane en Eolide et florissait vers — 330. Ses deux
ouvrages sur l'*Astronomie* contenant 43 propositions sont les plus anciens traités
de mathématiques grecs existants.
La bibliothèque d'Oxford en possède un manuscrit. Une traduction latine a
été éditée par F. Hultsch. Leipzig, 1885.
(²) Περὶ μεγέθων καὶ ἀποστημάτων Ἡλίου καὶ Σελήνης, édité par F. Nizze.
Stralsund, 1856.
Des traductions latines furent publiées, par F. Commandin, en 1572 et par

Ces propositions sont au nombre de dix-neuf, nous exposerons
la septième pour donner un exemple de la façon dont les Grecs
tournaient la difficulté quand il s'agissait de trouver la valeur
numérique des quantités qu'ils ne pouvaient mesurer.

Aristarque observa la distance angulaire entre la lune et le soleil
au moment de la quadrature; il trouva pour valeur de l'angle $\frac{29}{30}$
d'un angle droit : la valeur exacte est d'environ 89°21'. Il.démontra
ensuite que la distance du soleil à la terre est plus grande que
18 fois, mais moindre que 20 fois la distance de la lune à la terre.

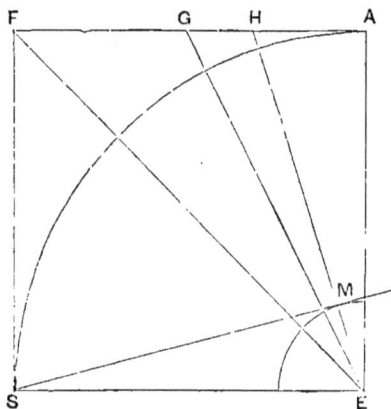

Fig 9.

Soient S le soleil, E la terre et M la lune au moment de la quadrature, c'est-à-dire lorsque la partie éclairée visible est exactement un demi-cercle. L'angle formé par les droites MS et ME est
alors un angle droit. De E comme centre avec les rayons ES et
EM, décrivons des arcs de cercle comme l'indique notre figure.
Traçons EA perpendiculaire sur ES, EF bissectrice de l'Angle AES
et EG bissectrice de l'angle AEF. Soit H le point où la droite EM
prolongée coupe AF. Par hypothèse, l'angle AEM vaut $\frac{1}{30}$ de
droit (*fig.* 9).

J. WALLIS, en 1688 ; et une traduction française, par F. D'URBAN, a été éditée
en 1810 et 1823.

Nous avons alors

$$\frac{\text{angle AEG}}{\text{angle AEH}} = \frac{\frac{1}{4}\text{ de droit}}{\frac{1}{30}\text{ de droit}} = \frac{15}{2},$$

Par suite

(α)
$$\frac{AG}{AH} = \frac{\text{tang. AEG}}{\text{tang. AEH}} > \frac{15}{2}.$$

On a encore

$$\frac{\overline{FG}^2}{\overline{AG}^2} = \frac{\overline{EF}^2}{\overline{EA}^2} = \frac{2}{1}.$$

Par conséquent

$$\frac{\overline{FG}^2}{\overline{AG}^2} > \frac{49}{25}.$$

(β)
$$\frac{FG}{AG} > \frac{7}{5}, \qquad \frac{AF}{AG} > \frac{12}{5}, \qquad \frac{AE}{AG} > \frac{12}{5}.$$

Comparant les inégalités (α) et (β), on en déduit

$$\frac{AE}{AH} > \frac{18}{1};$$

et comme les triangles EMS, EAH sont semblables

$$\frac{ES}{EM} > \frac{18}{1}.$$

Nous laissons au lecteur, que cela peut intéresser, le soin de résoudre la seconde partie du problème. Par une méthode semblable, Aristarque trouva les rapports entre les rayons du soleil, de la terre et de la lune.

Nous avons très peu de renseignements sur *Conon* et *Dosithée*, les successeurs immédiats d'Euclide et sur leurs contemporains *Zeuxippe* et *Nicoteles* qui, très vraisemblablement, professèrent aussi à Alexandrie; nous savons cependant qu'Archimède qui, probablement suivit les cours de cette université peu de temps après la mort d'Euclide, avait une haute opinion de leur savoir et correspondait avec les trois premiers. Leurs travaux et leur renommée ont été complètement éclipsés par Archimède, dont le génie mathématique n'a été surpassé que par celui de Newton.

Archimède ([1]). — *Archimède*, qui était probablement allié à la famille royale de Syracuse, naquit dans cette ville en — 287 et mourut en — 212. Il se rendit à Alexandrie où il suivit les cours de Conon, revint en Sicile et y passa le reste de sa vie. Il ne prit aucune part aux affaires publiques. Génie incomparable dans les arts mécaniques, il savait surmonter toutes les difficultés, jamais on ne fit en vain appel à ses lumières.

Comme Platon, Archimède mettait la science pure au-dessus des applications qu'on en pouvait faire. Il n'en fit pas moins un grand nombre d'inventions utiles. Beaucoup de nos lecteurs savent sans doute comment il parvint à découvrir la fraude de l'orfèvre et connaissent l'emploi qu'il fit des miroirs ardents pour brûler les vaisseaux romains qui bloquaient Syracuse.

Un fait moins connu est le suivant : le roi Hiéron ayant fait construire un navire, et ne pouvant à cause de sa grandeur le lancer hors de la cale de construction, eut recours à Archimède. Ce dernier réussit à surmonter la difficulté au moyen d'un appareil composé d'un système de moufles actionné par une vis sans fin ; mais nous ne savons pas exactement comment la machine fonctionnait. On prétend que c'est en recevant à cette occasion les félicitations d'Hiéron, qu'Archimède fit cette réflexion bien connue qu'il pourrait soulever la terre s'il avait un point d'appui fixe.

La plupart des mathématiciens connaissent une autre de ses inventions : la vis d'Archimède. C'est un tube ouvert à ses deux extrémités et recourbé en forme de spirale comme un tire bouchon. Si l'une des extrémités du tube est plongée dans l'eau, et si l'axe de l'instrument est suffisamment incliné sur la verticale, en imprimant à l'appareil un mouvement de rotation autour de l'axe, l'eau s'élève et sort par l'autre extrémité. Pour que l'instrument fonctionne l'inclinaison de l'axe sur la verticale doit être plus grande que celle de la tangente à l'hélice de la vis. Cet appareil était utilisé en Egypte pour assécher les champs après les inondations du Nil ; il était également fréquemment employé pour enlever l'eau de la cale des navires.

([1]) Outre Cantor, chap. xiv, xv et Gow, pp. 221-244, voir *Quæstiones Archimedeæ*, par J. L. Heiberg. Copenhague, 1879 ; et Marie, vol. I, pp. 81-134.
La plus récente et la meilleure édition des œuvres d'Archimède qui nous sont parvenus est celle de J. L. Heiberg, en 3 volumes. Leipzig, 1880-1881.

Le récit de l'incendie des vaisseaux romains provoqué par Archimède, en concentrant sur eux au moyen de miroirs concaves, la chaleur solaire n'a été propagé que quelques siècles après sa mort, et est généralement considéré comme apocryphe, mais il n'est pas aussi invraisemblable que l'on pourrait communément le croire. Le miroir d'Archimède était constitué par un hexagone entouré de plusieurs autres miroirs polygonaux de chacun vingt-quatre côtés, et en 1747, Buffon ([1]) réussit en n'employant qu'un seul miroir fait sur le même plan et composé de 168 petits miroirs, à enflammer du bois à une distance de 140 pieds. Si on observe que ces expériences ont été faites à Paris, il ne paraît pas invraisemblable qu'Archimède ait pu incendier une flotte romaine en Sicile pendant l'été en utilisant plusieurs miroirs.

L'opération n'aurait même pas présenté de grandes difficultés sur des navires mouillés tout près de la ville. Il n'est peut-être pas sans intérêt de mentionner qu'une invention du même genre aurait été utilisée en 514 après J.-C., lors de la défense de Constantinople ; le fait est rapporté par des écrivains qui étaient présents, ou qui tenaient leurs informations de ceux qui assistèrent au siège. Quoi qu'il en soit de cette histoire des miroirs, il n'en est pas moins certain qu'Archimède imagina les catapultes qui eurent pour effet de tenir fort longtemps en échec les Romains qui assiégeaient Syracuse. Ces engins étaient construits de telle sorte que l'on pouvait, à volonté, en diminuer ou en augmenter la portée et qu'il était possible d'envoyer des projectiles à travers le vide des créneaux, sans exposer ceux qui s'en servaient aux coups de l'ennemi. Leur utilité fut si bien constatée que les Romains transformèrent le siège en blocus, et la prise de la ville (— 212) fut retardée de trois ans.

Archimède fut tué pendant le pillage qui suivit, malgré l'ordre de Marcellus, de respecter sa vie et sa maison. On raconte qu'un soldat interrompit ses méditations pendant qu'il étudiait une figure géométrique tracée sur du sable. Archimède l'ayant invité à s'écarter pour ne pas effacer son dessin, le soldat furieux de s'entendre donner des ordres, et ignorant quel était le vieillard qui lui parlait,

---

[1] Voir *Mémoires de l'Académie Royale des Sciences*, pour 1747. Paris 1752, pp. 82-101.

le transperça de son glaive. Suivant un autre récit plus vraisemblable, la cupidité des soldats fut excitée à la vue des instruments en
cuivre poli dont il se servait et qu'ils prirent pour de l'or.

Les Romains élevèrent à Archimède un superbe tombeau. Pour
répondre à un désir qu'il avait exprimé de son vivant, on grava
sur sa tombe une sphère inscrite dans un cylindre ; cette figure
rappelait la proposition célèbre : le volume d'une sphère est égal
aux deux tiers de celui du cylindre droit circonscrit et sa surface
est égale à quatre fois celle d'un grand cercle. Cicéron ([1]) donne
un charmant récit des tentatives, couronnées de succès, faites en
— 75 pour retrouver cette tombe.

Il est difficile d'analyser d'une façon concise les œuvres ou les
découvertes d'Archimède, en partie parce qu'il a écrit sur presque
tous les sujets mathématiques connus de son époque, en partie par
ce que ses écrits constituent une suite de monographies séparées.
Ainsi, tandis qu'Euclide cherchait à produire des traités méthodiques pouvant être compris par tous les étudiants ayant acquis
une certaine instruction, Archimède écrivait un grand nombre de
mémoires remarquables s'adressant surtout aux mathématiciens les
plus instruits de son époque. De tous ses ouvrages, celui qui de
nos jours attire surtout l'attention, est son traité sur la mécanique
des solides et des fluides ; mais d'accord avec ses contemporains,
il attachait surtout de l'importance à ses découvertes en géométrie
sur la quadrature d'une surface parabolique et sphérique, et sur la
cubature de la sphère. Ce n'est que plus tard que ses nombreuses
inventions mécaniques excitèrent surtout l'admiration.

I) Sur la *Géométrie plane*, les ouvrages qui nous restent d'Archimède sont au nombre de trois : *a*) un sur la *mesure du cercle* ;
b) un sur *la quadrature de la parabole* et *c*) le troisième *sur les
spirales.*

a) La *mesure du cercle* contient trois propositions :

Dans la première, Archimède fait voir que la surface du cercle
est la même que celle d'un triangle rectangle, dont les côtés
seraient respectivement égaux au rayon *a* et à la circonférence du
cercle, c'est-à-dire par conséquent, que l'aire du cercle a pour
expression $\frac{1}{2} a (2 \pi a)$.

([1]) Voir ses *Tusculanarum Disputationum*, v. 23.

Dans la seconde, il montre que le rapport $\frac{\pi\,a^2}{(2\,a)^2}$ diffère très

peu de $\frac{11}{14}$; et ensuite, dans la troisième, que π est plus petit

que $3\,\frac{1}{7}$ et plus grand que $3\,\frac{10}{71}$. Ces théorèmes sont, bien entendu,

démontrés géométriquement.

Pour établir les deux dernières propositions, il inscrit et circonscrit au cercle des polygones réguliers de 96 côtés, calcule leurs périmètres et en admettant que la circonférence du cercle est comprise entre les deux, il obtient le résultat

$$\frac{6336}{2017\frac{1}{4}} < \pi < \frac{14688}{4673\frac{1}{2}}$$

dont il déduit les limites indiquées ci-dessus.

Il semblerait d'après sa démonstration qu'il était en possession d'une méthode (inconnue aujourd'hui) pour extraire approximativement les racines carrées des nombres. La table qu'il a formée pour les valeurs numériques des cordes d'un cercle est une table des sinus naturels, et peut avoir suggéré les recherches faites ultérieurement sur ces lignes par Hipparque et Ptolémée.

b) La *quadrature de la Parabole* contient vingt quatre propositions. Archimède commence son ouvrage, qu'il envoya à Dosithée, en établissant quelques propriétés des coniques (prop. de 1 à 5). Il énonce ensuite d'une façon exacte, l'aire d'un segment parabolique déterminé par une corde quelconque et donne une démonstration, qui repose sur la détermination préliminaire, au moyen de la mécanique, du rapport de deux aires s'équilibrant lorsqu'elles sont suspendues aux extrémités des bras d'un levier (prop. 6 à 17), et enfin il donne une démonstration géométrique du même résultat (prop. 18-24). Cette dernière est, bien entendu, basée sur la méthode d'exhaustion, mais pour être plus bref, nous allons, en la reproduisant, employer la méthode des limites.

Considérons le segment de parabole limité par la corde PQ. Traçons le diamètre VM correspondant à cette corde. D'après une proposition démontrée précédemment, V est de tous les points de l'arc parabolique le plus éloigné de la corde PQ.

Représentons par Δ la surface du triangle PVQ, et dans les segments limités par PV et VQ inscrivons des triangles en opérant de la même manière que pour le triangle VPQ.

Chacun de ces triangles étant équivalent à $\frac{1}{8}\Delta$ (ceci résulte d'une proposition antérieure), leur somme vaut $\frac{1}{4}\Delta$.

De même, dans les quatre segments déterminés par la dernière construction, inscrivons des triangles; la somme de leurs aires sera $\frac{1}{16}\Delta$.

En opérant ainsi, on arrive à cette conclusion que le segment parabolique considéré est équivalent à la limite vers laquelle tend la somme (*fig.* 10)

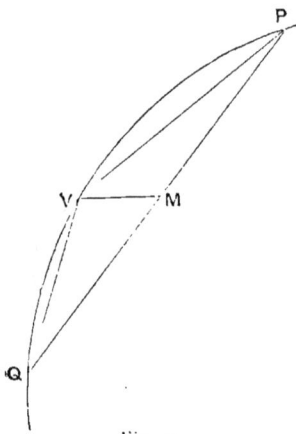

$$\Delta + \frac{\Delta}{4} + \frac{\Delta}{16} + \ldots\ldots + \frac{\Delta}{4^n} + \ldots$$

lorsque n est infiniment grand.

Le problème se réduit par suite à trouver la somme d'une suite de termes en progression géométrique décroissante.

Archimède procédait comme il suit :

Considérons une suite de grandeurs A, B, C, D, ..., J, K telles

Fig. 10.

que chacune d'elles soit le quart de celle qui la précède immédiatement. Prenons les quantités b, c, d, ..., k respectivement égales à

$$\frac{1}{3} B, \frac{1}{3} C, \frac{1}{3} D, \ldots, \frac{1}{3} K.$$

On a alors

$$B + b = \frac{1}{3} A, \quad C + c = \frac{1}{3} B, \quad \ldots\ldots, \quad K + k = \frac{1}{3} J,$$

et, par suite

$$(B + C + \ldots + K) + (b + c + \ldots + k) = \frac{1}{3} (A + B + C + \ldots + J).$$

Mais, par hypothèse

$$(b + c + ... + j + k) = \tfrac{1}{3}(B + C + ... + J) + \tfrac{1}{3}K.$$

Par conséquent

$$(B + C + ... + K) + \tfrac{1}{3}K = \tfrac{1}{3}A,$$

et

$$A + B + C + ... + K = \tfrac{4}{3}A - \tfrac{1}{3}K.$$

C'est-à-dire que la somme de ces grandeurs surpasse du tiers de la plus petite, quatre fois le tiers de la plus grande. Si maintenant nous revenons au problème de la parabole et si nous supposons que la grandeur A représente Δ, les grandeurs B, C, D... représenteront respectivement $\tfrac{\Delta}{4}$, $\tfrac{\Delta}{16}$, ..., et à la limite K est infiniment petit.

Par conséquent l'aire du segment de parabole est équivalent aux $\tfrac{4}{3}$ de celle du triangle PVQ ou aux $\tfrac{2}{3}$ du rectangle ayant pour base PQ et pour hauteur la distance du point V à PQ.

Nous pouvons ajouter que dans les 5e et 6e propositions de son livre sur les conoïdes et les sphéroïdes, Archimède détermine l'aire d'une ellipse.

c) Son traité *des spirales* contient vingt-huit propositions sur les propriétés de la courbe connue aujourd'hui sous le nom de spirale d'Archimède. Il avait été adressé à Dosithée à Alexandrie accompagné d'une lettre, de laquelle il ressortirait qu'Archimède avait antérieurement communiqué le résumé de ses résultats à Conon qui mourut avant de les avoir démontrés.

Il définit la spirale en disant que l'angle vectoriel et le rayon vecteur croissent tous les deux d'une façon uniforme, il en résulte que l'équation de cette courbe est

$$r = C\theta.$$

Archimède découvrit la plupart de ses propriétés et détermina l'aire comprise entre la courbe et deux rayons vecteurs. Il arrivait à ce résultat en remarquant, en employant le langage du calcul infi–

nitésimal, qu'un élément d'aire est

$$> \frac{1}{2} r^2 d\theta \quad \text{et} \quad < \frac{1}{2} (r + dr)^2 d\theta.$$

Pour effectuer la somme des aires élémentaires, il donne deux lemmes au moyen desquels il effectue (géométriquement) la sommation des séries

$$a^2 + (2a)^2 + (3a)^2 + \dots + (na)^2 \quad \text{(proposition 10)}$$

et

$$a + 2a + 3a + \dots + na \quad (\quad \text{»} \quad 11).$$

d) Comme suite à cet ouvrage, Archimède écrivit un petit traité sur *les méthodes géométriques*, et divers mémoires sur *les lignes parallèles, les triangles, les propriétés des triangles rectangles, les data*, sur *l'heptagone inscrit dans un cercle* et sur *les systèmes de cercles se touchant mutuellement.* Il est possible qu'il en ait composé d'autres. Tous ces ouvrages sont aujourd'hui perdus, mais il est probable que des fragments de quatre des propositions du dernier mémoire mentionné ont été reproduits dans une traduction latine d'un manuscrit arabe intitulé « *lemmes d'Archimède* ».

II) Sur la *Géométrie à trois dimensions*, les œuvres d'Archimède qui nous restent sont au nombre de deux, savoir *a*) *De la sphère et du Cylindre* et *b*) *Des Conoïdes et des Sphéroïdes.*

a) Le traité *de la sphère et du cylindre* contient soixante propositions classées en deux livres. Archimède l'envoya comme tant d'autres de ses ouvrages, à Dosithée, à Alexandrie ; mais il semble avoir voulu, dans la circonstance, jouer un mauvais tour à ses amis, car il présenta à dessein d'un façon inexacte, quelques-uns des résultats obtenus « afin de déconcerter ces soi-disant géomètres qui prétendent avoir tout trouvé sans jamais en présenter les preuves, et quelquefois proclament qu'ils ont fait une découverte, quand cette découverte est impossible. » Il regardait cet ouvrage comme son chef-d'œuvre. Il est trop étendu pour que nous songions à en donner une analyse, mais nous remarquerons, qu'il contient les expressions de la surface et du volume, de la pyramide, du cône et de la sphère en même temps que des figures engendrées par la révolution des polygones réguliers inscrits dans le cercle en tournant autour d'un diamètre. Il contient plusieurs autres proposi-

tions sur les aires et les volumes parmi lesquelles la plus intéressante est, peut-être, la proposition 10 du second livre. « De tous
les segments sphériques d'égale surface, l'hémisphère a le plus
grand volume. » Dans la seconde proposition du second livre, il
énonce ce théorème remarquable, qu'une ligne de longueur a ne
peut être divisée de telle sorte que l'on ait $\dfrac{a-x}{b} = \dfrac{4a^2}{9x^2}$ (b étant
une longueur donnée) que si b est plus petit que $\dfrac{a}{3}$; ce qui revient
à dire que l'équation cubique $x^3 - ax^2 + \dfrac{4}{9}a^2b = 0$ ne peut avoir
une racine réelle et positive que si a est plus grand que $3b$. Il démontrait cette proposition pour compléter la solution de ce problème : diviser une sphère donnée par un plan, de façon que les
volumes des segments déterminés soient dans un rapport donné.

On trouve une équation cubique très simple dans l'arithmétique
de Diophante, mais sauf cette seule exception aucune équation de
cette forme ne se présente plus dans l'histoire des mathématiques
en Europe pendant plus de mille ans.

b) Des conoïdes et des sphéroïdes. — Ce petit traité (envoyé à
Dosithée, à Alexandrie) renferme quarante propositions concernant
principalement la recherche des volumes des corps engendrés par
la révolution des sections coniques autour de leur axe.

c) Archimède écrivit aussi un traité sur certains *polyèdres semi-
réguliers,* c'est-à-dire sur les solides formés par des polygones
réguliers d'espèces différentes. Cet ouvrage est perdu.

III) Sur l'*Arithmétique,* Archimède composa deux mémoires.
L'un (qu'il adressa à Zeuxippe) traitait des principes de la numération et n'existe plus. L'autre (adressé à Gelon) qu'il intitula
Ψαμμίτης (l'*Arénaire*) et dans lequel il examinait une objection qui
avait été élevée contre son premier mémoire.

L'objet du premier opuscule avait été de suggérer un système
convenable, permettant de représenter les nombres si grands qu'ils
soient, système dont quelques philosophes de Syracuse avaient mis
en doute la possibilité. Le peuple, disait Archimède, s'imagine que
les grains de sable du rivage de la Sicile représentent un nombre
que le calcul ne saurait représenter; il affirme que ce nombre peut
être évalué, et bien plus, il se propose de montrer la puissance de sa
méthode en formant un nombre supérieur à celui des grains de

sable qui pourraient remplir l'univers, c'est-à-dire une sphère dont le centre serait la terre, et le rayon la distance du soleil à la terre. Il commence en faisant observer qu'avec la nomenclature grecque ordinaire, on ne pouvait écrire les nombres que de 1 à 10^8 : ils sont ainsi exprimés avec ce que l'on pourrait appeler, dit-il, les unités du premier ordre. Si on considère 10^8 comme une unité du second ordre, un nombre quelconque entre 10^8 et 10^{16} pourra être considéré comme composé d'unités du second ordre avec un certain nombre d'unités du premier ordre. Si 10^{16} est une unité du troisième ordre, on pourra exprimer un nombre quelconque jusqu'à 10^{24} et ainsi de suite. En supposant qu'une sphère dont le rayon vaut la quatre-vingtième partie de la largeur du doigt soit remplie par 10 000 grains de sable et que le diamètre de l'univers ne dépasse pas 10^{10} stades, il trouvait que le nombre des grains de sable nécessaires pour remplir l'univers est plus petit que 10^{63}.

Ce système de numération avait probablement été mis en avant comme une simple curiosité scientifique. Le système de numération grecque, tels que nous le connaissons, n'avait été introduit que récemment, très vraisemblablement à Alexandrie, et était suffisant pour toutes les applications ; Archimède l'employait dans tous ses écrits. D'un autre côté, on a prétendu qu'Archimède et Apollonius avaient pour leurs propres recherches, une notation symbolique basée sur le système décimal, et il est possible que ce fut celle dont nous venons de donner une idée. Les unités proposées par Archimède formaient une progression géométrique dont la raison est 10^8. Incidemment, il ajoute qu'il est utile de se rappeler que le produit du m^e terme d'une progression géométrique dont le premier terme est 1, par le n^e terme, est égal au $(m+n)^{me}$ terme de la suite, c'est-à-dire que l'on a : $p^m \times p^n = p^{m+n}$.

A ces deux écrits sur l'arithmétique, nous pouvons ajouter le problème suivant resté célèbre qu'il avait proposé aux mathématiciens d'Alexandrie : Le Soleil avait un troupeau de taureaux et de vaches, et tous ces animaux étaient blancs, gris, bruns ou de couleur pie. Le nombre des taureaux pies était plus petit que celui des taureaux blancs et la différence était égale aux $\frac{5}{6}$ du nombre des taureaux gris ; il était également plus petit que le nombre des taureaux gris et la différence était égale aux $\frac{9}{20}$ du nombre des tau-

reaux blancs, enfin, il était encore moindre que le nombre des taureaux bruns et la différence était égale aux $\frac{13}{42}$ du nombre des
taureaux blancs. Le nombre des vaches blanches était égal aux $\frac{7}{12}$
du nombre des animaux gris (taureaux et vaches), le nombre des
vaches grises était les $\frac{9}{20}$ du nombre des animaux bruns, le nombre
des vaches brunes était les $\frac{11}{30}$ du nombre des animaux de couleur
pie, enfin le nombre des vaches pies était les $\frac{13}{42}$ du nombre des
animaux blancs. Archimède demandait la composition du troupeau.

Le problème est indéterminé, mais la solution en nombres entiers les plus petits possibles est :

Taureaux	blancs.	10 366 482	Vaches	blanches.	7 206 360
»	gris .	7 460 514	»	grises. .	4 893 246
»	bruns .	7 358 060	»	brunes .	3 515 820
»	pies .	4 149 387	»	pies . .	5 439 213

Dans la solution classique attribuée à Archimède, ces nombres
sont multipliés par 80.

D'après Nesselmann, ce problème aurait été attribué par erreur
à Archimède. Il diffère certainement de ceux que l'on trouve dans
ceux de ses ouvrages qui subsistent, mais comme ce sont les anciens
qui lui en ont attribué la paternité, on le croit généralement au-
thentique. Il est possible cependant que l'énoncé nous soit parvenu
légèrement modifié ; il est en vers, et un copiste plus moderne a
ajouté cette condition additionnelle que la somme des taureaux
blancs et gris doit être un carré parfait, et la somme des taureaux
pies et bruns un nombre triangulaire.

Il n'est peut-être pas inutile de noter que dans l'énoncé, les fractions sont représentées par des sommes de fractions ayant toutes
pour numérateur l'unité, ainsi Archimède écrivait $\frac{1}{7} + \frac{1}{6}$ au lieu de
$\frac{13}{42}$, comme dans le papyrus d'Ahmès.

IV) Sur la *mécanique* on possède encore deux ouvrages d'Archimède : (a) sa *mécanique* et (c) son *hydrostatique*.

a) La *mécanique* est un traité de statique dans lequel il est fait
spécialement mention de l'équilibre des lames planes et des pro-

priétés de leurs centres de gravité ; il contient vingt cinq propositions en deux livres. Dans la première partie du livre I, la plupart
des propriétés élémentaires du centre de gravité sont démontrées
(propositions 1 — 8), la fin du livre I (prop. 9 — 15) et le livre II
sont consacrés à la détermination des centres de gravité d'une
variété de surfaces planes, telles que les parallélogrammes, les
triangles, les trapèzes, et les aires paraboliques.

b) Archimède écrivit également un traité sur les *leviers* et peut-
être sur toutes les machines utilisées de son temps.

Le livre est perdu, mais nous savons d'après Pappus qu'il contenait une discussion sur la manière dont on peut déplacer un poids
connu avec une puissance donnée. C'est probablement dans cet
ouvrage qu'Archimède donnait la théorie d'une certaine poulie
composée, consistant en un système de trois ou plus de trois pou-
lies simples qu'il avait imaginé et qui fut utilisé dans quelques
travaux publics à Syracuse. On sait (¹) qu'il s'était vanté de pouvoir soulever le monde s'il avait un point fixe, et un commentateur
de date plus récente, prétend qu'il ajoutait que l'opération s'effec-
tuerait en employant une poulie composée.

c) Son ouvrage sur *les corps flottants* contient dix-neuf propositions en deux livres et constitue la première tentative faite pour
appliquer à l'hydrostatique les raisonnements mathématiques.
Vitruve nous a laissé le récit de l'évènement qui le détermina à
porter son attention sur ce sujet. Hiéron, roi de Syracuse avait
confié à un orfèvre une certaine quantité d'or, pour lui faire une
couronne. Le travail une fois terminé et livré, la couronne pesait
bien le poids voulu, mais la bonne foi de l'ouvrier fut suspectée ;
Hiéron pensait qu'il s'était approprié une certaine quantité d'or à
laquelle il avait substitué un poids égal d'argent. On consulta en
conséquence Archimède. Peu après, se trouvant un jour dans un
établissement de bains publics, il remarqua que son corps était sou-
levé par une force, dont l'action se faisait d'autant plus sentir qu'il
se plongeait plus complètement dans l'eau. Saisissant toute la
portée de son observation, il s'élança dehors dans l'état où il se
trouvait et courut vers sa demeure en s'écriant εὕρηκα, εὕρηκα, « j'ai
trouvé, j'ai trouvé ».

(¹) Voir ci dessus (p. 67).

Peu de temps après (pour suivre un récit plus récent), il constata par des expériences directes que lorsqu'il pesait dans l'eau des poids, trouvés primitivement égaux, d'or et d'argent, l'égalité de poids ne subsistait plus : le poids de chaque masse métallique paraissait diminuer du poids de l'eau qu'elle déplaçait, et comme la masse d'argent était plus volumineuse que celle de l'or, son poids était plus diminué. En équilibrant par suite dans la balance, la couronne par un certain poids d'or, et en plongeant le tout dans l'eau, le plateau chargé d'or devait l'emporter sur celui portant la couronne si cette dernière contenait de l'argent. La tradition rapporte qu'il constata que l'orfèvre avait effectivement commis une fraude.

Archimède commence son ouvrage en prouvant que la surface d'un fluide en équilibre doit être sphérique, le centre de la sphère étant celui de la terre. Il démontre ensuite que la pression d'un fluide sur un corps, complètement ou partiellement immergé, est égale au poids du liquide déplacé. De là il déduit la position d'équilibre d'un corps flottant et il en donne des applications aux segments sphériques et aux paraboloïdes de révolution. Quelques-uns des derniers problèmes traités renferment des raisonnements géométriques d'une nature très complexe.

Le problème suivant est un beau spécimen des questions qu'il étudiait :

Un solide, ayant la forme d'un paraboloïde de révolution de hauteur h et de paramètre $2a$, flotte sur l'eau avec son sommet immergé et sa base complètement hors de l'eau. Si l'équilibre est possible quand l'axe n'est pas vertical, la densité du corps doit être moindre que $\dfrac{(h-3a)^2}{h^2}$ (livre XI, proposition 4).

Quand on songe qu'Archimède ne connaissait ni la trigonométrie ni la géométrie analytique, la solution du problème que nous venons d'énoncer montre la puissance de son génie.

La théorie du levier, telle qu'Archimède l'avait établie, subsista en mécanique jusqu'en 1586, époque où Stevin publia son traité de statique, et l'hydrostatique demeura stationnaire jusqu'à ce que Stevin, dans le même ouvrage, eût étudié les lois qui régissent la pression des liquides. Il faut aussi remarquer que les recherches mécaniques d'Archimède se rattachaient toutes à la statique. On peut ajouter que, bien que les Grecs aient tenté d'aborder quelques questions sur la dynamique, ils ne furent pas très heureux dans leurs essais ; quelques-unes de leurs remarques dénotent de la subtilité, mais ils ne comprirent pas suffisamment que les faits fondamentaux, sur lesquels il était possible d'établir une théorie, ne pouvaient être que la conséquence d'observations et d'expériences soigneusement conduites. Rien de pareil ne fut fait avant Galilée et Newton.

V) Les citations faites occasionnellement dans les ouvrages d'Archimède, et diverses remarques que l'on trouve dans d'autres écrivains, prouvent qu'Archimède s'occupa beaucoup d'*observations astronomiques*. Il écrivit un livre perdu aujourd'hui Περὶ σφαιροποιίας, sur la Construction d'une sphère céleste, et il construisit une sphère stellaire et une planétaire. Après la prise de Syracuse, Marcellus emporta ces appareils à Rome, où on les conserva comme curiosités pendant deux ou trois cents ans au moins.

Cette simple énumération des œuvres d'Archimède montre jusqu'à quel point cet homme était prodigieux dans ses conceptions. On aura encore une plus haute idée de son génie si l'on tient compte de ce fait, que les seuls principes qu'il a utilisés, outre ceux contenus dans les *Eléments d'Euclide* et dans les *Sections coniques* sont les deux remarques suivantes :

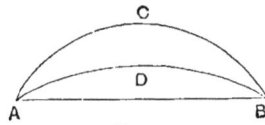
Fig. 11.

De toutes les lignes telles que ACB, ADB (*fig.* 11), joignant deux points A et B, la ligne droite est la plus courte, et de deux lignes courbes limitées aux mêmes points, telles que ACB, ADB, la ligne extérieure est plus grande que la ligne intérieure. Il avait également posé deux principes identiques pour l'espace à trois dimensions. Dans l'antiquité et au Moyen-Age, Archimède était considéré comme le premier des mathématiciens, mais le plus beau tribut payé à sa renommée est peut-être dans ce fait, que les écrivains qui ont fait ressortir le plus hautement le mérite de ses ouvrages et son génie, sont ceux qui étaient eux-mêmes les hommes les plus distingués de leur génération.

Apollonius ([1]). — Le troisième grand mathématicien de ce

([1]) Comme addition à l'ouvrage de ZEUTHEN et aux autres autorités mentionnées dans la note au bas de la page 51, voir *Litterargeschichtliche Studien über*

siècle fut *Apollonius de Perga*, célèbre surtout pour avoir composé un Traité sur les sections coniques, contenant, non seulement tout ce qui était connu avant lui, mais des développements considérables qui lui sont personnels. Cet ouvrage fut aussitôt accepté comme livre classique par excellence et remplaça complètement les traités sur le même sujet de Menechme, Aristé et Euclide, dont l'usage avait été général jusqu'à ce moment.

Nous savons peu de chose sur Apollonius né vers — 260 et mort vers — 200. Il étudia pendant plusieurs années à Alexandrie où il fit probablement des cours ; Pappus le représente comme « vaniteux, jaloux de la réputation des autres, et disposé à saisir toutes les occasions qui se présentaient de les déprécier ». Chose curieuse, tandis que nous ne savons presque rien de sa vie, ni de celle de son contemporain Eratosthène, les surnoms dont on les avait qualifiés, et qui étaient respectivement *épsilon* et *bêta*, nous sont parvenus. Le Dr Grow a émis cette idée que les salles de conférences à Alexandrie étaient numérotées et qu'ils avaient pris l'habitude de se placer toujours dans celles portant les numéros 5 et 2.

Apollonius passa quelques années à Pergame, en Pamphilie, où une Université venait d'être créée sur le modèle de celle d'Alexandrie. C'est là qu'il rencontra Eudème et Attalus, à qui par la suite, il envoya, avec une note explicative, chacun des livres de son ouvrage sur les coniques, au fur et à mesure qu'il les terminait. Il retourna à Alexandrie où il demeura jusqu'à sa mort, qui survint presque en même temps que celle d'Archimède.

Dans son grand ouvrage sur les *Sections coniques*, il étudia d'une façon si complète les propriétés de ces courbes que ses successeurs n'eurent que fort peu de chose à ajouter ; mais ses démonstrations sont longues et confuses, et nous croyons que la plupart de nos lecteurs se contenteront d'une courte analyse de son ouvrage, dont les démonstrations sont d'ailleurs rigoureuses.

Le Dr Zeuthen pense que beaucoup des propriétés énoncées ont été obtenues tout d'abord par l'emploi de coordonnées et que les

---

Euklid, par J. L. HEIBERG. Leipzig, 1882. Une collection des ouvrages existants d'APOLLONIUS, a été éditée par J. L. HEIBERG, Leipzig, 1890, 1893, et une autre par E. HALLEY. Oxford 1706 et 1710 ; une édition des Coniques a été donnée par T. L. HEATH. Cambridge, 1896.

démonstrations furent ensuite transformées, pour être présentées d'après les méthodes de la géométrie usuelle. S'il en est ainsi, il faut admettre que les auteurs classiques de l'époque possédaient certaines notions de géométrie analytique — la notion des coordonnées orthogonales et obliques, suivant Zeuthen, et l'usage de transformations reposant sur une notation abrégée — et que ces connaissances, particulières à une certaine École, ont été perdues par la suite. Ce n'est là qu'une simple conjecture, ne s'appuyant sur aucun témoignage direct, mais qui a été acceptée par quelques écrivains, comme pouvant expliquer l'étendue de l'ouvrage et sa disposition.

Le traité, contenant environ quatre cents propositions, était divisé en huit livres ; nous avons le texte grec des quatre premiers, et nous possédons des copies des commentaires faits sur l'ensemble de l'ouvrage par Pappus et Eutocius. Nous avons en outre deux manuscrits d'une traduction arabe des sept premiers livres (les seuls existant à cette époque) qui parut dans le neuvième siècle ; le huitième livre est perdu.

Dans la lettre à Eudème qui accompagne l'envoi de son premier livre, Apollonius lui dit qu'il entreprend son ouvrage à la requête de Naucratès, géomètre qui avait séjourné avec lui à Alexandrie, et que, bien qu'il en eût déjà donné un premier aperçu à quelques-uns de ses amis, il avait préféré le retoucher soigneusement avant de l'envoyer à Pergame. Dans la note accompagnant le livre suivant, il demande à Eudème de le communiquer, après lecture, à d'autres géomètres, et en particulier à Philonide, que l'auteur avait rencontré à Éphèse.

Les quatre premiers livres ont trait à la partie élémentaire du sujet, et les trois premiers sont inspirés de l'ouvrage antérieur d'Euclide (qui est lui-même basé sur les traités plus anciens de Ménechme et d'Aristé). Héracléide prétend que beaucoup des questions, que l'on trouve dans ces livres, ont été empruntées à un ouvrage non publié d'Archimède, mais l'examen critique fait par Heiberg a montré que cette assertion ne peut être admise.

Apollonius commence par définir le cône à base circulaire, puis il en étudie les différentes sections planes et montre qu'elles donnent lieu à trois espèces de courbes, qu'il appelle *ellipse*, *parabole* et *hyperbole*.

Il démontre cette proposition : A, A' étant les sommets d'une conique et P un point quelconque de la courbe, si on abaisse de P la perpendiculaire PM sur AA', le rapport $\dfrac{\overline{MP}^2}{AM.MA'}$ (avec la notation usuelle) est constant dans l'ellipse et l'hyperbole, et le rapport $\dfrac{\overline{MP}^2}{AM}$ est constant dans la parabole (*fig.* 12).

Cette proposition donne les propriétés caractéristiques sur lesquelles presque tout le restant de l'ouvrage est basé. Il fait voir ensuite, que si A est le sommet, $\dfrac{l}{2}$ le paramètre, AM, MP l'abscisse et l'ordonnée d'un point quelconque d'une conique, $\overline{MP}^2$ est inférieur, égal ou supérieur au produit $l.AM$ suivant que la conique est une ellipse, une parabole ou une hyperbole.

C'est de là que viennent les noms donnés à ces courbes et sous lesquels on les désigne encore de nos jours.

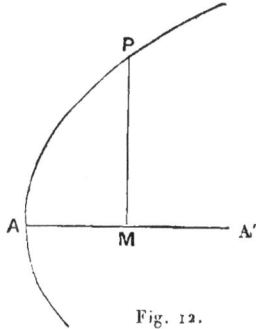

Fig. 12.

Apollonius n'avait aucune notion de la directrice et ignorait que la parabole eût un foyer, mais si l'on fait exception des propositions relatives à ces notions, ses trois premiers livres contiennent la plupart des théorèmes que l'on trouve dans les ouvrages classiques modernes. Dans le quatrième livre il développe la théorie des lignes coupées harmoniquement et s'occupe de l'intersection des systèmes de coniques. Le début de son cinquième livre est consacré à la théorie des maxima et des minima, qu'il applique à la détermination du centre de courbure en un point quelconque de la courbe, et à celle du développement de la courbe ; il détermine aussi le nombre de normales que l'on peut mener d'un point à une conique.

Dans le sixième livre il s'occupe des coniques semblables. Les septième et huitième livres étaient consacrés à la discussion des propriétés des diamètres conjugués et Halley dans son édition de 1710 a reconstitué par conjectures ce dernier livre.

Les explications prolixes et pénibles de l'ouvrage font que sa lecture ne présente de nos jours aucun attrait à beaucoup de lecteurs, mais la disposition est logique et les raisonnements sont irréprochables, et c'est à juste titre qu'il a été considéré comme le

fleuron de la géométrie grecque. C'est cet ouvrage qui a fait la
réputation d'Apollonius et qui l'a fait surnommer « le grand
géomètre ».

Outre ce volumineux traité, il écrivit beaucoup d'autres ouvrages
d'importance moindre ; ils sont, bien entendu, en langue grecque,
mais désignés généralement par leurs titres latins. Nous énumérons plus loin quelques-uns d'entre eux.

Il traita également, dans un ouvrage spécial, le problème suivant :
« étant données, dans un même plan, deux lignes droites Aa, Bb
passant par les points fixes A et B, mener par un point O pris en
dehors de ces droites, une nouvelle droite Oab coupant les premières en a et b, de telle sorte que le rapport de Aa à Bb soit
connu. » Apollonius réduisait la question à soixante dix-sept cas
différents et donnait pour chaque cas, avec l'aide des coniques, une
solution appropriée ; ce travail fut publié (traduit d'une copie
arabe) par E. Halley, en 1706. Il écrivit également un traité *De
Sectione Spatii* (reconstitué par Halley en 1806), sur le même problème ; mais en y introduisant la condition que le produit Aa. Bb
devait être connu. Il en composa encore un autre intitulé *De Sectione Determinata* (reconstitué par R. Simson en 1749), sur des
questions telles que la suivante : trouver sur une droite donnée AB,
un point P tel que le rapport de $\overline{PA}^2$ à PB soit connu. Un autre de
ses écrits *De Tactionibus* (rétabli par Viète en 1600) traite de la
construction d'un cercle tangent à trois cercles donnés. Son travail
De Inclinationibus (reconstitué en 1607 par M. Ghetaldi) a pour
objet le problème qui consiste à tracer une droite telle que le segment déterminé par deux droites données ou par les circonférences
de deux cercles donnés ait une longueur connue.

Il composa aussi un traité en trois livres sur les lieux plans *De
Locis planis* (reconstitué par Fermat en 1637 et par R. Simson
en 1746), et un autre sur les *solides réguliers*. Enfin il écrivit un
traité sur les *incommensurables non classés* qui était un commentaire du Xe livre d'Euclide. On pense que dans un ou plusieurs des
ouvrages perdus il fit usage de la méthode des projections coniques.

Outre ces ouvrages sur la géométrie, il écrivit sur *les méthodes
de calcul arithmétiques* ; tout ce que nous savons de cet ouvrage
tient à quelques remarques de Pappus. Friedlein pense que ce
n'était autre chose qu'une sorte de barême ou comptes-faits. Il

paraît cependant plus probable qu'Apollonius avait eu l'idée d'un
système de numération analogue à celui proposé par Archimède,
mais en procédant par tétrades au lieu d'octades.

Faisons remarquer ici que dans la notation moderne on opère
par hexades, un million $= 10^6$, un billion $= 10^{12}$, un trillion $=
= 10^{18}$ etc. Il n'y a rien d'impossible à ce qu'Apollonius ait fait éga-
lement observer que l'emploi d'un système décimal de notation,
ne comprenant que neuf symboles, faciliterait les multiplications
numériques.

Apollonius était versé en astronomie et il écrivit sur les *stations
et les rétrogradations des planètes* un ouvrage dont se servit
Ptolémée pour composer l'*Almageste*. Il fit aussi un traité sur la
théorie et l'emploi de la vis en mécanique.

La liste de tous ses travaux est fort longue. Il est à supposer cependant que beaucoup n'étaient que des opuscules relatifs à des
questions spéciales.

Comme tant de ses prédécesseurs, il donna lui aussi une construction pour trouver deux moyennes proportionnelles entre deux
droites données, et, par suite,
pour effectuer la duplication
du cube. La voici brièvement
exposée :

Soient OA et OB (*fig.* 13),
les deux lignes données ; construisons le rectangle OADB
dont elles forment les deux
côtés adjacents et prenons le
milieu C de la diagonale AB.
Si de ce point C comme centre

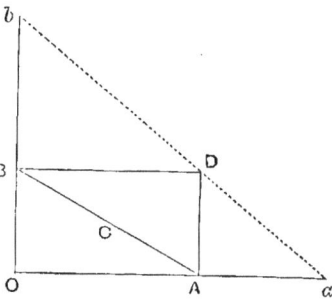

Fig. 13.

et avec une ouverture de compas convenablement choisie, nous
traçons une circonférence de cercle coupant les droites OA et OB
prolongées aux points a et b tels que les trois points a, D, b soient
en ligne droite, le problème se trouve résolu.

On a, en effet, dans ce cas,

$$Oa \times Aa + \overline{CA}^2 = \overline{Ca}^2,$$

De même

$$Ob \times Bb + \overline{CB}^2 = \overline{Cb}^2,$$

Par suite

$$Oa \times Aa = Ob \times Bb.$$

ou

$$\frac{Oa}{Ob} = \frac{Bb}{Aa}.$$

Mais les triangles semblables donnent

$$\frac{BD}{Bb} = \frac{Oa}{Ob} = \frac{Aa}{AD},$$

par conséquent

$$\frac{OA}{Bb} = \frac{Bb}{Aa} = \frac{Aa}{OB},$$

c'est-à-dire que Bb et Aa sont les deux moyennes proportionnelles entre OA et OB.

Le tracé du cercle de centre C et de rayon $Ca = Cb$ ne peut s'effectuer par les procédés de la géométrie euclidienne, mais Apollonius fit connaître un moyen mécanique pour le faire. Cette construction est citée par plusieurs écrivains arabes.

Dans un des plus brillants passages de son *Aperçu historique*, Chasles fait remarquer qu'il y a entre les travaux d'Archimède et d'Apollonius, les deux géomètres les plus remarquables de l'époque, un contraste dont l'effet se fait sentir sur toute l'histoire de la géométrie. Archimède, en abordant le problème de la quadrature des surfaces limitées par des courbes, établissait les principes de la géométrie de la mesure qui donna, tout naturellement, naissance au calcul infinitésimal ; et, en fait, la méthode d'exhaustion, telle que l'employait Archimède, ne différait pas essentiellement de la méthode des limites de Newton. Apollonius, de son côté, en étudiant les propriétés des sections coniques au moyen des transversales, en faisant intervenir le rapport des distances linéaires et la perspective, établissait les fondements de la géométrie de la forme et de la position.

Eratosthène ([1]). — Parmi les contemporains d'Archimède et d'Apollonius, nous pouvons mentionner *Eratosthène*. Né à Cyrène en — 275, il étudia à Alexandrie — peut-être en même temps

---

([1]) Les œuvres d'ERATOSTHÈNE existent seulement en fragments, dont une collection a été publiée par G. BERNHARDY, à Berlin en 1822; quelques fragments additionnels furent imprimés à Leipzig en 1872, par F. HILLER.

qu'Archimède dont il était un ami personnel — et à Athènes ; encore jeune on lui confia la direction de la bibliothèque de l'université d'Alexandrie, poste qu'il occupa probablement jusqu'à sa mort. Il fut l'admirable Crichton ([1]) de son époque, remarquable par son entraînement athlétique et par ses connaissances littéraires et scientifiques ; il était en même temps quelque peu poète. Il perdit la vue par suite d'une ophtalmie qui, à cette époque comme de nos jours, était le fléau de la vallée du Nil et, ne pouvant se faire à l'idée de vivre sans pouvoir lire, il se donna la mort en — 194.

Ses connaissances portaient principalement sur l'Astronomie et la géodésie ; il construisit divers instruments astronomiques qui furent employés à l'Université pendant plusieurs siècles. Il imagina le Calendrier (connu actuellement sous le nom de Calendrier Julien) dans lequel chaque quatrième année comptait 366 jours, et il détermina l'obliquité de l'écliptique qu'il trouva de 23°51′20″.

Il détermina la longueur du degré sur la surface du globe terrestre et la trouva égale à 127 135 mètres, soit environ 16 kilomètres de trop ; il calcula ensuite la longueur de la circonférence de la terre qu'il trouva de 252 000 stades, ce qui revient à dire que le rayon est d'environ 7400 kilomètres. Le principe sur lequel il s'appuyait dans cette détermination est exact.

On possède deux spécimens des œuvres d'Eratosthène en mathématiques : l'un est la description d'un instrument pour effectuer la duplication du cube, le second est la règle qu'il donne pour former une table des nombres premiers. Le premier se trouve dans plusieurs ouvrages. Quant au second, connu sous le nom de « crible d'Eratosthène », voici en quoi il consiste : on commence par écrire la série des nombres entiers à partir de l'unité ; on barre tous les nombres de 2 en 2 à partir de 2 comme étant des multiples de 2 ; puis tous les nombres de 3 en 3, à partir de 3, comme étant multiples de 3 ; cela fait, le premier nombre non barré est 5, tous les nombres de 5 en 5, à partir de 5, étant multiples de 5, sont à effa-

---

([1]) CRICHTON (JAMES) communément appelé l'*Admirable Crichton*, né probablement dans le château de Cluny en Écosse en 1560, mort à Mantoue en 1583. A l'âge de 17 ans, il avait parcouru tout le cercle des connaissances humaines, parlait et écrivait 10 langues, possédait à fond le dessin, la peinture, l'équitation, l'escrime, dansait et chantait à ravir, jouait de divers instruments de musique. Il était de plus, doué d'une beauté physique et d'une force musculaire extraordinaires.

cer. Et on continue ainsi jusqu'à la limite que l'on s'est assignée.
On a calculé que pour obtenir, par cette méthode, tous les nombres premiers de 1 à 1 000 000, il faudrait un travail d'environ 300 heures.

Les essais à faire, pour s'assurer qu'un nombre est ou n'est pas premier peuvent cependant être réduits en observant que si un nombre est décomposé en un produit de deux facteurs, l'un d'eux doit être plus petit et l'autre plus grand que sa racine carrée, à moins que ce nombre ne soit le carré d'un nombre premier, auquel cas les deux facteurs sont égaux. Il résulte de là que tout nombre composé doit être divisible par un nombre premier qui ne peut surpasser sa racine carrée.

LE SECOND SIÈCLE AVANT JÉSUS-CHRIST

Le troisième siècle avant J.-C. qui s'ouvre avec Euclide et prend fin à la mort d'Apollonius est la période la plus brillante de l'histoire de la science grecque. Mais les grands mathématiciens de ce siècle étaient des géomètres, et sous leur influence, l'attention se porta presque uniquement sur cette branche des mathématiques. Avec les méthodes qu'ils employèrent et dans lesquelles leurs successeurs se renfermèrent par tradition, il n'était guère possible de faire progresser la science : ajouter quelques détails à un travail déjà complet dans ses parties essentielles était tout ce que l'on pouvait faire. Ce n'est qu'après un intervalle d'environ 1 800 ans que le génie d'un Descarte, découvrant une nouvelle voie, recula les bornes de la géométrie ancienne ; c'est pourquoi nous passerons rapidement sur les nombreux auteurs qui suivirent Apollonius, en nous contentant d'en faire une rapide mention. On pourrait même avancer sans erreur que, durant la période de mille ans qui suivit, Pappus fut le seul géomètre de grand talent et que, pendant cette longue période, les seuls autres mathématiciens, dans le sens exact du mot, d'un génie exceptionnel, furent Hipparque et Ptolémée à qui l'on doit les fondements de la trigonométrie, et Diophante qui fut le créateur de l'algèbre.

Dans le second siècle avant J.-C., vers — 180, nous trouvons les noms de trois mathématiciens : Hypsiclès, Nicomède et Dioclès, qui étaient renommés de leur temps.

Hypsiclès. — Le premier d'entre eux, Hypsiclès, ajouta aux Eléments d'Euclide un XIV° livre dans lequel les solides réguliers étaient étudiés. Dans un autre petit ouvrage, intitulé « *Ascensions* », nous trouvons pour la première fois chez les mathématiciens grecs, un angle droit divisé en 90 degrés comme chez les Babyloniens. Il est possible qu'Eratosthène eût déjà estimé les angles d'après le nombre de degrés qu'ils contiennent, mais ce n'est qu'une simple conjecture.

Nicomède. — Nicomède inventa la courbe connue sous le nom de *conchoïde* ou courbe en forme de coquille.

Si d'un point fixe S on mène une droite coupant en Q une autre droite donnée et si on porte sur SQ et à partir de Q, une longueur constante QP $= d$, le lieu engendré par le point P, lorsque la position du point Q varie sur la première droite, est la conchoïde.

Son équation peut se mettre sous la forme

$$r = a \sec \theta \pm d.$$

Il est facile, avec cette courbe, d'opérer la trisection d'un angle ou la duplication du cube, et elle fut, sans nul doute, imaginée dans ce but.

Dioclès. — *Dioclès* est l'inventeur de la courbe connue sous le nom de cissoïde ou courbe en forme de feuille de lierre qui, comme la conchoïde, servait à la résolution du problème de la duplication du cube. Voici comment il la définissait :

Soient AOA' et BOB' deux diamètres fixes d'un cercle faisant entre eux un angle droit. Traçons les deux cordes QQ', RR' parallèles à BOB' et équidistantes de ce diamètre. Le lieu du point d'intersection de AR et de QQ' sera la cissoïde. Son équation peut se mettre sous la forme

$$y^2(2a - x) = x^3$$

Dioclès résolut aussi (au moyen des sections coniques) le problème suivant proposé par Archimède : mener un plan divisant une sphère donnée en deux parties dont les volumes aient entre eux un rapport donné.

Persée. Zénodore. — Un quart de siècle après, c'est-à-dire vers — 150, Persée étudia les diverses sections planes du tore et Zénodore écrivit un traité sur les figures isopérimètres ; une partie de ce dernier travail a été conservée et pour donner une idée de la nature des problèmes discutés nous citerons la proposition suivante : « de tous les segments de cercles compris sous des arcs égaux, le plus grand est le demi-cercle ».

Vers la fin de ce siècle nous trouvons deux mathématiciens qui en faisant porter leurs recherches sur des sujets nouveaux donnèrent un nouvel attrait à l'étude des mathématiques. Ce sont Hipparque et Héron.

Hipparque ([1]). — Hipparque, le plus éminent des astronomes grecs, eut pour principaux prédécesseurs Eudoxe, Aristarque, Archimède et Eratosthène. On raconte qu'il naquit vers — 160 à Nicée en Bithynie ; il passa probablement quelques années à Alexandrie, mais il s'était établi finalement à Rhodes où il fit la plupart de ses observations.

Delambre a obtenu une ingénieuse confirmation de la tradition d'après laquelle Hipparque aurait vécu dans le second siècle avant Jésus-Christ. Dans un de ses écrits Hipparque dit, en effet, que la longitude d'une certaine étoile, η *du chien*, qu'il avait observée était exactement de 90°, et il faut noter que toutes ses observations étaient minutieusement faites. Comme en 1750, elle se trouvait de 116° 4′ 10″ et comme le premier point du bélier rétrograde à raison de 50″,2 par an, l'observation d'Hipparque a dû se faire vers — 120.

([1]) Voir C. Manitius, *Hipparchi in Arati et Eudoxi phænomena commentarii*. Leipzig, 1894, et J. B. J. Delambre, *Histoire de l'Astronomie ancienne*. Paris, 1817, vol. I, pp. 106-189.

S P. Tannery dans ses *Recherches sur l'histoire de l'Astronomie ancienne*. Paris, 1893, prétend que le travail d'Hipparque a été surfait, mais nous avons adopté ici les vues de la majorité des auteurs.

A l'exception d'un court commentaire sur un poème d'Aratus ayant trait à l'astronomie, tous ses ouvrages sont perdus, mais le grand traité de Ptolémée, l'*Almageste*, dont nous parlerons plus loin, repose sur les observations et les écrits d'Hipparque, et nous permet de lui restituer ses principales découvertes : il détermina la vraie valeur de la durée de l'année avec une approximation de 6 minutes. Il calcula et trouva pour l'inclinaison de l'écliptique sur l'équateur de $23°51'$, elle était à cette époque de $23°46'$. Il estimait la précession annuelle des équinoxes à $59''$; les calculs modernes donnent $50'',2$. Il assigna à la parallaxe horizontale de la lune la valeur de $57'$ qui est très sensiblement exacte. Il trouva $\frac{1}{24}$ pour l'excentricité de l'orbite solaire, elle est très approximativement $\frac{1}{30}$. Il détermina le périgée et le mouvement moyen du soleil et de la lune et il calcula l'inclinaison du plan de l'orbite lunaire sur le plan de l'écliptique. Pour les détails de ses observations et de ses calculs nous renvoyons aux écrits de Delambre.

En ce qui concerne le mouvement de la lune, Hipparque supposait qu'elle se déplaçait d'un mouvement uniforme sur un cercle dont la terre occupait une position voisine du centre (mais non en coïncidence avec lui). Ceci revenait à dire que l'orbite est une épicycle du premier ordre. La longitude de la lune, qu'il obtenait en partant de cette hypothèse, est à peu près correcte pour quelques révolutions

Pour rendre cette évaluation exacte pour une durée quelconque, Hipparque supposait de plus que la ligne des apsides se déplaçait en avant d'environ 3° par mois, ce qui lui fournissait la correction pour une durée quelconque. Il expliquait le mouvement du soleil de la même manière. Cette théorie donnait l'explication de tous les faits, qui pouvaient être observés avec les instruments alors en usage, et elle lui permit, en particulier, de faire le calcul des éclipses avec une précision remarquable.

Il avait commencé une série d'observations planétaires, pour permettre à ses successeurs de créer une théorie rendant compte de leurs mouvements, et il avait annoncé, avec beaucoup de perspicacité, qu'on n'arriverait à un pareil résultat qu'en introduisant des épicycles d'ordre supérieur, c'est-à-dire en supposant trois ou plus de trois cercles, tels que les centres de chacun d'eux se déplaceraient uniformément sur la circonférence du précédent.

Il composa un catalogue de 1 080 étoiles fixes et l'on raconte que c'est à l'apparition soudaine d'une nouvelle étoile remarquable par sa clarté, qu'il comprit la nécessité d'un pareil travail. Des documents chinois confirment effectivement l'apparition d'une étoile pendant sa vie.

Après Hipparque, la science astronomique demeura stationnaire jusqu'à Copernic, mais Ptolémée reprit en détail les principes qu'il avait posés, les étudia de nouveau et leur donna une extension considérable.

Des recherches du genre de celles dont nous venons de parler devaient naturellement conduire à la *Trigonométrie* et Hipparque peut être considéré comme le créateur de cette branche de la science mathématique. On sait qu'en trigonométrie plane, il construisit une table des valeurs des cordes d'un certain nombre d'arcs, qui est pratiquement la même chose qu'une table des sinus naturels, et qu'en trigonométrie sphérique, il possédait une méthode pour la résolution des triangles, mais ses écrits sont perdus et nous ne pouvons donner aucun détail sur ce sujet. On pense cependant que l'élégant théorème, qui se lit dans le livre VI des Éléments d'Euclide (proposition D) et qui est connu généralement sous le nom de théorème de Ptolémée, est dû à Hipparque, à qui Ptolémée l'aurait emprunté.

Il contient implicitement les formules pour le développement de sin (A ± B) et cos (A ± B) et Carnot a montré comment on pouvait en déduire toutes les formules de la trigonométrie plane.

Nous compléterons cet aperçu en disant qu'Hipparque fut le premier qui détermina la position d'un lieu sur la surface de la terre au moyen de sa longitude et de sa latitude.

Héron (¹). — Le second des mathématiciens de la fin du siècle fut *Héron* d'Alexandrie qui établit l'art de l'Ingénieur et l'arpen-

(¹) Voir *Recherches sur la vie et les Ouvrages d'Héron d'Alexandrie*, par T. H. Martin, dans le volume IV des *Mémoires présentés... à l'Académie des inscriptions*. Paris, 1854 ; voir aussi Cantor, chap. xviii, xix et Loria, livre III, chap. v, pp. 107-128.
Sur l'ouvrage intitulé *Définitions* et attribué à Héron, voir P. Tannery,

tage sur des bases scientifiques. Il était élève de Ctésibus, qui imagina plusieurs machines ingénieuses, et dont il parlait comme d'un mathématicien réputé. Il est assez vraisemblable qu'Héron vécut avant — 120, mais la période précise de son existence est incertaine. En mathématiques pures, les principaux travaux d'Héron et les plus caractéristiques consistent :

1° En une géométrie élémentaire, avec applications à la détermination des aires de champs ayant une forme donnée ;

2° En propositions sur la manière de calculer les volumes de certains solides, avec applications aux bâtiments servant de théâtre, de salle de bains, de salle de fêtes, etc. ;

3° En une règle pour trouver la hauteur d'un objet inaccessible ;

4° En table des poids et mesures.

Il trouva une solution du problème de la duplication du cube, qui est pratiquement la même que celle qu'Apollonius avait déjà donnée. Quelques commentateurs pensent qu'il savait résoudre une équation du second degré, même quand les coefficients sont littéraux, mais cela est douteux. Il établit la formule

$$\Delta = \sqrt{p(p - a)\,(p - b)\,(p - c)}$$

permettant de calculer l'aire d'un triangle en fonction des côtés et il l'appliqua à un triangle dont les côtés étaient entre eux comme les trois nombres, 13, 14 et 15. Il était évidemment familiarisé avec la trigonométrie d'Hipparque et il avait calculé l'expression $\cot \cdot \frac{2\pi}{n}$ pour diverses valeurs de n, mais il ne cite nulle part une formule où il soit question du sinus ; il est probable que, comme les Grecs des temps plus récents, il considérait la trigonométrie comme une introduction à l'astronomie, dont elle restait partie intégrante.

chap. XIII, XIV et un article par G. FRIEDLEIN, dans le *Bulletino di bibliografia*, de BONCOMPAGNI, mars 1871, vol. IV, pp. 93-126.

Des éditions des travaux qui nous restent d'Héron ont été publiées par W. SCHMIDT. Leipzig, 1899 et par F. HULTSCH. Berlin, 1864. Une traduction anglaise des Πνευματικα, a été publiée par B. WOODCROFT et J. S. GREENWOOD. Londres, 1851.

Voici comment il établissait la formule lui donnant la surface
d'un triangle en fonction des côtés a, b, c (¹) (*fig.* 14).

Soient, p le demi-périmètre du triangle et D, E, F les points de
contact des côtés et de la circonférence inscrite de centre O. Sur
le côté BC prolongé, prenons le point H tel que CH = AF, il
en résulte que BH = p.

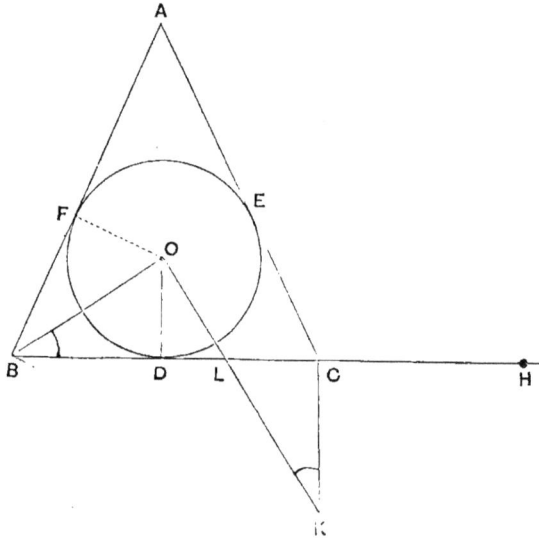

Fig. 14.

Traçons OK perpendiculaire sur OB et CK perpendiculaire
sur BC, ces deux droites se coupent en K.

L'aire du triangle ABC ou Δ est égale à la somme des aires des
trois triangles OBC, OCA et OAB, c'est-à-dire que l'on a :

$$\tfrac{1}{2}\, a\cdot r + \tfrac{1}{2}\, b\cdot r + \tfrac{1}{2}\, c\cdot r = p\cdot r = \text{BH} \times \text{OD}.$$

La similitude des deux triangles OAF, CBK résulte de l'égalité
des angles OAF, CBK qu'Héron démontre sans peine.

(¹) Dans sa *Dioptrique*, HULTSCH, part. VIII, pp. 235-237.
Nous devons faire remarquer que certains critiques pensent qu'il y a eu là
intercalation et que ce passage n'est pas dû à HÉRON.

On a alors la série de rapports égaux

$$\frac{BC}{CK} = \frac{AF}{OF} = \frac{CH}{OD},$$

$$\frac{BC}{CH} = \frac{CK}{OD} = \frac{CL}{LD},$$

$$\frac{BH}{CH} = \frac{CD}{LD},$$

d'où

$$\frac{\overline{BH}^2}{CH.\,BH} = \frac{CD.\,BD}{LD.\,BD} = \frac{CD.\,BD}{OD^2}.$$

Par suite

$$\Delta = BH.\,OD = \sqrt{CH.\,BH.\,CD.\,BD} = \sqrt{p(p-a)(p-b)(p-c)}.$$

En mathématiques appliquées, Héron s'occupa du centre de gravité, étudia les cinq machines simples et le problème consistant à déplacer une masse donnée avec une puissance donnée.

Dans un passage de ses écrits, il indique le moyen de tripler la puissance de la catapulte. Il écrivit aussi sur la théorie des machines hydrauliques. Il donna la description d'un théodolite (la dioptre) et d'un cyclomètre, et signala diverses questions d'arpentage dans lesquelles on pouvait utiliser ces instruments. Mais, de tous ses petits ouvrages, ses Πνευματικά et ses Αὐτόματα constituent les plus intéressants ; ils contiennent la description d'environ cent petites machines ou jouets mécaniques, dont beaucoup sont très ingénieux. Dans le premier traité, il décrit une machine à vapeur fixe présentant la forme aujourd'hui bien connue de l'appareil d'Avery qui était d'un usage commun en Écosse au commencement de ce siècle, mais qui n'offre pas les mêmes avantages que la disposition imaginée par Watt.

On y trouve aussi quelques renseignements sur une pompe foulante à double effet destinée à être employée en cas d'incendie. Il est probable que tous ces appareils restèrent à l'état de modèles entre les mains d'Héron. Ce n'est que récemment que l'attention générale a été attirée sur ses découvertes en mécanique, bien qu'Arago y ait fait allusion dans son *Éloge* de Watt.

On voit que tout cela diffère beaucoup de la géométrie classique et de l'arithmétique d'Euclide ou de la mécanique d'Archimède. Héron ne fit rien pour développer ses connaissances en mathéma-

tiques abstraites; il avait appris tout ce que les livres classiques
de l'époque pouvaient lui enseigner, mais il ne s'intéressait à la
science que par son côté pratique et, tant que ses résultats étaient
exacts, il ne s'inquiétait pas de savoir si les procédés qui les lui
avaient fournis étaient appliqués logiquement. Ainsi pour déterminer l'aire du triangle, il prenait la racine carrée du produit de
quatre lignes. Les géomètres grecs classiques se permettaient bien
l'usage du carré et du cube d'une ligne, car tous les deux sont susceptibles d'une représentation géométrique, mais on ne peut concevoir une figure à quatre dimensions et ils auraient certainement
rejeté une démonstration reposant sur une semblable conception.

On peut se demander si Héron ou ses contemporains avaient
connaissance de l'existence du papyrus de Rhind, mais il semble
que des traités d'un caractère semblable circulaient alors en Égypte,
et un livre classique de ce genre — bien que datant, très vraisemblablement, d'une époque pouvant remonter à environ huit siècles
auparavant — a été découvert et reproduit (¹). Il est douteux que
ce soient là les sources où Héron aurait puisé ses inspirations.
Deux ou trois raisons ont conduit les commentateurs modernes à
penser que Héron, bien que natif d'Alexandrie, était Égyptien d'origine, et s'il en était ainsi, il nous présenterait un exemple curieux
de la permanence des caractères et des traditions d'une race. Héron
parlait et écrivait le grec et on croit qu'il naquit lorsque l'influence
grecque était dominante; cependant les règles qu'il donne, ses
méthodes de démonstration, les figures qu'il trace, les questions
qu'il traite, et même les phrases dont il fait usage, rappellent l'ouvrage si ancien d'Ahmès.

LE PREMIER SIÈCLE AVANT JÉSUS-CHRIST

Les successeurs d'Hipparque et de Héron ne saisirent pas l'op-
portunité qui se présentait à eux de faire porter leurs recherches
sur des questions nouvelles, et reprirent un sujet déjà bien usé, la

(¹) Le papyrus Akhmin, par J. BAILLET dans les *Mémoires de la mission archéologique française au Caire*, vol. IX, pp. 1-88. Paris, 1892.

géométrie. Parmi les plus éminents de ces derniers géomètres furent Théodose et Dionysodore, qui tous les deux vivaient vers — 5o.

Théodose. — *Théodose* écrivit un traité complet sur la géométrie de la sphère et deux ouvrages sur l'astronomie ([1]).

Dionysodore. — *Dionysodore* ne nous est connu que par sa solution du problème ayant pour objet de diviser un hémisphère par un plan parallèle à sa base en deux parties, dont les volumes soient entre eux dans un rapport donné. Il employait les sections coniques pour résoudre la question ([2]), de même que **Dialès**, dans sa solution du problème analogue pour la sphère entière dont il a été question plus haut. Pline rapporte que Dionysodore avait déterminé la longueur du rayon de la terre qu'il trouvait approximativement de 42 000 stades, ce qui correspond à environ 80 000^{km} ; nous ne savons pas comment Dionysodore était parvenu à ce résultat, que l'on peut comparer avec celui donné par Eratosthène et que nous avons mentionné plus haut.

FIN DE LA PREMIÈRE ÉCOLE D'ALEXANDRIE

Rome devint définitivement maîtresse de l'empire Égyptien en 3o avant Jésus-Christ. Des troubles nombreux, aussi bien civils que militaires, signalèrent les dernières années de la dynastie de Ptolémée et les premiers temps de l'occupation romaine. Les études de l'Université se trouvèrent naturellement suspendues et on considère généralement cette époque comme marquant la fin de la première école d'Alexandrie.

([1]) L'ouvrage sur la *Sphère* a été édité par I. BARROW. Cambridge, 1675 et par E. NIZZE. Berlin, 1852.
Les ouvrages sur l'*Astronomie* furent publiés par DASYPODIUS, en 1572.
([2]) Sa solution a été reproduite dans l'ouvrage de H. SUTER, *Geschichte der mathematischen Wissenschaften*, seconde édition. Zurich, p. 1873, 101.

CHAPITRE V

—

SECONDE ÉCOLE D'ALEXANDRIE [1]

(DE 30 AVANT JÉSUS-CHRIST A 641 APRÈS JÉSUS-CHRIST)

En terminant le précédent chapitre nous avons observé que la première école d'Alexandrie disparaissait à peu près au moment où le pays perdait son indépendance. Dans le monde romain, le régime impérial fut substitué, en fait si ce n'est de nom, à la forme républicaine et les universités eurent à souffrir des troubles qui accompagnèrent cette transformation ; elles purent néanmoins continuer leur enseignement sans interruption et, aussitôt l'ordre rétabli, les étudiants revinrent en foule à Alexandrie. Cette période d'agitation coïncida pourtant avec une autre orientation des doctrines philosophiques, qui désormais procédèrent presque exclusivement de Platon et de Pythagore : par là, le commencement d'une ère nouvelle est nettement marqué. Le mysticisme des idées en cours eut sa répercussion dans les écoles des géomètres et c'est ce qui explique en partie la stérilité de l'œuvre scientifique de cette époque.

Bien que l'influence de la Grèce fut toujours prédominante et la langue de ce pays toujours employée, Alexandrie devint alors un centre intellectuel pour la plupart des peuples de la Méditerranée qui étaient sous la domination romaine. Si beaucoup de mathématiciens de ce temps n'ont pu avoir des relations directes avec les maîtres d'Alexandrie, c'est néanmoins à ceux-ci qu'ils sont rede-

[1] Pour les références voir la note donnée plus haut, p. 52.
Toutes les dates mentionnées ci-après doivent être considérées comme *anno domini*, à moins que le contraire ne soit expressément spécifié.

vables de leurs connaissances scientifiques et c'est pourquoi on les rattache à la seconde école d'Alexandrie. D'un autre côté, l'enseignement mathématique donné à Rome n'étant que le développement d'idées qui avaient pris naissance en Grèce, nous pourrons faire rentrer naturellement dans le cadre de ce chapitre ce que nous aurons à en dire.

PREMIER SIÈCLE APRÈS JÉSUS-CHRIST

Durant le premier siècle qui suivit la naissance du Christ, la géométrie fut toujours la science de prédilection ; mais il est évident qu'à cette époque la géométrie d'Archimède et d'Apollonius n'était guère susceptible de beaucoup de développements ; les traités qui parurent alors sont surtout des commentaires aux écrits des grands mathématiciens des âges antérieurs. Les seuls ouvrages de ce siècle ayant une certaine valeur, qui nous soient parvenus, sont au nombre de trois : deux sont dûs à Serenus et un à Ménélaus.

Serenus. Ménélaus. — Les écrits de *Serenus d'Antissa* ([1]) (vers 70), traitent des sections planes du cône et du cylindre ([2]), et on y trouve la proposition fondamentale des transversales.

L'ouvrage de *Ménélaus d'Alexandrie* (vers 98), est une *Trigonométrie sphérique*, présentée suivant la méthode euclidienne ([3]). Le théorème fondamental sur lequel elle repose est la relation entre les six segments déterminés sur les côtés d'un triangle sphérique par l'arc d'un grand cercle qui les coupe (livre III, proposition 1). Ménélaus écrivit aussi un ouvrage sur le calcul des cordes, c'est-à-dire un traité de trigonométrie rectiligne, mais il a été perdu.

Nicomaque. — Dans les dernières années de ce siècle (vers 100), *Nicomaque*, un juif qui naquit à Gérase en 50 et mourut vers

---

([1]) HEIBERG pense que SERENUS vivait à Antinœ et non Antissa.
([2]) Ils ont été publiés par J. L. HEIBERG. Leipzig, 1896, et par E. HALLEY. Oxford, 1710.
([3]) L'ouvrage a été traduit par E. HALLEY. Oxford, 1758.

110, composa une *Arithmétique* ([1]), qui (ou plutôt la version latine qui en a été faite) fit autorité pendant près de mille ans. Cet ouvrage est une simple classification des résultats connus à cette époque, avec des exemples numériques mais sans aucune démonstration géométrique. L'exactitude des propriétés énoncées (car nous ne pouvons qualifier de démonstrations les explications qu'on y trouve) résulte des vérifications numériques. Le but du livre est l'étude des propriétés des nombres et en particulier de leurs rapports.

Nicomaque commence par classer les nombres, suivant la manière usuelle de l'époque, en pairs, impairs, premiers et parfaits ; il étudie après cela les fractions d'une façon assez incorrecte, puis il s'occupe des nombres polygonaux et solides, et enfin traite des rapports, des proportions et des progressions.

On donne généralement à une arithmétique de ce genre le nom de Bœcienne et le Traité de Boëce sur ce sujet a été au Moyen-Age l'ouvrage classique faisant autorité.

LE IIᵉ SIÈCLE APRÈS JÉSUS-CHRIST

Théon. — Un autre traité d'arithmétique, à peu près semblable à celui de Nicomaque, fut composé par *Théon de Smyrne*, vers 130. Ce traité formait le premier livre de son ouvrage ([2]) sur les mathématiques, entrepris dans le but de faciliter l'étude des écrits de Platon.

Thymaridas. — Un autre mathématicien sensiblement de la même époque, *Thymaridas*, mérite une mention parce qu'il est le plus ancien auteur connu ayant explicitement énoncé un théorème d'algèbre.

Il affirme que si l'on donne la somme d'un nombre quelconque n de quantités, en même temps que la somme de chacun des couples

([1]) L'ouvrage a été publié par R. Hache. Leipzig, 1866.
([2]) Le texte grec des parties qui existent encore a été publié avec une traduction française par J. Dupuis. Paris, 1892.

constitués par l'une de ces quantités avec successivement chacune des autres, cette quantité est égale à la $(n - 2^{mo})$ partie de la différence entre la somme de tous les couples et la première somme connue.

Par exemple, si

$$x_1 + x_2 + x_3 + \ldots + x_n = S$$

et si on donne en même temps

$$x_1 + x_2 = s_2, \quad x_1 + x_3 = s_3, \quad x_1 + x_4 = s_4, \quad \ldots, \quad x_1 + x_n = s_n,$$

alors

$$x_1 = \frac{s_2 + s_3 + s_4 + \ldots + s_n - S}{n - 2}$$

Il ne semble pas avoir fait usage d'un symbole pour représenter la quantité inconnue, mais il la désigne toujours par le même mot, ce qui est un premier pas vers le symbolisme.

Ptolémée ([1]). — A peu près à l'époque où vivaient les auteurs que nous venons de mentionner, *Ptolémée d'Alexandrie*, mort en 168, faisait paraître son grand ouvrage sur l'Astronomie qui transmettra son nom à la postérité aussi longtemps que l'on s'occupera de l'histoire des sciences. Ce traité est généralement appelé *Almageste*, nom dérivant du titre arabe *al midschisti*, qui serait, dit-on, la corruption de μεγίστη [μαθηματική] σύνταξις.

L'ouvrage est basé sur les écrits d'Hipparque, et bien qu'il ne fasse pas progresser sensiblement le sujet au point de vue théorique, les idées de l'auteur ancien sont exposées avec une perfection et une élégance telles, que ce traité sera toujours considéré comme un modèle du genre. Nous y voyons que Ptolémée fit des observations à Alexandrie de l'année 125 à 150, mais il était plutôt mé-

---

([1]) Voir l'article *Ptolemœus Claudius*, par A. DE MORGAN, dans le *Dictionary of Greek and Roman Biography*, de SMITH. Londres, 1849; S. P. TANNERY, *Recherches sur l'histoire de l'astronomie ancienne*. Paris, 1893; et J. B. J. DELAMBRE, *Histoire de l'astronomie ancienne*. Paris, 1817, vol. II.

Une édition de toutes les œuvres qui ont été conservées de PTOLÉMÉE a été publiée à Bâle, en 1551. L'*Almageste* avec divers ouvrages de moindre valeur a été édité par M. HALMA, 12 vol. Paris, 1813-28, mais une nouvelle édition, par J. L. HEIBERG. Leipzig, part. I, 1898, est en cours de publication.

diocre comme astronome praticien et les observations d'Hipparque
sont généralement plus exactes que celles de son interprète.

L'ouvrage comprend treize livres. Dans le premier, Ptolémée
discute diverses notions préliminaires, traite de la trigonométrie
plane et sphérique donne une table des cordes, c'est-à-dire des
sinus naturels (qui est correcte en substance et a probablement été
extraite de l'ouvrage perdu d'Hipparque) et explique l'obliquité
de l'écliptique ; dans ce livre il fait usage, pour l'évaluation des
angles, des degrés, minutes et secondes. Le second livre est consacré principalement aux phénomènes qui sont la conséquence de
la forme sphérique de la terre ; il fait remarquer que les explications
seraient bien simplifiées en supposant la terre animée d'un mouvement de rotation autour de son axe et effectuant cette rotation dans
un jour, mais il constate que cette hypothèse serait en opposition
avec les faits observés. Dans le troisième livre, il explique le mouvement du soleil autour de la terre au moyen des cercles excentriques et des épicycles et, dans les livres quatre et cinq, il donne
une explication semblable pour la lune. La théorie des éclipses est
exposée dans le sixième livre et c'est là qu'on trouve pour valeur
approchée de π, 3°8′30″, c'est-à-dire $3\frac{17}{120}$, ou 3,1416. Les septième et huitième livres contiennent un catalogue de 1 028 étoiles
fixes déterminées en spécifiant celles qui, par groupes de trois ou
de plus de trois, se trouvent en ligne droite, ou plus exactement,
appartiennent à un même arc de grand cercle (cette partie de l'ouvrage a été probablement empruntée à Hipparque) ; et, dans un
autre ouvrage, Ptolémée fait l'énumération des phénomènes sidéraux
se reproduisant chaque année. Les derniers livres sont consacrés à
la théorie des planètes.

Cet ouvrage est un témoignage admirable de l'intelligence de
son auteur. Il fut immédiatement accepté comme modèle et fit autorité en astronomie, jusqu'à ce que Copernic et Képler eussent
montré que c'était le soleil et non la terre qui devait être regardé
comme le centre du système du monde.

Dans les temps modernes on a souvent tourné en ridicule les
idées des excentriques et des épicycles sur lesquelles Hipparque
et Ptolémée basaient leurs théories. Il est hors de doute qu'avec
le temps et à la suite d'observations plus nombreuses et plus

exactes, la nécessité où l'on se serait trouvé d'introduire épicycle
sur épicycle pour faire concorder la théorie avec les faits observés,
l'aurait rendue fort compliquée. Mais De Morgan a judicieusement
fait observer que si les anciens astronomes se trompaient grandement en supposant qu'il était indispensable de transformer tous
les mouvements des corps célestes en mouvements circulaires uniformes, leurs hypothèses, en tant que rendant compte des phénomènes apparents, étaient non seulement légitimes, mais commodes.
Elles suffisaient pour expliquer le mouvement angulaire des corps
célestes ou leur changement de distance, et comme les anciens ne
s'attachaient qu'à cette dernière question, ils s'en contentaient. En
fait, étant donnés l'état de leurs connaissances et l'imperfection de
leurs instruments, c'était la meilleure des théories qu'ils pouvaient
créer, et elle correspond à l'expression d'une fonction donnée
comme somme de sinus et de cosinus, méthode qui est d'un fré-
quent usage en analyse moderne.

Malgré les recherches de Delambre, il est presque impossible d'établir une distinction entre les résultats dus à Hipparque
et ceux qui peuvent être attribués à Ptolémée. Mais Delambre et
De Morgan s'accordent à penser que les observations mentionnées,
les idées fondamentales et l'explication du mouvement solaire
apparent sont dues à Hipparque, tandis que tous les détails et les
calculs des mouvements apparents de la lune et des planètes appartiennent à Ptolémée.

L'Almageste montre que Ptolémée était un géomètre de premier
ordre, bien qu'il se soit principalement limité aux applications de
la géométrie à l'astronomie. Il composa également un grand
nombre d'autres traités. Parmi ces derniers, il en est un sur la
géométrie pure, dans lequel il propose de supprimer l'axiome douze
d'Euclide sur les parallèles et de le démontrer comme il suit :

Supposons que les deux droites AB et CD soient coupées par
la ligne EFGH de telle sorte que la somme des angles BFG, FGD
soit égale à deux droits. Il s'agit de démontrer que ces deux droites
AB, CD sont parallèles (*fig.* 15).

Si elles n'étaient pas parallèles, elles devraient, en les prolongeant
suffisamment, se rencontrer en un point M (ou N). Mais les angles
AFG, FGC sont respectivement les supplémentaires des angles
BFG, FGD; par suite AFG + FGC = 2 angles droits et les lignes

BA, DC devront, suffisamment prolongées, se rencontrer en N
(ou M). Mais deux lignes droites ne peuvent renfermer un espace,
par conséquent on ne peut admettre la rencontre des droites AB,
CD prolongées ; c'est dire que ces droites sont parallèles. Réciproquement, si AB et CD sont parallèles, les segments AF, CG
ne sont pas moins parallèles que les segments FB, GD ; par conséquent quelle que soit la somme des angles AFG, FGC, la somme
des angles FGD, GFB sera la même. Mais la somme des quatre
angles est égale à quatre angles droits, et par conséquent la somme
des angles BFG et FGD doit être égale à deux droits.

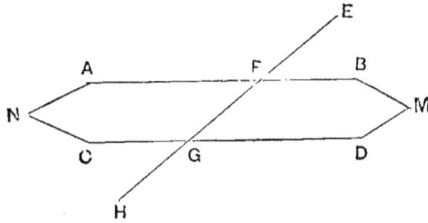

Fig. 15.

Ptolémée écrivit un autre ouvrage pour montrer que l'espace ne
pouvait comprendre plus de trois dimensions : il étudia également
les *projections orthographiques* et *stéréographiques*, avec des applications spéciales à la construction des cadrans solaires. Il écrivit
sur la géographie et établit que la longueur d'un degré de latitude
est égale à 500 stades. On lui attribue aussi quelquefois un ouvrage
sur *l'optique* et un autre sur le *son*, mais leur authenticité est douteuse.

LE IIIᵉ SIÈCLE APRÈS JÉSUS-CHRIST

Pappus. — Ptolémée avait montré non seulement que la géométrie pouvait être appliquée à l'étude de l'astronomie, mais il
avait indiqué de plus comment de nouvelles méthodes d'analyse,
telle que la trigonométrie, pouvaient y trouver l'occasion de se
développer. Cependant son œuvre, si brillamment commencée, ne
fut continuée par aucun de ses successeurs et ce n'est qu'après une
période de 150 ans que nous rencontrons un autre géomètre de

quelque valeur. Ce fut *Pappus*, qui vivait et enseignait à Alexandrie vers la fin du troisième siècle. Nous savons qu'il avait de nombreux disciples et il est probable qu'il sut momentanément donner un nouvel attrait à l'étude de la géométrie.

Pappus composa plusieurs ouvrages, mais *il n'y en a qu'un* qui nous soit parvenu, les Συναγωγη ([1]), consistant en une collection de mémoires mathématiques disposés en huit livres dont le premier et une partie du second ont été perdus. Dans ce recueil il se proposait d'analyser les ouvrages des mathématiciens grecs en ajoutant des commentaires et des propositions nouvelles. Une étude comparative faite avec soin des textes anciens qui nous sont parvenus et de l'analyse qu'en présente Pappus, a permis de constater que son ouvrage était d'une fidélité scrupuleuse et nous pouvons en conséquence accepter avec confiance les renseignements qu'il donne sur des traités aujourd'hui perdus. Il n'a pas adopté l'ordre chronologique, il a groupé ensemble tous les traités portant sur un même sujet, et il est fort vraisemblable qu'il donne très approximativement l'ordre suivant lequel les auteurs classiques étaient étudiés à Alexandrie. Le premier livre, actuellement perdu, était probablement consacré à l'arithmétique ; dans les quatre livres qui suivent il est question de la géométrie jusqu'aux sections coniques exclusivement ; le sixième comprend l'astronomie et subsidiairement quelques sujets tels que l'optique et la trigonométrie ; le septième a trait à l'analyse, aux coniques et aux prismes ; et le huitième est consacré à la mécanique.

Les deux derniers livres contiennent beaucoup de proportions appartenant en propre à Pappus, mais nous devons faire remarquer en même temps que dans deux ou trois cas, on a constaté qu'il s'était approprié les démonstrations d'anciens auteurs ; et il est possible qu'il en ait fait de même dans d'autres parties de son ouvrage.

Cette réserve faite nous pouvons dire que la meilleure partie du recueil de Pappus est sa géométrie. Il fit connaître la directrice dans les sections coniques, mais il n'en étudia que quelques propriétés isolées, l'exposition complète la plus moderne a été faite par Newton et par Boscovich. Comme exemple de sa sagacité comme géomètre

([1]) L'ouvrage a été publié par F. HULTSCH. Berlin, 1876-78.

rappelons qu'il résolut le problème suivant : inscrire dans un cercle
un triangle dont les côtés passent par trois points donnés en ligne
droite (prop. 107, livre VI). Dans le courant du xvIIIe siècle cette
question fut généralisée par Cramer, en supposant les trois points
donnés disposés d'une façon quelconque dans le plan du cercle, et
elle était considérée comme difficile. Il l'avait proposée en défi à
Castillon, en 1742, et il en fit connaître une solution en 1776.
Lagrange, Euler, Lhulier, Fuss et Lexell en donnèrent également
des solutions en 1780. Quelques années plus tard le même pro·
blème fut proposé au jeune Napolitain A. Giordano qui n'était
âgée que de 16 ans mais qui avait déjà fait preuve d'une rare intelligence mathématique : Giordano l'étendit au cas d'un polygone
inscrit de n côtés passant par n points donnés et en fournit une
solution à la fois simple et élégante. Poncelet le généralisa encore
en l'appliquant aux coniques de tous genres et en faisant intervenir
d'autres conditions restrictives.

En mécanique, Pappus montra que le centre de gravité d'un
triangle homogène est le même que celui d'un triangle inscrit
dont les sommets divisent les côtés du premier dans le même rapport. Il découvrit aussi les deux théorèmes sur la surface et le
volume d'un solide de révolution, qui portent encore son nom dans
les ouvrages classiques [1]. Ils s'énoncent ainsi :

Le volume engendré par la révolution d'une surface limitée par
une courbe tournant autour d'un axe, est égal au produit de l'aire
de la surface par la circonférence ou par l'arc de circonférence
décrite par son centre de gravité ; la surface engendrée par une
courbe tournant autour d'un axe est égale au produit du périmètre
de la courbe par la circonférence ou par la portion de circonférence
décrite par son centre de gravité.

Les deux théorèmes que nous venons de mentionner sont des
exemples de quelques unes des remarquables questions énoncées
sans démonstrations par Pappus. L'ensemble de son ouvage et les
commentaires qu'on y lit montrent que c'était un brillant géomètre ;
mais malheureusement pour lui il vivait à une époque où la géométrie n'excitait que très peu d'intérêt et à un moment où le sujeţ
paraissait épuisé.

[1] En France ces théorèmes sont généralement connus sous le nom de
Théorèmes de Guldin.

Il est possible qu'un petit traité (¹) sur la multiplication et la division des fractions sexagésimales et qui semble avoir été écrit de son temps, soit dû à Pappus.

LE IVᵉ SIÈCLE APRÈS JÉSUS-CHRIST

Pendant le second et le troisième siècles, c'est-à-dire depuis Nicomaque, l'intérêt qui s'attachait à la géométrie avait diminué d'une façon persistante et l'attention s'était de plus en plus portée vers la théorie des nombres, bien que les résultats obtenus ne fussent nullement en rapport avec le temps qu'on avait consacré à cette étude. Il faut se rappeler qu'Euclide employait des droites pour représenter les grandeurs de toute nature et qu'il étudia d'une manière rigoureusement scientifique tous ses théorèmes sur les nombres, mais en se limitant aux cas où une représentation géométrique était possible.

Les œuvres d'Archimède contiennent certaines indications, d'où il résulterait qu'il avait l'intention de poursuivre l'étude de la théorie des nombres : il introduisait les nombres dans ses discussions géométriques et il effectuait la division d'une ligne par une ligne, mais trop absorbé par d'autres recherches, il n'eut pas le temps de se consacrer à l'arithmétique. Héron abandonna la représentation géométrique des nombres, mais il ne réussit pas à créer un autre symbolisme pour les nombres en général ; il en fut de même de Nicomaque et des autres arithméticiens qui vécurent après lui, et par suite chaque fois qu'ils énonçaient un théorème, ils se contentaient de le vérifier en l'appliquant à un grand nombre d'exemples numériques. Ils savaient sans doute résoudre une équation du second degré à coefficients numériques, car — ainsi que nous l'avons déjà fait observer — on trouve dans Euclide (propositions 28 et 29 du livre VI) les solutions géométriques des équations

$$ax^2 - bx + c = 0 \quad \text{et} \quad ax^2 + bx - c = 0$$

(¹) Il a été édité par C. Henry. Halle, 1879 et présente un certain intérêt comme exemple de l'arithmétique pratique chez les Grecs.

mais c'est ce qui constituait, probablement, le summum de leurs connaissances.

Il semble donc que, malgré le temps consacré à l'étude de l'arithmétique et de la géométrie, ces deux branches des mathématiques n'aient pas progressé d'une façon sensible depuis l'époque d'Archimède. On trouve des exemples du genre de problèmes qui, dans le troisième siècle, excitaient le plus d'intérêt dans une collection de questions faisant partie de l'anthologie Palatine composée par *Métrodore* au commencement du siècle suivant, vers 310. Quelques unes d'entre elles appartiennent à Métrodore, mais beaucoup sont d'une date antérieure et elles expliquent bien la façon dont l'arithmétique conduisit aux méthodes algébriques. En voici quelques exemples typiques :

« Quatre tuyaux amènent de l'eau dans une citerne ; l'un la remplit en un jour, un autre en deux jours, le troisième en trois jours et le quatrième en quatre jours ; si les quatre tuyaux coulaient ensemble, combien mettraient-ils de temps pour remplir la citerne. »

« Démochares a passé le quart de sa vie comme enfant, le cinquième comme jeune homme, le tiers comme homme, et il est demeuré treize ans vieillard en enfance. Quel était son âge quand il mourut ? »

« On demande de composer une couronne pesant 60 mines avec de l'or, du cuivre, de l'étain et du fer, sachant que l'or et le cuivre doivent y entrer pour les deux tiers, l'or et l'étain pour les trois quarts et l'or et le fer pour les trois cinquièmes. Déterminer les poids respectifs de l'or, du cuivre, de l'étain et du fer. »

Cette dernière question est une application numérique du théorème de Thymaridas cité plus haut. Les commentateurs allemands ont fait remarquer que ces problèmes, bien que faciles à résoudre au moyen d'équations simples, peuvent également être traités par les méthodes géométriques en représentant par une droite la quantité inconnue. Dean Peacock fait aussi observer qu'on peut les résoudre en appliquant une méthode employée par les Arabes et par plusieurs auteurs du Moyen-Age pour des questions semblables. Cette méthode généralement connue sous le nom de *règle de fausse supposition*, consiste à prendre un nombre quelconque pour la quantité inconnue, et si en l'essayant on constate que les conditions imposées ne sont pas remplies, on lui fait subir une correction proportionnelle comme dans une règle de trois.

Prenons, par exemple, la seconde question et supposons que l'âge de Democharès soit de 40 ans ; en appliquant les diverses conditions spécifiées on trouve finalement qu'il aurait passé 8 ans $\frac{2}{3}$ (et non 13 ans) comme vieillard ; on peut par suite écrire que le rapport de $8\frac{2}{3}$ à 13 est le même que celui de 40 à l'âge cherché, d'où on déduit pour l'âge cherché 60 ans.

Mais les critiques les plus récents pensent que ces problèmes se résolvaient par ce qu'on appelle l'*Algèbre de rhétorique*, c'est-à-dire à l'aide de raisonnements algébriques traduits par des phrases sans aucune intervention de symboles. C'est ainsi, d'après Nesselmann, que commença l'Algèbre et nous trouvons ce procédé employé à la fois par Ahmès et par les plus anciens algébristes Arabes, Persans et Italiens. Nous donnons un peu plus loin ([1]) des exemples de l'emploi de cette méthode à la solution d'un problème de géométrie et l'établissement de la règle pour résoudre une équation du second degré. Cette façon de voir conduirait à cette conséquence, qu'une algèbre non symbolique avait pris naissance et s'était progressivement développée chez les Grecs, ou était alors en pleine période de développement, développement bien imparfait du reste. Hankel, qui n'est pas un critique malveillant, constate que les résultats obtenus en ce qui concerne la théorie des nombres, sont, après un travail de six siècles, sans importance et même enfantins, et ne peuvent être en aucune façon considérés comme le commencement d'une science.

Entre cet abandon décroissant de la géométrie et ces faibles tentatives vers une arithmétique algébrique, un seul algébriste d'une originalité vraie se fit soudainement connaître et créa ce qu'on peut pratiquement appeler une science. Ce fut Diophante, qui introduisit un système d'abréviations pour les opérations et les quantités se reproduisant constamment dans le raisonnement, bien qu'il ne se crut pas dispensé en les employant d'observer les règles de la syntaxe grammaticale. Nesselmann donne à cette nouvelle science le nom d'*Algèbre syncopée* ; c'est en réalité une sorte de

[1] Voir plus loin, pp. 209, 216.

sténographie. Pour nous résumer nous pouvons dire que l'algèbre ne fit aucun progrès en Europe depuis ce premier pas jusqu'à la fin du xvıᵉ siècle.

L'algèbre moderne a été encore plus loin et est devenue entièrement *symbolique*, c'est-à-dire qu'elle a un langage lui appartenant en propre et un système de notation ne présentant aucune connexion évidente avec les choses que l'on veut représenter, tandis que ses opérations s'effectuent suivant certaines règles, nullement astreintes aux lois d'une construction grammaticale.

Diophante (¹). — Tout ce que nous savons de *Diophante*, c'est qu'il habitait Alexandrie et que, très vraisemblablement, il n'était pas grec. L'époque même de son existence est incertaine, mais il vivait probablement dans la première moitié du ıvᵉ siècle, c'est-à-dire peu après la mort de Pappus. Il mourut à l'âge de 84 ans.

Dans les quelques lignes qui précèdent, où il était question du développement de l'algèbre, nous avons attribué à Diophante la création de l'algèbre syncopée. C'est là un point sur lequel les opinions sont partagées, et quelques écrivains pensent qu'il ne fit que présenter d'une façon méthodique les connaissances que possédaient ses contemporains. A l'appui de cette dernière opinion, on doit constater que Cantor estime que des traces de l'emploi d'un symbolisme algébrique se trouvent dans Pappus, et Friedlein mentionne un papyrus grec dans lequel les signes / et ⌐ sont respectivement employés pour l'addition et la soustraction, mais on n'a produit aucune autre preuve directe évidente de la non-originalité de l'œuvre de Diophante, et aucun auteur ancien ne sanctionne cette opinion.

Diophante a écrit un court essai sur les nombres polygonaux, un traité d'algèbre qui nous est parvenu tronqué et un ouvrage sur les porismes qui est perdu.

Les *nombres polygonaux* contiennent dix propositions et ce fut probablement son premier ouvrage. Il abandonne la méthode em-

---

(¹) Une édition des œuvres réunies de *Diophante* a été publiée avec des critiques, par S. P. Tannery, 2 vol Leipzig, 1893.
Voir aussi *Diophantos of Alexandria*, par T. L. Heath. Cambridge, 1885.

pirique de Nicomaque pour revenir au vieux système classique, dans lequel les nombres sont représentés par des lignes. Quand cela est nécessaire il fait une construction et la preuve qui en découle est rigoureusement déductive. Il peut être utile de faire remarquer que, dans cet ouvrage, quelques propositions d'Euclide, telles que les propositions 3 et 8 du livre II, sont appliquées aux nombres et non aux grandeurs.

Son *Arithmétique* constitue son principal ouvrage. C'est en réalité un traité d'algèbre, dans lequel il emploie les symboles algébriques et traite les problèmes par l'analyse.

Diophante suppose, comme on le fait dans presque toutes les algèbres modernes, que les raisonnements sont réversibles. Il applique cette algèbre à la recherche des solutions de plusieurs problèmes sur les nombres. Nous nous proposons d'examiner successivement la notation usitée, les méthodes d'analyse employées et les matières faisant l'objet de l'ouvrage.

En premier lieu, en ce qui concerne la notation, Diophante emploie toujours un symbole pour représenter la quantité inconnue dans ses équations, mais comme il ne fait usage que d'un seul symbole, il ne peut faire intervenir plus d'une quantité inconnue à la fois (¹). La quantité inconnue est appelée ὁ ἀριθμός et est représentée par ς' ou ς°. On l'imprime généralement comme ς. Au pluriel elle était dénotée par ςς ou ςς°ι. Ce symbole peut être une corruption de α°° ou peut avoir été mis pour le mot σωρός, un tas (²), ou encore il est possible que ce soit le *sigma* final de ce mot. Le carré d'une quantité inconnue est appelé δύναμις et se représente par δ°; le cube de la même quantité s'appelle κύβος et s'écrit κ°; et ainsi de suite jusqu'à la sixième puissance.

Les coefficients de la quantité inconnue et ses puissances sont numériques et le coefficient s'écrit immédiatement après la quantité qu'il multiplie ; ainsi

$$\varsigma' \, \overline{\alpha} = x \quad \text{et} \quad \varsigma\varsigma^{οι} \, \overline{\iota\alpha} = \overline{\varsigma\varsigma} \, \overline{\iota\alpha} = 11x.$$

(¹) On trouvera cependant plus loin, pp. 111, 112 (exemple 3) un exemple de problème contenant deux quantités inconnues.

(²) Voir ci-dessus, page 5.

Un terme absolu est regardé comme un certain nombre d'unités ou μονάδες et se représente par μ^{δ}; ainsi :

$$\mu^{\delta}\,\bar{\alpha} = 1, \qquad \mu^{\delta}\,\overline{\iota\alpha} = 11.$$

Il n'a aucun signe pour l'addition qui s'indique par une simple juxtaposition. La soustraction est représentée par ψ, et ce symbole affecte tous ceux qui le suivent. L'égalité s'indique par ɩ. Ainsi

$$\varkappa^{\bar{\upsilon}}\,\bar{\alpha}\,\overline{\varsigma\varsigma}\,\overline{\tau_\iota}\,\psi\,\delta^{\bar{\upsilon}}\,\varepsilon\mu\hat{o}\,\bar{\alpha}\,\iota\varsigma\,\bar{\alpha}$$

se lit

$$(x^3 + 8x) - (5x^2 + 1) = x.$$

Diophante introduisit également une notation à peu près semblable pour les fractions dans lesquelles figuraient les quantités inconnues, mais nous ne croyons pas utile d'entrer ici dans des détails à ce sujet.

Il faut observer que tous ces symboles ne sont que de simples abréviations de langage et Diophante, en développant ses démonstrations, intercalait ces abréviations dans le texte.

Dans plusieurs manuscrits on trouve en marge un résumé, dans lequel les symboles seuls se trouvent transcrits, et qui constitue réellement une algèbre symbolique, mais cette addition est probablement due à quelque copiste plus récent.

Cette introduction d'un diminutif ou d'un symbole, à la place d'un mot représentant une quantité inconnue indique, un progrès plus grand que ne pourrait se l'imaginer une personne non familiarisée avec le sujet, et ceux qui n'ont jamais fait intervenir de tels symboles abréviatifs n'arrivent qu'avec peine à suivre les raisonnements compliqués de l'algèbre. Il est assez vraisemblable qu'un pareil système aurait été créé plus tôt, sans l'incommode système de numération adopté par les Grecs dans lequel chaque lettre de l'alphabet représentait un nombre particulier, ce qui rendait impossible leur usage pour désigner un nombre quelconque.

Passons en second lieu à l'examen des méthodes algébriques indiquées dans l'ouvrage de Diophante. Il commence par quelques définitions et par l'explication de sa notation. En indiquant la signification du symbole *moins*, il constate qu'une soustraction multipliée par une soustraction donne une addition ; il veut dire par là que le produit de — b par — d dans le développement de $(a - b)(c - d)$ est $+ bd$, mais en appliquant la règle, il a toujours soin de choisir les nombres a, b, c et d de telle sorte que a soit plus grand que b et c plus grand que d.

L'ensemble de l'ouvrage, ou tout au moins ce qui nous en reste, est consacré à la résolution de problèmes conduisant à des équations. Il contient les règles pour résoudre une équation simple du premier degré et l'équation binôme du second degré. La règle pour la résolution d'une équation quelconque du second degré se trouvait probablement dans un des livres perdus, mais quand l'équation est de la forme $ax^2 + bx + c = o$, il paraît avoir multiplié les deux membres par a puis « complété le carré » à peu près de la même manière qu'on le fait actuellement. Quand les racines sont négatives ou irrationnelles, il rejette l'équation comme « impossible » ; et même quand les racines sont toutes les deux positives, il ne donne jamais qu'une seule des racines, en prenant toujours le radical avec le signe plus. Diophante a résolu une équation du troisième degré, à savoir :

$$x^3 + x = 4x^2 + 4 \text{ (livre VI, proposition 19)}.$$

La plus grande partie de l'ouvrage est cependant réservée aux équations indéterminées à deux ou trois variables. Quand l'équation est à deux variables, si elle est du premier degré, il attribue une valeur convenable à l'une des variables et résout l'équation par rapport à l'autre. Beaucoup de ses équations sont de la forme

$$y^2 = Ax^2 + Bx + C.$$

Toutes les fois que les quantités A et C sont nulles, il peut résoudre l'équation complétement, mais lorsqu'il n'en est pas ainsi, si A $= a^2$, il pose $y = ax + m$; si C $= c^2$, il pose $y = mx + c$; et enfin si l'équation peut se mettre sous la forme

$$y^2 = (ax \pm b)^2 + c^2,$$

il pose $y = mx$; dans chacun des cas m est un certain coefficient numérique, variable suivant le problème traité. Quelques équations particulières d'un degré plus élevé se rencontrent aussi dans l'ouvrage, mais alors il modifie généralement le problème de façon

qu'il lui soit possible de ramener l'équation à l'une des formes
déjà étudiées.

Parmi les équations indéterminées simultanées comprenant trois
variables ou les « équations doubles », comme il les appelle, celles
qu'il considère sont de la forme

$$y^2 = Ax^2 + Bx + C \quad \text{et} \quad z^2 = ax^2 + bx + c.$$

Si A et a disparaissent à la fois, il donne une ou deux manières
de résoudre le système. Nous nous contenterons de citer une de
ses méthodes qui se résume comme suit :

Il soustrait d'abord membre à membre, ce qui lui donne une
équation de la forme

$$y^2 - z^2 = mx - n;$$

dès lors si

$$y \pm z = \lambda,$$

on en déduit

$$y \mp z = \frac{mx + n}{\lambda}.$$

et en résolvant on trouve y et z. Sa façon de traiter les « équations
doubles » d'un ordre supérieur manque de généralité et dépend des
conditions numériques particulières du problème.

Passons enfin à la matière elle-même du livre. Les problèmes
qu'il traite et l'analyse qu'il en donne sont si variés, qu'il n'est
pas possible de les exposer ici avec toute la concision désirable ;
pour donner une idée de ses méthodes nous avons donc choisi cinq
problèmes types. Ce qui paraît le plus avoir frappé ses critiques,
c'est l'ingéniosité qu'il montre dans le choix comme inconnues de
certaines quantités, le conduisant à des équations qu'il peut résoudre, et aussi les artifices au moyen desquels il trouve les solutions numériques de ces équations.

Nous donnons les problèmes suivants comme exemples caractéristiques.

1° *Trouver quatre nombres tels que les sommes de trois d'entre
eux pris de toutes les manières possibles soient égales à quatre nombres donnés* 22, 24, 27 *et* 20 (livre I, prop. 17).

Si x est la somme des quatre nombres, les nombres cherchés
sont

$$x - 22, \quad x - 24, \quad x - 27 \quad \text{et} \quad x - 20.$$

On a donc

$$x = (x - 22) + (x - 24) + (x - 27) + (x - 20)$$

d'où

$$x = 31$$

et les nombres sont 9, 7, 4 et 11.

2° *Diviser un nombre tel que* 13, *qui est la somme de deux carrés* 4 *et* 9, *en deux autres carrés* (livre II, prop. 10).

Puisque, dit-il, les carrés donnés sont 2² et 3², il prendra $(x + 2)^2$ et $(mx - 3)^2$ pour les carrés cherchés.

En supposant $m = 2$, il pose l'équation

$$(x + 2)^2 + (2x - 3)^2 = 13$$

d'où

$$x = \frac{8}{5}.$$

Les carrés cherchés sont donc

$$\frac{324}{25} \quad \text{et} \quad \frac{1}{25}.$$

3° *Trouver deux carrés tels qu'en ajoutant à leur produit soit l'un, soit l'autre, on ait deux nouveaux carrés* (livre II, prop. 29).

Soient x^2 et y^2 les nombres cherchés. D'après les conditions imposées $x^2 y^2 + y^2$ et $x^2 y^2 + x^2$ sont des carrés.

La première somme sera un carré si $x^2 + 1$ est un carré. Il suppose que ce dernier peut être pris égal à $(x - 2)^2$ ce qui lui donne

$$x = \frac{3}{4}.$$

ensuite

$$\frac{9}{16}(y^2 + 1)$$

doit être un carré et dans ce but il suppose que

$$9y^2 + 9 = (3y - 4)^2$$

d'où il tire

$$y = \frac{7}{24}.$$

Les carrés cherchés sont, par suite,

$$\frac{9}{16} \quad \text{et} \quad \frac{49}{576}.$$

Il faut se rappeler que Diophante n'employait qu'un seul symbole pour désigner une quantité inconnue et dans l'exemple mentionné il commence par appeler les inconnues x^2 et 1, puis aussitôt la valeur de x trouvée, il remplace le 1 par le symbole usité pour représenter l'inconnue et détermine cette seconde inconnue à son tour.

4° Trouver un triangle rectangle (rationnel) tel que la bissectrice de l'un des angles aigus soit rationnelle (livre VI, problème 18).

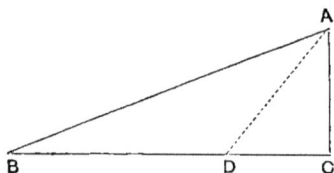

Fig. 16.

Voici sa solution. Soit ABC un triangle rectangle en C remplissant les conditions de l'énoncé.

Représentons la bissectrice AD par $5x$ et DC par $3x$, alors

$$AC = 4x.$$

Supposons ensuite que BC soit un multiple de 3, 3 par exemple. Par suite

$$BD = 3 - 3x \quad \text{et} \quad AB = 4 - 4x.$$

Alors

$$(4 - 4x)^2 = 3^2 + (4x)^2$$

d'où

$$x = \frac{7}{32}.$$

En multipliant par 32 nous obtenons pour les côtés des triangles 28, 96 et 100, et pour la bissectrice 35.

5° Un homme achète x mesures de vin, les unes à 8 drachmes, les autres à 5. Il paie pour le tout un nombre de drachmes représenté par un carré, tel que si on y ajoute 60 le nombre résultant est égal à x^2. Trouver le nombre des mesures achetées à chaque prix (livre V, prob. 33).

Le prix payé est $x^2 - 60$; on doit par conséquent avoir

$$8x > x^2 - 60 \quad \text{et} \quad 5x < x^2 - 60$$

d'où il résulte que x doit être plus grand que 11 et plus petit que 12.

De plus $x^2 - 60$ est un carré, supposons-le égal à $(x - m)^2$ alors

$$x = \frac{m^2 + 60}{2\,m}$$

et nous pouvons poser la double inégalité

$$11 < \frac{m^2 + 60}{2\,m} < 12$$

ou

$$19 < m < 21.$$

Diophante supposait par conséquent $m = 20$, ce qui lui donnait

$$x = 11\tfrac{1}{2}$$

et, pour le prix total, c'est-à-dire pour $x^2 - 60$, $72\tfrac{1}{4}$ drachmes.

Il lui faut ensuite diviser cette somme en deux parties, qui lui donneront respectivement le prix des mesures à 8 drachmes et celui des mesures à 5 drachmes. Soient y et z ces parties

$$\frac{z}{5} + \frac{72\tfrac{1}{4} - z}{8} = \frac{1}{2}$$

par suite

$$z = \frac{5 \times 79}{12} \quad \text{et} \quad y = \frac{8 \times 59}{12}.$$

Le nombre des mesures à 5 drachmes était donc $\frac{79}{12}$ et le nombre des mesures à 8 drachmes $\frac{59}{12}$.

Il résulterait de l'énoncé de la question que le vin était de faible qualité, et Tannery, a ingénieusement suggéré que les prix mentionnés pour un tel vin sont plus élevés que ceux qui étaient payés jusqu'à la fin du second siècle. C'est pourquoi il repousse l'hypothèse, anciennement admise, qui faisait vivre Diophante dans ce siècle, mais il paraît ignorer que de Morgan avait démontré antérieurement que cette hypothèse n'était pas admissible. Tannery incline à croire que Diophante vivait un demi-siècle plus tôt que nous l'avons supposé.

Nous avons dit que Diophante composa un troisième ouvrage intitulé *Porismes*. Le livre est perdu, mais nous avons les énoncés de quelques-unes des propositions qui s'y trouvaient et bien que nous ne sachions pas si elles ont été rigoureusement démontrées, elles nous confirment dans l'opinion que l'on s'est formée de son savoir et de son intelligence. On a prétendu que quelques-uns des théorèmes qu'il admet dans son arithmétique étaient démontrés dans le livre des Porismes. Parmi les plus remarquables de ces questions nous citerons les suivantes :

La différence de deux cubes peut toujours être transformée en une somme de deux cubes.

Aucun nombre de la forme $4n - 1$ ne peut être décomposé en une somme de deux carrés ;

Aucun nombre de la forme $8n - 1$ (ou peut-être $24n + 7$) ne peut être décomposé en une somme de trois carrés.

Nous pourrions peut-être ajouter à ces énoncés cette proposition : que tout nombre est équivalent à un carré ou à la somme de deux, de trois ou de quatre carrés.

Les écrits de Diophante n'eurent aucune influence sur les progrès des sciences mathématiques en Grèce, mais son *arithmétique*, une fois traduite en arabe dans le dixième siècle, eut beaucoup d'influence sur l'école arabe et, par suite, contribua aux progrès des mathématiques en Europe. Une copie imparfaite de l'ouvrage original a été découverte en 1462 ; traduite en latin par Xylander, elle fut publiée en 1575 ; cette traduction excita un intérêt général ; mais déjà à cette époque les algébristes en Europe avaient, en fait, dépassé les limites des connaissances de Diophante.

Jamblique. — *Jamblique* (vers 350) à qui nous devons un ouvrage remarquable sur les découvertes et les doctrines Pythagoriciennes, paraît avoir également étudié les propriétés des nombres. Il fit connaître ce théorème : si l'on prend un nombre égal à la somme de trois entiers de la forme $3n$, $3n - 1$ et $3n - 2$, et qu'on additionne les chiffres de ce nombre, ce qui donne un nouveau nombre, puis les chiffres de ce nouveau nombre et ainsi de suite, on doit obtenir 6 comme dernier résultat.

Par exemple 159 est la somme de 54, 53 et 52, la somme des chiffres de 159 est 15, et la somme des chiffres de 15 est 6.

La démonstration de ce théorème devait présenter quelques difficultés à ceux qui ne connaissaient que la notation numérique usuelle des Grecs : il est possible qu'il ait été établi d'une façon empirique, mais, selon Gow, il viendrait à l'appui de cette supposition, que les Grecs possédaient un symbolisme ressemblant à la notation numérique des Arabes.

Nous terminerons utilement cette longue liste de mathématiciens appartenant à l'École d'Alexandrie en signalant deux commentateurs.

Théon. — Le premier d'entre eux, *Théon d'Alexandrie*, florissait vers 370. Il n'était pas un mathématicien très réputé, mais nous lui devons une édition des *Éléments* d'Euclide et un commentaire de l'*Almageste*.

Ce dernier ouvrage (¹) nous fournit un grand nombre d'informations variées sur les méthodes numériques employées par les Grecs.

Hypathie. — Le second fut *Hypathie* la fille de Théon. Plus renommée que son père, on la considère comme le dernier mathématicien célèbre de l'école d'Alexandrie : elle écrivit un Commentaire sur les *coniques* d'Apollonius et peut-être aussi quelques autres ouvrages, mais aucun d'eux ne nous est parvenu. Elle fut assassinée à l'instigation des chrétiens en 415.

Le sort d'*Hypathie* nous rappelle que les chrétiens d'Orient, aussitôt qu'ils devinrent les maîtres, se montrèrent impitoyablement hostiles à toutes les formes d'enseignement profane. N'ayant qu'un seul but, propager la religion chrétienne, ils persécutèrent ceux qui ne les aidaient pas dans leur propagande religieuse. On peut voir dans le roman de Kingsley (²) la manière dont ils attaquèrent les vieilles écoles scientifiques. Avec l'établissement du christianisme en Orient, ces écoles cessèrent d'exister, de fait, bien qu'elles aient vécu encore nominalement pendant environ deux cents ans.

(¹) Traduit et commenté par M. HALMA, il a été publié à Paris, en 1821.
(²) Allusion au roman de l'écrivain anglais CHARLES KINGSLEY, intitulé *Hypathie*. (N. du T).

L'ÉCOLE ATHÉNIENNE (¹) (DANS LE Vᵉ SIÈCLE)

La fin de la dernière École athénienne nous fournit encore un exemple plus frappant de l'hostilité de l'église d'Orient contre la science grecque. Cette École n'occupe qu'une place restreinte dans notre histoire. Depuis le temps de Platon, un certain nombre de mathématiciens de profession avaient toujours vécu à Athènes ; et, vers l'année 420, cette École jouissait de nouveau d'une grande réputation due surtout aux nombreux étudiants qui, après le meurtre d'Hypathie, avaient abandonné Alexandrie pour Athènes. Ses membres les plus remarquables furent Proclus, Damascius et Eutocius.

Proclus. — *Proclus* naquit à Constantinople en février 412 et mourut à Athènes le 17 avril 485. Il écrivit un commentaire sur les *Eléments* d'Euclide ; la partie (²) relative au premier livre est développée et contient un grand nombre de renseignements utiles sur l'histoire des mathématiques ; il est diffus et lourd, mais il nous donne heureusement des citations empruntées à d'autres autorités plus compétentes.

Proclus fut remplacé à la tête de l'Ecole par *Marinus* et à ce dernier succéda *Isidore*.

Damascius. Eutocius. — Nous pouvons mentionner en passant deux élèves d'Isidore qui postérieurement et à leur tour enseignèrent à Athènes. *Damascius* de Damascus, vers 490, ajouta aux *Eléments* d'Euclide un quinzième livre sur l'inscription d'un solide régulier dans un autre. *Eutocius*, vers 510, écrivit des commentaires sur les quatre premiers livres des *Coniques* d'Apollonius et sur divers ouvrages d'Archimède ; il donna aussi quelques exemples de l'arithmétique pratique des grecs. Ses écrits n'ont jamais été publiés bien qu'ils paraissent dignes d'intérêt.

La dernière Ecole Athénienne vécut au milieu de grandes diffi-

---

(¹) Voir *Untersuchungen über die neu aufgefundenen Scholien des Proklus*, par J. H. KNOCHE. Herford, 1865.

(²) Elle a été éditée par G. FRIEDLEIN. Leipzig, 1873.

cultés causées par l'opposition des Chrétiens. Ainsi Proclus fut plusieurs fois menacé de mort, parce qu'il était « un philosophe ». On a souvent cité de lui cette réponse à quelques étudiants qui s'offraient pour le protéger : « qu'importe mon corps, ce n'est pas pour lui que je crains, mais c'est mon esprit que j'emporterai avec moi en mourant. » Les Chrétiens, après quelques tentatives qui n'aboutirent pas, obtinrent enfin en 529, de Justinien, un décret par lequel « l'enseignement païen » ne pouvait plus être donné à Athènes. C'est par conséquent cette date qui marque la fin de l'Ecole Athénienne.

A Alexandrie, l'Eglise d'Orient était moins influente et la ville se trouvait plus éloignée du pouvoir Central. Les Ecoles y furent donc tolérées, mais leur existence n'était que précaire. C'est dans ces conditions que l'on continua à étudier encore les mathématiques en Egypte pendant une période de cent ans, mais tout goût pour l'étude avait disparu.

LES MATHÉMATIQUES CHEZ LES ROMAINS [1]

Nous ne pouvons terminer cette partie de notre histoire sans faire mention des mathématiques à Rome, car c'est de cette ville qu'elles se répandirent dans l'Europe du moyen âge et toutes les histoires modernes tirent leur origine de Rome. Nous avons cependant très peu de détails à donner. A Rome on étudiait surtout l'art de gouverner, soit par l'autorité des lois, soit par la persuasion, soit en ayant recours à ces moyens matériels sur lesquels, en définitive, s'appuie tout gouvernement. Sans doute, les professeurs capables de faire connaître les conquêtes de la science grecque ne manquaient pas, mais une école de mathématiques n'avait jamais été demandée. Les Italiens désireux d'acquérir une instruction scientifique complète, se rendaient à Alexandrie ou dans des centres se rattachant à l'école d'Alexandrie.

Les mathématiques, telles qu'elles étaient enseignées dans les Ecoles à Rome, semblent avoir été limitées, en arithmétique, à l'art

[1] Le sujet a été étudié par CANTOR, chap. XXV, XXVI et XXVII ; et aussi par HANKEL, pp. 294-304.

du calcul (sans nul doute avec l'aide de l'abaque) et peut-être aux
parties les plus faciles de l'ouvrage de Nicomaque ; en géométrie, à
quelques règles pratiques. Cependant certaines sciences basées sur
la connaissance des mathématiques (principalement celle de l'arpentage) furent portées à un haut degré de perfection. Il paraîtrait
aussi que la représentation des nombres au moyen de signes
attira particulièrement l'attention. La manière de désigner les
nombres jusqu'à dix, en se servant des doigts, a dû être mise en
pratique depuis les temps les plus reculés ; elle fut perfectionnée
par les romains, vers le premier siècle, et se transforma en un symbolisme digital qui leur permit de représenter les nombres jusqu'à
10000, ou peut-être jusqu'à une limite encore plus reculée : le
système, semble-t-il, était enseigné dans les Écoles romaines. Bede
le décrit et par conséquent il se serait répandu vers l'Ouest, au
moins jusqu'à la Bretagne ; Jérôme en parle également et son
usage s'est conservé dans les bazars persans.

Nous ne connaissons aucun ouvrage latin sur les principes de la
mécanique, mais il existait de nombreux traités, dans lesquels le
côté pratique seul était envisagé et qui discutaient minutieusement
des questions concernant l'architecture et la science de l'ingénieur.
Nous pouvons nous faire une idée de ce qu'ils renfermaient par les
Mathematici Veteres qui forment une collection de petits traités
sur les catapultes, les engins de guerre et par le χεστοί, dû à Sextus
Julius Africanus vers la fin du second siècle et dont une partie,
comprise dans les *Mathematici Veteres*, contient, entre autres
choses, des règles pour déterminer la largeur d'une rivière que l'on
ne peut franchir, parce que par exemple la rive opposée est occupée
par l'ennemi, et la manière de correspondre par signaux au moyen
de sémaphores.

Dans le sixième siècle, Boëce publia une géométrie contenant
quelques propositions d'Euclide et une arithmétique basée sur
celle de Nicomaque ; à peu près à la même époque, Cassiodore posa
les bases d'une instruction libérale qui, après le trivium préliminaire comprenant la grammaire, la logique et la rhétorique, passait au quadrivium constitué par l'arithmétique, la géométrie, la
musique et l'astronomie. Ces ouvrages furent écrits à Rome dans
les dernières années des Écoles d'Athènes et d'Alexandrie et, par
suite, nous les mentionnons ici, mais comme leur seule valeur

tient à ce qu'ils devinrent les livres classiques acceptés pour l'enseignement au moyen âge, nous ajournerons leur examen qui sera présenté au chapitre VIII.

En fait les mathématiques théoriques constituaient à Rome une étude exotique ; le génie de la nation était essentiellement pratique, et pendant la fondation de l'Empire, pendant toute sa durée et sous la domination des Goths, les sciences abstraites se trouvèrent dans des conditions peu favorables à leur développement.

Alexandrie au contraire se trouvait admirablement située pour devenir un centre scientifique. Depuis sa fondation jusqu'à sa prise par les Mahométans elle ne fut troublée par aucune guerre soit étrangère, soit intérieure, en faisant cependant exception des quelques années de transition du règne de Ptolémée à la domination romaine. La Cité était opulente, et ses gouverneurs se faisaient une gloire de contribuer à l'embellissement de l'Université.

Non seulement l'Orient et l'Occident s'y donnaient rendez-vous pour les transactions commerciales, mais encore elle eut la bonne fortune de voir les Grecs et les différents peuples sémitiques se fixer dans ses murs. Mais, avec le temps, les événements prirent graduellement une tournure de moins en moins favorable au développement de la science ; les discussions perpétuelles des chrétiens sur les dogmes théologiques et l'insécurité croissante dans l'empire dirigèrent les esprits dans d'autres voies.

FIN DE LA SECONDE ECOLE D'ALEXANDRIE

Pendant les deux derniers siècles de son existence, la seconde école d'Alexandrie eut une existence trop précaire et un mouvement scientifique trop infécond pour laisser des traces dans l'histoire.

Mahomet mourut en 632 et ses successeurs mirent dix ans pour soumettre la Syrie, la Palestine, la Mésopotamie, la Perse et l'Egypte. La date précise de la chute d'Alexandrie est incertaine mais les historiens arabes les plus dignes de confiance la fixent au 10 décembre 641, date qui, dans tous les cas, est exacte à dix-huit mois près.

La longue histoire des mathématiques grecques prend fin avec
la chute d'Alexandrie. Il est probable que la plus grande partie de
la fameuse bibliothèque de l'Université ainsi que le Musée avaient
été détruits par les chrétiens cent ou deux cents ans auparavant,
ce qui en restait devait être de peu de valeur et fut sans doute
négligé. Deux ou trois ans après la première prise d'Alexandrie
une sérieuse révolte éclata en Egypte, elle fut impitoyablement
réprimée. Nous n'avons aucune raison de mettre en doute le récit
d'après lequel les Mahométans, après avoir pris la ville, détrui-
sirent les constructions universitaires et les collections qui
existaient encore. On raconte que lorsque le chef des Arabes donna
l'ordre de brûler la bibliothèque, les Grecs firent entendre des pro-
testations si énergiques, qu'il consentit à en référer au Calife Omar.
Celui-ci fit cette réponse : « Quant aux ouvrages dont vous parlez,
s'ils sont conformes au livre de Dieu ils sont inutiles, s'ils sont
contraires ils sont pernicieux, dans tous les cas il faut les détruire. »
Ils furent, dit-on, brûlés dans les bains publics, et l'incinération
dura six mois.

CHAPITRE VI

—

L'ECOLE BYZANTINE

(641-1453)

L'histoire de l'Ecole Byzantine se place à côté de celle des mathématiques grecques. Après la prise d'Alexandrie par les Mahométans, la majorité des philosophes qui professaient dans cette cité émigrèrent à Constantinople, qui devint alors et demeura pendant 800 ans, le centre de l'enseignement grec en Orient. Mais, bien que l'histoire de l'Ecole byzantine s'étende sur un aussi grand nombre d'années, — c'est-à-dire sur une période à peu près égale à celle qui va de la conquête des Normands à nos jours — elle est absolument dépourvue d'intérêt scientifique, et son principal mérite est de nous avoir conservé les ouvrages des différentes Ecoles grecques. La révélation aux nations occidentales de ces ouvrages, dans le quinzième siècle, doit être considérée comme l'une des sources les plus abondantes, d'où jaillirent les idées qui se développèrent dans l'Europe moderne, et l'histoire de l'Ecole byzantine peut se résumer en disant qu'elle joua le rôle d'un conduit qui déversa jusqu'à nous les résultats obtenus antérieurement à une époque plus brillante.

En ces temps de luttes incessantes, les courtes périodes de paix étaient consacrées à des subtilités théologiques et à des disputes de grammairiens. Si les écrivains dont les noms suivent avaient vécu dans la période Alexandrine nous n'en aurions pas fait mention, mais, à défaut d'autres, on peut les signaler pour faire connaître le caractère de l'Ecole. Il est peut-être bon aussi de faire remarquer ici aux lecteurs que nous abandonnons momentanément l'ordre chronologique et que les mathématiciens cités dans ce chapitre sont contemporains de ceux que nous trouverons dans le chapitre consacré à l'histoire des mathématiques au moyen âge. L'Ecole de Byzance était tellement isolée, que nous avons pensé que c'était là le meilleur arrangement que comportait le sujet.

Héron. — L'un des plus anciens membres de l'Ecole Byzantine fut *Héron de Constantinople*, vers 900, dénommé quelquefois *le jeune* pour le distinguer d'Héron d'Alexandrie. Héron aurait écrit un ouvrage sur la géodésie et sur l'application de la mécanique aux engins de guerre.

Pendant le dixième siècle deux empereurs, Léon VI et Constantin VII montrèrent beaucoup d'intérêt pour l'astronomie et les mathématiques mais le stimulant que leur intervention donna à ces études ne fut que temporaire.

Psellus. — Dans le onzième siècle, *Michel Psellus*, né en 1020, écrivit sur le quadrivium une brochure ([1]) qui se trouve actuellement à la Bibliothéque Nationale de Paris.

Au quatorzième siècle, nous trouvons les noms de trois moines qui s'occupèrent de mathématiques.

Planude. Barlaam. Argyrus. — Le premier des trois est *Maxime Planude* ([2]). Il écrivit un commentaire sur les deux premiers livres de *l'arithmétique* de Diophante ; un traité sur *l'arithmétique selon les Indiens*, dans lequel il introduisait dans l'empire d'Orient l'usage des chiffres Arabes ; et un autre sur les proportions dont le manuscrit se trouve à la Bibliothèque Nationale de Paris.

Le suivant, *Barlaam*, est un moine calabrais qui naquit en 1290 et mourut en 1348. Il composa un ouvrage, *Logistique*, sur les méthodes grecques de calcul, contenant beaucoup de renseignements sur la façon dont les grecs traitaient pratiquement les frac-

([1]) Elle a été imprimée à Bâle, en 1556. Psellus écrivit un *Compendium Mathematicum* qui fut imprimé à Leyde, en 1647.
([2]) Ses commentaires arithmétiques ont été publiés par Xylander. Bâle, 1575 ; son ouvrage sur l'*Arithmétique des Indiens*, édité par C. J. Gerhardt, a été publié à Halle, 1865.

tions (¹). Barlaam paraît avoir été un homme fort intelligent. Envoyé comme ambassadeur auprès du pape à Avignon, il s'acquitta avec honneur d'une mission délicate et pendant son séjour dans cette ville il enseigna le grec à Pétrarque. La façon dont il ridiculisa une légende absurde émise par les moines du Mont Athos l'avait rendu fameux à Constantinople. Ces moines prétendaient que ceux qui venaient au milieu d'eux pouvaient, en se tenant au repos, dépouillés de leurs vêtements, la barbe tombant sur le ventre et les yeux fixés avec persistance sur le nombril, voir une flamme mystique, qui était l'essence de Dieu. Barlaam leur conseilla de substituer la lumière de la raison à cette prétendue lumière du bas-ventre et ce conseil faillit lui coûter la vie.

Le dernier de ces moines fut Argyrus qui mourut en 1372. Il écrivit trois traités d'astronomie dont les manuscrits se trouvent dans les Bibliothèques du Vatican, de Leyde et de Vienne ; un traité de géodésie dont le manuscrit est à l'Escurial ; un ouvrage sur la géométrie dont la Bibliothèque Nationale de Paris possède le manuscrit ; un autre sur l'arithmétique de Nicomaque qui se trouve également en manuscrit à la Bibliothèque Nationale, et enfin un traité de trigonométrie dont le manuscrit existe à Oxford à la Bibliothèque Bodleienne.

Rhabdas. — Dans le courant du quatorzième siècle ou peut-être du quinzième, *Nicolas Rhabdas de Smyrne* écrivit sur l'arithmétique deux opuscules (²) qui sont actuellement à la Bibliothèque Nationale de Paris. Il exposa le symbolisme par les doigts (³) que les Romains avaient introduit en Orient et qui était alors d'un usage courant.

Pachymeres. — Au début du quinzième siècle, *Pachymeres* écrivit des traités sur l'arithmétique, la géométrie et sur quatre machines mécaniques.

Moschopulus. — Quelques années plus tard *Emmanuel Mos-*

(¹) La *Logistique* de Barlaam, éditée par Dasypodius, fut publiée à Strasbourg, 1572 ; une autre édition parut à Paris, en 1600.
(²) Ils ont été édités, par S. P. Tannery. Paris, 1886.
(³) Voir ci-dessus, p. 117.

chopulus, qui mourut en Italie vers 1460, composa un ouvrage sur les carrés magiques. *Un carré magique* ([1]) consiste en un certain nombre de nombres entiers disposés en carré, de telle sorte que la somme des nombres écrits dans chaque ligne horizontale, dans chaque colonne verticale et dans chaque diagonale soit toujours la même. Si les nombres choisis sont les entiers consécutifs de 1 à n^2, on dit que le carré est de l'ordre n, et dans ce cas la somme des nombres dans chacune des lignes, des colonnes et des diagonales est égal à $\frac{1}{2} n (n^2 + 1)$. Ainsi les 16 premiers nombres entiers, disposés sous l'une des deux formes représentées ci-dessous, donnent un carré magique du quatrième ordre, la somme des nombres dans chacune des lignes, des colonnes et des diagonales étant 34.

1	15	14	4
12	6	7	9
8	10	11	5
13	3	2	16

15	10	3	6
4	5	16	9
14	11	2	7
1	8	13	12

Fig. 17.   Fig. 18.

Dans la philosophie mystique, qui était alors en vogue, on associait souvent à certains nombres particuliers des idées métaphysiques, et il était alors naturel que l'attention fut attirée sur de tels arrangements de nombres auxquels on attribuait des propriétés magiques. La théorie de la formation des carrés magiques est élégante et plusieurs mathématiciens distingués s'en sont occupés, mais, bien qu'intéressante, elle n'est d'aucune utilité ; elle est due en grande partie à De la Hire qui donna les règles pour la construction des carrés magiques d'un ordre quelconque supérieur au second. Moschopulus semble avoir été le plus ancien écrivain en Europe, qui fit quelques tentatives pour établir une théorie mathématique, mais ses règles ne s'appliquent qu'aux carrés impairs.

[1] Sur la formation et l'histoire des *Carrés magiques*, voir nos *Mathematical Recreations and Problems*. Londres, 3ᵉ édition, 1896, chap. v. Une traduction française en a été publiée par la librairie Hermann.

Sur l'ouvrage de MOSCHOPULUS, voir le chapitre IV, de *Geschichte der Mathematischen Wissenschaften*, de S. GÜNTHER, Leipzig, 1876.

Les astrologues des quinzième et seizième siècles faisaient grand usage de ces [arrangements de nombres. Le fameux Cornelius Agrippa (1486-1535), en particulier, avait construit des carrés magiques des ordres 3, 4, 5, 6, 7, 8, 9, qui étaient respectivement associés aux sept « planètes » astrologiques : Saturne, Jupiter, Mars, le Soleil, Vénus, Mercure et la Lune. Il enseignait que le carré à une case dans laquelle le nombre 1 était inscrit représentait l'unité et l'éternité de Dieu, tandis que le fait qu'on ne pouvait former un carré du second ordre établissait l'imperfection des quatre éléments, l'air, la terre, le feu et l'eau ; plus tard d'autres écrivains ajoutèrent que cela symbolisait le péché originel. Un carré [magique gravé sur une plaque d'argent était souvent recommandé comme un charme contre la peste, et l'un de ceux que nous avons représentés ci-dessus (le premier) se trouve dessiné sur le portrait de la mélancolie peint par Albert Dürer vers l'année 1500. De tels talismans sont encore en usage en Orient.

Les Turcs s'emparèrent de Constantinople en 1453 et ainsi disparut ce [que nous pouvons appeler la dernière image d'une Ecole grecque de [mathématiques. De nombreux grecs se réfugièrent en Italie. En[Occident le souvenir de la science grecque s'était effacé et on ignorait même les noms des écrivains de cette nationalité à quelques rares exceptions près. Aussi les ouvrages apportés par ces exilés furent une révélation pour l'Europe et, comme nous le verrons plus loin, donnèrent un stimulant considérable à l'étude de la science.

CHAPITRE VII

—

SYSTÈMES DE NUMÉRATION ET ARITHMÉTIQUE PRIMITIVE [1]

Nous avons déjà fait plusieurs fois allusion à la méthode employée par les Grecs pour représenter les nombres et nous avons pensé qu'il était préférable de reporter à ce chapitre tout ce que nous avions à dire au sujet des différents systèmes de notations numériques, qui furent remplacés par la notation des Arabes.

Voyons d'abord ce qui concerne le symbolisme et le langage. La représentation des nombres par les doigts de l'une ou des deux mains est si naturelle que nous la trouvons employée chez les races primitives, et il n'existe actuellement aucune tribu qui n'en connaisse l'usage, tout au moins pour les nombres ne dépassant pas dix ; il est même avéré que, dans quelques langues, les noms des dix premiers nombres dérivent de ceux des doigts qu'ils désignent. Mais la limite au delà de laquelle un homme primitif ne sait plus compter est vite atteinte, et on a reconnu que certaines peuplades n'ont pas de termes pour désigner les nombres plus grands que dix, quelquefois même plus grands que quatre ; pour les autres elles se servent d'une façon générale des mots abondance ou tas et, à ce propos, il n'est pas inutile de remarquer (comme nous

---

[1] Le sujet de ce chapitre a été traité par CANTOR et par HANKEL. Voir aussi *Philosophy of Arithmetic*, par JOHN LESLIE, seconde édition. Edimbourg, 1820.

Outre ces autorités consultez l'article sur l'*Arithmétique*, par GEORGE PEACOCK dans la *Encyclopædia Metropolitana, Pure sciences*. Londres, 1845 ; E. B. TYLOR, *Primitive Culture*. Londres, 1873 ; *Les signes numéraux et l'arithmétique chez les peuples de l'antiquité...* par T. H. MARTIN. Rome. 1864 ; et *Die Zahlzeichen...* par G. FRIEDLEIN. Erlangen, 1869.

l'avons déjà fait) que les Egyptiens employaient le symbole représentant le mot tas, pour indiquer, en algèbre, une quantité inconnue.

Le nombre 5 est généralement représenté par la main ouverte, et on prétend que dans presque toutes les langues les mots cinq et main ont la même racine. Il est possible que dans les temps primitifs les hommes ne comptaient pas réellement au delà de cinq et, lorsque les objets dont ils voulaient faire le dénombrement étaient plus nombreux, ils les exprimaient par multiples de cinq. Ainsi le symbole X des Romains pour 10 représentait probablement deux V opposés par le sommet et il paraît remonter à une époque où l'on comptait par cinq (¹). Notons qu'aujourd'hui encore à Java et chez les Aztèques la semaine a une durée de cinq jours.

Presque toutes les races sur lesquelles nous avons aujourd'hui quelques renseignements paraissent cependant avoir fait usage des doigts des deux mains pour représenter les nombres. Elles pouvaient donc compter jusqu'à dix inclusivement et par là elles furent naturellement conduites à prendre dix comme racine de leur système de numération. En Anglais, par exemple, tous les mots désignant les nombres supérieurs à dix sont exprimés d'après le système décimal : *eleven* et *twelve*, qui paraissent tout d'abord faire exception, sont dérivés de mots anglo-saxons signifiant respectivement un et dix, deux et dix (²).

Quelques peuples semblent avoir été plus loin encore et avoir compté par multiples de vingt en faisant usage des doigts de leurs pieds. On prétend qu'il en était ainsi chez les Aztèques. On doit observer que l'on compte encore en Angleterre certaines choses (par exemple les troupeaux de moutons) par scores, le mot *score* signifiant une raie, une marque, faite sur chaque individu entrant dans la constitution d'un groupe de vingt ; tandis qu'en France on parle de quatre-vingt comme si à une certaine époque, les objets avaient été comptés par multiples de vingt. Cependant nous ne présentons cette remarque que sous réserves car il nous semble

(¹) Voir aussi *Odyssée*, IV, 413-415, on y fait une allusion apparente à une semblable coutume.

(²) En France les mots onze, douze, treize, quatorze, quinze et seize font exception ; ce sont des expressions empruntées du latin : *undecim, duodecim, tredecim, quatuordecim, quindecim, sexdecim* et consacrées par l'usage. (N. du T).

avoir vu le mot *octante* dans de vieux ouvrages français et il est
certain (¹) qu'autrefois les mots *septante* et *nonante* étaient communément employés pour soixante-dix et quatre-vingt-dix (²).
Quelques dialectes les ont conservés.

Les seules tribus qui, d'après les récits qui nous sont parvenus,
ne compteraient pas par 5 ou multiples de 5 sont les Bolans de
l'Afrique occidentale et les Maories ; on prétend que les premiers
comptent par multiples de sept et les seconds par multiples de onze.

Il est relativement facile de compter jusqu'à 10, mais les peuplades primitives éprouvèrent de grandes difficultés pour évaluer
les nombres supérieurs ; cette difficulté fut surmontée tout d'abord
en apparence par l'intervention de deux hommes (comme cela se
pratique encore dans le sud de l'Afrique). l'un comptant au moyen
de ses doigts jusqu'à 10 et le second comptant le nombre de
groupes de 10 unités ainsi formés. Il est clair que cette opération
revient pour nous à indiquer par une marque conventionnelle
chaque multiple de dix, mais on prétend que dans beaucoup de
tribus on n'est jamais parvenu à faire compter les indigènes au-
delà de 10 à moins de les laisser opérer avec deux hommes.

Plusieurs peuplades cependant, que leurs tendances portaient à
la civilisation, allèrent plus loin et imaginèrent un moyen de représenter les nombres avec des cailloux ou des jetons disposés par tas
de dix ; cette idée perfectionnée donna naissance à son tour à
l'abaque ou suan-pan. Ces instruments étaient en usage chez des
peuples si éloignés les uns des autres, comme les Etrusques, les
Grecs, les Egyptiens, les Indiens, les Chinois et les Mexicains,
qu'ils furent, pense-t-on, inventés indépendamment dans des
centres différents. Ils sont encore communément employés en
Russie, en Chine et au Japon.

Sous sa forme la plus simple (voir *fig.* 19), l'abaque est une

---

(¹) Voir par exemple *Practique... à ciffrer*, de V. M. DE KEMPTEN. Anvers,
1556.

(²) Les mots *Septante*, *Octante* et *Nonante*, auxquels un usage que nous
croyons regrettable a substitué les mots *soixante-dix*, *quatre-vingt*, *quatre-vingt-
dix*, sont encore usités dans quelques localités du Midi de la France, en Bel-
gique et en Suisse.

Condorcet avait proposé de substituer *unante* et *duante* à dix et vingt pour la
régularité qui aurait été parfaite en maintenant les dénominations *septante*,
octante et *nonante*. (N. du T).

tablette de bois portant un certain nombre de rainures longitu-
dinales ou une table recouverte d'une couche de sable dans
lequel on a tracé des sillons avec les doigts. On représente un
nombre en mettant dans la première rainure autant de cailloux
ou de jetons qu'il contient d'unités, dans la seconde, autant de
cailloux ou de jetons qu'il contient de dizaines, et ainsi de suite.
Quand on veut à l'aide de l'abaque compter un certain nombre
d'objets, on place dans la première rainure autant de cailloux qu'il
y a d'objets et dès qu'on a dix cailloux dans cette première rai-

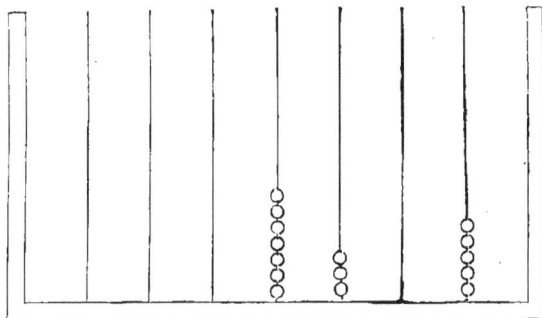

Fig. 19.

nure, on les enlève et on place un caillou dans la seconde, et ainsi
de suite. Quelquefois, comme dans le *quibus* des Aztèques, l'appareil était constitué par un certain nombre de tiges parallèles ou de
cordes fixées sur un cadre en bois et sur lesquelles on pouvait faire
glisser des boules ou des grains ; sous cette forme on a l'instrument
appelé suan-pan. Dans le nombre représenté sur chacun des appareils représentés par les figures 19, 20 et 21, il y a sept mille,
trois centaines, pas de dizaines et cinq unités, c'est-à-dire qu'on a
formé le nombre 7305. Chez quelques peuples on comptait de
gauche à droite, chez d'autres, de droite à gauche, mais ce n'est là
qu'une pure question de convention.

Les abaques romains paraissent avoir été plus perfectionnés. Ils
avaient deux rainures marginales ou deux tringles, sur l'une desquelles se trouvaient 4 boules pour faciliter l'addition des fractions
ayant pour dénominateur quatre, et sur l'autre 12 boules pour les
fractions ayant pour dénominateur douze ; en dehors de cela, ils
ne différaient pas en principe de ceux dont nous venons de parler.

Ils étaient généralement construits pour représenter les nombres jusqu'à 100 000 000. Les abaques grecs ressemblaient à ceux des Romains. Les Grecs et les Romains se servaient parfois de leurs abaques comme d'une table pour jouer un jeu ayant une certaine analogie avec le trictrac.

Dans le tschotü des Russes (voir *fig.* 20), qui est un perfectionnement des instruments précédents, les tiges sont fixées à demeure dans un cadre rectangulaire, et sur chacune d'elles sont enfilées neuf ou dix boules. Supposons le cadre horizontal et toutes les boules poussées vers une même extrémité des tiges, l'extrémité supérieure par exemple : on pourra alors représenter un nombre quelconque en faisant glisser vers l'autre extrémité autant de boules de la première tige que le nombre renferme d'unités, autant de boules de la seconde tige que le nombre renferme de dizaines et ainsi de suite.

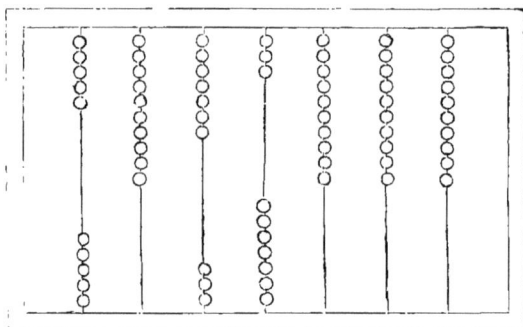

Fig. 20.

Les calculs peuvent s'effectuer avec plus de rapidité si, sur chaque tige, les cinq boules les plus voisines du bord supérieur du cadre sont colorées d'une autre façon que les cinq boules les plus proches du bord inférieur et ils seront rendus encore plus faciles si la 1re, la 2me, la 3me, ..., et la 9me boules de chaque colonne portent respectivement des marques symboliques désignant les nombres 1, 2, 3, ..., 9. Gerbert [1] aurait, dit-on, introduit dans le courant du dixième siècle, des marques de ce genre appelées *apices*.

[1] Voir plus loin, p. i44.

La figure 21 ci-dessous donne le croquis du suan-pan en usage en Chine et au Japon. Là encore un nouveau perfectionnement a été introduit et on a remplacé sur chaque tige cinq boules par une seule dont la grosseur n'est [pas la même ou qui occupe une position différente, mais les apices ne sont pas employées. Nous nous sommes laissé raconter qu'un Japonnais exercé peut, avec l'aide d'un suan-pan, effectuer des additions en même temps qu'on lui énonce les nombres et aussi vite. Il faut remarquer que l'instrument en question est disposé de telle sorte qu'on peut s'en servir pour représenter deux nombres à la fois.

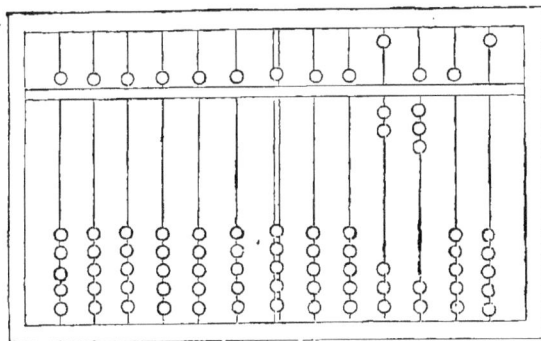

Fig. 21.

L'emploi de l'abaque pour faire des additions ou des soustractions se comprend tout seul. On peut aussi l'utiliser pour la multiplication et la division, et les règles à cet effet avec des exemples à l'appui sont exposées dans divers ouvrages d'arithmétique anciens ([1]).

Il est évident que l'abaque donne un moyen concret de représenter un nombre dans le système de numération décimale, c'est-à-dire en considérant la valeur attribuée à chaque chiffre suivant sa position par rapport aux autres. Malheureusement les méthodes pour écrire les nombres présentèrent des différences suivant les centres où elles avaient été imaginées, et ce n'est que dans le treizième siècle de notre ère, après l'adjonction du zéro aux neuf

([1]) Par exemple dans *Grounde of Artes*, de R. RECORD, édition de 1610 Londres, pp. 225-262.

autres symboles, qu'on adopta en Europe une notation uniforme
pour l'écriture des nombres.

En ce qui concerne maintenant le moyen d'écrire les nombres,
nous pouvons dire d'une manière générale que, dans les temps
anciens, un nombre (quand on le désignait par un signe et non par
un mot) était représenté par le nombre équivalent de traits. Ainsi
dans une inscription de Tralles en Carie datant de 398 avant Jésus-
Christ, la phrase sept ans est écrite ainsi ἔτεως |||||||. Les traits
peuvent avoir été de simples marques, ou bien ils représentaient
peut-être originairement des doigts car dans les hiéroglyphes égyptiens les symboles des nombres 1, 2, 3 sont respectivement 1,
2, 3 doigts, et dans l'écriture hiératique la plus récente ces symboles se trouvent réduits à des lignes droites. On introduisit bientôt
des signes additionnels pour 10 et 100 : et, dans les plus vieux
écrits égyptiens et phéniciens existants le symbole de l'unité est
reproduit autant de fois qu'il est nécessaire (jusqu'à 9), de même
le symbole de 10 est répété autant de fois qu'il est utile (jusqu'à 9
fois), et ainsi de suite. On ne possède aucun spécimen d'une numération grecque de ce genre, mais tout nous porte à accepter le
témoignage de Jamblique, qui nous fait connaître que ce fut là le
premier moyen employé par les Grecs pour l'écriture des nombres.

Cette manière de représenter les nombres fut d'un usage constant pendant toute la période romaine et, dans un but d'abréviation,
les Romains ou les Étrusques ajoutèrent des signes spéciaux pour
5, 50, .., etc. Les symboles usités par les Romains étaient généralement et tout simplement les lettres initiales des noms des
nombres ; ainsi ils avaient C pour *centum* ou 100, M pour *mille*
ou 1000. Le symbole V pour 5 semble avoir été à l'origine une
main avec le pouce écarté. Les symboles L pour 50 et D pour
500 représentent, prétend-on, les moitiés supérieures de ceux employés dans les premiers temps pour C et M. Les formes soustrac-
tives, telles que IV pour IIII, ont probablement une origine plus
moderne.

De même, dans l'Attique, cinq était représenté par π la première
lettre de πέντε ou quelquefois par Γ, dix par Δ la lettre initiale de
δέκα, cent par H pour ἑκατόν ; mille par X pour χίλιοι ; tandis que 50
se présentait par Δ écrit à l'intérieur de π, et ainsi de suite. Ces
symboles attiques continuèrent à être employés pour les inscrip-

tions et dans les documents officiels jusqu'à une date très avancée.

Ce système, bien que primitif, se comprenait parfaitement, mais les Grecs, à une certaine époque du IIIᵉ siècle avant Jésus-Christ, l'abandonnèrent pour un autre n'offrant aucun avantage spécial pour écrire un nombre donné et présentant l'inconvénient de rendre très difficiles toutes les opérations de l'arithmétique. Dans ce système qui porte le nom d'Alexandrin pour rappeler le lieu où il prit naissance, les nombres de 1 à 9 étaient représentés par les neuf premières lettres de l'alphabet ; les dizaines de 10 à 90, par les neuf lettres suivantes ; et les centaines de 100 à 900 par les neuf lettres à la suite.

L'application de ce système exigeait donc l'emploi de 27 lettres et comme l'alphabet grec n'en contenait que 24, on y introduisit à nouveau deux lettres (le digamma et le kappa) qui en avaient déjà fait partie mais dont l'usage s'était perdu, et on plaça à la fin un vingt-septième symbole emprunté à l'alphabet phénicien. Par conséquent les lettres de α à ι désignaient respectivement les nombres de 1 à 10 ; les huit lettres à la suite représentaient les multiples de 10, de 20 à 90 ; et les neuf dernières lettres s'employaient pour 100, 200, 300, ..., etc., jusqu'à 900. Les nombres intermédiaires, tels que 11, 12, étaient représentés comme les sommes de 10 et de 1, de 10 et de 2, c'est-à-dire par les symboles ια', ιβ'. On avait donc ainsi une notation permettant d'écrire tous les nombres jusqu'à 999, et, au moyen d'un système de suffixes et d'indices, elle avait été étendue de façon à donner tous les nombres jusqu'à 100 000 000.

Il n'est pas douteux que les résultats étaient obtenus tout d'abord avec l'aide d'un abaque ou de quelque méthode mécanique semblable, et que les signes n'étaient usités que pour conserver trace des résultats ; l'idée d'opérer sur les symboles eux-mêmes est d'origine moins ancienne et les grecs ne s'assimilèrent jamais bien cette façon d'opérer. Le caractère stationnaire de l'arithmétique grecque est peut-être dû en partie à leur malencontreuse adoption du système alexandrin, qui ne leur permettait que l'emploi de l'abaque pour bien des applications pratiques ; ils suppléaient à l'insuffisance de l'appareil par une table de multiplication qui s'apprenait par cœur. Les résultats de la multiplication et de la division des nombres autres que ceux donnés par la table auraient pu s'obtenir avec l'abaque, mais, en fait, ils étaient généralement déterminés par des additions et des soustractions répétées. Ainsi, jusqu'en 944, un mathématicien qui avait besoin dans un de ses écrits de multiplier 400 par 5 employait l'addition pour obtenir le résultat. Le même auteur avait-il besoin de diviser 6152 par 15, il essayait tous les multiples de 15 jusqu'à ce qu'il eut trouvé 6000, ce qui lui donnait 400 avec 152 pour reste ; il essayait encore tous les multiples de 15 jusqu'à ce qu'il eut 150, il obtenait ainsi 10 avec 2 pour reste. La réponse était donc 400 plus 10, soit 410, avec le reste 2.

Cependant quelques mathématiciens, tels que Héron d'Alexandrie, Théon et Eutocius employaient, pour effectuer la multiplication et la division, une méthode qui peut être considérée comme identique, en substance, à celle en usage de nos jours.

Ainsi, pour multiplier 18 par 13, ils procédaient comme il suit :

$$ιγ \times ιη = (ι + γ)(ι + η) \qquad 13 \times 18 = (10 + 3)(10 + 8)$$
$$= ι(ι + η) + γ(ι + η) \qquad = 10(10 + 8) + 3(10 + 8)$$
$$= ρ + π + λ + κδ \qquad = 100 + 80 + 30 + 24$$
$$= σλδ \qquad = 234$$

Nous pensons que la dernière opération, dans laquelle il s'agissait d'ajouter quatre nombres, s'effectuait avec l'abaque.

Mais ces hommes étaient exceptionnellement doués et nous devons nous rappeler que pour tous les besoins ordinaires, l'art du calcul consistait uniquement dans l'usage de l'abaque et de la table de multiplication, tandis que le mot arithmétique était réservé aux théories des rapports, des proportions et des nombres.

Tous les systèmes que nous venons d'exposer brièvement étaient plus ou moins grossiers et ils ont été remplacés chez les nations civilisées par le système des Arabes, qui comprend dix signes ou symboles, à savoir neuf pour les neuf premiers nombres et un pour le zéro. Dans ce système tout nombre entier est représenté par une suite de signes, chacun d'eux désignant le produit du nombre spécifié par ce signe par une puissance de 10, et le nombre étant égal à la somme de ces produits. Ainsi à l'aide de neuf symboles auxquels on attribue une valeur locale, c'est-à-dire dépendant de la position de chacun d'eux par rapport aux autres, et d'un dernier symbole pour zéro, on peut représenter un nombre quelconque dans le système de numération décimale. L'histoire des développements de l'arithmétique basée sur ce système de notation sera étudiée plus loin dans le chapitre XI.

SECONDE PÉRIODE

LES MATHÉMATIQUES AU MOYEN-AGE
ET PENDANT LA RENAISSANCE

Cette période qui commence vers le sixième siècle peut être considérée comme prenant fin avec l'invention de la géométrie analytique et du calcul infinitésimal. Elle est essentiellement caractérisée par la création ou le développement de l'arithmétique moderne, de l'algèbre et de la trigonométrie.

Dans cette période nous considérons tout d'abord, dans le chapitre VIII, les premiers débuts de la science en Europe occidentale, et les mathématiques au moyen-âge. Dans le chapitre IX, nous nous occupons des spéculations mathématiques des Arabes et des Indiens et au chapitre X nous voyons leurs méthodes s'introduire en Europe. Dans le chapitre XI nous suivons les progrès successifs de l'Arithmétique jusqu'à l'année 1637. Ensuite, dans le chapitre XII, nous donnons l'histoire générale des mathématiques pendant la Renaissance, depuis l'invention de l'imprimerie jusqu'au commencement du XVIIe siècle, c'est-à-dire de 1450 à 1637, et nous sommes amenés à raconter les débuts de l'Arithmétique, de l'Algèbre et de la Trigonométrie traitées à la façon des modernes. Enfin, dans le chapitre XIII, nous signalons les progrès nouveaux de la mécanique et de la géométrie pure, qui caractérisent les dernières années de cette période, constituant ainsi un lien entre les Mathématiques de la Renaissance et celles des temps modernes.

CHAPITRE VIII

LA NAISSANCE DE L'ENSEIGNEMENT DANS L'EUROPE OCCIDENTALE [1]

L'ENSEIGNEMENT DANS LES VI°, VII° ET VIII° SIÈCLES

Les premiers siècles de cette seconde partie de notre histoire sont particulièrement dépourvus d'intérêt et, en réalité, il eût été étrange de voir les mathématiques cultivées par des hommes, qui vivaient dans un état de guerre perpétuel. Nous pouvons dire en un mot, que les seuls lieux d'études en Europe occidentale, depuis le VI° jusqu'au VIII° siècle, furent les couvents des moines Bénédictins. On peut constater là quelques faibles tentatives d'études littéraires, mais l'instruction scientifique proprement dite était limitée à l'usage de l'abaque, à la tenue des comptes et à la connaissance de la règle permettant de déterminer la date de l'été. On ne doit pas en être surpris, car il n'y avait pas de raison pour que les moines, après avoir renoncé au monde, étudiassent autre chose que ce qui était indispensable aux besoins de l'Église et de leurs monastères. Les traditions de l'enseignement grec et d'Alexandrie disparurent graduellement.

On pouvait peut-être trouver, et encore avec beaucoup de peine, à Rome et dans quelques centres favorisés, des copies des œuvres des mathématiciens grecs, mais les étudiants manquaient ; ces ouvrages avaient peu de valeur et avec le temps ils devinrent très rares.

[1] Les mathématiques de cette période ont été étudiées, par CANTOR ; par S. GÜNTHER, *Geschichte des Mathematischen Unterrichtes im deutschen Mittelalter*. Berlin, 1887 ; et par H. WEISSENBORN, *Kenntniss der Mathematik des Mittelalters*. Berlin, 1888.

On peut citer trois auteurs du sixième siècle : *Boëce*, *Cassiodore* et *Isidore*, dont les écrits servent de lien entre les mathématiques des temps classiques et du moyen-âge. Leurs ouvrages ayant été suivis pendant six ou sept siècles, il est nécessaire d'en faire mention, mais il faut bien comprendre que c'est pour ce seul motif, car ils ne présentent aucune originalité. Nous ferons remarquer que ces auteurs étaient contemporains des dernières écoles d'Athènes et d'Alexandrie.

Boëce. — *Anicius Manlius Severinus Bœthius* ou *Boëce*, comme le nom est écrit quelquefois, né à Rome vers 475 et mort en 526, appartenait à une famille, qui depuis deux siècles était considérée comme une des plus illustres de cette Cité. On pensait autrefois qu'il avait été instruit à Athènes ; le fait est douteux. Dans tous les cas, il connaissait d'une façon remarquable la littérature et la science grecques.

Boëce, à ce qu'il paraît, désirait se consacrer aux études littéraires, mais reconnaissant « que le monde ne serait heureux que si tous les rois devenaient des philosophes ou tous les philosophes des rois », il céda à la pression qu'on exerçait sur lui et prit une part active à la politique. Il était renommé à cause de sa charité excessive et, ce qui était fort rare de son temps, à cause du soin qu'il prenait de s'assurer que les solliciteurs étaient réellement dignes d'intérêt. Elu consul jeune et à un âge anormal, il profita de sa situation pour réformer la frappe de la monnaie et pour rendre public l'usage des cadrans solaires, des horloges à eau, etc. Il atteignit l'apogée de sa prospérité en 522, lorsque ses deux fils furent nommés consuls. Son intégrité et ses tentatives pour protéger les habitants des campagnes contre les vols des fonctionnaires publics, lui attirèrent la haine du tribunal. Etant absent de Rome, il fut condamné à mort, arrêté à Ticinium et torturé dans le baptistère de l'église de cette ville. On lui enroula autour de la tête une corde, que l'on serra jusqu'à faire sortir les yeux de leurs orbites, et finalement on l'acheva à coups de masse, le 23 octobre 526. Tel est du moins le récit qui nous est parvenu. Plus tard ses mérites furent reconnus et on éleva en son honneur, aux frais de l'Etat, des monuments et des statues.

Boëce fut le dernier Romain de valeur qui étudia la langue et la littérature de la Grèce, et ses œuvres répandirent sur l'Europe du moyen-âge quelques éclats de la vie intellectuelle du vieux monde.

Il occupe par suite une place importante dans l'histoire de la littérature, mais son importance provient uniquement de l'époque où il vivait. Lorsque les œuvres d'Aristote pénétrèrent en Europe au treizième siècle, sa renommée s'affaiblit et il est maintenant tombé dans une obscurité aussi profonde que sa réputation avait été grande à un certain moment. Il est mieux connu par ses *Consolatio*, qui ont été traduites en anglo-saxon par Alfred-le-Grand. Il nous suffit de constater, pour l'étude que nous poursuivons, que l'enseignement des mathématiques, dans les premiers temps du moyen-âge, était principalement basé sur sa géométrie et son arithmétique ([1]).

Sa *géométrie* consiste dans les énoncés seuls du premier livre d'Euclide et dans quelques propositions choisies des IIIe et IVe livres, mais avec de nombreuses applications numériques portant sur la détermination des aires, etc. Il a ajouté un appendice, avec preuves des trois premières propositions, pour montrer que l'on peut se fier aux énoncés. Son arithmétique est basée sur celle de Nicomaque.

Cassiodore. — Quelques années plus tard, un autre Romain, *Magnus Aurelius Cassiodore*, né vers 490 et mort en 566, publia deux ouvrages, *De Institutione Divinarum Litterarum* et *De Artibus ac Disciplinis*, dans lesquels il traitait non seulement le *trivium* préliminaire : grammaire, logique et rhétorique; mais aussi le *quadrivium* mathématique : arithmétique, géométrie, musique et astronomie. Pendant le moyen-âge, on les considérait comme des ouvrages modèles : le premier a été imprimé à Venise en 1729.

Isidore. — *Isidore*, évêque de Séville, né en 570 et mort en 636, est l'auteur d'un ouvrage encyclopédique en vingt volumes, intitulé *Origines*, et dont le troisième volume était consacré au *quadrivium*. Il a été publié à Leipzig en 1833.

([1]) Ses ouvrages sur la *Géométrie* et l'*Arithmétique* ont été édités, par G. FRIEDLEIN. Leipzig, 1867.

LES ÉCOLES DES CATHÉDRALES ET DES COUVENTS [1]

Charlemagne, en créant son Empire dans la dernière moitié du huitième siècle s'était proposé de développer l'enseignement autant qu'il était en son pouvoir. Il commença par décréter la création d'écoles à côté de chaque cathédrale ou de chaque monastère de son royaume, mesure qui fut approuvée et matériellement facilitée par les papes. Il est intéressant pour nous de constater que cette décision fut prise à l'instigation et sous la direction de deux anglais, Alcuin et Clément, qui étaient attachés à la cour de Charlemagne.

Alcuin [2]. — Le plus remarquable des deux a été *Alcuin*, né en 735 dans le Yorkshire et mort à Tours en 804. Instruit à York sous l'archevêque Egbert « son maître bien aimé », il lui succéda comme directeur de l'Ecole. Nommé ensuite abbé de Canterbury, il fut envoyé par Offa à Rome, afin de solliciter le *Pallium* pour l'archevêque Eanbald. Dans son voyage de retour, il rencontra Charlemagne à Parme ; l'Empereur le prit en amitié et finalement le décida à rester à la Cour impériale où il enseignait la rhétorique, la logique, les mathématiques et la théologie. Alcuin fut pendant plusieurs années l'un des amis les plus intimes et les plus influents de Charlemagne, qui l'employait constamment comme ambassadeur confidentiel : c'est ainsi qu'il passa les années 791 et 792 en Angleterre, où il réorganisa les études de sa vieille école de York. En 801, il sollicita la permission de se retirer de la Cour pour passer dans le repos les dernières années de sa vie. C'est avec difficulté qu'il obtint cette autorisation et il se retira à l'abbaye de St-Martin-de-Tours dont il avait eu la direction en 796. Il annexa à cet abbaye une école qui devint très célèbre et il y enseigna jusqu'à sa mort qui survint le 19 mai 804.

[1] Voir *The Schools of Charles the Great and the Restoration of Education in the Ninth Century*, par J. B. Mullinger. Londres, 1877.

[2] Voir la *Vie d'Alcuin*, par F. Lorentz. Halle, 1829, traduite par J. M. Slee. Londres, 1837 ; *Alcuin und sein Jahrhundert*, par C. Werner. Paderborn, 1876 ; et Cantor, vol. I, pp. 712-721.

Beaucoup des écrits existants d'Alcuin ont trait à la théologie et à l'histoire, mais ils comprennent aussi une collection de propositions arithmétiques arrangées pour l'instruction de la jeunesse. Ces propositions sont en grande partie des problèmes faciles, déterminés ou indéterminés, et nous présumons qu'ils ont été composés d'après des ouvrages qu'il a pu connaître pendant son séjour à Rome. Le suivant qui est un des plus difficiles, donnera une idée de l'ensemble : « Si l'on distribue 100 boisseaux de blé à 100 personnes, de manière que chaque homme en reçoive 3, chaque femme 2 et chaque enfant un demi, combien y a-t-il d'hommes, de femmes et d'enfants ? »

La solution générale est $(20 - 3n)$ hommes, $5n$ femmes et $(80 - 2n)$ enfants, n pouvant prendre une quelconque des valeurs 1, 2, 3, 4, 5, 6. Alcuin ne donne que la solution qui correspond à $n = 3$, c'est-à-dire que sa réponse est 11 hommes, 15 femmes et 74 enfants.

Cet ouvrage cependant était l'œuvre d'un homme d'un talent exceptionnel et nous serons probablement dans le vrai en disant que les mathématiques, alors enseignées dans les écoles, se réduisaient à la géométrie de Bœce, à l'emploi de l'abaque et de la table de multiplication, peut-être aussi à l'arithmétique de Boëce ; et que, sauf dans une de ces Écoles ou encore dans les cloîtres des Bénédictins, il était à peu près impossible d'avoir le moyen de s'instruire davantage. Il va de soi que les ouvrages usités étaient de provenance romaine, car la Grande-Bretagne et toutes les provinces composant l'Empire de Charlemagne avaient autrefois fait partie de la moitié occidentale de l'Empire romain, et leurs habitants, pendant longtemps encore, regardèrent Rome comme le centre de la civilisation ; d'un autre côté, le haut clergé était en relations constantes avec cette ville qui était la capitale de la chrétienté.

Après la mort de Charlemagne plusieurs de ces Écoles se bornèrent à enseigner le latin, la musique et la théologie, connaissances indispensables au haut clergé. Quant aux autres sciences et aux mathématiques, il n'en fut pour ainsi dire plus question ; cependant la permanence de ces écoles fut favorable aux maîtres, dont l'instruction où le zèle dépassait les étroites limites fixées par la tradition.

Quelques écoles, dont les maîtres étaient réputés, prirent de l'extension et eurent des cours organisés d'une façon permanente ; mais même dans ces centres, l'enseignement fut généralement limité au trivium et au quadrivium. Le trivium devait comprendre la grammaire, la logique et la rhétorique, pratiquement il se bornait à enseigner à lire et à écrire le latin. Le quadrivium devait comprendre l'arithmétique et la géométrie avec leur application à la musique et à l'arpentage. En fait, l'arithmétique était bornée à des notions permettant de tenir les livres, la musique se bornait aux notions utiles pour le service de l'église, la géométrie se réduisait à des notions d'arpentage, l'astronomie aux notions suffisantes pour fixer les fêtes et les jeûnes de l'église. Les sept arts libéraux sont énumérés dans cette phrase :

Lingua, tropus, ratio ; numerus, tonus, angulus, astra.

Un étudiant qui allait au-delà du trivium était considéré comme un homme d'une grande érudition,

Qui tria, qui septem, qui totum scibile novit

suivant un vers du onzième siècle. Les questions qui, à cette époque et longtemps encore, occupèrent particulièrement les meilleurs penseurs roulaient sur la logique, sur la théologie transcendante et la philosophie.

Nous pouvons résumer cette partie de notre sujet en disant que, durant le neuvième et le dixième siècles, les mathématiques enseignées étaient limitées aux matières contenues dans les deux ouvrages de Boëce, avec la pratique de l'abaque et de la table de multiplication, mais que, durant la dernière partie de cette période, un plus vaste champ d'étude s'ouvrait à ceux qui désiraient s'instruire.

Gerbert ([1]). — Le dixième siècle vit paraître un homme qui aurait été remarquable à toutes les époques et qui donna une grande extension à l'enseignement. Ce fut *Gerbert*, Aquitain de naissance,

---

[1] WEISSENBORN, dans l'ouvrage déjà mentionné, expose très complètement la vie et les travaux de GERBERT ; voir aussi : *La Vie et les Œuvres de Gerbert*, par A. OLLERIS. Clermont, 1867 ; *Gerbert von Aurillac*, par K. WERNER, seconde édition, Vienne, 1881 ; et *Gerberti. . Opera mathematica*, édité par N. BUBNOV. Berlin, 1899.

qui mourut en 1003, âgé d'environ cinquante ans. Sa vive intelligence attira l'attention sur lui lorsqu'il était encore enfant et on l'envoya de l'école abbatiale d'Aurillac en Espagne, où il reçut une bonne instruction. En 971 il était à Rome ; là son talent musical et ses connaissances astronomiques attirèrent l'attention, mais ses études ne s'étaient pas limitées à ces deux sujets : il avait déjà approfondi toutes les branches du trivium et du quadrivium, comme on les enseignait alors, à l'exception toutefois de la logique. Pour compléter son instruction sur ce point, il se rendit à Reims, où l'archevêque Adalberon avait fondé l'école la plus réputée de l'Europe. Il y fut aussitôt chargé d'enseigner et sa renommée était si grande, que Hugues Capet lui confia l'éducation de son fils Robert, qui devint plus tard roi de France.

Gerbert jouissait d'une grande réputation, due particulièrement à la construction d'abaques et de globes terrestres et célestes ; il avait l'habitude de se servir de ces derniers dans ses leçons. Ces globes excitèrent une grande admiration et il en profita pour les offrir en échange de copies d'ouvrages classiques latins qui étaient devenues très rares ; il entretenait même dans ce but et à ses frais, des agents dans les principales villes d'Europe. C'est à lui, croit-on, que l'on doit la conservation de plusieurs ouvrages latins, mais il n'admettait pas dans sa bibliothèque les pères chrétiens et les auteurs grecs. Il fut mis en 982 à la tête de l'Abbaye de Bobbio et le reste de sa vie se passa en intrigues politiques ; il devint archevêque de Reims en 991, puis de Ravenne en 998, et en 999 il fut élu Pape sous le nom de Sylvestre II. A la tête de l'Eglise il fit aussitôt un appel à tous les pays du monde chrétien, afin de pousser les croyants à prendre les armes pour la défense de la Terre Sainte, devançant ainsi Pierre l'Ermite d'un siècle, mais il mourut le 12 mai 1003, avant d'avoir eu le temps de mettre son projet à exécution. Sa bibliothèque est, pensons-nous, conservée au Vatican.

Une personnalité aussi marquante devait laisser, cela va sans dire, une profonde impression sur sa génération et toutes sortes de fables ne tardèrent pas à circuler sur son compte. Il paraît certain qu'il imagina une horloge, qui fut conservée longtemps à Magdebourg, et un orgue actionné par la vapeur, qui existait encore à Reims deux siècles après sa mort. Toutes ces inventions ne firent que confirmer ses contemporains dans cette idée qu'il s'était vendu au diable, et on peut trouver dans les pages de William de Malmesburg, d'Orderic Vitalis et de Platina, les récits de ses entrevues avec le prince des ténèbres, des détails sur le pouvoir dont il avait été investi et sur ses tentatives pour échapper, au moment de sa mort, aux conséquences de son marché. A ces anecdotes, le premier des auteurs sus-mentionnés ajoute l'histoire de la statue portant l'inscription « frappe ici », qui, après avoir amusé nos ancêtres dans le *Gesta Romanorum*, a été racontée de nouveau dans le *Earthly Paradise* (le Paradis terrestre).

Si grande que fût son influence, il ne faut pas croire que les écrits de Gerbert montrent beaucoup d'originalité. Ses œuvres mathématiques comprennent un traité sur l'abaque, *Regula de abaco computi*, un autre sur l'arithmétique intitulé : *De Numerorum Divisione*, et un sur la *Géométrie*.

Un perfectionnement de l'abaque, attribué par quelques écrivains à Boëce, mais qui est dû plus probablement à Gerbert, est l'introduction, dans chaque colonne, de boules portant des caractères différents appelés *apices*, pour chacun des nombres de un à neuf, à la place de neuf jetons ou boules exactement semblables. Ces apices étaient probablement d'origine indienne ou arabe et permettaient de représenter les nombres de la même manière qu'avec les chiffres de Gobar reproduits ci-après ([1]) ; il n'y avait cependant aucun symbole pour zéro. Le passage de cette représentation concrète des nombres sur un abaque, au moyen d'un système décimal, à l'écriture de ces mêmes nombres, en utilisant des symboles semblables, nous semble à nous d'une grande simplicité, mais ce dernier perfectionnement aurait échappé, paraîtrait-il, à Gerbert. Son ouvrage sur la géométrie est d'un mérite inégal ; il comprend quelques applications à l'arpentage et la détermination de la hauteur des objets inaccessibles, mais beaucoup dans ce traité semble avoir été emprunté à quelques manuels de l'école pythagoricienne.

On trouve cependant résolu dans cet ouvrage, un problème qui, pour l'époque, était d'une grande difficulté : Il s'agit de calculer les côtés d'un triangle rectangle dont on connaît l'hypoténuse et l'aire. En désignant par c et h^2 les données de la question, il trouve

([1]) Voir plus loin.

les côtés par les formules

$$\frac{1}{2}\left\{\sqrt{c^2+4h^2}+\sqrt{c^2-4h^2}\right\} \quad \text{et} \quad \frac{1}{2}\left\{\sqrt{c^2+4h^2}-\sqrt{c^2-4h^2}\right\}.$$

Bernelinus. — L'un dés élèves de Gerbert, *Bernelinus*, publia un ouvrage sur l'abaque ([1]) qui, à n'en pas douter, est une reproduction de l'enseignement de Gerbert. Il est intéressant parce qu'il nous montre que les caractères arabes pour l'écriture des nombres n'étaient pas encore connus en Europe.

CRÉATION DES PREMIÈRES UNIVERSITÉS AU MOYEN-AGE ([2])

A la fin du onzième siècle ou au commencement du douzième, un retour vers l'enseignement se fit sentir dans plusieurs des Ecoles annexées aux cathédrales ou aux monastères ; dans plusieurs endroits, des maîtres étrangers à ces Ecoles, s'établirent dans leur voisinage et, avec l'assentiment des autorités ecclésiastiques firent des cours qui portaient toujours, en fait, sur la théologie, la logique ou les lois civiles. Le nombre des étudiants dans ces centres augmentant, il leur parut possible et désirable de s'entendre chaque fois que leurs intérêts communs étaient en jeu. L'association ainsi formée était une sorte de corporation ou d'union d'intérêts, ou, pour employer le langage du temps une *universitas magistrorum et scholarium*. Ce fut la première étape vers le développement des plus anciennes universités du moyen-âge. Dans certains cas, comme à Paris, la direction des affaires de l'Université appartenait aux seuls maîtres ; dans d'autres cas, comme à Bologne, le corps dirigeant était constitué par les maîtres et les élèves ; mais dans tous les cas, des règles précises pour la conduite des affaires et la réglementation intérieure de la corporation furent formulées

---

([1]) Il est reproduit dans l'édition d'OLLERIS des *OEuvres de Gerbert*, pp. 311 à 326.

([2]) Voir les *Universities of Europe in the Middle Ages*, par H. RASHDALL. Oxford, 1895 ; *Die Universitäten des Mittelalters bis 1400*, Par P. H. DENIFLE, 1885 et le vol. 1 de *University of Cambridge*, par J. B. MULLINGER. Cambridge, 1873.

dès les premiers temps de sa création. Les municipalités et les nombreuses sociétés qui existaient en Italie fournirent de nombreux modèles pour l'établissement de ces règlements, mais il est probable que quelques uns d'entre eux dérivèrent de ceux qui étaient en vigueur dans les écoles mahométanes de Cordoue.

Il est évident que nous sommes à peu près dans l'impossibilité de fixer la date exacte de l'origine de ces associations volontaires, mais elles existaient à Paris, Bologne, Salerne, Oxford et Cambridge avant la fin du douzième siècle : ce sont là les universités qui peuvent être considérées comme les plus anciennes en Europe. L'enseignement donné à Salerne et Bologne était principalement technique — pour la médecine à Salerne, pour le droit à Bologne — et on a contesté à ces deux centres d'instruction la prétention d'être des universités, aussi longtemps qu'ils ne furent que de simples écoles techniques ; le titre d'université était généralement attribué à tout corps enseignant aussitôt qu'il était reconnu comme un *studium generale*.

Bien que par leur organisation ces premières universités fussent indépendantes des écoles paroissiales ou monastiques voisines, elles paraissent leur avoir été unies en général, tout au moins à l'origine, et elles leur empruntèrent peut-être leurs salles de réunion, etc. Les universités ou corporations (se gouvernant elles-mêmes et formées par les maîtres et les étudiants) et les Ecoles voisines (sous le contrôle direct de l'Eglise ou du Monastère) continuèrent à vivre côte à côte, mais avec le temps les dernières diminuèrent d'importance, et finirent souvent par être soumises aux règlements des Universités. Presque toutes les Universités du moyen-âge prospérèrent sous la protection d'un évêque (ou d'un abbé) et furent, dans un certain domaine, placées sous son autorité ou sous celle de son chancelier ; c'est d'ailleurs de ce dernier que le chef de l'Université prit par la suite son titre. Cependant les Universités ne constituaient pas une corporation ecclésiastique et bien que la masse de leurs membres fut dans les ordres, leur liaison avec l'église provenait principalement de ce fait, que les clercs formaient alors la seule classe de la communauté ayant la faculté de continuer des études intellectuelles.

Quand une *universitas magistrorum et scholarium* était parvenue à grouper un certain nombre d'étudiants, elle réclamait toujours après un certain temps d'existence, des privilèges légaux, tels que le droit de fixer le prix de ses cours et celui d'exercer toutes actions légales intéressant ses membres.

Ces privilèges lui faisaient généralement reconnaître le pouvoir d'accorder des grades qui conféraient à leurs détenteurs le droit d'enseigner dans tout le royaume et fréquemment l'Université était créée à ce moment là.

Paris reçut ses chartes en 1200 et fut probablement la plus ancienne université de l'Europe ainsi reconnue d'une façon officielle.

Des privilèges légaux furent accordés à Oxford en 1214 et à Cambridge en 1231 ; le développement de ces deux centres d'instruction suivit de près celui de Paris, qu'ils avaient pris comme modèle lors de leur organisation. Dans le cours du treizième siècle des universités furent créées à Naples, Orléans, Padoue et Prague (entre autres villes à citer) ; et dans le cours du quatorzième siècle, à Pavie et à Vienne.

Les plus fameuses universités du moyen-âge aspirèrent à un pouvoir encore plus grand, et le dernier degré dans leur évolution ascendante fut la reconnaissance par le pape ou l'empereur du droit attaché aux grades qu'elles conféraient autorisant les titulaires à enseigner dans toute l'étendue du monde chrétien — de telles universités étaient en relations étroites les unes avec les autres. Celle de Paris fut ainsi constituée en 1283, celle d'Oxford en 1296 et celle de Cambridge en 1318.

Le programme de l'enseignement des mathématiques fut complètement fixé par les Universités, et la plupart des mathématiciens qui se firent ultérieurement connaître eurent des attaches étroites avec une ou plusieurs d'entre elles ; on nous permettra par conséquent d'ajouter quelques mots sur la marche générale des études (¹) dans une université du moyen-âge.

Les élèves étaient admis encore jeunes, quelquefois à onze ou douze ans. Ce serait une erreur de les présenter comme étudiants, car leur âge, leurs études, la discipline à laquelle ils étaient soumis, et leur situation dans l'université montrent qu'ils étaient de simples écoliers. On peut admettre que leurs quatre premières années

---

(¹) Pour de plus amples détails sur l'organisation des études, le mode d'instruction, et leur constitution, voir notre *History of the Study of Mathematics at Cambridge*. Cambridge, 1889.

d'études étaient consacrées au trivium, c'est-à-dire à la grammaire
latine, à la logique et à la rhétorique. Tout à fait dans les premiers
temps, un nombre considérable d'élèves n'allaient pas au-delà de
l'étude de la grammaire latine — ils formaient une faculté d'un
rang inférieur et ne pouvaient prétendre qu'au grade de maître de
grammaire ou maître de rhétorique — mais les étudiants les plus
avancés (et dans les derniers temps tous les étudiants) passaient
effectivement ces années à étudier le trivium d'une façon complète.

Le titre de bachelier ès-arts était conféré à la fin de cette période et signifiait que l'étudiant n'était plus un écolier et, par suite,
ne devait plus être traité comme un élève. On peut estimer que
l'âge moyen d'un bachelier était entre dix-sept et dix-huit ans.
Ainsi à Cambridge quand un jeune homme se présente pour l'ob-
tention d'un grade, le terme technique encore employé de nos
jours est *juvenis* pour un écolier, tandis que le bachelier est qua-
lifié *vir*. Le bachelier ne pouvait pas prendre d'élèves et n'était
autorisé à enseigner que sous certaines réserves, il occupait probablement une position présentant beaucoup d'analogie avec celle
des étudiants de nos jours. Quelques bacheliers poursuivaient leurs
études par le droit civil ou le droit canon, mais on supposait
théoriquement qu'ils étudiaient ensuite le quadrivium dont l'enseignement demandait trois ans et qui comprenait à peu près
autant de sciences que nous en trouvons dans les écrits de Boëce et
d'Isidore.

Le titre de maître ès-arts était accordé à la fin de cette nouvelle
période. Dans le douzième et treizième siècles ce titre était tout
simplement une permission d'enseigner ; il n'était recherché que
par ceux qui avaient l'intention de rester dans l'Université ;
et vraisemblablement seuls, ceux particulièrement doués pour
l'enseignement songeaient à embrasser une profession aussi
mal rétribuée que celle de professeur. Le titre était conféré à tout étudiant ayant régulièrement suivi le cours de ses
études et dont la moralité était irréprochable. Les étrangers étaient
également admis mais ce n'était pas régulier. Nous pouvons ajouter
ici qu'à la fin du quatorzième siècle les étudiants commencèrent à
comprendre qu'un grade représentait une certaine valeur pécu-
niaire et, par la suite, plusieurs universités ne les accordèrent

qu'à la condition que le nouveau maître résiderait dans l'Université et y enseignerait pendant au moins une année. Un peu plus tard les Universités allèrent plus loin et refusèrent le titre à ceux qui ne justifiaient pas de connaissances suffisantes. Ce nouveau privilège leur fut accordé à la suite d'un incident qui se produisit en 1426 à Paris où l'université refusa de conférer un titre à un étudiant — un slave, nommé Paul Nicholas — qui n'avait pas subi d'une façon satisfaisante les épreuves auxquelles il avait été soumis. Il engagea un procès pour forcer l'Université à lui conférer le titre qu'il sollicitait, mais on donna raison à cette dernière. Nicholas eut donc l'honneur d'être le premier étudiant « blackboulé ».

Bien que les sciences et les mathématiques fissent partie intégrante des études imposées aux bacheliers, il est probable que jusqu'à la Renaissance, la plupart des étudiants consacrèrent surtout leur temps à la logique, à la philosophie et à la théologie. Les subtilités de la philosophie scholastique formaient un champ d'étude ingrat et aride, mais il est juste de constater que c'étaient d'excellents exercices intellectuels.

Nous arrivons maintenant à une époque où les résultats de la science arabe et grecque commencent à être connus en Europe. L'histoire des mathématiques grecques a déjà été présentée ; nous devons abandonner momentanément celle des mathématiques au moyen-âge, pour suivre le développement des écoles arabes jusqu'à la même date, et expliquer ensuite comment les savants eurent connaissance des livres classiques arabes et grecs et quelle en fut la conséquence pour les progrès des mathématiques en Europe.

CHAPITRE IX

—

LES MATHÉMATIQUES CHEZ LES ARABES [1]

L'histoire des mathématiques chez les Arabes nous est connue dans ses grandes lignes et cependant beaucoup de points particuliers auraient besoin d'être précisés. Il est toutefois hors de doute que c'est chez les Grecs et les Indiens qu'ils ont puisé leurs connaissances premières et on peut dire que la science arabe s'est élevée sur ces fondements. Nous examinerons tout d'abord et à tour de rôle ce qu'ils ont tiré de ces sources.

CONNAISSANCES MATHÉMATIQUES DE SOURCES GRECQUES

Suivant leurs propres traditions, par elles-mêmes très vraisemblables, les Arabes ont puisé leurs premières connaissances scientifiques chez les médecins grecs qui soignèrent les Califes à Bagdad. On raconte que lorsque les conquérants Arabes établirent leurs résidences dans les villes ils éprouvèrent des maladies qui leur avaient été complètement inconnues quand ils habitaient le

---

[1] Le sujet est longuement traité par CANTOR, chap. XXXI–XXXV; par HANKEL, pp. 172-293, et par A. VON KREMER dans *Kulturgeschichte des Orientes unter den Chalifen*. Vienne, 1877 et par H. SUTER, *Die Mathematiker und Astronomen der Araber und ihre Werke, Zeitschrift für Mathematik und Physik, Abhandlungen zur Geschichte der Mathematik*. Leipzig, vol. XLV, 1900. Voir aussi *Matériaux pour servir à l'histoire comparée des Sciences mathématiques chez les Grecs et les Orientaux*, par L. A. SÉDILLOT. Paris, 1845-49 ; et les articles suivants de FR. WOEPCKE, *Sur l'introduction de l'arithmétique Indienne en Occident*. Rome, 1859 ; *Sur l'histoire des Sciences mathématiques chez les Orientaux*. Paris, 1860 ; et *Mémoires sur la propagation des chiffres Indiens*. Paris, 1863.

désert. L'étude de la médecine était à cette époque entre les mains
des Grecs et des Juifs, et plusieurs d'entre eux, encouragés par les
Califes, s'établirent à Bagdad, à Damas et dans d'autres villes ;
leurs connaissances scientifiques étaient bien plus étendues et plus
exactes que celles des Arabes, et l'instruction de la jeunesse,
comme il arrive souvent en pareil cas, ne tarda pas à leur être
confiée.

L'introduction de la science européenne était rendue d'autant
plus facile que plusieurs petites écoles grecques existaient dans les
contrées soumises aux Arabes : il y en avait une depuis plusieurs
années à Edesse, au milieu des chrétiens Nestoriens et d'autres
encore à Antioche, Emesse et même à Damas, qui avaient conservé
les traditions et quelques uns des résultats de l'enseignement grec.

Les Arabes remarquèrent bientôt que les Grecs tiraient leurs
connaissances médicales des ouvrages d'Hippocrate, d'Aristote et
de Galien, et ces livres furent traduits en arabe, vers l'année 800,
sur l'ordre du Calife Haroun al Raschid. Cette traduction excita
tellement l'intérêt que son successeur Al-Mamoun (813-833) envoya à Constantinople et dans l'Inde, des commissions chargées de
prendre des copies du plus grand nombre possible d'ouvrages
scientifiques.

Il engagea en même temps un nombreux personnel de clercs
syriens pour traduire ces livres en Arabe et en Syriaque. Afin de
désarmer le fanatisme, ces clercs furent d'abord appelés les docteurs
du Calife, mais en 851 ils formèrent une académie et le Calife
Mutawakkil (847-861) en donna la direction au plus célèbre
d'entre eux, Honein ibn Ishak.

Ce dernier et son fils Ishak ibn Honein revisèrent les traductions
avant de les livrer à la publicité. Ils ne connaissaient ni l'un ni
l'autre, les mathématiques, et de ce fait plusieurs erreurs se glis-
sèrent dans leurs écrits, mais un autre membre de l'académie,
Tabit Ibn Korra fit paraître peu, après, de nouvelles éditions qui
devinrent par la suite les textes officiels.

Les Arabes possédèrent ainsi, avant la fin du neuvième siècle,
des traductions des œuvres d'Euclide, d'Archimède, d'Appollonius,
de Ptolémée et de plusieurs autres : quelques uns de ces ouvrages
ne nous sont parvenus que par leurs traductions arabes.

Un fait curieux et qui montre dans quel oubli était tombé

Diophante, c'est que autant que nous pouvons le savoir, les Arabes n'eurent connaissance de son grand ouvrage que 150 ans plus tard, alors qu'ils s'étaient déjà familiarisés avec la notation et les procédés de l'algèbre.

CONNAISSANCES MATHÉMATIQUES TIRÉES
DES SOURCES INDIENNES

Les Arabes faisaient un commerce considérable avec les Indes, et sous le califat de Al Mansur (754–775) ils avaient eu connaissance de l'un ou des deux grands ouvrages originaux des Hindous sur l'Algèbre, mais ils n'y prêtèrent une sérieuse attention que 50 ou 60 ans plus tard. L'algèbre et l'arithmétique des Arabes furent en grande partie basées sur ces Traités, aussi allons-nous entrer dans quelques détails au sujet des mathématiques des Indiens.

De même que les Chinois, les Hindous ont prétendu qu'ils étaient le peuple le plus ancien de la terre, et que c'est à eux que l'on doit l'origine de toutes les sciences.

Mais il résulterait de recherches récentes que ces prétentions n'ont aucun fondement sérieux, et en fait aucune science ou aucun art utile (à l'exception cependant d'une architecture et d'une sculpture quelque peu fantaisiste) ne peut être attribué aux habitants de la péninsule indienne antérieurement à l'invasion des Aryens. Cette invasion semble avoir eu lieu pendant la seconde moitié du cinquième ou dans le sixième siècle, époque où une tribu d'Aryens pénétrant dans les Indes par le N.-O., soumit une grande partie du pays et s'y établit. Partout où il n'y a pas eu fusion des races, les descendants de cette tribu se reconnaissent encore à leur supériorité sur les peuples primitivement conquis ; mais comme c'est encore le cas de nos jours pour les Européens, le climat les épuisa et ils dégénérèrent peu à peu. Cependant pendant les deux ou trois premiers siècles, ils conservèrent leur vigueur intellectuelle, et produisirent un ou deux écrivains de grand talent.

Arya-Bhata. — Le premier est *Arya-Batha*, qui naquit à

Patna en l'an 476. Il est fréquemment cité par Brahmagupta et suivant l'opinion de bien des commentateurs il créa l'analyse algébrique bien qu'on ait suggéré qu'il ait pu avoir connaissance de l'arithmétique de Diophante. Le principal ouvrage d'Arya-Bhata parvenu jusqu'à nous est son *Aryabhathiya* qui consiste en un recueil de vers mnémoniques renfermant l'énoncé de règles et de propositions diverses. Il n'y a pas de démonstrations et le langage présente une telle obscurité et une telle concision qu'on est resté fort longtemps avant de pouvoir le traduire ([1]).

L'ouvrage est divisé en quatre parties dont trois sont consacrées à l'astronomie et aux éléments de la trigonométrie sphérique ; la partie restante contient les énoncés de trente-trois règles d'arithmétique, d'algèbre et de trigonométrie plane. Il est probable qu'Arya-Bhata, de même que Brahmagupta et Bhaskara dont nous parlons ci-après, s'occupait surtout d'astronomie, et qu'il n'étudia les mathématiques qu'autant qu'elles pouvaient lui servir dans ses recherches.

En algèbre Arya-Bhata donne les formules de la somme des premiers nombres, de leurs carrés et de leurs cubes ; la solution générale d'une équation du second degré ; et la solution en nombres entiers de certaines équations indéterminées du premier degré. D'après ses solutions des équations numériques on a supposé qu'il connaissait le système de numération décimale.

En trigonométrie il donne une table des sinus naturels des angles de $3°\frac{3}{4}$ en $3°\frac{3}{4}$ compris dans le premier quadrant, le sinus étant défini comme la moitié de la corde de l'arc double. En supposant que pour l'angle de $3°\frac{3}{4}$ le sinus est égal à la mesure de l'angle, il prend pour sa valeur 225, c'est-à-dire le nombre de minutes compris dans l'angle. Il énonce ensuite une règle qui est presque incompréhensible mais qui revient probablement à la formule

$$\sin (n + 1)\,a - \sin na = \sin na - \sin (n - 1)\,a - \sin na \operatorname{cosec} a,$$

([1]) Un texte sanscrit de l'*Aryabhathiya* a été publié à Leyde, en 1874, par M. Kern, qui a fait paraître un article sur cet ouvrage dans le *Journal of the Asiatic Society*. Londres, 1863, vol. XX. pp. 371-387.
Une traduction française de la partie ayant trait à l'algèbre et à la trigono-

dans laquelle a serait égal à $3° \frac{3}{4}$; en partant de cette formule, il construit une table de sinus et trouve finalement $3\,438$ pour la valeur du sinus de $90°$. Ce résultat est exact si l'on suppose $\pi = 3,1416$ et il est intéressant de constater que c'est là la valeur qu'il assigne à π dans une autre partie de l'ouvrage. La formule trigonométrique exacte est

$$\sin (n + 1)\, a - \sin na = \sin na - \sin (n - 1)\, a - 4 \sin na \sin^2 \frac{1}{2}\, a$$

par conséquent Arya-Bhata faisait $4 \sin^2 \frac{1}{2}\, a$ égal à cosec a, c'est-à-dire qu'il supposait $2 \sin a = 1 + \sin 2a$; en employant les valeurs approchées de $\sin 2a$ données dans sa table, cette égalité revient à $2\,(225) = 1 + 449$.

Sa formule est donc exacte avec l'approximation résultant de l'hypothèse d'où il est parti. Un grand nombre des propositions géométriques qu'il énonce sont fausses.

Brahmagupta. — Le second écrivain Hindou ayant quelque valeur est *Brahmagupta* né, dit-on, en 598 et qui vivait encore probablement vers 660. Il écrivit un ouvrage en vers intitulé *Brahma-Sphuta-Siddhanta*, c'est-à-dire, le *Siddhanta* ou le système de Brahma en astronomie. Dans ce livre, deux chapitres sont consacrés à l'arithmétique, l'algèbre et la géométrie [1].

L'arithmétique est sans aucun symbolisme. La plupart des problèmes sont traités par la règle de trois et un grand nombre roulent sur des questions d'intérêt.

Dans son algèbre, qui est également sans symbolisme, il étudie les propositions fondamentales des progressions arithmétiques et résout une équation du second degré (mais il ne donne que la valeur positive du radical). Comme exemple des problèmes qu'il traite, nous pouvons citer le suivant qui a été reproduit sous des formes légèrement différentes par divers auteurs, mais nous remplaçons les nombres par des lettres.

métrie a été donnée, par L. RODET, dans le *Journal Asiatique* 1879. Paris, série 7, vol. XIII, pp. 393-434.

[1] Ces deux chapitres (chap. XII et XVIII) ont été traduits par H. T. COLEBROOKE et publiés à Londres, en 1817.

« Deux ascèles vivent au sommet d'un rocher de hauteur h dont la base est à une distance mh du village le plus voisin. L'un se rend au village en descendant la montagne, l'autre monte jusqu'à une hauteur x, puis se dirige directement sur le village. Trouver x sachant que tous les deux ont parcouru la même distance ».

Brahmagupta donne la réponse correcte $x = \dfrac{mh}{m + 2}$. Dans la question telle qu'il l'énonçait $h = 100$ et $m = 2$. Brahmagupta trouva les solutions en nombres entiers de plusieurs équations indéterminées du premier degré par une méthode semblable à celle qui est encore en usage aujourd'hui. Il a fait connaître une équation indéterminée du second degré $nx^2 + 1 = y^2$ et donné comme solutions $x = \dfrac{2t}{t^2 - n}$ et $y = \dfrac{t^2 + n}{t^2 - n}$. Il a prouvé que cette solution générale se déduit d'une solution particulière de l'équation donnée ou d'une autre qui en dépend, mais il n'a pas dit comment il obtenait une solution particulière.

Ce qui est assez curieux c'est que cette équation fut proposée en défi, dans le dix-septième siècle par Fermat à Wallis et à lord Brouncker ; ce dernier trouva les mêmes solutions que Brahmagupta. Brahmagupta a encore démontré que l'équation $y^2 = nx^2 - 1$ ne peut être satisfaite par des valeurs entières de x et de y que si n est exprimable par la somme des carrés de deux entiers. Il est peut être bon d'observer que les premiers algébristes Grecs, Hindous, Arabes ou Italiens ne faisaient aucune distinction entre les problèmes qui conduisaient à des équations déterminées et ceux qui conduisaient à des équations indéterminées. Ce n'est qu'après l'introduction de l'algèbre syncopée que des tentatives ont été faites pour donner les solutions générales des équations et la difficulté de les obtenir pour les équations indéterminées autres que celles du premier degré avait conduit à les exclure en pratique de l'algèbre élémentaire.

En, géométrie Brahmagupta démontra le théorème de Pythagore concernant le triangle rectangle (Euc. I. 47). Il donna des expressions pour calculer les aires d'un triangle et d'un quadrilatère inscriptible en fonction de leurs côtés, et montra que la surface du cercle est égale à celle d'un rectangle ayant pour côtés le rayon et le demi-périmètre. Il fut moins heureux dans ses essais de rectification du cercle, et le résultat qu'il donne revient à prendre $\sqrt{10}$ pour la valeur de π. Il détermina également la surface et le volume de la pyramide et du cône, questions traitées d'une façon incorrecte par Arya-Bhata. Le reste de sa géométrie est presque inintelligible; mais il semble que l'on se trouve en présence d'essais faits pour trouver les expressions de plusieurs éléments d'un quadrilatère inscrit en fonction des côtés; la plupart des résultats énoncés sont faux.

Il ne faudrait pas croire que dans l'ouvrage original toutes les propositions se rapportant à un même sujet soient réunies pour former un ensemble, et ce n'est que pour la commodité de notre exposition que nous avons essayé de les disposer ainsi. Il est impossible de dire si tous les résultats de Brahmagupta, que nous venons de résumer, lui sont bien dûs. Il avait connaissance de l'ouvrage d'Arya-Bhata, car il reproduit la table des sinus que l'on y trouve; il est également vraisemblable que les successeurs immédiats d'Arya-Bhata avaient fait quelques progrès en mathématiques et que leurs travaux n'étaient pas inconnus à Brahmagupta; mais nous n'avons aucune raison de douter que l'ensemble de son arithmétique et de son algèbre ne lui appartienne en propre, bien qu'il ait peut-être subi l'influence des écrits de Diophante. La contribution qu'il a apportée à la géométrie est plus douteuse, quelques parties ont été probablement empruntées aux ouvrages de Héron.

Bhaskara. — Pour compléter cette histoire des mathématiques chez les Indiens, nous négligerons l'ordre chronologique pour parler de Bhaskara, né en 1114, et seul mathématicien Hindou d'une valeur exceptionnelle dont les travaux nous sont connus. Il fut, dit-on, le successeur immédiat de Brahmagupta à la tête d'un observatoire astronomique à Ujein. Il composa une astronomie dont quatre chapitres ont été traduits. L'un, intitulé *Lilavati* est relatif à l'arithmétique, un second avec le titre de *Bija·Ganita* traite de l'algèbre; le troisième et le quatrième sont consacrés à l'astronomie et à la sphère (¹); quelques-uns des autres chapitres

---

(¹) Voir l'article *Viga Ganita*, dans le *Penny Cyclopædia*. Londres, 1843; et les traductions du *Lilavati* et du *Bija Ganita* publiées par H. T. COLEBROOKE.

concernent également les mathématiques. Nous pensons que les
Arabes eurent connaissance de cet ouvrage presque aussitôt qu'il
fut composé et son influence se fit sentir sur leurs écrits ultérieurs
bien qu'ils n'aient su ni utiliser, ni développer beaucoup de vues
nouvelles qui s'y trouvaient. Cet ouvrage fut connu d'une façon
indirecte, en Occident, avant la fin du douzième siècle, mais le
texte lui-même ne pénétra en Europe qu'à une époque plus récente.

Le traité est en vers, mais contient des notes explicatives en
prose. On ne peut dire si l'ouvrage est vraiment original, ou s'il
n'est qu'une simple exposition de ce qu'on connaissait alors dans
l'Inde ; mais, dans tous les cas, il est plus que probable que
Bhaskara avait lu les ouvrages arabes écrits dans les dixième et
onzième siècles et qu'il n'ignorait pas les résultats des travaux des
mathématiciens grecs, tels qu'ils avaient été transmis par les sources
arabes. L'algèbre est syncopée et presque symbolique ce qui marque
un grand progrès sur celles de Brahmagupta et des Arabes. La
géométrie est également supérieure à celle de Brahmagupta, mais
cela provient peut être, de ce que, grâce aux Arabes, il pouvait
connaître les divers ouvrages grecs.

Le premier livre ou *Lilavati* débute par une invocation au Dieu
de la Sagesse. La disposition générale de l'ouvrage se comprendra
par la table suivante des matières :

Système des poids et mesures ; — ensuite numération décimale brièvement exposée ; — viennent après les huit opérations de
l'arithmétique à savoir : addition, soustraction, multiplication,
division, élévation au carré, au cube, extraction de la racine carrée,
de la racine cubique. — Réduction des fractions au même dénominateur ; fractions de fractions, nombres fractionnaires et les
huit règles appliquées aux fractions. Les « règles du zéro », c'est-
à-dire $a \pm 0 = a$, $0^2 = 0$, $\sqrt{0} = 0$, $\frac{a}{0} = \infty$; — la solution de
quelques équations simples données comme questions d'arithmé-
tique ; — la règle de fausse supposition ; les équations simultanées
du premier degré avec applications ; la solution de quelques équations du second degré ; la règle de trois et la règle de trois com-

Londres, 1817. Les chapitres sur l'*Astronomie* et la *Sphère* ont été publiés par
L. WILKINSON. Calcutta, 1842.

posée avec des cas divers. Intérêts, escompte et partages. Le temps
nécessaire à plusieurs fontaines pour remplir une citerne. Echanges,
progressions arithmétiques et sommation des carrés et des cubes.
Progressions géométriques. Problèmes sur les triangles et les qua-
drilatères. Valeur approchée de π. Quelques formules trigonométriques. Volume des solides. Equations indéterminées du premier
degré. Enfin le livre se termine par quelques questions sur les
combinaisons.

C'est le plus ancien ouvrage connu présentant une exposition
méthodique du système de numération décimale. Il est possible
que ce système fût familier à Arhya-Bhata et très vraisemblable
que Brahmagupta l'ait connu, mais nous trouvons dans l'arithmétique de Bhaskara des symboles numériques dûs aux Arabes ou
aux Indiens et un signe pour le zéro, formant ensemble une notation bien définie. Il est actuellement impossible de trouver des
traces de l'emploi de ces symboles antérieurement au huitième
siècle, mais il n'y a aucune raison de douter de l'assertion, qui a
été émise, que leur usage remonte au commencement du septième
siècle. Leur origine est une question difficile et controversée. Nous
mentionnons plus loin (¹) les opinions qui nous paraissent, en
définitive, les plus probables et qui sont généralement admises, et
nous reproduisons quelques-unes des formes qui furent primitivement employées.

Pour nous résumer, nous pouvons dire que le *Lilavati* donne les
règles actuellement en usage pour l'addition, la soustraction, la
multiplication et la division aussi bien que les traités d'arithmétique les plus communs ; et que la plus grande partie de l'ouvrage
est consacrée à la discussion de la règle de trois, divisée en directe
et inverse, en simple et composée, et employée à la résolution de
nombreuses questions, principalement d'intérêt et d'échange. Le
système de numération décimale que nous connaissons est utilisé
dans les applications numériques.

Bhaskara était aussi célèbre comme astrologue que comme mathématicien. Il apprit par cette science que le mariage de sa fille
Lilavati serait pour lui un évènement fatal. C'est pourquoi il ne
voulut jamais lui permettre de le quitter, et comme une sorte de

_____

(¹) Voir plus loin, p. 190

consolation, non seulement il donna son nom au premier livre de son ouvrage, mais encore il rédigea plusieurs de ses problèmes sous forme de questions qu'il était censé lui adresser.

En voici un exemple : « Aimable et chère Lilavati dont les yeux ont la douceur de ceux du faon, dis-moi quels sont les nombres qui résultent de la multiplication de 135 par 12. Si tu es experte en multiplication, soit par totalité ou par parties, soit par division ou par séparation des chiffres, dis-moi, heureuse demoiselle, quel est le quotient du produit par le même multiplicateur ».

Ajoutons ici que dans les ouvrages indiens, les problèmes fournissent beaucoup d'informations intéressantes sur les conditions sociale et économique du pays. Ainsi Bhaskara traite quelques questions relatives au prix des esclaves et incidemment il fait remarquer qu'une femme esclave était généralement considérée comme ayant sa plus grande valeur lorsqu'elle avait 16 ans et que cette valeur décroissait ensuite en raison inverse de l'âge ; par exemple si cette esclave valait à l'âge de 16 ans, 32 nishkas, à 20 ans, sa valeur n'était plus que de $\dfrac{16 \times 32}{20} = 25,6$ nishkas. Il paraîtrait, suivant une évaluation moyenne grossière, qu'une esclave de 16 ans, représentait la valeur de 8 bœufs ayant travaillé pendant 2 ans. L'intérêt de l'argent dans les Indes variait de $3\frac{1}{2}$ à 5 % par mois. Entre autres renseignements ainsi fournis on trouve le prix des denrées et du travail.

Le chapitre intitulé *Bija Ganita* débute par une sentence si ingénieusement présentée qu'on peut la lire comme l'énonciation d'une vérité religieuse, philosophique ou mathématique. Bhaskara après avoir fait allusion à son arithmétique ou *Lilavati*, annonce qu'il se propose dans ce livre d'étudier les opérations générales de l'analyse. Il emploie une notation dont voici le principe. Des abréviations et des initiales sont utilisées comme symbole ; la soustraction est indiquée par un point placé au-dessus du coefficient de la quantité à soustraire, l'addition par la simple juxtaposition ; mais il n'a aucun symbole pour la multiplication, l'égalité ou l'inégalité qui sont écrites en entier. Le produit est indiqué par la première syllabe du mot jointe aux facteurs entre lesquels se trouve quelquefois placé un point. Dans un quotient ou une fraction le diviseur est écrit sous le dividende, mais sans trait séparatif. Les deux membres d'une équation sont écrits l'un sous l'autre et l'exposition écrite de tous les développements qui accompagnent l'opération préserve de toute confusion.

Il emploie pour les quantités inconnues des symboles variés, mais beaucoup d'entre eux sont les lettres initiales des noms des couleurs, et le mot couleur est souvent usité comme synonyme de quantité inconnue ; son équivalent en sanscrit signifie également une lettre, et les lettres sont quelquefois employées, soit qu'elles proviennent de l'alphabet ou des syllabes initiales des sujets sur lesquels roule le problème. Dans un ou deux cas des symboles sont employés aussi bien pour les quantités connues que pour les quantités inconnues. Les initiales des mots carré et solide, indiquent la seconde et la troisième puissances, et la première syllabe du mot qui désigne la racine carrée représente une quantité irrationnelle. Les polynomes sont ordonnés par rapport aux puissances, le terme indépendant étant toujours placé à la fin et distingué par la syllabe initiale dénotant une quantité connue. Beaucoup de ces équations renferment des coefficients. et le coefficient s'écrit toujours après la quantité inconnue. Les termes positifs ou négatifs sont indistinctement placés au premier rang, et chaque puissance figure dans les deux termes d'une équation avec zéro pour coefficient quand l'une d'elles fait défaut. Après l'explication de la notation, Bhaskara continue en donnant les règles pour l'addition, la soustraction, la multiplication, la division, l'élévation au carré et l'extraction de la racine carrée des expressions algébriques. Il expose ensuite les règles du zéro comme dans le *Lilavati* ; il résout plusieurs équations, et enfin termine par quelques opérations sur les radicaux. Plusieurs des problèmes sont énoncés d'une façon poétique avec des allusions aux gentes damoiselles et aux galants chevaliers.

Des fragments d'autres chapitres traitant de l'algèbre, de la trigonométrie et donnant des applications géométriques ont été traduits par Colebrooke. Parmi les formules trigonométriques il s'en trouve une équivalente à l'équation $d (\sin \theta) = \cos \theta d\theta$.

Nous n'avons pas respecté l'ordre chronologique en parlant ici de Bhaskara, mais nous avons pensé qu'il était préférable de le mentionner en même temps que nous exposions les travaux de ses compatriotes. Il faut cependant remarquer qu'il n'a vécu que postérieurement à tous les mathématiciens arabes dont il est question ci-après. Les ouvrages dont les Arabes eurent tout d'abord connaissance furent ceux d'Arya-Bhata et de Brahmagupta, et peut-être ceux de leurs successeurs Sridhara et Padmanabha : il est douteux qu'ils aient jamais fait beaucoup usage du grand traité de Bhaskara.

Il est probable que l'attention des Arabes se porta sur les ouvrages des deux premiers de ces auteurs, parce qu'ayant adopté les méthodes arithmétiques des Indiens, il leur était possible d'étudier les livres mathématiques de ces savants. Les Arabes avaient toujours fait un commerce considérable avec les Indes, commerce qui naturellement prit une plus grande extension avec l'établissement de leur empire ; à cette époque, vers l'an 700, ils trouvèrent chez les marchands hindous, le système de numération avec lequel nous sommes familiarisés, et que ces derniers commençaient à employer ; ils l'adoptèrent aussitôt. Il leur était d'autant plus aisé d'utiliser immédiatement ce système qu'ils ne possédaient aucun ouvrage scientifique ou littéraire leur en donnant un autre ; il est même douteux que celui dont ils faisaient alors usage, fut autre que le système le plus primitif de notation pour représenter les nombres. Les Arabes (de même que les Hindous) paraissent n'avoir fait que peu d'usage de l'abaque, si même ils l'ont connu, et par suite, ils doivent avoir trouvé les méthodes de calcul des Grecs et des Romains extrêmement laborieuses. La date la plus ancienne assignée pour l'emploi, en Arabie, du système de numération décimale est 773. C'est à cette époque que quelques tables astronomiques indiennes furent apportées à Bagdad, et il est à peu près certain qu'elles comportaient l'usage des symboles numériques indiens (y compris le zéro).

DÉVELOPPEMENT DES MATHÉMATIQUES CHEZ LES ARABES (¹)

Nous venons d'indiquer les deux sources où les Arabes ont puisé leurs connaissances mathématiques et nous avons exposé rapidement ce que chacune d'elles leur a fourni. Nous pouvons nous

(¹) Un travail de B. Baldi sur la vie de plusieurs mathématiciens arabes, a été inséré dans le *Bulletino di bibliografia*, de Boncompagni, 1872, vol. V, pp. 427-534.

résumer en disant qu'à la fin du huitième siècle, les Arabes étaient
en possession d'une bonne notation numérique et de l'arithmétique
de Brahmagupta et qu'avant la fin du neuvième, ils connaissaient
les chefs-d'œuvre des mathématiciens grecs, en géométrie, mécanique et astronomie. Il nous reste à montrer l'usage qu'ils firent de
ces matériaux.

Alkarismi. — Le premier et à certains égards le plus illustre
des mathématiciens arabes fut *Mohammed ibn Musa Abu Djefar
Al-Khwarizmi*. On n'est pas d'accord sur celui de ces noms qui
doit lui être attribué : le dernier se rapporte à son lieu de naissance, peut-être à la ville où il fut célèbre, et d'après nos renseignements ce serait celui que ses contemporains lui donnaient le plus
souvent. C'est donc celui que nous lui attribuerons, et nous agirons
généralement de la même manière pour les autres mathématiciens
arabes. Jusque dans ces derniers temps, ce nom s'écrivait toujours
sous la forme corrompue, *Alkarismi*, et bien que cette façon de
faire soit incorrecte, elle a été sanctionnée par tant d'écrivains que
nous croyons devoir la conserver.

Nous ne savons rien de la vie d'Alkarismi, si ce n'est qu'il naquit
à Khorassan et qu'il fut le bibliothécaire du Calife Al Mamoun ; il
accompagna une mission en Afghanistan, et il se peut qu'il ait tra-
versé les Indes en revenant dans son pays. A son retour, vers 830,
il écrivit une algèbre (¹) d'après celle de Brahmagupta, mais dans
laquelle quelques-unes des démonstrations sont exposées suivant la
méthode grecque, c'est-à-dire en représentant les nombres par des
lignes. Il écrivit aussi un traité sur l'arithmétique : un ouvrage sans
nom d'auteur intitulé *Algoritmi De Numero Indorum*, qui se trouve
à la bibliothèque de l'université de Cambridge serait, suppose-t-on,
une traduction de ce traité (²). Outre ces deux livres, il prépara
quelques tables astronomiques avec remarques explicatives ; elles
renferment des résultats empruntés à la fois à Ptolémée et à Brahmagupta.

L'algèbre d'Alkarismi tient une place importante dans l'histoire
des mathématiques, car nous pouvons dire que les ouvrages arabes

(¹) Elle a été publiée par F. Rosen, avec une traduction anglaise. Londres,
1831.
(²) Il a été publié, par B. Boncompagni. Rome, 1857.

et ceux des premières années de la Renaissance, qui parurent dans
la suite, s'en inspirèrent directement, et que c'est par elle que le
système de numération décimale Arabe ou Indien pénétra en Occident. Le livre est intitulé *Al-Gebr we' l mukabala* : *Al-Gebr*, d'où
est dérivé le mot algèbre, peut être traduit par *La restitution* et
se rapporte à ce fait que l'on peut augmenter ou diminuer d'une
même quantité les deux membres d'une équation ; *al mukabala*
signifie le procédé de simplification, et est généralement employé
pour désigner la réduction des termes semblables en un seul. La
quantité inconnue est appelée soit « la chose » soit « la racine »,
et l'emploi que nous faisons de ce dernier terme pour désigner la
solution d'une équation provient de là. Le carré de l'inconnue
est appelé « la puissance ». Toutes quantités connues sont des
nombres.

L'ouvrage comprend cinq parties. Dans la première, Alkarismi
donne sans aucune démonstration, des règles pour la résolution des
équations du second degré qu'il divise en six classes correspondant
aux formes

$$ax^2 = bx, \ ax^2 = c, \ bx = c, \ ax^2 + bx = c, \ ax^2 + c = bx \text{ et } ax^2 = bx + c$$

a, b, c sont des nombres positifs, et dans toutes les applications il
fait $a = 1$. Il ne considère que les racines réelles et positives, mais
il reconnaît l'existence de deux racines, ce qui, autant que nous
pouvons le savoir n'avait jamais été fait par les Grecs. Il est à
remarquer que lorsque les deux racines sont positives, il ne prend
généralement que celle qui contient le radical avec le signe moins.

Il donne ensuite des démonstrations géométriques de ces règles
en opérant comme dans la proposition 4 du livre II d'Euclide.
Par exemple, pour résoudre l'équation $x^2 + 10x = 39$, ou une
équation quelconque de la forme $x^2 + px = q$, il donne deux méthodes et nous allons en exposer une (*fig.* 22) :

Supposons que AB représente la valeur de x et construisons sur
cette droite le carré ABCD. Prolongeons DA jusqu'en H et DC
jusqu'en F, de sorte que AH = CF = 5 $\left(\text{ou } \frac{1}{2} p\right)$, et complétons
le carré. Alors les aires AC, HB et BF représentent les quantités
x^2, $5x$ et $5x$. Par suite le premier membre de l'équation est représenté par la somme des aires AC, BH et BF. Ajoutons aux deux

membres de l'équation le carré KG dont l'aire est $25 \left(\text{ou } \frac{1}{4} p^2\right)$;
nous obtenons un nouveau carré dont l'aire est, par hypothèse,
égale à $39 + 25$, c'est-à-dire à $64 \left(\text{ou } q + \frac{1}{4} p^2\right)$ et dont le côté
est par conséquent 8. Le côté de
ce carré DH qui est égal à 8 surpasse AH qui vaut 5 de la valeur
de la quantité inconnue qui est
dès lors égale à $8 - 5$ ou 3.

Dans la troisième partie du livre, Alkarismi considère le produit
de $(x \pm a)$ par $(x \pm b)$. Dans la
quatrième partie, il établit les règles pour l'addition et la soustraction d'expressions comprenant l'inconnue, son carré ou sa racine

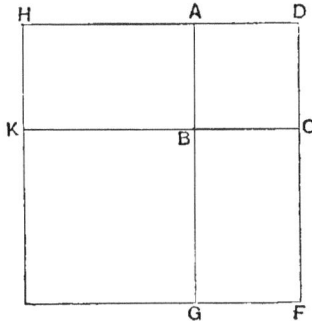

Fig. 22.

carrée; il donne des règles pour le calcul des racines carrées, et
termine par les théorèmes exprimés par les formules

$$a \sqrt{b} = \sqrt{a^2 b} \quad \text{et} \quad \sqrt{a} \sqrt{b} = \sqrt{ab}.$$

Dans la cinquième et dernière partie, il donne quelques problèmes dont voici un exemple : trouver deux nombres dont la
somme est égale à 10 et dont la différence des carrés est 40.

Dans tous ces anciens ouvrages, il n'y a pas de distinction bien
nette entre l'arithmétique et l'algèbre et, à vrai dire, la première de
ces sciences est une partie de la seconde. C'est le livre d'Alkarismi
qui a fourni aux Italiens leurs premières notions, non seulement
d'algèbre, mais encore d'une arithmétique basée sur le système
décimal. Cette arithmétique a été longtemps connue sous le nom
d'*algorithme* ou art d'Alkarismi pour la distinguer de celle de
Boèce. Cette appellation demeura en usage jusqu'au dix-huitième
siècle.

Tabit ibn Korra. — L'œuvre commencée par Alkarismi fut
poursuivie par *Tabit ibn Korra* né à Harran, en 836, mort en 901
et l'un des savants les plus brillants qu'aient produit les Arabes.
Comme nous l'avons déjà dit, il publia des traductions des princi-

paux ouvrages d'Euclide, d'Apollonius, d'Archimède et de Ptolémée. Il composa également plusieurs traités originaux qui sont tous perdus, à l'exception d'un fragment d'algèbre relatif aux équations du troisième degré qu'il résolvait à l'aide de la géométrie, à peu près comme nous l'indiquerons plus loin.

L'algèbre continua à se développer. Les questions qui faisaient l'objet des méditations des Arabes se rapportaient à la résolution des équations ou à l'étude des propriétés des nombres. Les deux algébristes les plus éminents qui vinrent ensuite, furent Alkayami et Alkarki qui florissaient au commencement du onzième siècle.

Alkayami. — Le premier, *Omar Alkayami* est à citer à cause de la façon dont il a traité géométriquement les équations du troisième degré : il obtenait une racine en déterminant l'abscisse du point d'intersection d'une conique et d'un cercle (¹). Les équations qu'il a considérées sont des formes suivantes dans lesquelles a et c représentent des entiers positifs.

$x^3 + b^2x = b^2c$, dont la racine, dit-il, est l'abscisse du point d'intersection de $x^2 = by$ et $y^2 = x(c - x)$.

$x^3 + ax^2 = c^3$, dont la racine est l'abscisse du point d'intersection de $xy = c^2$, et $y^2 = c(x + a)$.

$x^3 \pm ax^2 + b^2x = b^2c$ ayant pour racine l'abscisse du point d'intersection de $y^2 = (x \pm a)(c - x)$ et $x(b \pm y) = bc$.

Il donna une équation du quatrième degré, à savoir

$$(100 - x^2)(10 - x)^2 = 8100$$

dont la racine est déterminée par le point d'intersection de

$$(10 - x)y = 90 \quad \text{et} \quad x^2 + y^2 = 100.$$

On a prétendu aussi qu'Akayami avait affirmé l'impossibilité de résoudre en nombres entiers l'équation $x^3 + y^3 = z^3$; en d'autres termes, il aurait su que la somme de deux cubes ne peut jamais être un cube. En admettant qu'il ait énoncé cette proposition, il est maintenant impossible de dire s'il en a donné une démonstration exacte, ou bien s'il l'a reconnue par une induction hardie, ce qui serait plus vraisemblable ; mais le fait qu'un pareil théorème

(¹) Son traité d'algèbre a été publié par Fr. Woepcke. Paris, 1851.

lui ait été attribué, montre les progrès extraordinaires accomplis en
algèbre par les Arabes.

Alkarki. — L'autre mathématicien de cette époque que nous
avons mentionné fut *Alkarki* ([1]) (vers 1000). Il donna les expressions des sommes des première, seconde et troisième puissances
des n premiers nombres entiers ; il résolut diverses équations dont
quelques-unes de la forme $ax^{2p} \pm bx^p \pm c = 0$; et s'occupa des
quantités irrationnelles montrant par exemple que $\sqrt{8} + \sqrt{18} = \sqrt{50}$.

Même lorsque les méthodes algébriques des Arabes sont presque
générales, les applications qu'ils en donnent roulent dans tous les
cas, sur des problèmes numériques, et l'algèbre est tellement con-
fondue avec l'arithmétique qu'il est difficile d'isoler les deux sujets.
D'après leurs traités d'arithmétique et les observations que l'on
trouve disséminées dans divers ouvrages d'algèbre, nous pouvons
dire que les méthodes qu'ils employèrent pour effectuer les quatre
opérations fondamentales étaient analogues à celles actuellement en
usage ; mais les problèmes qui servaient d'application étaient identiques à ceux que l'on trouve dans les livres modernes et résolus
par des méthodes semblables, telle la règle de trois. Quelques légers
perfectionnements furent introduits dans la notation, comme par
exemple un trait pour séparer dans une fraction le numérateur du
dénominateur ; de là vient l'emploi de la ligne placée entre deux
symboles pour indiquer la division ([2]). Alhossein (980-1037) avait
une règle pour vérifier l'exactitude des résultats de l'addition et de
la multiplication : c'est la règle qui est enseignée dans nos traités
d'arithmétique sous le nom de preuve par 9.

Nous ne nous arrêterons pas à étudier les idées des Arabes en
astronomie, ou à discuter la valeur de leurs observations, mais nous
remarquerons en passant qu'ils acceptèrent les théories d'Hipparque et de Ptolémée, sans les faire progresser d'une manière sensible. Nous pouvons cependant ajouter que Al-Mamoun provoqua
la mesure de la longueur d'un degré de latitude et qu'il détermina
l'obliquité de l'écliptique avec autant de précision que les mathématiciens dont nous allons maintenant parler.

([1]) Son algèbre a été publiée, par Fr. Woepcke, 1853, et son arithmétique a
été traduite en allemand, par Ad. Hochheim. Halle, 1878.

([2]) Voir plus loin, p. 247.

Albategni. Albuzjani. — *Albategni*, né à Batan, en Mesopota-
mie, en 877 et mort à Bagdad en 929, figure parmi les plus anciens astronomes Arabes. Il écrivit la *Science des Étoiles* ([1]) qui
doit être mentionnée parce qu'elle contient la découverte du déplacement de l'apogée du Soleil. Dans cet ouvrage, les angles sont
déterminés par la « demi-corde de l'arc double », c'est-à-dire par
le sinus de l'angle (en prenant le rayon vecteur comme unité).
Avait-il connaissance de l'introduction des sinus faite antérieurement par Arya-Bhata et Brahmagupta ? c'est ce que l'on ignore ;
mais il faut se rappeler qu'Hipparque et Ptolémée avaient déjà fait
usage de la corde des arcs. Albategni était également en possession
de la formule fondamentale de la trigonométrie sphérique donnant
le côté d'un triangle en fonction des deux autres côtés et de l'angle
compris.

Peu de temps après la mort d'Albategni, *Albuzjani* qui est aussi
connu sous le nom d'*Abul-Wafa*, né en 940, mort en 998 ; découvrit certaines fonctions trigonométriques et construisit des tables,
des tangentes et des cotangentes. Il était célèbre non seulement
comme astronome — ayant découvert les variations lunaires —
mais comme l'un des géomètres les plus remarquables de son temps.

Alhazen. Abd-al-Gehl. — Les Arabes se contentèrent tout
d'abord de prendre les ouvrages d'Euclide et d'Apollonius pour leurs
livres classiques en géométrie, sans chercher à les commenter, mais
Alhazen, né à Bassora, en 987 et mort au Caire en 1038 donna
en 1036, une collection ([2]) de problèmes un peu dans le genre des
Data d'Euclide. Outre des commentaires sur les définitions d'Euclide et sur l'*Almageste*, Alhazen écrivit encore un ouvrage sur
l'*Optique* ([3]) dans lequel se trouve le plus ancien exposé scientifique du phénomène de la réfraction atmosphérique. Il renferme
aussi quelques questions ingénieuses traitées par la géométrie,
entre autres, la solution géométrique du problème qui consiste à
trouver en quel point d'un miroir concave doit tomber un rayon
lumineux partant d'un point donné pour aller se réfléchir en un
autre point donné.

([1]) L'ouvrage a été publié, par REGIOMONTANUS, Nuremberg, 1537.
([2]) Traduite par L. A. SÉDILLOT et publiée à Paris, en 1836.
([3]) Publié à Bâle, en 1572.

Postérieurement, un autre géomètre *Abd-al-gehl* composa (vers 1100) un traité sur les sections coniques et trois petits traités de géométrie.

C'est peu après Abd-al-gehl que florissait Bhaskara le troisième grand mathématicien Hindou. Tout nous porte à croire qu'il connaissait les travaux de l'Ecole Arabe dont nous venons de parler, et aussi que ses écrits furent aussitôt répandus en Arabie.

Les Ecoles Arabes continuèrent à prospérer jusqu'au quinzième siècle, mais sans produire aucun autre mathématicien d'un génie exceptionnel, et sans faire progresser les méthodes déjà employées ; il nous paraît par suite inutile de mentionner une foule d'écrivains dont les travaux n'eurent en réalité aucune influence sur les progrès de la science en Europe.

De cette étude rapide, on peut conclure que les travaux des Arabes (en y comprenant ceux des auteurs qui écrivirent en Arabie et qui vivaient sous la domination des Mahométans d'Orient) en arithmétique, en algèbre et en trigonométrie, dénotent une très grande supériorité. Ils surent comprendre l'importance de la géométrie et de ses applications à l'astronomie, mais ne reculèrent pas les bornes de cette science. On peut aussi ajouter qu'ils ne firent aucun progrès notable en statique, en optique ou en hydrostatique, bien qu'il soit hors de doute qu'ils aient eu une connaissance complète de l'hydraulique pratique.

L'impression générale qui ressort de cette étude est que les Arabes s'assimilèrent rapidement les idées des autres, notamment des maîtres de la Grèce et des mathématiciens Hindous, mais que, comme les anciens Chinois et les Egyptiens, ils furent incapables de faire progresser la science d'une façon notable. Leurs écoles ont eu une existence d'environ 650 ans, et si on compare les œuvres qu'elles produisirent avec celles de la Grèce ou de l'Europe moderne, on constate en définitive, une véritable infériorité.

CHAPITRE X

—

INTRODUCTION EN EUROPE
DES OUVRAGES ARABES

(1150 — 1450 environ)

Dans l'avant-dernier chapitre, nous avons suivi le développement des mathématiques en Europe jusque vers la fin du onzième siècle ; dans le dernier nous avons esquissé leur histoire chez les Hindous et chez les Arabes jusqu'à la même date : nous allons nous occuper maintenant des trois siècles qui suivent. Cette période est caractérisée par l'introduction en Europe des livres classiques Arabes, des ouvrages grecs qui furent connus grâce aux Arabes, et par l'assimilation des idées nouvelles qui se répandirent ainsi.

C'est par l'Espagne, et non directement par l'Arabie, que les écrits des Arabes pénétrèrent pour la première fois dans l'Europe occidentale. Les Maures s'étaient établis en Espagne en 747 et aux dizième et onzième siècles leur civilisation était très avancée. Bien que leurs relations politiques avec les califes de Bagdad fussent peu amicales, ils accueillirent avec empressement les travaux des grands mathématiciens Arabes. De cette façon, les traductions des écrits d'Euclide, d'Archimède, d'Appollonius, de Ptolémée et d'autres auteurs grecs peut-être, furent lues et commentées dans les trois grandes écoles mauresques de Grenade, Cordoue et Séville, en même temps que les œuvres des algébristes arabes.

Il paraît probable que la science des Maures fut limitée à ce qu'ils trouvèrent dans ces ouvrages, mais comme ils dissimulaient avec un soin jaloux, toutes leurs connaissances aux chrétiens, il

est impossible de préciser ce point et aussi de dire avec exactitude
à quel moment les ouvrages Arabes furent introduits en Espagne.

Le onzième siècle. — Le plus ancien écrivain maure dont
l'histoire fasse mention est *Geber ibn Aphla,* qui naquit à Séville et
mourut à Cordoue dans la seconde moitié du onzième siècle. Il
écrivit sur l'astronomie et la trigonométrie. Il connaissait ce
théorème : dans un triangle sphérique les sinus des angles sont
proportionnels aux sinus des côtés opposés ([1]).

Arzachel ([2]). — A peu près à la même époque, vivait à Tolède, en 1080, un autre arabe *Arzachel.* Il émit cette idée que
les planètes avaient un mouvement elliptique, mais par intolérance scientifique, ses contemporains se refusèrent à discuter une
opinion contraire à celle de Ptolémée dans son *Almageste.*

Le douzième siècle. — Dans le courant du douzième siècle
des copies des ouvrages dont on faisait usage en Espagne pénétrèrent dans la partie occidentale de la chrétienté. La première tentative pour arriver à la connaissance de la science arabe et mau-
resque fut faite par un moine anglais, *Adelhard de Bath* ([3]), qui
sous le déguisement d'un étudiant mahométan, suivit quelques
cours à Cordoue, vers 1120, et se procura une copie des *Eléments*
d'Euclide. Cette copie traduite en latin, fut la base de toutes les
éditions connues en Europe jusqu'en 1533, époque où on découvrit le texte grec. On peut juger de la rapidité avec laquelle la connaissance de cet ouvrage se répandit en se rappelant que Roger
Bacon le connaissait avant la fin du treizième siècle et qu'avant
l'expiration du quatorzième, les cinq premiers livres étaient régulièrement enseignés dans quelques universités, si non dans toutes.
Les énoncés d'Euclide semblent avoir été connus avant l'époque
d'Adelhard, et peut-être déjà vers l'an 1000, bien que les copies

([1]) Ses œuvres ont été traduites en latin, par GERARD et publiées à Nuremberg,
en 1533.
([2]) Voir un mémoire, par M. STEINSCHNEIDER dans le *Bulletino di Bibliografia,* de BONCOMPAGNI, 1887, vol. XX.
([3]) Sur l'influence de ADELHARD et de BEN EZRA, voir le *Abhandlungen zur
Geschichte der Mathematik,* dans le *Zeitschrift für Mathematik,* vol. XXV, 1880.

en fussent rares. Adelhard se procura aussi un manuscrit ou un commentaire de l'ouvrage d'Alkarismi et le traduisit en latin. Il composa également un livre classique sur l'usage de l'abaque.

Ben Ezra. — Dans ce même siècle parurent d'autres traductions des livres classiques arabes, ou des commentaires sur ces ouvrages. Parmi ceux qui contribuèrent le plus à initier l'Europe au savoir des Maures nous pouvons mentionner *Abraham Ben Ezra*. Ben Ezra naquit à Tolède, en 1097 et mourut à Rome, en 1167. C'était un des plus distingués rabbins juifs qui séjournèrent en Espagne où, on doit se le rappeler, ils étaient tolérés et même protégés par les Maures, en raison de leurs connaissances en médecine. Outre des tables astronomiques et un ouvrage d'astrologie, Ben Ezra composa un traité d'arithmétique (¹) dans lequel il expose le système de numération des arabes avec neuf symboles et un zéro, donne les opérations fondamentales, et explique la règle de trois.

Gérard (²). — Un autre européen que la réputation des écoles arabes attira à Tolède fut *Gérard* qui naquit à Crémone, en 1114 et mourut en 1187. Il fit une traduction de l'édition arabe de l'*Almageste*, des ouvrages d'Alhazen et aussi de ceux d'Alfarabius, dont le nom nous aurait été sans cela complètement inconnu : on pense que les symboles numériques des arabes étaient employés dans cette traduction des œuvres de Ptolémée, qui fut faite en 1136. Gérard écrivit aussi un court traité d'algorithme dont le manuscrit existe à la bibliothèque Bodléienne à Oxford. Il connaissait une des éditions arabes des *Éléments* d'Euclide et en donna une traduction latine.

Jean Hispalensis. — Jean Hispalensis de Séville, était contemporain de Gérard. Il fut d'abord rabbin, mais se convertit au catholicisme et fut baptisé sous le nom que nous venons d'indiquer. Il traduisit plusieurs ouvrages Arabes et Maures et composa un traité d'algorithme où on trouve les plus anciens exemples d'ex-

(¹) O. Terquem en a donné une analyse dans le *Journal* de Liouville, 1841.
(²) Voir Boncompagni, *Della vita e delle opere di Gherardo Cremonese*. Rome, 1851.

traction de racines carrées de nombres écrits avec la notation décimale.

Le treizième siècle. — Durant le treizième siècle, il y eut en
Europe une sorte de renaissance de l'enseignement, mais son action
ne se fit sentir, croyons-nous, que sur une certaine classe. Les
premières années de ce siècle sont mémorables à cause du développement que prirent plusieurs universités et de l'apparition de trois
mathématiciens remarquables : Leonard de Pise, Jordanus et Roger
Bacon, le moine franciscain d'Oxford.

Léonard (¹). — *Leonard Fibonacci* (c'est-à-dire filius Bonaccii)
généralement connu sous le nom de *Leonard de Pise*, naquit dans
cette ville en 1175. Son père Bonacci était marchand et fut envoyé
par ses concitoyens à Bougie, en Barbarie, pour prendre la direction
de la douane; c'est là que Léonard fut élevé et instruit. Il put
ainsi se familiariser avec le système de numération des Arabes et
prendre connaissance de l'algèbre d'Alkarismi dont il a été question dans le dernier chapitre. Il paraîtrait que Léonard fut chargé
de quelques services dépendant des douanes qui le mirent dans
l'obligation de voyager. Il retourna en Italie, vers 1200, et en 1202,
publia un livre intitulé *Algebra et almuchabala* (titre imité de celui
de l'ouvrage d'Alkarismi) mais généralement connu sous le titre
de *Liber Abaci*. Il y explique le système de numération des arabes
en faisant ressortir son grand avantage sur celui des Romains.

Il fait ensuite une exposition de l'algèbre et signale la commodité qu'offre la géométrie pour obtenir des démonstrations sures
des formules algébriques. Il montre comment se résolvent les
équations simples ; donne la solution de quelques équations du
second degré, et signale quelques méthodes pour résoudre les
équations indéterminées ; à l'appui de ses règles, il donne comme
exemples des problèmes sur les nombres. Toute l'algèbre est sans
symbolisme et dans un seul cas il emploie des lettres comme sym-

---

(¹) Voir *Leben und Schriften Leonardos da Pisa*, par J. Giesing, Döbeln,
1886 ; et Cantor, chap. XLI, XLII ; voir aussi deux articles, par Fr. Woepcke
dans le *Atti dell' Academia pontificia de nuovi Lincei*, pour 1861, vol. XIV,
pp. 342-348. La plupart des écrits de Leonard ont été édités et publiés, par
B. Boncompagni, de 1854 à 1862.

boles algébriques. La propagation de cet ouvrage fut immense et pendant au moins deux siècles, il demeura la source où de nombreux auteurs puisèrent leurs inspirations.

Le *Liber Abaci* présente un intérêt tout spécial dans l'histoire de l'arithmétique parce qu'il introduisit pratiquement dans l'Europe chrétienne l'usage des symboles numériques arabes. Du langage de Léonard, il ressort qu'ils étaient jusque là inconnus à ses compatriotes ; il raconte qu'ayant séjourné plusieurs années en Barbarie, il apprit le système arabe, le trouva bien plus commode que celui usité en Europe et, qu'en conséquence, il le publia « afin que la race latine (¹) ne demeurât pas plus longtemps privée de cette connaissance ». En outre Léonard avait beaucoup lu et avait voyagé en Grèce, en Sicile et en Italie, de sorte que toutes les présomptions concordent pour faire supposer que le système n'était pas communément employé en Europe.

Bien que Léonard ait introduit dans les affaires commerciales l'usage des symboles numériques arabes, il est probable que les voyageurs et les marchands en Orient ne les ignoraient pas complètement, car le règlement des affaires entre les chrétiens et les mahométans se faisait assez directement pour que chacun put apprendre quelque chose du langage ou des pratiques ordinaires de l'autre. Nous pouvons difficilement supposer que les marchands italiens ne savaient pas comment quelques-uns de leurs meilleurs clients tenaient leurs comptes, et il faut se rappeler que beaucoup de chrétiens, après avoir été en esclavage chez les mahométans, s'étaient échappés ou avaient été mis en liberté après avoir payé rançon.

C'est cependant grâce à Léonard que le système arabe se propagea et devint d'un usage général ; au milieu du treizième siècle il était employé par un grand nombre de marchands Italiens concuremment avec l'ancien.

La plupart des mathématiciens devaient déjà le connaître par les ouvrages de Ben Ezra, Gerard et Jean Hispalensis. Mais peu de temps après l'apparition du livre de Léonard, Alphonse de Castille (en 1252) fit paraître quelques tables astronomiques basées sur des

_____

(¹) D'après DEAN PEACOCK, l'exemple le plus anciennement connu de l'emploi du mot *Italiens* pour désigner les habitants de l'Italie se présente vers le milieu du XIIIᵉ siècle : à la fin de ce siècle l'usage de ce mot était général.

observations faites en Arabie, calculées par les Arabes, et pour lesquelles, comme on le croit généralement, ils avaient employé leur
système de notation. Les tables d'Alphonse circulèrent beaucoup
parmi les hommes qui s'intéressaient à la science, et probablement
contribuèrent à généraliser l'usage de ce système dans le monde
scientifique. Vers la fin treizième siècle il était admis d'une façon
générale que tout homme de science devait le connaître : ainsi
Roger Bacon écrivant à cette époque recommande l'algorithme
(c'est-à dire l'arithmétique basée sur la notation arabe) comme
une étude nécessaire aux Théologiens qui doivent, dit-il, « être
experts dans l'art des nombres. »

Nous pouvons donc admettre que vers l'an 1300, ou 1350 au
plus, le système arabe était familier et aux mathématiciens et aux
marchands italiens.

La réputation de Léonard était si grande que l'Empereur Frédéric II s'arrêta à Pise en 1225, pour présider une sorte de tournoi
mathématique où on devait mettre à l'épreuve le talent de Léonard
dont on lui avait dit merveille. Les compétiteurs avaient été infor-
més à l'avance des questions posées ; quelques unes étaient dues
à Jean de Palerme qui figurait dans la suite de Frederic. C'est
le premier exemple que nous offre l'histoire de ces défis si communs dans le seizième et dans le dix-septième siècles et dans
lesquels on proposait certains problèmes particuliers. La première question proposée consistait à trouver un nombre carré
qui, augmenté ou diminué de 5, restait toujours un carré. Léonard
donna une réponse juste à savoir $\frac{41}{12}$. La seconde question était de
trouver, au moyen des méthodes employées par Euclide dans son
dizième livre, une ligne dont la longueur x devait satisfaire à la
condition

$$x^3 + 2x^2 + 10x = 20.$$

Léonard montra géométriquement que le problème était impossible, mais il donna une valeur approchée de la racine de cette
équation, à savoir

$$1 \frac{22}{60} \frac{7}{60^2} \frac{22}{60^3} \frac{33}{60^4} \frac{4}{60^5} \frac{40}{60^6}$$ ce qui est égal à 1,3688081075.....

valeur exacte jusqu'à la neuvième décimale [1].

[1] Voir un article de Fr. Woepcke dans le *Journal* de Liouville, 1854, p. 401.

Une autre question s'énonçait ainsi : Trois hommes A, B, C possèdent en commun une certaine somme u, leurs parts respectives étant entre elles comme les trois nombres entiers 3, 2, 1. A prend dans la masse une somme x, en garde la moitié et dépose le reste entre les mains d'une certaine personne D ; B prend à son tour dans la masse y, dont il garde les $\frac{2}{3}$ et donne le surplus à D ; enfin C prend ce qui reste, soit z, en garde par devers lui les $\frac{5}{6}$, et donne le reste à D. Il se trouve que les dépôts faits entre les mains de D et appartenant à A, B et C sont égaux. Trouver d'après cela u, x, y et z.

Léonard fit voir que le problème était indéterminé et donna pour l'une des solutions $u = 47$, $x = 33$, $y = 13$, $z = 1$.

Les autres compétiteurs échouèrent dans la résolution de ces questions.

Le principal ouvrage de Léonard est le *Liber Abaci* dont il a été question plus haut. On trouve dans ce livre une démonstration de la formule bien connue :

$$(a^2 + b^2)(c^2 + d^2) = (ac + bd)^2 + (bc - ad)^2$$
$$= (ad + bc)^2 + (bd - ac)^2.$$

Il composa également une géométrie qu'il intitulait *Practica Geometriæ* et qui fut publiée en 1220. C'est une bonne compilation dans laquelle il introduisit un peu de trigonométrie ; entre autres propositions et exemples il donne l'aire du triangle en fonction des côtés. Dans la suite il publia un *Liber Quadratorum* dans lequel il était question de problèmes analogues à la première des questions proposées lors du tournoi scientifique [1]. Il composa encore un traité sur des problèmes déterminés d'algèbre qui sont tous résolus par la règle de fausse position comme nous en avons donné un exemple plus haut.

Frédéric II. — L'empereur *Frédéric II* qui naquit en 1194, monta sur le trône en 1210 et mourut en 1250 ; non seulement il

---

[1] Fr. Woepcke a donné dans le *Journal* de Liouville, 1855, p. 54, l'analyse de la méthode qu'employait Léonard pour traiter les problèmes sur les nombres carrés.

s'intéressait à la science mais il fit tous ses efforts pour répandre dans l'Europe occidentale les œuvres des mathématiciens arabes. L'Université de Naples reste comme un exemple de sa munificence. Nous avons déjà dit que la présence des Juifs en Espagne avait été tolérée en raison de leurs connaissances médicales et scientifiques ; et en fait les noms de médecin et d'algébriste (¹) furent à peu près synonymes pendant longtemps. Aussi les médecins juifs étaient-ils admirablement placés pour obtenir des copies des ouvrages arabes et pour les traduire. Frédéric profita de cette circonstance pour s'entourer de juifs instruits chargés de traduire les livres arabes, qu'il s'était procurés ; il n'est toutefois pas douteux que, s'il leur accorda ainsi sa protection, ce fut surtout pour être désagréable au pape avec lequel il était alors en lutte. Dans tous les cas, à la fin du treizième siècle, des copies des œuvres d'Euclide, d'Archimède, d'Apollonius, de Ptolémée et de plusieurs auteurs arabes virent le jour de cette manière et à la fin du siècle suivant elles n'étaient plus rares.

Nous pouvons donc dire qu'à partir de cette époque le développement de la science en Europe se fit indépendamment des Écoles arabes.

Jordanus (²). — Parmi les contemporains de Léonard se trouvait un mathématicien allemand dont les œuvres restèrent presque inconnues jusque dans ces dernières années. C'était *Jordanus Nemorarius*, appelé quelquefois *Jordanus de Saxonia* ou *Teutonicus*. Nous avons peu de détails sur sa vie, nous savons cependant qu'il devint général de l'ordre des Dominicains en 1222. On lui attribue les ouvrages énumérés dans la note qui se trouve au bas de cette page (³) et si nous admettons qu'ils n'ont été ni augmentés ni

---

(¹) Par exemple le lecteur peut se rappeler que dans *Don Quichotte*, (IIe partie, chap. xv) quand, une nuit, *Sancho Pança* tombe de cheval et a les côtes brisées, un *algébriste* est appelé pour bander ses blessures.

(²) Voir Cantor, chap. xliii, xlix où se trouvent réunies les références sur Jordanus.

(³) Le Prof. Curtze, qui a étudié d'une façon toute spéciale le sujet, estime que les ouvrages suivants sont dus à Jordanus.

Geometria vel de Triangulis, publiée par M. Curtze, en 1887, dans le vol. VI des *Mitteilungen des Copernicus-Vereins zu Thorn*; *De isoperimetris* ; *Arithmetica Demonstrata*, publiée par Faber Stapulensis, à Paris, en 1496, seconde

modifiés par des annotateurs qui vinrent après lui, nous devons en conclure qu'il fut un des plus éminents mathématiciens du moyen-âge.

Son savoir en géométrie ressort de ses deux ouvrages *De Triangulis* et *De Isoperimetris*. Le plus important est le premier qui comprend quatre livres. Le premier, outre quelques définitions, contient treize propositions sur les triangles d'après les *Éléments* d'Euclide. Le second renferme dix-neuf propositions concernant principalement des rapports de lignes droites et la comparaison des aires des triangles ; par exemple, un des problèmes résolus consiste à déterminer à l'intérieur d'un triangle un point tel qu'en le joignant aux trois sommets, le triangle soit divisé en trois triangles équivalents. Le troisième compte douze propositions, relatives particulièrement aux arcs et aux cordes des cercles. Enfin dans le quatrième on trouve vingt-huit questions, concernant en partie les polygones réguliers et en partie des sujets divers, tels que les problèmes de la duplication du cube et de la trisection de l'angle.

L'Algorithmus Demonstratus contient les règles pratiques des quatre opérations fondamentales, et les symboles arabes y sont généralement employés (mais ils ne sont pas les seuls). Il est divisé en dix livres traitant des propriétés des nombres, des nombres premiers, des nombres parfaits, des nombres polygonaux, etc., des rapports, des puissances, et des progressions. Il semblerait, d'après cet ouvrage, que Jordanus connaissait l'expression du développement du carré d'un polynome algébrique quelconque.

Le *De Numeris Datis* est divisé en quatre livres renfermant les solutions de cent quinze problèmes. Quelques uns d'entre eux conduisent à des équations simples ou du second degré comprenant plus d'une quantité inconnue. Il montre qu'il a connaissance de la théorie des proportions, mais beaucoup de démonstrations de ses théorèmes généraux sont simplement des exemples numériques.

Dans plusieurs des propositions de *l'Algorithmus* et du *De Nume-*

édition, 1514 ; *Algorithmus Demonstratus*, publié par J. Schöner, à Nuremberg, en 1534 ; *De Numeris Datis*, publié par P. Treutlein, en 1879 et inséré en 1891 avec des commentaires dans le vol. XXXVI des *Zeitschrift für Mathematik und Physik* ; *De Ponderibus* publié par P. Apian, en 1533, à Nuremberg et réédité à Venise, en 1565 ; et enfin deux ou trois traités sur l'*Astronomie* de PTOLÉMÉE.

ris Datis les lettres sont employées pour désigner à la fois les quantités connues et inconnues et il s'en sert aussi dans les démonstrations des règles de l'arithmétique aussi bien qu'en algèbre. Comme exemple nous citerons la question suivante (¹), dans laquelle il se propose de déterminer deux quantités, connaissant leur somme et leur produit.

> *Dato numero per duo diviso si, quod ex ductu unius in alterum producitur, datum fuerit, et utrumque eorum datum esse necesse est.*
>
> Sit numerus datus *abc* divisus in *ab* et *c*, atque ex *ab* in *c* fiat *d* datus, itemque ex *abc* in se fiat *e*. Sumatur itaque quadruplum *d*, qui fit *f*, quo dempto de *e* remaneat *g*, et ipse erit quadratum differentiæ *ab* ad *c*. Extrahatur ergo radix ex *g*, et sit *h*, eritque *h* differentia *ab* ad *c*, cumque sic *h* datum, erit et *c* et *ab* datum.
>
> Huius operatio facile constabit hoc modo. Verbi gratia sit *x* divisus in numeros duos, atque ex ductu unius eorum in alium fiat xxi; cuius quadruplum, et ipsum est lxxxiiii, tollatur de quadrato x, hoc est *e*, et remanent xvi, cuius radix extrahatur, quæ erit quator, et ipse est differentia. Ipsa tollatur de *x* et reliquum, quod est vi, dimidietur, eritque medietas iii, et ipse est minor portio et maior vii.

Il est à noter que Jordanus, comme Diophante et les Hindous, indique une addition par la juxtaposition.

Traduite en notation moderne son argumentation est la suivante. Soient $a + b$ (que nous représentons par γ) et *c* les deux nombres ;

Alors $\gamma + c$ est donné, par suite $(\gamma + c)^2$ est connu, représentons ce carré par *e*.

Le produit γc est également donné, représentons-le par *d*.

Représentons encore par *f* le produit connu $4\gamma c = 4d$. Or $(\gamma - c)^2$ est égal à $e - f$ et, par suite est connu ; désignons-le par *g*.

On a $\gamma - c = \sqrt{g}$, quantité connue que nous représentons par *h*.

Enfin $\gamma + c$ et $\gamma - c$ sont connus, et, par suite γ et *c* peuvent se calculer de suite.

Il est curieux qu'il ait eu l'idée de prendre, pour l'une des quantités inconnues, la somme $a + b$.

Dans l'application numérique qu'il donne il prend pour somme 10 et pour produit 21.

(¹) Tirée de *De Numeris Datis*, livre 1, prop, 3.

Sauf un exemple que l'on trouve dans les écrits de Léonard, les ouvrages cités ci-dessus sont les plus anciens modèles connus parmi les mathématiciens européens d'une algèbre syncopée dans laquelle les lettres sont employées comme symboles algébriques. Il est probable que l'*Algorithmus* resta généralement ignoré jusqu'à son impression en 1534, et il est douteux qu'à une pareille date les œuvres de Jordanus aient exercé une influence considérable sur le développement de l'algèbre. En fait, il arrive constamment dans l'histoire des mathématiques que des améliorations dans la notation ou dans les méthodes se produisent longtemps avant d'être adoptées d'une façon générale ou avant que les avantages qu'elles présentent soient reconnus. C'est pourquoi une même découverte peut être faite plusieurs fois à des époques et dans des circonstances diffé- rentes : une telle amélioration n'est adoptée et ne devient partie intégrante de la Science, que si elle est réclamée par l'état gé- néral des connaissances, ou si elle est présentée par ceux qui savent fixer l'attention par leur insistance ou leurs connaissances. Jordanus en employant des lettres ou des symboles pour repré- senter les quantités que l'on rencontre en analyse était de beaucoup en avance sur ses contemporains. Il y eut des tentatives faites par d'autres mathématiciens postérieurs pour introduire une semblable notation, mais ce n'est qu'après avoir été découverte plusieurs fois et indépendamment qu'elle devint d'un usage général.

Il ne nous semble pas nécessaire d'entrer dans des détails sur la mécanique, l'optique et l'astronomie de Jordanus. La mécanique au moyen-âge était très peu avancée.

Pendant une période d'environ deux cents ans, il n'y eut en Europe aucun mathématicien comparable à Léonard et à Jordanus.

Durant le treizième siècle les plus fameux centres d'instruction en Europe occidentale étaient Paris et Oxford, et nous devons maintenant parler des hommes les plus remarquables de ces Ecoles.

Holywood ([1]). — Nous commencerons par mentionner *Jean de Holywood*, dont le nom est souvent écrit sous la forme latine de *sacro-Bosco*. Holywood naquit dans le Yorkshire et fut instruit à

___

([1]) Voir CANTOR, chap. XLV.

Oxford, mais après avoir obtenu le grade de maître-ès-arts il se rendit à Paris où il enseigna jusqu'à sa mort en 1244 ou 1246. Ses leçons sur l'algorithme et l'algèbre sont les plus anciennes que nous puissions mentionner. Son ouvrage sur l'arithmétique fit autorité pendant plusieurs années ; il contient des règles sans démonstrations et fut imprimé à Paris en 1496. Il écrivit aussi un traité sur la sphère qui fut publié en 1256 : ce traité se répandit fort loin, fut longtemps consulté et montre avec quelle rapidité se propageaient les connaissances mathématiques. En dehors de ces ouvrages, deux opuscules de lui intitulés *De Computo Ecclesiastico* et *De Astrolabio* existent encore.

Roger Bacon ([1]). — Un autre contemporain de Léonard et de Jordanus fut Roger Bacon qui fit, pour la science physique, un travail à peu près semblable à celui que ces derniers avaient fait pour l'arithmétique et l'algèbre. *Roger Bacon* naquit près d'Ilchester en 1214 et mourut à Oxford le 11 juin 1294. Il était fils d'un royaliste dont la majeure partie des biens avait été confisquée à la fin des guerres civiles : très jeune encore il entra comme étudiant à Oxford, et il aurait pris les ordres, dit-on, en 1233. En 1234 il se rendit à Paris, alors la capitale intellectuelle de l'Europe occidentale, où il vécut quelques années se consacrant spécialement à l'étude des langues et de la physique ; il dépensa là en achats de livres et en frais d'expériences tout ce qui lui restait de son patrimoine et toutes ses économies. Peu après 1240, il retourna à Oxford, où il travailla d'une façon assidue pendant dix ou douze ans, s'occupant surtout d'enseigner les sciences. Son cabinet de travail était extraordinairement encombré, car tout ce qu'il gagnait passait en achat de manuscrits ou d'instruments. Il nous raconte qu'à Paris et à Oxford il dépensa en totalité, de cette manière, environ 2000 livres sterling, somme qui de nos jours équivaudrait à 20000 livres sterling au moins.

Bacon lutta avec énergie pour substituer les mathématiques et la

---

([1]) Voir Roger Bacon, *Sa Vie, Ses Ouvrages*, par E. Charles. Paris, 1861 et le mémoire de J. S. Brewer mis en tête des *Opera Medita*, série Rolls. Londres, 1859. Une critique dépréciant quelque peu le premier de ces ouvrages se trouve dans Roger Bacon, *eine Monographie*, par L. Schneider. Augsbourg, 1873.

linguistique à la logique dans l'enseignement universitaire, mais
les influences du temps étaient trop fortes. Son éloge enthousiaste
des « divines mathématiques » qui devraient former le fondement
d'une instruction libérale et qui « seules peuvent purifier l'intelligence et conviennent à l'étudiant pour le préparer à acquérir toute
connaissance » tombait dans des oreilles qui ne voulaient rien entendre. Nous pouvons apprécier la faiblesse des notions de géométrie insérées dans le quadrivium, quand il nous raconte que peu
d'étudiants à Oxford étudiaient la géométrie au delà de la proposition 5 du livre I d'Euclide ; nous aurions peut-être pu formuler une
conclusion identique d'après le caractère de l'ouvrage de Boèce.

A la fin usé, abandonné et ruiné, Bacon conseillé par son ami
Grosseteste, le grand évêque de Lincoln, renonça au monde et pro-
nonça ses vœux de Franciscain. La société au milieu de laquelle
il se trouva alors lui fut singulièrement antipathique et il passa son
temps à écrire sur des sujets scientifiques et peut-être à faire des
conférences. Le supérieur de l'ordre eut connaissance de ce qui se
passait et en 1267 il lui défendit de faire des conférences ou de publier quoi que ce soit, sous peine des punitions les plus sévères, et
en même temps il l'envoya en résidence à Paris, où il pouvait être
surveillé d'une façon plus étroite.

Clément IV, lorsqu'il était en Angleterre, avait entendu parler de
l'intelligence de Bacon, et étant devenu pape en 1266, il l'engagea
à publier ses écrits. L'ordre des Franciscains lui permit à contre
cœur de le faire, mais en lui refusant toute assistance. Bacon se
procura avec difficulté assez d'argent pour acheter du papier et
louer des livres, puis, dans le court espace de quinze mois, il composa en 1267 son *Opus Majus* avec deux suppléments qui résu-
maient tout ce qui était alors connu en physique et posaient les
principes sur lesquels devait être basée l'étude de cette science,
celle de la philosophie et de la littérature. Comme principe fondamental il affirmait que l'étude des sciences naturelles devait reposer
uniquement sur l'expérience ; et dans la quatrième partie, il expliquait en détail comment l'astronomie et la physique dépendaient
en définitive des mathématiques et progressaient seulement quand
leurs principes fondamentaux étaient exprimés sous une forme mathématique. Les mathématiques, disait-il, devraient être regardées
comme l'alphabet de toute philosophie.

Les conclusions auxquelles il était arrivé ainsi dans cet ouvrage et dans ses autres écrits sont à peu près conformes aux idées modernes, mais à l'époque où il vivait, elles étaient trop avancées pour être appréciées ou peut-être même pour être comprises, et il fut donné aux générations suivantes de reprendre son œuvre et de lui accorder la réputation, dont il ne jouit pas de son vivant. En astronomie il posa les principes pour réformer le calendrier, expliqua le phénomène des étoiles filantes, et observa que le système de Ptolémée resterait peu scientifique aussi longtemps qu'il demeurerait basé sur la supposition que le mouvement naturel d'une planète est un mouvement circulaire, et aussi, que la nature complexe des explications qu'il entraînait rendait peu probable l'exactitude de la théorie. En optique il énonça les lois de la réflexion de la lumière et, d'une façon générale, celles de la réfraction ; il les utilisa pour donner une explication approchée de l'arc-en-ciel et des verres grossissants. La plupart de ses expériences en chimie concernaient la transmutation des métaux et ne conduisirent à aucun résultat. Il donna la composition de la poudre, mais il est certain qu'elle n'est pas de son invention, bien que ce soit lui qui en ait fait mention pour la première fois en Europe. D'un autre côté, quelques unes de ses conclusions semblent être des conjectures plus ou moins ingénieuses, et certaines de ses affirmations sont sûrement fausses.

Dans les années qui suivirent immédiatement la publication de son *Opus Majus* il écrivit de nombreux ouvrages pour développer les principes qu'il avait formulés. Beaucoup d'entre eux sont publiés aujourd'hui, mais nous n'avons pas connaissance d'une édition complète de ses œuvres. Ils concernent uniquement les mathématiques appliquées et la physique.

Clément ne prêta aucune attention au grand travail qu'il avait demandé ; il obtint cependant pour Bacon l'autorisation de retourner en Angleterre. A la mort de Clément, le général de l'ordre des Franciscains fut élu pape sous le nom Nicolas IV. Les recherches de Bacon n'avaient jamais reçu l'approbation de ses supérieurs, et on lui ordonna alors de retourner à Paris où, nous dit-on, il fut immédiatement accusé de magie : en 1280 il fut condamné à un emprisonnement perpétuel, et on ne lui rendit sa liberté qu'un an environ avant sa mort.

Campanus. — Le seul autre mathématicien de ce siècle qui mérite d'être mentionné est *Giovanni Campano*, ou *Campanus* pour employer la forme latine, chanoine de Paris. Une copie de la tra-traduction d'Adelhard des *Éléments* d'Euclide tomba entre les mains de Campanus qui la publia comme étant de lui (¹) ; il y ajouta un commentaire dans lequel il discutait les propriétés du pentagone régulier étoilé. Outre quelques autres ouvrages d'importance moindre il composa la *Théorie des planètes*, qui était une traduction libre de l'*Almageste*.

Le quatorzième siècle. — Le fait dominant dans l'histoire du quatorzième siècle de même que dans celle du siècle précédent est l'introduction et l'étude des livres classiques mathématiques arabes et des ouvrages grecs connus par l'entremise des Arabes.

Bradwardine (²). — Un mathématicien de cette époque qui eut peut-être assez de réputation pour que nous puissions le mentionner ici est *Thomas Bradwardine*, Archevêque de Canterbury. Bradwardine naquit à Chichester vers 1290. Il fit ses études à Oxford, au Collège Merton et ensuite professa à cette université. De 1335 jusqu'à sa mort il s'occupa principalement des questions politiques intéressant l'Église et l'État : il prit une part importante à l'invasion de la France, à la prise de Calais et à la victoire de Crécy. Il mourut à Lambeth en 1349. Ses œuvres mathématiques, écrites probablement lors de son séjour à Oxford, sont le *Tractatus de Proportionibus*, imprimé à Paris en 1495 ; l'*Arithmetica Speculativa*, imprimée à Paris en 1502 ; la *Geometria Speculativa*, imprimée à Paris en 1511 ; et un traité *De quadratura Circuli*, imprimé à Paris en 1495. Tous ces ouvrages donnent probablement une juste idée de l'enseignement des mathématiques dans les universités anglaises.

Oresme (³). — *Nicolas Oresme* a eu une certaine influence sur le développement des mathématiques. Il naquit à Caen en 1323,

---

(¹) L'ouvrage fut imprimé par RADOLT, à Venise, en 1482. Voir J. L. HEIBERG dans le *Zeitschrift für Mathematik*, vol. XXXV, 1890.

(²) Voir CANTOR, vol. II, p. 102 et suivantes.

(³) Voir *Die mathematischen Schriften des Nicole Oresme*, par M CURTZE Thorn, 1870.

devint le confident intime de Charles V, qui le choisit comme tuteur de Charles VI, et fut ensuite nommé évêque de Lisieux, où il mourut le 11 juillet 1382. Il écrivit l'*Algorismus Proportionum* dans lequel il introduisit l'idée des indices fractionnaires, et aux yeux de ses contemporains, il était aussi remarquable comme économiste et comme théologien que comme mathématicien; mais nous ne nous proposons pas d'analyser ses écrits. L'ouvrage sur lequel est principalement fondée sa réputation traite de questions sur les monnaies et sur le change commercial. Au point de vue mathématique, il est à citer à cause de l'emploi des fractions ordinaires et de l'introduction de symboles pour les représenter.

Vers le milieu de ce siècle tous les mathématiciens connaissaient la géométrie euclidienne (telle que l'exposait Campanus), l'algorithme, et aussi l'astronomie de Ptolémée. A cette époque on commença à ajouter à l'explication des symboles arabes, qui figurait sur les calendriers, les règles de l'addition, de la soustraction, de la multiplication et de la division « de algorismo ». Les calendriers les plus importants et d'autres traités insérèrent également un exposé des règles de proportion avec des applications pourtant sur diverses questions pratiques.

Dans la dernière moitié de ce siècle, il y eut un soulèvement général des universités contre la tyrannie intellectuelle des scolastiques. Il fut en grande partie dû à Pétrarque qui, pour sa génération, était célèbre plutôt comme humaniste que comme poète, et qui fit tout ce qui était en son pouvoir pour détruire la scolastique et encourager l'érudition. Le résultat de ces influences sur l'étude des mathématiques peut être constaté par les changements qui furent alors introduits dans l'étude du quadrivium. Le mouvement partit de l'Université de Paris, où un réglement à cet effet fut adopté en 1366, et un an ou deux après, une réglementation similaire fut mise en vigueur à Oxford et Cambridge ; il n'y est malheureusement fait mention d'aucun livre classique. Nous pouvons cependant nous former une opinion sur la nature des études qu'on exigeait en mathématiques, par l'examen des statuts des Universités de Prague, de Vienne et de Leipzig.

Les règlements de Prague datés de 1384, imposaient aux candidats au grade de bachelier la lecture du traité de la sphère d'Holywood, et les candidats au grade de maître-es-arts devaient connaître les six premiers livres d'Euclide, l'optique, l'hydrostatique, la théorie du levier et l'astronomie. Les cours portaient sur l'arithmétique, l'art de compter avec les doigts, et l'algorithme des nombres entiers ; sur les almanachs qui probablement désignaient une sorte d'astrologie élémentaire ; et sur *l'Almageste*, c'est-à-dire l'astronomie de Ptolémée. On a cependant des raisons de croire que dans cette université les études mathématiques étaient plus sérieuses que dans les autres.

A Vienne, en 1389, un candidat pour le grade de maître-ès-arts devait connaître les cinq premiers livres d'Euclide, la perspective ordinaire, les partages proportionnels, la mesure des superficies et la *Théorie des Planètes*. Cette théorie des planètes était celle de Campanus qui a écrit son traité d'après celui de Ptolémée.

Cet ensemble constituait un programme mathématique fort raisonnable mais le lecteur ne doit pas oublier que dans les universités au moyen âge le « retoquage » n'était pas connu. On imposait à l'étudiant la rédaction d'une composition ou une conférence sur un certain sujet, mais bien ou mal faite il obtenait son grade, et il est probable que, seuls, les quelques étudiants qui s'intéressaient aux mathématiques travaillaient réellement les sujets mentionnés ci-dessus.

Le quinzième siècle. — Quelques faits puisés un peu partout dans l'histoire du quinzième siècle tendent à montrer que les règlements qui régissaient l'étude du quadrivium n'étaient pas sérieusement appliqués.

Les listes des conférences faites dans les années 1437 et 1438 à l'université de Leipzig (fondée en 1409 et dont les règlements sont à peu près identiques à ceux de Prague mentionnés ci-dessus) existent encore et montrent que les seules leçons qui y furent données sur les mathématiques pendant ces années roulaient sur l'astrologie. Les archives de Bologne, Padoue et Pise semblent établir que là aussi l'astrologie était le seul sujet scientifique enseigné dans le quinzième siècle, et même jusqu'en 1598 on exigeait du professeur de mathématiques à Pise, qu'il fît des conférences sur le *Quadripartitum*, ouvrage d'astrologie qui paraît (probablement à tort) avoir été écrit par Ptolémée. Les seules conférences de mathématiques qui d'après les registres d'Oxford ont été faites entre les

nnées 1449 et 1463 se rapportaient à l'astronomie de Ptolémée,
u à des commentaires de cette ouvrage, et aux deux premiers livres
d'Euclide. Et même beaucoup d'étudiants allaient-ils aussi loin ? La
chose est douteuse. Il résulterait d'une édition des *éléments* d'Euclide publiée à Paris en 1536, qu'après 1452 les candidats au grade
de maître-ès-arts à l'Université de Paris devaient faire le serment
qu'ils avaient suivi des leçons se rapportant aux six premiers livres
de cet ouvrage.

Beldomandi. — Le seul écrivain de ce temps qui mérite d'être
mentionné ici est *Prodocimo Beldomandi* de Padoue, né vers 1380 ;
l écrivit une arithmétique algorithmique publiée en 1410 qui contient la formule de sommation des séries géométriques, et quelques
ouvrages de géométrie (¹).

Vers le milieu du quinzième siècle l'imprimerie s'était répandue
partout et les facilités qu'on eut ainsi de propager les connaissances
urent assez grandes pour révolutionner la science. Nous voici
arrivés à une époque où les résultats obtenus par les géomètres
arabes et grecs sont connus en Europe et il paraîtra convenable de
clore ici cette période et de commencer celle de la Renaissance.

L'histoire mathématique de la Renaissance s'ouvre avec Regiomontanus ; mais avant d'aborder l'histoire générale il nous paraît
à propos de résumer les principaux faits se rapportant au développement de l'arithmétique durant le Moyen-Age et la Renaissance.
Nous y consacrons le chapitre suivant.

(¹) Pour de plus amples détails voir le *Bulletino di bibliografia*, de Bon-
COMPAGNI, vol. XII, XVIII.

CHAPITRE XI

—

DÉVELOPPEMENT DE L'ARITHMÉTIQUE (¹)

(1300-1637 environ)

Nous avons vu dans le dernier chapitre qu'à la fin du treizième siècle l'arithmétique arabe était bien connue en Europe et employée concurremment avec l'ancienne arithmétique de Boëce.

Il nous paraît avantageux d'abandonner l'ordre chronologique et de résumer brièvement l'histoire de cette science pendant les années qui suivirent : après avoir décrit les perfectionnements qu'elle a reçus, nous espérons pouvoir exposer avec clarté dans le prochain chapitre l'ordre des découvertes.

L'ancienne arithmétique était divisée en deux parties : l'arithmétique pratique ou art du calcul, qui était enseignée au moyen de l'abaque et peut-être de la table de multiplication, et l'arithmétique théorique comprenant les rapports et les propriétés des nombres, qu'on exposait d'après la méthode de Boëce. Cette dernière partie était réservée aux mathématiciens de profession et elle fut enseignée jusqu'au milieu du quinzième siècle ; quant à la première, elle était encore en usage au commencement du dix-septième siècle chez les petits négociants d'Angleterre(²), d'Allemagne et de France.

(¹) Voir l'article sur l'Arithmétique, par G. PEACOCK, dans l'*Encyclopædia Metropolitana*, vol. I, Londres, 1845 ; *Arithmetical Books*, par A. DE MORGAN. Londres, 1847 ; et un article par P. TREUTLEIN DE KARLSRUHE, dans le supplément (pp. 1-100) des *Abhandlungen zur Geschichte der Mathematik*, 1877.

(²) Voir, par exemple, CHAUCER, *The Miller's Tale*, v. 22-25 ; SHAKESPEARE *The Winter's Tale*, Act. IV, Sc. 2 ; *Othello*, Act. I, Sc. 1. Nous ne sommes pas assez au courant des littératures française et allemande pour savoir s'il y est fait mention de l'usage de l'abaque. Nous pensons que la division de l'Échi-

L'arithmétique arabe était appelée *algorithme* ou art d'Alkarismi pour la distinguer de l'ancienne arithmétique dite de Boëce. Les livres classiques d'algorithme débutaient par l'exposition du système de notation des Arabes, et donnaient les règles de l'addition, de la soustraction, de la multiplication et de la division ; les principes sur les proportions étaient ensuite appliqués à divers problèmes pratiques, puis les ouvrages se terminaient d'habitude par des règles générales pour résoudre des problèmes simples relatifs au commerce. En fait l'algorithme était une arithmétique commerciale, bien qu'à l'origine elle ait renfermé tout ce qui était alors connu en algèbre.

Ainsi l'algèbre a son origine dans l'arithmétique ; et pour beaucoup de personnes le nom d'*Arithmétique universelle*, sous lequel on la désignait quelquefois donnait, une idée bien plus juste de son objet et de ses méthodes que les définitions savantes des mathématiciens modernes — meilleure assurément que la définition de Sir William Hamilton qui l'appelle la science du temps pur, ou encore que celle de De Morgan pour qui elle est le calcul des suites. Il n'est pas douteux que logiquement il y a une différence marquée entre l'arithmétique et l'algèbre, attendu que la première est la théorie des grandeurs discontinues, tandis que l'autre est celle des grandeurs continues ; mais cette distinction est d'origine tout à fait récente et l'idée de continuité n'apparaît pas en mathématiques avant l'époque de Képler.

Il va de soi que les règles fondamentales de cette algorithme ne furent pas au début démontrées rigoureusement — Ce fut l'œuvre d'un enseignement plus avancé — mais, jusqu'au milieu du dix-septième siècle, il y eut quelques discussions sur les principes formulés ; depuis lors, très peu d'arithméticiens ont tenté de justifier les procédés employés, et la plupart se sont contentés d'énoncer des règles en les appliquant à de nombreux exemples numériques.

Nous avons fréquemment fait allusion au système de notation numérique des Arabes, il est donc convenable que nous disions

---

quier de la Haute-Cour de justice tire son nom de la table devant laquelle siégeaient originairement les juges et les fonctionnaires de la Cour ; elle était couverte d'un tapis noir divisé en carrés ou cases d'échec par des lignes blanches, et apparemment employé comme abaque.

quelques mots sur l'histoire des symboles, dont nous nous servons.

Leur origine est obscure et a été très discutée (¹). Il paraît probable en définitive que les symboles 4, 5, 6, 7 et 9 (et peut-être
8) viennent des lettres initiales des mots correspondants de l'alphabet Indo-Bactrien en usage dans le nord de l'Inde, 150 ans
peut-être avant Jésus-Christ ; que les symboles 2 et 3 ont été originairement deux et trois traits de plume parallèles ; et semblablement que le symbole 1 représente un simple trait de plume. Des
signes analogues étaient en usage dans les Indes avant la fin du
second siècle de notre ère. L'origine du symbole o est inconnue ;
il n'est pas impossible qu'il ait d'abord été un point mis pour marquer un espace vide, ou bien il peut représenter une main fermée,
mais ce sont là de simples conjectures ; on a des raisons de croire
qu'il fut introduit dans les Indes vers la fin du cinquième siècle
de notre ère, mais le plus ancien écrit où on le trouve daterait du
VIIIᵉ siècle.

Les symboles employés dans les Indes au huitième siècle et
longtemps après sont appelés chiffres Devanagari : ils sont figurés
dans la première ligne du tableau ci-après. Les Arabes d'Orient en
modifièrent légèrement la forme et, à leur tour, les Maures y firent
quelques retouches. Il est possible que les Arabes d'Espagne aient
tout d'abord écarté le o et ne l'aient remis en usage qu'après avoir
constaté combien son omission était gênante. Les symboles définitivement adoptés par les Arabes sont appelés chiffres gobar, et on
peut se faire une idée des formes qu'ils affectèrent le plus communément, d'après la seconde ligne du tableau ci-dessous. De l'Espagne ou de la Barbarie, les chiffres gobar passèrent dans l'Europe
occidentale.

Nous reproduisons les formes sous lesquelles on les trouve
écrits à différentes époques et qui ont précédé celle sous laquelle ils nous sont familiers (²). Toutes les suites de chiffres du

---

(¹) Voir A. P. PIHAN, *Signes de numération*. Paris, 1860 ; FR. WŒPCKE, *La
propagation des chiffres Indiens*. Paris, 1863 ; A. C. BURNELL, *South Indian Pa-
laeography*. Mangalore, 1874 ; Is. TAYLOR, *The Alphabet*, Londres, 1883 ; et
CANTOR.

(²) Le premier, second et quatrième exemples sont empruntés à Is. TAYLOR,
Alphabet. Londres, 1883, vol. II, p. 266 ; les autres sont pris dans l'ouvrage
de LESLIE, *Philosophy of Arithmetic*, pp. 114-115.

tableau sont écrites de gauche à droite et dans l'ordre 1, 2, 3, 4, 5, 6, 7, 8, 9, 10.

Chiffres Devanagari (Indiens) vers 950.	{ १, २, ३, ४, ५, ६, ७, ८, ९, १०
Chiffres Gobar (Arabes) vers 1100 (?)	{ 1, 2, 3, 4, 5, 6, 7, 8, 9, 1·
D'un missel, vers 1385, d'origine allemande.	{ 1, 2, 3, 2, 4, 6, Λ, 8, 9, 10
Chiffres européens (probablement italiens) vers 1400.	{ 1, 2, 3, 4, 5, 6, 7, 8, 9, 10
Du *Mirrour of the world*, imprimé par Caxton en 1480.	{ 1, 2, 3, 4, 5, 6, Λ, 8, 9, 10
D'un calendrier écossais pour 1482, probablement d'origine française.	{ 1, 2, 3, 9, 4, 6, Λ, 8, 9, 10

A partir de 1500 les symboles employés ne diffèrent pratiquement pas des nôtres [1].

L'évolution ultérieure des chiffres gobar en Orient se fit presque en dehors de l'influence européenne.

A des différences insignifiantes près, les divers auteurs les écrivirent de la même façon, quelquefois en substituant un signe à l'autre ; sans entrer dans des détails nous reproduisons leur forme actuelle, en faisant observer que le symbole représentant 4 est généralement en écriture cursive :

$$1, \Gamma, \Gamma, F, \delta, 7, V, \Lambda, 9, 10$$

Abandonnant maintenant l'histoire des symboles, nous allons étudier le développement de l'arithmétique algorithmique. Nous avons déjà dit comment les hommes de science et en particulier les astronomes, avaient eu connaissance du système arabe vers le milieu du treizième siècle. Le commerce européen, durant les treizième et quatorzième siècles, était en grande partie entre les mains des Ita-

---

[1] Voir par exemple, *De Arte Supputandi*, de TONSTALL. Londres 1522 ; ou *Grounde of Artes*, de RECORD. Londres, 1540, et *Whetstone of Witte*. Londres, 1557.

liens, et les avantages évidents du système algorithmique conduisirent à son adoption générale en Italie. Le changement cependant
ne s'effectua pas sans une opposition considérable : ainsi un édit
promulgué à Florence en 1299 interdisait aux banquiers l'emploi
des chiffres arabes, et en 1348 les autorités de l'université de Padoue décidèrent qu'une liste serait tenue pour la vente des livres
avec les prix marqués « non per cifras sed per literas claras ».

L'extension rapide dans le reste de l'Europe de l'arithmétique
algorithmique et des chiffres arabes semble devoir être due autant
aux fabricants d'almanachs et de calendriers qu'aux marchands et
aux hommes de science. Au moyen âge ces calendriers étaient très
répandus. Il y en avait de deux sortes. Les uns étaient composés
spécialement pour les usages ecclésiastiques : ils contenaient les
dates des différentes fêtes, les époques de jeûne de l'Eglise pour
une période de sept ou huit ans, et aussi des notes sur les rites du
culte. Presque chaque monastère et chaque église de quelque importance avait un de ces calendriers, et on en trouve encore plusieurs spécimens. Les autres étaient spécialement écrits pour l'usage
des astrologues et des médecins et certains contenaient des observations sur des sujets scientifiques variés, principalement la médecine et l'astronomie ; ces almanachs étaient assez communs à cette
époque, mais, comme ils n'entraient que par hasard dans une bibliothèque de corporation, les exemplaires qui restent sont très rares.
Il était d'usage d'employer les symboles arabes dans les ouvrages
ecclésiastiques ; d'un autre côté leur emploi exclusif dans les tables
astronomiques et leur origine orientale — qui leur prêtait
quelque chose de magique — les fit aussi adopter pour les calendriers dressés en vue de recherches scientifiques. Ainsi ces symboles
étaient généralement employés dans les deux espèces d'almanachs,
et il existe peu de spécimens de calendriers, si même on en trouve,
parus après l'an 1300, dans lesquels on ne donnait pas l'explication
de leur usage. Vers le milieu du quatorzième siècle, les règles de
l'arithmétique *de algorismo* s'y trouvaient quelquefois ajoutées et
nous pouvons considérer que vers l'an 1400 les symboles arabes
étaient généralement connus en Europe et étaient employés dans
la plupart des ouvrages scientifiques et astronomiques.

En dehors de l'Italie et jusque vers l'an 1550 beaucoup de négociants continuèrent à tenir leurs comptes avec les chiffres romains ;

il en fut ainsi dans les monastères et les collèges jusque vers 1650, mais il est probable que, même dans ces deux cas, on faisait à partir du quinzième siècle les opérations par les méthodes algorith- miques. En Angleterre, soit dans les registres des paroisses, soit dans les archives généalogiques des châteaux, on ne trouve, avant le seizième siècle, aucun exemple d'une date ou d'un nombre écrit en chiffres arabes ; ils sont pourtant employés en 1490 dans l'état des revenus du chapitre de Saint-André, en Ecosse, pour la mention d'une rentrée. Les chiffres arabes furent introduits à Cons- tantinople par Planude (¹) à peu près à l'époque où ils pénétraient en Italie.

L'histoire de l'arithmétique commerciale moderne commence donc en Europe avec son emploi par les négociants italiens et nous devons son précoce développement et ses perfectionnements aux marchands et aux écrivains Florentins. Ce sont eux qui inven- tèrent le système de tenue des livres par double entrée, consistant à inscrire chaque transaction du côté crédit sur un grand livre et du côté débit sur un autre.

Ce sont eux aussi qui classèrent en différents groupes les pro- blèmes auxquels on pouvait appliquer les méthodes arithmétiques : règle de trois, intérêts, profits et pertes, etc. Ils réduisirent aussi au nombre de sept les opérations fondamentales de l'arithmétique, à savoir : la numération, l'addition, la soustraction, la multiplica- tion, la division, l'élévation aux puissances et l'extraction des ra- cines, en souvenir, dit Pacioli, des sept dons de l'Esprit Saint. Brah- magupta avait donné vingt procédés de calcul différents en déclarant « que leur connaissance complète était essentielle à tous ceux qui désiraient devenir calculateurs ». Quoiqu'on pense de la raison qui a poussé Pacioli à en réduire le nombre, la simplification qui en résulta fut avantageuse. On peut ajouter que des écoles d'arithmé- tique furent créées dans plusieurs villes de l'Allemagne, surtout à partir du quatorzième siècle et qu'elles contribuèrent beaucoup à familiariser les négociants de l'Europe septentrionale et occidentale avec l'arithmétique commerciale et algorithmique.

Les opérations de cette arithmétique ne laissèrent pas d'être tout d'abord très embarrassantes. Les principaux perfectionnements

(¹) Voir ci-dessus, p. 121.

introduits successivement dans l'algorithme italienne primitive furent : 1° la simplification des quatre opérations fondamentales ; 2° l'introduction de signes pour l'addition, la soustraction, l'égalité et (bien que moins importants) pour la multiplication et la division ; 3° l'invention des logarithmes ; et 4° l'usage des décimales.

Nous allons les considérer l'un après l'autre.

Les Arabes faisaient généralement l'addition et la soustraction en allant de gauche à droite. La méthode moderne consistant à opérer de droite à gauche aurait-été, dit on, introduite par un Anglais du nom de Garth, dont la vie nous est inconnue. L'ancienne méthode continua à être partiellement en usage jusque vers 1600 ; de nos jours encore elle serait plus avantageuse pour les calculs d'approximations, où il est nécessaire de conserver seulement un certain nombre de décimales.

Les Indiens et les Arabes avaient plusieurs manières d'effectuer la multiplication. Elles étaient toutes quelque peu laborieuses, d'autant plus que les tables de multiplication, si elles n'étaient pas inconnues, n'étaient dans tous les cas employées que rarement. L'opération était réputée très difficile, et la vérification de l'exactitude du résultat au moyen de la preuve par neuf fut imaginée par les Arabes. D'autres systèmes variés de multiplication ont été successivement employés en Italie ; Pacioli et Tartaglia en donnent plusieurs exemples ; et l'usage de la Table de multiplication — allant au moins jusqu'à 5×5 — devint général. Avec cette table réduite on peut obtenir le résultat de la multiplication de tous les nombres jusqu'à 10×10 par la méthode désignée sous le nom de *regula ignavi*. C'est une application de l'identité :

$$(5 + a)(5 + b) = (5 - a)(5 - b) + 10(a + b)$$

La règle s'énonçait généralement sous cette forme : supposons que 5 soit représenté par la main ouverte, 6 par la main ouverte avec un doigt fermé, 7 par la main ouverte avec deux doigts fermés, 8 par la main ouverte avec trois doigts fermés et enfin 9 par la main ouverte avec quatre doigts fermés — ; pour multiplier un nombre par un autre on représente le multiplicande par une main et le multiplicateur par l'autre main conformément à la convention ci-dessus, on multiplie le nombre des doigts ouverts dans l'une des mains par le nombre des doigts ouverts dans l'autre, en ayant soin

de compter le pouce comme un doigt : on ajoute au résultat dix
fois le nombre total des doigts fermés et on a le produit cherché. Il
paraîtrait que c'est à Florence que l'on a fait pour la première fois
la multiplication par la méthode que nous employons encore.

La difficulté que présentait la multiplication des grands nombres
à tous ceux qui n'étaient pas des mathématiciens expérimentés
conduisit à la découverte de plusieurs moyens mécaniques pour
effectuer l'opération.

Le plus célèbre d'entre eux est celui des baguettes de Neper inventées en 1617. En principe il est le même que celui qui fut longtemps en usage à la fois dans les Indes et en Perse, et qui a été
décrit dans les journaux de plusieurs voyageurs et notamment dans
les *Travels of Sir John Chardin in Persia*, Londres, 1686.

Pour utiliser cette méthode, on prépare un certain nombre de
bandes rectangulaires en os, en bois, en métal ou en carton et on
divise leur surface en petits carrés par des lignes transversales.
Chaque bande mesure environ 7 centimètres de long et 8 millimètres
de large. On inscrit un chiffre quelconque dans le premier carré en
haut de chaque bande et les produits obtenus en multipliant ce
chiffre par 2, 3, 4, 5, 6, 7, 8, et 9 sont respectivement inscrits
dans les huit carrés qui suivent ; quand le produit est un nombre
de deux chiffres, le chiffre des dizaines est inscrit un peu au-dessus
et à gauche de celui des unités dont il est séparé par la diagonale
du carré. Les bandes sont généralement disposées dans une boîte.

La figure 23 de la page 198 représente neuf de ces bandes
placées côte à côte et la figure 24 représente la bande 7, supposée
enlevée de la boîte.

Soit à multiplier 2985 par 317, on opérera comme il suit.

Les bandes dans les premiers carrés desquelles se lisent les
chiffres 2, 9, 8 et 5 sont enlevées de la boîte et placées côte à côte
comme le montre la figure 25. Le résultat de la multiplication de
2985 par 7 est donné dans le tableau ci-après

$$
\begin{array}{r}
2985 \\
7 \\
\hline
35 \\
56 \\
63 \\
14 \\
\hline
20895 \\
\end{array}
$$

Si le lecteur veut bien regarder la septième ligne de la figure 25, il constatera que les nombres supérieur et inférieur qui s'y trouvent inscrits sont respectivement 1653 et 4365 ; de plus les chiffres sont écartés par les diagonales de telle sorte que le 4 se trouve approximativement sous le 6, le 3 sous le 5 et le 6 sous le 3 comme ci-dessous.

$$1653$$
$$4365$$

L'addition de ces deux nombres donne le résultat cherché.

Ainsi on peut déterminer successivement de cette manière le produit du multiplicande par 7, 1 et 3 et la réponse cherchée (c'est-à-dire le produit de 2985 par 317) est obtenu par une addition finale.

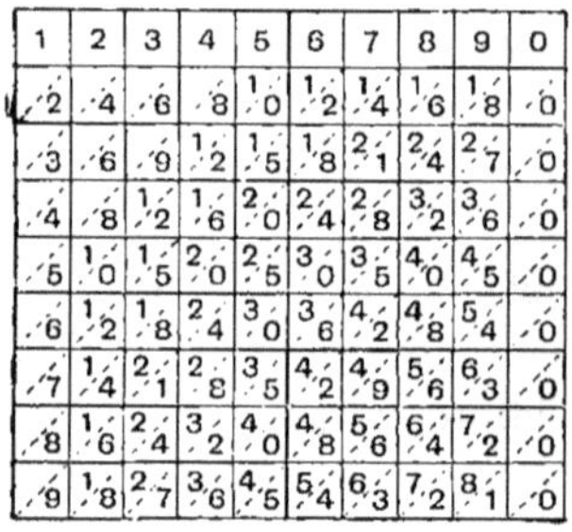

Fig. 23.

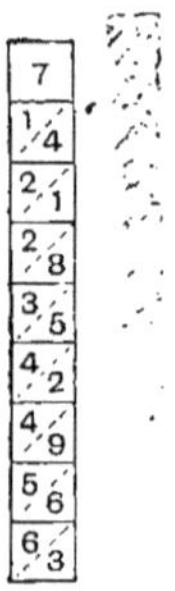

Fig. 24.

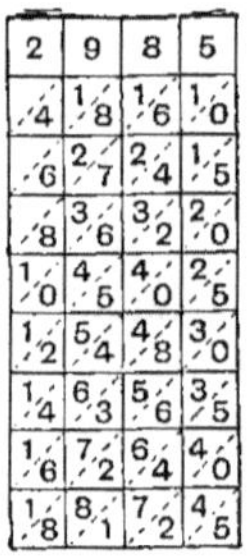

Fig. 25.

L'opération peut se disposer comme suit :

$$2985$$

$$
\begin{array}{rl}
20895 & /\ 7 \\
2985 & /\ 1 \\
8955 & /\ 3 \\
\hline
946245 &
\end{array}
$$

La modification introduite par Neper dans son ouvrage *Rabdologia* publié en 1617, consistait simplement à remplacer chaque bande par un prisme à bases carrées, qu'il appelait « une baguette » et dont chaque face latérale portait les mêmes divisions et les mêmes marques que l'une des bandes décrites ci-dessus. Non seulement ces baguettes économisaient l'espace, mais elles étaient d'un maniement plus facile et de plus leur disposition d'ensemble était telle que la pratique de l'opération s'en trouvait simplifiée.

Si la multiplication était considérée comme difficile la division fut tout d'abord regardée comme une opération que seuls les mathématiciens exercés pouvaient aborder. La méthode communément employée par les Arabes et les Persans pour effectuer la division d'un nombre par un autre sera suffisamment expliquée par un exemple concret. Supposons que l'on demande de diviser 17 978 par 472. Une feuille de papier est divisée en autant de colonnes verticales qu'il y a de chiffres dans le nombre à diviser. Le dividende est inscrit au haut de la feuille et le diviseur à la partie inférieure, le premier chiffre de chacun de ces nombres étant placé

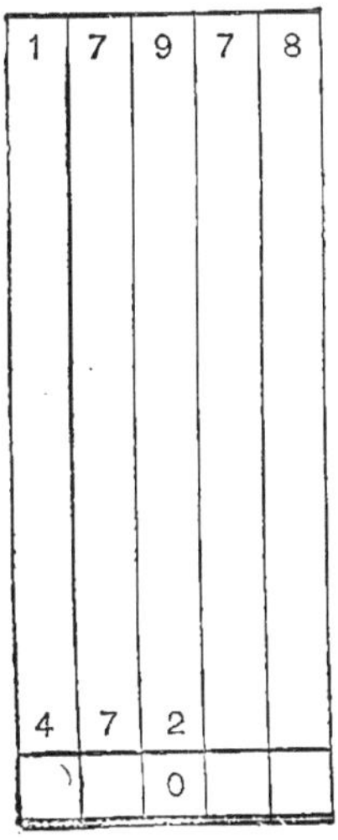

Fig. 26. 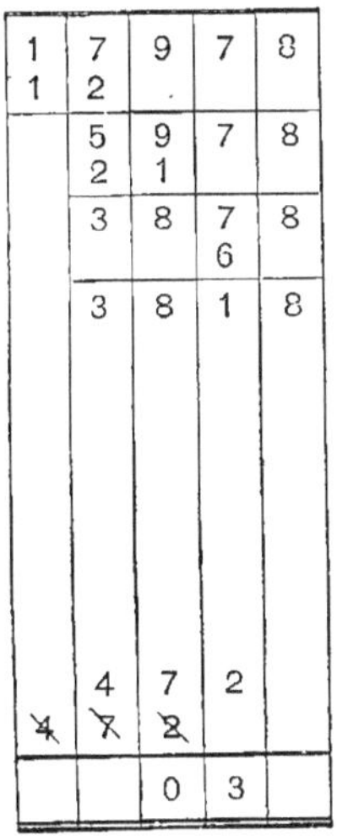   Fig. 27. 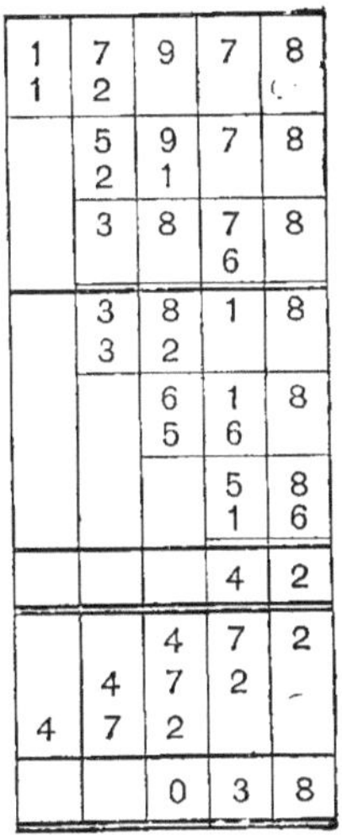   Fig. 28.

sur le côté gauche. Considérons alors la colonne de gauche; 4 n'est pas contenu dans 1, par suite le premier chiffre du quotient est zéro, que l'on écrit au-dessus du dernier chiffre du diviseur, comme le représente la figure 26.

Ensuite on écrit de nouveau (voir la figure 27) le nombre 472 immédiatement au-dessus de sa première position, mais en avançant tous les chiffres d'un rang vers la droite, et l'on efface le premier nombre écrit. On trouve que 4 est contenu 4 fois dans 17, mais comme après essai on constate que 4 est trop fort pour le premier chiffre du dividende, on choisit 3; ce chiffre 3 est par suite écrit sous le dernier chiffre du diviseur à côté du 0. La figure 27 montre

comment le produit du diviseur par 3 est retranché du dividende,
le reste est 3818. Un procédé semblable est de nouveau appliqué,
c'est-à-dire que l'on divise 3818 par 472 ; on trouve finalement 38
pour quotient et 42 pour reste, comme le montre la figure 28,
qui donne l'ensemble de l'opération.

La méthode décrite ci-dessus ne rencontra jamais beaucoup de
faveur en Italie. Le système pratiqué de nos jours y était déjà en
usage au commencement du quatorzième siècle, mais la méthode
généralement employée était celle connue sous le nom de système
de la *galée* ou de la *rature*.

L'exemple suivant emprunté à Tartaglia et dans lequel on se
propose de diviser le nombre 1330 par 84 servira à expliquer la
méthode; les nombres écrits en caractères fins sont supposés effacés
dans le cours de l'opération.

$$\begin{array}{c} 07 \\ 49 \\ 0590 \\ 1330 \qquad (15 \\ 844 \\ 8 \end{array}$$

On procède comme il suit : écrivons d'abord 84 sous 1330 comme
nous le représentons ci-dessus ; 84 est contenu une fois dans 133,
donc le premier chiffre du quotient est 1.

Maintenant 1 × 8 = 8 qui retranché de 13 donne 5.

On écrit ce chiffre au-dessus de 13 et on biffe ce nombre 13 et
le chiffre 8, ce qui nous donne, pour la première partie de l'opération, un résultat représenté par le tableau ci-après :

$$\begin{array}{c} 5 \\ 1330 \qquad (1 \\ 84 \end{array}$$

Ensuite 1 × 4 = 4 qui retranché de 53 donne pour reste 49.

On écrit ce nombre 49 comme nous le représentons plus bas et
on biffe 53 et 4. Nous avons ainsi le second tableau qui nous montre
que le reste est 490 ;

$$\begin{array}{c} 4 \\ 59 \\ 1330 \qquad (1 \\ 84 \end{array}$$

Nous avons encore à diviser 490 par 84. Le second chiffre du

quotient est 5, et en retranscrivant le diviseur, le tableau de l'opération est :

$$\begin{array}{c}
4\\
5\,9\\
1\,3\,3\,0 \quad (\mathbf{15}\\
8\,4\,4\\
8
\end{array}$$

$5 \times 8 = 40$ et en retranchant ce produit de 49 on trouve 9.

Écrivons ce chiffre 9 à la droite du 4, biffons 49 et 8 et nous
avons le résultat suivant :

$$\begin{array}{c}
4\,9\\
5\,9\\
1\,3\,3\,0 \quad (\mathbf{15}\\
8\,4\,4\\
8
\end{array}$$

Enfin $5 \times 4 = 20$ qui retranché de 90 donne pour reste 70.

Inscrivons 70 et biffons 90 et 4, nous obtenons le dernier tableau
de l'opération avec le reste 70 :

$$\begin{array}{c}
7\\
4\,9\\
5\,9\,0\\
1\,3\,3\,0 \quad (\mathbf{15}\\
8\,4\,4\\
8
\end{array}$$

Les trois zéros extrêmes que l'on voit dans l'exemple de Tartaglia ne sont pas nécessaires, ils n'influent en rien sur le résultat;
de même il est évident qu'un chiffre du dividende peut être déplacé d'un ou deux rangs dans la même colonne verticale, si on le
juge convenable pour la marche de l'opération.

Les écrivains du moyen âge connaissaient la méthode actuellement
en usage, mais ils considéraient comme plus simple le procédé par
ratures que nous venons de décrire. Dans certains cas ce dernier
est très incommode comme on peut le voir par l'exemple suivant
pris dans Pacioli. Il s'agit de diviser 23400 par 100 et le résultat
s'obtient comme le montre le tableau ci-après :

$$\begin{array}{c}
0\\
0\,4\,0\\
0\,3\,4\,0\,0\\
2\,3\,4\,0\,0 \quad (234\\
1\,0\,0\,0\,0\\
1\,0\,0\\
1
\end{array}$$

La méthode de la *galée* était employée dans les Indes et c'est peut-être là que les Italiens l'ont prise. A peu près vers 1600 elle cessa d'être pratiquée en Italie, mais elle se maintint encore partiellement pendant au moins un siècle dans d'autres contrées. Nous pourrions ajouter que les bâtons de Neper peuvent être employés, et le sont quelquefois, pour obtenir le quotient de la division d'un nombre par un autre.

II) Les signes + et — pour indiquer l'addition et la soustraction ([1]) se trouvent dans l'arithmétique de Widman, publiée en 1489, mais ils furent signalés pour la première fois d'une façon générale, tout au moins comme symboles opératoires, par Stifel en 1544. Nous croyons être dans le vrai en disant que Viète en 1591 fut le premier écrivain bien connu qui utilisa ces signes d'une façon constante dans ses ouvrages, et que ce ne fut pas avant le commencement du dix-septième siècle qu'ils devinrent des symboles admis et bien connus. Le signe = pour indiquer l'égalité ([2]) a été introduit par Record en 1557.

III) L'invention des logarithmes ([3]) sans lesquels un grand nombre de calculs numériques que nous avons constamment à effectuer seraient pratiquement impossibles, est due à Neper de Merchiston. Cette découverte fut signalée pour la première fois au public dans l'ouvrage intitulé *Mirifici Logarithmorum Canonis Descriptio* publié en 1614 et dont une traduction anglaise parut l'année d'après ([4]), mais il avait déjà vers 1594 communiqué un sommaire de ses résultats à Tycho-Brahé. Dans cet ouvrage Neper montre comment les logarithmes peuvent se déduire de la comparaison des termes correspondants d'une progression arithmétique et d'une progression géométrique. Il fait comprendre leur usage par des exemples et donne des tables avec sept décimales des logarithmes des sinus et des tangentes de tous les angles compris dans le premier quadrant, et variant de minute en minute. Sa définition du logarithme d'une quantité n correspond au nombre défini aujourd'hui par le symbole ;

$$10^7 \log_e\left(\frac{10^7}{n}\right).$$

([1]) Voir plus loin.
([2]) Voir plus loin.
([3]) Voir l'article sur les *Logarithms* dans l'*Encyclopædia Britannica*, neuvième édition ; voir aussi plus loin.
([4]) Réimpression fac-simile. Paris, A. Hermann, 1895.

Cet ouvrage est pour nous des plus intéressants, car il constitue la première œuvre de valeur ayant contribué au progrès des mathématiques et qui soit due à un auteur britannique.

La méthode employée pour calculer les logarithmes a été expliquée dans la *Constructio*, ouvrage posthume publié en 1619 : elle semble avoir été très laborieuse et était basée soit sur le calcul direct des puissances et des racines, soit sur la formation de moyennes géométriques. La méthode reposant sur le calcul d'une valeur approchée d'une série convergente a été introduite par Newton, Cotes et Euler.

Neper avait décidé de changer la base de son système pour une autre qui fût une puissance de 10, mais il mourut avant d'avoir mis son dessein à exécution.

La rapide constatation faite en Europe des avantages que présentait l'emploi des logarithmes dans les calculs pratiques fut principalement due à Briggs, qui, l'un des premiers, reconnut la valeur de l'invention de Neper. Briggs ayant constaté de suite que la base employée par Neper pour le calcul de ses logarithmes était très incommode, alla le voir en 1616, et l'engagea à la remplacer par une base décimale. Neper reconnut que ce serait un perfectionnement.

Une fois de retour, Briggs se mit immédiatement à préparer des tables à base décimale, et en 1617 il fit paraître une table des logarithmes des nombres de 1 à 1000, calculés avec quatorze chiffres décimaux.

Il paraîtrait qu'indépendamment de Neper, J. Bürgi avait construit avant 1611 une table des antilogarithmes d'une suite naturelle de nombres ; elle fut publiée en 1620. La même année, une table des logarithmes à sept chiffres décimaux des sinus et des tangentes des angles du premier quadrant fut calculée par Edmond Gunter, professeur à Coresham. Quatre ans plus tard celui-ci imaginait une sorte de règle à calcul, ou, comme il l'appelait, « une ligne de nombres » qui permettait de trouver mécaniquement le produit de deux nombres.

Dans la dernière des années dont il vient d'être question, c'est-à-dire en 1624, Briggs fit paraître ses tables des logarithmes des nombres ainsi que celles des logarithmes de plusieurs fonctions trigonométriques. Ses logarithmes des nombres naturels sont égaux à ceux correspondant à la base 10, multipliés par 10^8, et ceux des sinus des angles aux logarithmes à base 10 multipliés par 10^{12}. Le calcul des logarithmes de 70 000 nombres qui avaient été omis dans les tables de Briggs de 1624 fut effectué par Adrien Vlacq et le travail parut en 1628 : avec cette addition la Table donne les logarithmes de tous les nombres de 1 à 101 000.

L' *Arithmetica Logarithmica* de Briggs et Vlacq forme en substance un ouvrage semblable aux Tables existantes : certaines parties ont été calculées de nouveau à différentes époques, mais aucune table d'une égale étendue et aussi parfaite, basée en entier sur de nouveaux calculs n'a été publiée depuis. Ces tables furent complétées par la *Trigonometrica Britannica* de Briggs, qui contient non seulement des tables des logarithmes des fonctions trigonométriques, mais aussi des tables de leurs valeurs naturelles : cet ouvrage fut publié après sa mort en 1633. Une table des logarithmes, correspondant à la base e. des nombres de 1 à 1 000 et des sinus, tangentes et sécantes des angles compris dans le premier quadrant avait déjà été publiée à Londres, vers 1619, par Jean Speidell, mais bien entendu, dans la pratique des calculs, elle n'offrait pas les mêmes avantages que celle des logarithmes à base 10.

Vers 1630, l'usage des Tables de logarithmes était général.

IV) L'introduction de la notation décimale pour les fractions est également (selon nous) due à Briggs. En 1585, Stevin avait employé une notation à peu près semblable, car il écrit un nombre tel que 25.379 (¹) sous la forme 25, 3′ 7″ 9‴ ou encore comme il suit 25 ⓪ 3 ① 7 ② 9 ③ ; Neper, en 1617, avait employé la première notation lorsqu'il faisait ses essais pour construire ses réglettes ; et Rudolff s'était servi d'une notation à peu près identique. Bürgi employait également les fractions décimales, écrivant 1.414 sous la forme $1\overset{\circ}{4}14$. Mais les écrivains que nous venons de mentionner n'avaient utilisé cette notation que parce qu'elle leur fournissait une façon concise de faire connaître les résultats, ils n'en faisaient pas usage dans les opérations. La même notation se trouve cependant dans les tables publiées par Briggs en 1617 et semblerait avoir été adoptée par lui dans tous ses ouvrages ; bien qu'il

(¹) Nous avons conservé ici la façon d'écrire les nombres décimaux usitée en Angleterre : 25.379 et non 25,379 comme en France.

soit difficile de parler sur ce point avec une certitude absolue, il
ne nous semble pas douteux qu'il employait également cette notation dans la pratique de ses opérations. Dans l'ouvrage posthume
de Neper *Constructio*, publié en 1619, elle est définie et employée
d'une façon systématique dans la pratique des calculs, et comme
cet ouvrage a été écrit après entente avec Briggs, vers 1615-6, et
a été probablement revu par ce dernier avant sa publication, ceci,
nous semble-t-il, vient à l'appui de notre opinion que l'invention
en est due à Briggs, qui en aurait fait part à Neper. Dans tous les
cas elle n'a pas été employée sous une forme pratique par Neper
en 1617, et si à cette époque il la connaissait, on doit supposer
qu'il considérait son emploi en arithmétique courante comme peu
avantageux. Avant le seizième siècle les fractions s'écrivaient communément au moyen de la notation sexagésimale.

Dans l'ouvrage de Neper de 1619 le point était disposé comme
de nos jours ([1]), mais Briggs soulignait les chiffres décimaux, et
aurait écrit un nombre tel que 25.379 sous la forme de 25$\overline{379}$.
Des écrivains postérieurs ajoutèrent une autre ligne et écrivirent
ainsi 25|379. Ce ne fut que vers le commencement du dix-huitième
siècle qu'on employa d'une façon générale la notation usitée de nos
jours, et même encore cette notation varie légèrement suivant les
pays. La notation décimale devint d'un usage général parmi les
hommes pratiques avec l'introduction du système métrique décimal français.

([1]) En Angleterre bien entendu.

CHAPITRE XII

—

LES MATHÉMATIQUES PENDANT LA RENAISSANCE (¹)

(1450-1637 environ)

Nous revenons maintenant à l'histoire générale des mathématiques dans l'Europe Occidentale. Les mathématiciens s'étaient à peine assimilé les connaissances qu'ils devaient aux Arabes et aux traductions arabes des auteurs grecs, que les réfugiés, qui s'échappèrent de Constantinople après la chûte de l'empire d'Orient, apportèrent en Italie les œuvres originales et les traditions de la science grecque. Ainsi vers le milieu du quinzième siècle les étudiants d'Europe pouvaient prendre connaissance des principales découvertes des Écoles grecque et arabe.

L'invention de l'imprimerie à peu près à la même époque rendit relativement facile la diffusion de la science. Il semble inutile de faire remarquer qu'avant l'imprimerie, un écrivain ne pouvait avoir qu'un nombre très limité de lecteurs ; mais nous oublions peut-être trop aisément que lorsqu'au moyen-âge un écrivain « publiait » un ouvrage, celui-ci n'arrivait à la connaissance que de bien peu des contemporains de l'auteur. Il n'en avait pas été ainsi dans les temps classiques, car, à cette époque et jusqu'au quatrième siècle de notre ère Alexandrie était regardée comme le centre où conver-

(¹) Là où nous ne donnons aucune référence spéciale, voir les parties XII, XIII, XIV et les premiers chapitres de la partie XV des *Vorlesungen* de Cantor. Au sujet des mathématiciens italiens de cette période, voir aussi Guil. Libri, *Histoire des Sciences mathématiques en Italie*, 4 vol. Paris, 1838-1841.

geaient et d'où partaient tous les nouveaux ouvrages et toutes les découvertes. D'un autre côté, il n'existait au moyen-âge aucun centre commun où les hommes de science pouvaient se réunir et c'est peut-être à cela qu'il faut attribuer en partie le développement lent et irrégulier des mathématiques pendant cette période.

L'introduction de l'imprimerie marque le commencement de la vie moderne dans le monde scientifique aussi bien que politique ; car elle arrive au moment où l'Ecole européenne (née de la scolastique et dont l'histoire a été tracée dans le chapitre viii) s'assimilait les résultats des Ecoles indienne et arabe (dont nous avons étudié l'histoire et l'influence dans les chapitres ix et x) et des Ecoles grecques (dont nous avons donné l'histoire dans les chapitres de ii à v).

Les deux derniers siècles de cette période de notre histoire, qui appartiennent à la Renaissance, furent marqués par une grande activité dans toutes les branches des connaissances. La création d'un nouveau groupe d'universités (comprenant celles d'Ecosse) d'un type un peu moins complexe que celui des universités du moyen-âge, décrites précédemment, témoigne du désir général que l'on avait de s'instruire. La découverte de l'Amérique en 1492, et les discussions qui précédèrent la Réforme, inondèrent l'Europe d'idées nouvelles, qui, avec l'invention de l'imprimerie, furent répandues au loin ; mais les progrès en mathématiques étaient au moins aussi marqués que ceux de la littérature et de la politique.

Pendant la première partie de cette période, l'attention des mathématiciens se concentra principalement sur l'algèbre syncopée et la trigonométrie : l'exposition de ces sujets est discutée dans le premier paragraphe de ce chapitre, mais l'importance relative des mathématiciens de cette période n'est pas très facile à déterminer. Les années qui forment le milieu de la Renaissance se distinguèrent par le développement de l'algèbre syncopée : c'est ce qui fait l'objet du second paragraphe de ce chapitre. La fin du seizième siècle vit la création de la dynamique ; c'est ce qui fait le sujet de la première section du chapitre xiii. Vers la même époque et dans les premières années du dix-septième siècle, la géométrie pure attira particulièrement l'attention ; c'est ce qui forme le sujet de la seconde section du chapitre xiii.

DÉVELOPPEMENT DE L'ALGÈBRE SYNCOPÉE
ET DE LA TRIGONOMÉTRIE

Regiomontanus ([1]). — Parmi les nombreux écrivains distingués de ce temps, Jean Regiomontanus est le plus ancien et l'un des plus habiles. Il naquit à Kœnigsberg le 6 juin 1436, et mourut à Rome le 6 juillet 1476. Son vrai nom était *Jean Müller*, mais, suivant la coutume du temps, il faisait paraître ses publications sous un pseudonyme latin tiré de son lieu de naissance. Pour ses amis, ses voisins et tous ceux qui ont eu relations avec lui il peut avoir été Jean Müller, mais le monde scientifique et littéraire ne le connaissait que sous le nom de Regiomontanus, de même qu'il ne connaissait Zepernik que sous le nom de Copernic, et Schwarzerd, sous celui de Melanchton. Ce serait montrer du pédantisme, ou vouloir provoquer une certaine confusion, que de citer un auteur par son nom véritable, lorsqu'il est universellement désigné par un autre ; c'est pourquoi dans tous les cas et autant que possible nous emploierons seulement le nom, latinisé ou non, sous lequel un écrivain est généralement connu.

Regiomontanus étudia les mathématiques, sous la direction de Purbach, à l'université de Vienne, alors l'un des principaux centres d'études mathématiques de l'Europe. Son premier ouvrage, en collaboration avec Purbach, est une analyse de l'*Almageste*. Il fait usage des fonctions trigonométriques *sinus* et *cosinus* et donne une table des sinus naturels. Purbach mourut avant que le livre fût terminé et celui-ci ne fut publié à Venise qu'en 1496. Après ce premier ouvrage, Regiomontanus en écrivit un autre sur l'astrologie ; il fut publié en 1490 avec quelques tables astronomiques et une table des tangentes naturelles.

([1]) Sa vie fut écrite par P. GASSENDI. La Haye, seconde édition 1655. Ses lettres qui renferment beaucoup d'informations curieuses sur les mathématiques de son temps, furent réunies et publiées par C. G. VON MURR. Nuremberg, 1786. On trouvera une étude sur ses œuvres dans *Regiomontanus, ein geistiger Vorläufer des Copernicus*, par A. ZIEGLER. Dresde, 1874 ; voir aussi CANTOR, chap. LV.

Regiomontanus quitta Vienne en 1462 et voyagea pendant quelques années en Italie et en Allemagne. En 1471 il se fixa à Nuremberg, où il créa un observatoire, ouvrit une imprimerie et probablement se livra à l'enseignement. C'est là qu'il écrivit trois traités sur l'astronomie et qu'il construisit un aigle mécanique qui battait des ailes et salua l'empereur Maximilien Ier à son entrée dans la ville : cette œuvre, qui montre son habileté en mécanique, était regardée comme une des merveilles de l'époque. De Nuremberg, Regiomontanus se rendit à Rome sur une invitation du pape Sixte IV, qui voulait le charger de la réforme du calendrier. Il y fut assassiné peu de temps après son arrivée.

Regiomontanus fut un des premiers à tirer parti de la découverte des textes originaux des mathématiciens grecs, pour se familiariser avec leurs méthodes de raisonnement et s'assimiler leurs découvertes ; il rapporte avoir vu au Vatican une copie de l'algèbre de Diophante et c'est là la plus ancienne mention de cet ouvrage, qui ait été faite dans l'Europe moderne. Il connaissait également très bien les œuvres des mathématiciens arabes.

On peut se rendre compte du bénéfice qu'il a retiré de son étude des géomètres anciens d'après son traité *De Triangulis* écrit en 1464. C'est la plus ancienne exposition moderne systématique de la trigonométrie plane et sphérique, bien que les seules fonctions trigonométriques qu'on y trouve soient le sinus et le cosinus. L'ouvrage est divisé en cinq livres. Les quatre premiers sont consacrés à la trigonométrie plane, et en particulier à la détermination de triangles dépendant de trois conditions données. Le cinquième traite de la trigonométrie sphérique. L'ouvrage fut imprimé en 1533 à Nuremberg, près d'un siècle après la mort de Regiomontanus.

Comme exemple des problèmes de l'époque, nous reproduisons en entier une de ses propositions. Il s'agit de déterminer un triangle dans lequel on connaît la différence de deux côtés, la perpendiculaire abaissée du sommet commun à ces deux côtés sur la base, et la différence des deux segments déterminés sur la base par le pied de cette perpendiculaire (prop. 23. Livre II).

Voici la solution donnée par Regiomontanus :

Sit talis triangulus ABG, cujus duo latera AB et AG differentia habeant nota HG, ductaque perpendiculari AD duorum casuum BD et DG, differentia sit EG : hæ duæ differentiæ sint datæ, et ipsa perpen-

dicularis AD data. Dico quod omnia latera trianguli nota concludentur.
Per artem rei et census hoc problema absolvemus. Detur ergo differentia laterum ut 3, differentia casuum 12, et perpendicularis 10. Pono
pro basi unam rem, et pro aggregato laterum 4 res, nec proportio basis
ad congeriem laterum est ut HG ad GE, scilicet unius ad 4. Erit ergo
BD $\frac{1}{2}$ rei minus 6, sed AB erit 2 res demptis $\frac{3}{2}$. Duco AB in se, produ-
cuntur 4 census et 2$\frac{1}{4}$ demptis 6 rebus. Item BD in se facit $\frac{1}{4}$ census
et 36 minus 6 rebus : huic addo quadratum de 10 qui est 100. Colli-
guntur $\frac{1}{4}$ census et 136 minus 6 rebus æquales videlicet 4 censibus et
2$\frac{2}{4}$ demptis 6 rebus. Restaurando itaque defectus et auferendo utrobique
æqualia, quemadmodum ars ipsa præcipit, habemus census aliquot
æquales numero, unde cognitio rei patebit, et inde tria latera trianguli
more suo innotescet :

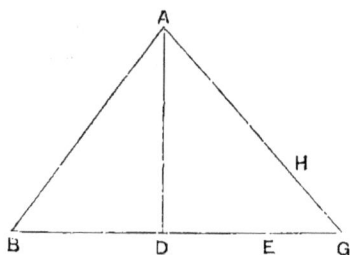

Fig. 29.

Pour expliquer ce texte nous devons dire que Regiomontanus
appelle toujours la quantité inconnue *res*, et son carré *census* ou
zensus; mais en employant ces termes techniques il écrit les mots
en entier. Il commence par dire qu'il va résoudre le problème au
moyen d'une équation du second degré (per artem rei et census);
et qu'il supposera que la différence des côtés du triangle est égale
à 3, que la différence des segments de la base est égale à 12, et
enfin que la hauteur du triangle est égale à 10. Il prend alors pour
inconnue (unam rem ou x) la base du triangle, et par conséquent
la somme des côtés sera $4x$.

La longueur BD sera alors égale à $\frac{1}{2}x - 6$ $\left(\frac{1}{2}$ rei minus 6$\right)$, et
la longueur AB sera égale à $2x - \frac{3}{2}$ $\left(2$ res demptis $\frac{3}{2}\right)$; par suite

$\overline{AB}^2$ (AB in se) aura pour expression $4x^2 + 2\frac{1}{4} - 6x$ (4 census

et $2\frac{1}{4}$ demptis 6 rebus), et BD^2 vaudra $\frac{1}{4}x^2 + 36 - 6x$.

A $\overline{BD}^2$ il ajoute $\overline{AD}^2$ (quadratum de 10) qui est 100, et fait remarquer que la somme est égale à $\overline{AB}^2$. Cette égalité lui donnera, dit-il, la valeur de x^2 (census), d'où on peut déduire x (cognitio rei) et le triangle est ainsi déterminé.

Ce raisonnement se traduit comme il suit en langage algébrique moderne :

Nous avons

$$\overline{AG}^2 - \overline{DG}^2 = \overline{AB}^2 - \overline{DB}^2,$$

d'où

$$\overline{AG}^2 - \overline{AB}^2 = \overline{DG}^2 - \overline{DB}^2.$$

Mais d'après les conditions numériques données

$$AG - AB = 3 = \frac{1}{4}(DG - DB),$$

par suite

$$AG + AB = 4(DG + DB) = 4x ;$$

donc

$$AB = 2x - \frac{3}{2} \quad \text{et} \quad BD = \frac{1}{2}x - 6,$$
$$\left(2x - \frac{3}{2}\right)^2 = \left(\frac{1}{2}x - 6\right)^2 + 100,$$

équation nous donnant x. Tous les éléments du triangle peuvent ensuite être calculés.

Il est bon de faire remarquer que Regiomontanus visait simplement à donner un raisonnement général et les nombres ne sont pas choisis avec l'intention de traiter un problème particulier. Ainsi dans sa figure il ne cherche nullement à prendre la longueur GE égale à quatre fois GH, et comme il trouve en définitive x égal à $\frac{1}{3}\sqrt{321}$, le point D tombe en réalité sur le prolongement de la base. Les lettres A, B, G employées pour dénoter le triangle, sont, bien entendu, dérivées de celles de l'alphabet grec qu'il employait.

Quelques unes de ses solutions sont compliquées sans nécessité, mais il ne faut pas oublier qu'à cette époque l'algèbre et la trigonométrie n'étaient pas symboliques, et qu'il est très difficile d'exprimer à chaque instant, en langage ordinaire, ce qu'une formule contient.

On remarquera aussi, d'après l'exemple qui précède, que Regiomontanus n'hésitait pas à appliquer l'algèbre à la solution des problèmes de géométrie. On en trouve un autre exemple dans la discussion qu'il donne d'une question prise dans le *Siddhanta* de Brahmagupta : le problème consistait à construire un quadrilatère inscrit dans un cercle connaissant les longueurs de ses côtés. Dans sa solution (¹) Regiomontanus fait intervenir l'algèbre et la trigonométrie.

Jusqu'à une époque récente l'*Algorithmus Demonstratus* de Jordanus, dont il a été parlé plus haut, et qui fût imprimé en 1534, avait été attribué à Regiomontanus. Ce dernier connaissait cet ouvrage qui est relatif à l'algèbre et à l'arithmétique, et il se peut que le texte qui nous est parvenu contienne quelques additions qui lui sont dues.

Regiomontanus était un des plus éminents mathématiciens de son époque et nous avons insisté avec quelques détails sur ses ouvrages qui doivent être considérés comme types des productions mathématiques les plus avancées du temps. Quant à ses contemporains nous nous bornerons presque à mentionner les noms des plus connus ; tous ne tiennent qu'un rang secondaire et nous ne pourrions nous arrêter plus longtemps sur chacun d'eux sans sacrifier certaines parties plus intéressantes de notre sujet.

Purbach (²). — Nous pouvons commencer par citer *George Purbach* d'abord le maître, puis l'ami de Regiomontanus. Né près de Lintz le 30 mai 1423, et mort à Vienne le 8 avril 1461, il écrivit un ouvrage sur les mouvements des planètes, publié en 1460 ; une arithmétique publiée en 1511 ; une table des éclipses publiée en 1514 ; et une table des sinus naturels publiée en 1541.

Cusa (³). — Nous pouvons mentionner ensuite *Nicolas von Cusa*

(¹) Elle a été publiée par C. G. Von Murr a Nuremberg, en 1786.

(²) Sa vie a été écrite par P. Gassendi, La Haye, seconde édition 1655.

(³) Sa vie a été écrite par F. A. Scharpff. Tübingen, 1871 ; et ses œuvres réunies éditées par H. Petri, furent publiées à Bâle, en 1565.

qui naquit en 1401 et mourut en 1464. Bien que fils d'un pauvre pêcheur et sans relations, il s'éleva rapidement dans l'Eglise et devint cardinal, encore qu'il ait été « un réformateur avant la réforme ». Ses écrits mathématiques sont relatifs à la réforme du calendrier et à la quadrature du cercle : dans cette dernière question sa construction revient à prendre $\frac{3}{4}\left(\sqrt{3}+\sqrt{6}\right)$ pour la valeur de π. Il combattit en faveur de la rotation diurne de la terre.

Chuquet. — Citons également ici un traité sur l'arithmétique, intitulé *Le Triparty* (¹) écrit en 1484 par *Nicolas Chuquet*, un bachelier en médecine de l'Université de Paris. Cet ouvrage montre que le programme des mathématiques enseignées à cette époque était un peu plus développé qu'on le croyait généralement il y a quelques années. On y trouve l'usage le plus ancien du signe radical avec indices pour indiquer l'extraction de racines, l'indice 2 pour la racine carrée, l'indice 3 pour la racine cubique, et ainsi de suite, il contient également une exposition nette de la règle des signes. Les mots plus et moins sont indiqués par les contractions $\bar{p}, \bar{m}$. L'ouvrage est écrit en français.

Introduction (²) **des signes + et —**. — En Angleterre et en Allemagne les algoristes étaient moins liés par les précédents et par la tradition qu'en Italie, et ils introduisirent dans la notation quelques perfectionnements, qui vraisemblablement auraient été difficilement imaginés par un Italien. Parmi ces modifications, la plus importante fut l'introduction, sinon l'invention, des symboles encore en usage de nos jours, pour l'addition, la soustraction et l'égalité.

Les plus anciens exemples de l'emploi régulier des signes + et —, dont nous ayons connaissance, remontent au quinzième siècle. *Jean Widman* d'Eger né vers 1460, inscrit à Leipzig en 1480, et

(¹) Voir un article, par A. MARRE, dans le *Bulletino di bibliografia*, de BON-COMPAGNI, pour 1880, vol. XIII, pp. 555-659.

(²) Voir les articles par P. TREUTLEIN (*Die Deutsche Coss*) dans le *Abhandlungen zur Geschichte der Mathematik*, pour 1879; par DE MORGAN, dans les *Cambridge Philosophical Transactions*, 1871, vol. XI, pp. 203-212 ; et par BON-COMPAGNI, dans le *Bulletino di bibliografiia*, pour 1876, vol. IX, pp. 188-210.

probablement exerçant la profession de médecin, écrivit une *arith-métique commerciale* publiée à Leipzig en 1489 (et imitée d'un ouvrage de Wagner imprimé six ou sept ans auparavant) : dans ce livre ces signes sont employés simplement comme marques signifiant excès ou déficit; l'usage du mot correspondant surplus ou en plus (¹) était autrefois général et s'est encore conservé dans le commerce.

Il est à noter que ces signes ne se présentent généralement que dans les questions pratiques du commerce : c'est pourquoi on a supposé qu'ils étaient à l'origine des marques de magasin, d'entrepôt. Certaines marchandises étaient vendues dans des sortes de caisses en bois appelées *lagel*, qui, une fois remplies, devaient peser approximativement trois ou quatre *centners* (²) ; si l'une de ces caisses pesait un peu moins, si par exemple il manquait à son poids 5 livres pour faire les quatre *centners* Widman la désignait comme pesant $4\,c - 5\,lbs$; si au contraire elle dépassait le poids normal de 5 livres, elle était marqué comme pesant $4\,c \dashv\!\!- 5\,lbs.$

Les symboles sont employés comme s'ils étaient familiers à ses lecteurs; et on a quelques raisons de penser que ces marques étaient faites à la craie sur les caisses lorsqu'elles arrivaient dans les magasins. Nous concluons de là que le cas où la caisse pesait un peu moins que le poids requis était celui qui se présentait le plus généralement, et comme le signe — placé entre deux nombres était un symbole commun pour indiquer une certaine relation entre eux, il semble avoir été pris pour le cas qui se produisait le plus fréquemment, tandis que la barre verticale était originairement une petite marque superposée sur le signe — pour établir une distinction entre les deux cas qui pouvaient se présenter.

On observera que la ligne verticale dans le symbole indiquant l'excédant, imprimé ci-dessus est un peu plus courte que la ligne horizontale. La même chose se remarque chez Stifel et chez tous les anciens écrivains, qui employèrent le symbole : quelques presses continuèrent à les imprimer ainsi sous leurs formes les plus anciennes, jusqu'à la fin du dix-septième siècle. Xylander d'un autre côté, en 1575, fait la barre verticale plus longue que la ligne horizontale et donne au symbole à peu près la forme $+$.

(¹) Voir *passim*, Levit. XXV, verset 27 et 1, Maccab. X, verset 41.

(²) Le *centner* ou quintal vaut 50 kilogrammes.

Une autre hypothèse est que le symbole usité pour *plus* est dérivé de l'abréviation latine & employée pour *et*; tandis que celui pour *moins* provient du trait, qui est souvent employé dans les anciens manuscrits pour indiquer une omission ou qui se place sur un mot écrit en abrégé pour indiquer que certaines lettres ont été laissées de côté. Cette explication a été souvent présentée *à priori,* mais elle a trouvé récemment de puissants défenseurs dans les professeurs Zangmeister et Le Paige, qui admettent aussi que l'introduction de ces symboles pour *plus* et *moins* peut remonter au quatorzième siècle.

Les explications de l'origine de nos symboles pour *plus* et *moins,* que nous venons de donner, sont les plus plausibles de toutes celles mises en avant jusqu'ici, mais la question est difficile et on ne peut pas la considérer comme résolue. D'après une autre hypothèse le signe $+$ est une contraction de ℬ la lettre initiale de *plus,* en vieil allemand, tandis que $-$ est la forme limite de *m* (pour moins) quand on l'écrit rapidement. De Morgan (¹) de son côté a proposé une autre origine : les Hindous indiquaient parfois la soustraction par un point, et ce point peut avoir, pense-t-il, été allongé comme un trait de façon à donner le signe pour *moins*; tandis que l'origine du signe pour *plus* dérive du premier auquel on a superposé comme il est expliqué ci-dessus, une barre verticale; mais il nous est revenu que récemment il avait abandonné cette théorie, pour ce qui a été appelé « l'explication du magasin. »

Nous pourrions peut-être ajouter ici que jusqu'à la fin du seizième siècle le signe $+$ reliant deux quantités telles que *a* et *b* était également employé dans ce sens, que si *a* était pris comme réponse à une certaine question, l'une des quantités données se trouvait trop petite de *b*. C'était là une relation se présentant constamment dans les solutions des questions par la règle de fausse supposition.

Enfin nous répèterons encore que ces signes dans Widman sont seulement des abréviations et non des symboles d'opération, il les considérait comme ayant peu ou pas d'importance et sans nul doute aurait été bien surpris si on lui avait dit que par leur introduction il préparait une révolution dans les procédés de l'Algèbre.

(¹) Voir ses *Arithmetical, Books* Londres, 1847, p. 19.

L'*Algorithmus* de Jordanus ne fut pas publié avant 1534, l'ouvrage de Widman était peu connu hors de l'Allemagne, et c'est à Pacioli qu'il faut attribuer l'introduction de l'usage général de l'algèbre syncopée, c'est-à-dire l'emploi d'abréviations pour certaines quantités algébriques se présentant le plus souvent ou pour certaines opérations, mais en observant néanmoins les règles de la syntaxe.

Pacioli ([1]). — *Lucas Pacioli*, quelquefois connu sous le nom de *Lucas de Burgo* et parfois, mais plus rarement, sous celui de *Lucas Paciolus*, naquit à Burgo en Toscane vers le milieu du quinzième siècle. Nous connaissons peu de choses sur sa vie, si ce n'est qu'il fut moine franciscain, qu'il enseigna les mathématiques à Rome, Pise, Venise et Milan ; et que dans cette dernière cité il occupa le premier une chaire de mathématiques fondée par Sforza ; il mourut à Florence vers l'an 1510.

Son principal ouvrage fut imprimé à Venise en 1494 et est intitulé *Summa de arithmetica, geometria, proporzioni e proporzionalita*. Il comprend deux parties, la première ayant trait à l'arithmétique et à l'algèbre, la seconde à la géométrie. C'est le plus ancien livre d'arithmétique et d'algèbre qui ait été imprimé. Il est basé principalement sur les écrits de Leonard de Pise, et son importance dans l'histoire des mathématiques est en grande partie due à ce fait, qu'il fut beaucoup répandu.

En arithmétique Pacioli donne des règles pour les quatre opérations élémentaires et une méthode pour l'extraction des racines carrées. Il traite fort bien toutes les questions relatives à l'arithmétique commerciale en donnant de nombreux exemples, et en particulier s'occupe avec beaucoup de détails des lettres de change et de la théorie de la tenue des livres en partie double. Cette partie constitue la première exposition systématique d'une arithmétique algorithmique et nous y avons déjà fait allusion dans le chapitre XI. Cet ouvrage et l'ouvrage semblable de Tartaglia constituent les deux autorités classiques sur le sujet. La plupart des problèmes sont résolus par la méthode de fausse supposition, mais on y rencontre plusieurs erreurs numériques.

([1]) Voir H. Staigmüller, dans le *Zeitschrift für Mathematik*, 1889, vol. XXXIV ; également Libri, vol. III, pp. 133-145 ; et Cantor, chap. LVII.

L'exemple suivant nous donnera une idée du genre de problèmes d'arithmétique discutés.

J'achète pour 1440 ducats à Venise 2400 pains de sucre, dont le poids net est 7200 livres ; je paye pour le salaire de l'agent 2 %; aux peseurs et aux chargeurs en tout 2 ducats ; après cela je dépense en achat de caisses, cordes, toile et pour le salaire des emballeurs une somme de 8 ducats ; pour la taxe ou droit d'octroi sur le premier montant de mon achat, 1 ducat pour cent ; après cela pour droit et taxe au bureau des exportations, 3 ducats pour cent ; pour inscription des adresses sur les caisses et enregistrements de leur passage 1 ducat ; pour le trois-mâts barque jusqu'à Rimini, 13 ducats ; en cadeaux au capitaine et en pourboire pour l'équipage en différentes occasions, 2 ducats ; en achat de provisions pour moi et un domestique durant un mois 6 ducats ; en dépenses occasionnées par plusieurs petits voyages par voie de terre faits çà et là, pour les barbiers, le lavage du linge, et en bottes pour moi et mon domestique, 1 ducat ; à mon arrivée à Rimini je paye au capitaine du port pour droit de port en monnaie de la cité, 3 lires ; aux porteurs, pour le débarquement sur terre, et le transport en magasin, 5 lires ; comme taxe d'entrée 4 soldi la charge, qui est représentée en nombre par 32 (suivant la coutume) ; pour un baraquement à la foire 4 soldi par charge ; plus tard je trouve que les mesures employées à la foire diffèrent de celles usitées à Venise, et qu'un poids de 140 lires là est équivalent au poids de 100 lires à Venise ; de plus 4 lires de leur monnaie d'argent équivalent à 1 ducat or. Je demande par suite combien il me faut vendre cent lires Rimini afin de réaliser un gain de 10 % sur mon marché, et qu'elle est la somme que je recevrai en monnaie vénitienne ?

En algèbre il discute avec quelques détails les équations simples et du second degré, et des problèmes sur les nombres conduisant à des équations de cette nature. Il fait mention de la classification arabe des équations cubiques, mais en ajoutant que la solution qu'ils en donnent semble être aussi impossible que celle de la quadrature du cercle. La règle suivante est celle qu'il donne [1] pour résoudre une équation du second degré de la forme $x^2 + x = a$ elle est exprimée en langage ordinaire et non syncopée, elle servira donc d'exemple pour montrer l'inconvénient de la méthode :

« Si res et census numero coæquantur, a rebus
dimidio sumpto censum producere debes,
addereque numero, cujus a radice totiens
tolle semis rerum, census latusque redibit. »

[1] Édition de 1494, p. 145.

Il se borne à signaler les racines positives des équations.

Bien que beaucoup des matières dont nous venons de parler soient empruntées au *Liber Abaci* de Leonard, cependant la notation dont il se sert est supérieure à celle de ce dernier. Pacioli imite Leonard et les Arabes en appelant la quantité inconnue la *chose*, en italien *cosa* — ce qui fait que l'algèbre a été quelquefois appelée l'art de la chose — ou en latin *res*, et il la dénote quelquefois par *co* ou R ou R*j*. Il appelle le carré de la quantité inconnue *census* ou *zensus* et le désigne parfois par *ce* ou Z ; de même le cube de la quantité inconnue ou *cuba*, est représenté par *cu* ou C ; la quatrième puissance, ou *censo di censo* s'écrit tout au long comme nous venons de le faire ou *ce di ce* ou encore *ce ce*. Il est à noter que toutes ses équations sont numériques, c'est-à-dire qu'il n'eut pas l'idée de représenter les quantités connues par des lettres comme l'avait fait Jordanus et comme cela se pratique en algèbre moderne ; mais Libri cite deux exemples, dans lesquelles il représente dans une proportion un nombre par une lettre. Il indique l'addition et l'égalité par les lettres initiales des mots *plus* et *æqualis*, mais il évite généralement l'introduction d'un symbole pour *moins* en écrivant ses quantités dans le membre de l'équation où elles seront prises positivement, bien que dans quelques endroits il emploie $\overline{m}$ pour *moins* ou *de* pour *demptus*.

C'est là un commencement d'algèbre syncopée.

On ne trouve rien de frappant dans les résultats auxquels il arrive dans la seconde partie de son ouvrage, c'est-à-dire la partie géométrique, pas plus que dans deux autres traités de géométrie, qu'il écrivit et qui furent imprimés à Venise en 1508 et 1509. Il faut remarquer cependant que, de même que Regiomontanus, il fit intervenir l'algèbre pour s'aider dans la recherche des propriétés géométriques des figures.

Le problème suivant donnera un exemple du genre de questions géométriques qu'il traitait.

Sachant que le rayon du cercle inscrit dans un triangle vaut 4 centimètres et que les segments déterminés sur l'un des côtés par le point de contact correspondant ont respectivement pour longueurs 6 centimètres et 8 centimètres, calculer les autres côtés.

Pour résoudre la question il suffit de remarquer que

$$rp = S = \sqrt{p\,(p-a)\,(p-b)\,(p-c)}$$

ce qui donne

$$4p = \sqrt{p\,(p-14) \times 6 \times 8}$$

d'où $p = 21$; par conséquent les côtés cherchés sont $21 - 6$ et $21 - 8$, c'est-à-dire 15 et 13.

Mais Pacioli ne fait pas usage de cette formule (qu'il connaissait) ; il donne une laborieuse construction géométrique, puis fait intervenir l'algèbre pour trouver les longueurs des divers segments des lignes dont il a besoin. Son exposé nous paraît trop long pour être reproduit ici, mais l'analyse suivante est suffisamment complète pour permettre de le reconstituer.

Soit ABC le triangle et D, E, F les points de contact des côtés avec le cercle inscrit de centre O. Soient H le point d'intersection de OB et DF, K le point d'intersection de OC et DE. Désignons par L et M les pieds des perpendiculaires abaissées de E et F sur BC. Traçons EP parallèle à AB et coupant BC en P. Alors Pacioli détermine successivement les grandeurs des lignes suivantes : 1°, OB ; 2°, OC ; 3°, FD ; 4°, FH ; 5° ED ; 6°, EK. Puis il forme une équation du second degré dont les racines lui fournissent les valeurs de MB et MD. Il obtient d'une façon semblable les valeurs de LC et LD. Il calcule ensuite successivement les valeurs de EL, FM, EP et LP et par les triangles semblables obtient la valeur de AB qui est égale à 13.

Cette démonstration fut, même soixante ans plus tard, citée par Cardan comme « incomparablement simple et parfaite, et la vraie couronne des mathématiques ».

Nous en avons fait mention pour donner un exemple des méthodes embarrassées et peu élégantes alors courantes. Les problèmes énoncés sont tout à fait semblables à ceux du *De Triangulis* de Regiomontanus.

Leonard de Vinci. — La réputation de *Leonard de Vinci* comme artiste a éclipsé ses titres à la renommée comme mathématicien, mais on peut dire qu'il a préparé la voie à une conception plus juste de la mécanique et de la physique, et par sa réputation et son influence, il attira un peu l'attention sur ce sujet ; il fut un ami intime de Pacioli. Leonard était le fils naturel d'un jurisconsulte de Vinci en Toscane, il naquit en 1452, et mourut en France en 1519

lors d'une visite faite à François Iᵉʳ. Plusieurs de ses manuscrits
furent emportés par les armées révolutionnaires françaises à la fin
de l'avant dernier siècle, et Venturi, à la requête de l'Institut, fit
un rapport sur ceux d'entre eux qui traitaient des sujets de physique
et de mathématiques (¹).

Laissant de côté les nombreuses et importantes œuvres artis-
tiques de Leonard, ses écrits mathématiques se rapportent principalement à la mécanique, à l'hydraulique et à l'optique ; ses conclusions sont généralement basées sur des expériences. L'exposition
qu'il donne de l'hydraulique et de l'optique contient fort peu de
mathématiques. La mécanique renferme de nombreuses et de sérieuses erreurs ; les parties les mieux traitées sont celles relatives à
l'équilibre d'un levier soumis à l'action de forces quelconques, aux
lois du frottement, à la stabilité d'un corps suivant la position de son
centre de gravité, à la résistance des poutres, et à l'orbite décrite
par un point sous l'action d'une force centrale ; il traita également
quelques problèmes faciles au moyen des moments virtuels. On lui
attribue parfois la connaissance du triangle des forces, mais il est
probable que ses idées sur cette question n'étaient pas très nettes.

En résumé nous pouvons dire que son œuvre mathématique est
incomplète, et consiste surtout en idées émises sans discussion
détaillée et qu'il ne pouvait pas vérifier, ou, dans tous les cas, qu'il
n'a pas vérifiées.

Dürer. — *Albert Dürer* (²) fut un autre artiste de la même
époque, connu également comme mathématicien. Il naquit à Nuremberg le 21 mai 1471 et mourut le 6 avril 1528. Son principal
ouvrage mathématique a été publié en 1525 et contient une étude
sur la perspective, un peu de géométrie, et quelques solutions
graphiques : on en publia des traductions latines en 1532, 1555
et 1605.

Copernic. — Un exposé de la vie de *Nicolas Copernic*, né à
Thorn le 19 février 1473, mort à Frauenbergen le 7 mai 1543 et
de son hypothèse sur le mouvement de la terre et des planètes

---

(¹) *Essai sur les ouvrages physico-mathématiques*, de LÉONARD DE VINCI, par
J. B. VENTURI. Paris, 1797.

(²) Voir *Dürer als Mathematiker*, par H. STAIGMÜLLER. Stuttgart, 1891.

autour du soleil appartient à l'astronomie plutôt qu'aux mathématiques. Cependant nous pouvons ajouter que Copernic écrivit sur la trigonométrie ; les résultats de ses recherches ont été publiés à Wittenberg en 1542, sous forme d'un livre classique ; ils sont clairement exposés, mais ils ne renferment rien de neuf. Il est évident d'après cette publication et d'après son astronomie qu'il était bien au courant de la littérature mathématique, et qu'il en avait la parfaite intelligence. Nous avons mentionné son hypothèse sur le mouvement de la terre comme une simple conjecture de sa part : il l'a en effet émise pour expliquer, d'une façon simple, les phénomènes naturels. Galilée en 1632 fut le premier qui essaya de donner un commencement de preuve à l'appui de cette hypothèse.

Recorde. — Le signe employé actuellement pour indiquer l'égalité fut introduit par *Robert Recorde* ([1]). Recorde naquit à Tenby dans le Pembrokeshire vers 1510 et mourut à Londres en 1558. Il entra à Oxford et en 1531 devint membre agrégé du Collège d'All Souls ; de là il se rendit à Cambridge, où il prit un grade en médecine en 1545. Il retourna alors à Oxford, où il professa, mais finalement il s'établit à Londres et devint médecin d'Edouard VI et de Marie Tudor. Sa fortune fut courte, car au moment de sa mort il était enfermé pour dettes dans la prison du Banc de la Reine.

En 1540 il publia une arithmétique, intitulée le *Grounde of Artes* (le Jardin des Arts), dans laquelle il emploie le signe + pour indiquer l'excès et le signe — pour indiquer le déficit ; « + *whyche betokeneth too much, as this line* — *plaine without a crosse line, betokeneth too little* ([2]). » Dans ce livre l'égalité de deux rapports est indiquée par deux lignes égales et parallèles dont deux extrémités opposées sont réunies diagonalement, c'est-à-dire par **Z** . Quelques années plus tard, en 1557, il écrivit une algèbre à laquelle il donna le titre de *Whetstone of Witte*. Cet ouvrage est intéressant par ce qu'il contient le plus ancien exemple du signe = pour indiquer l'égalité et il dit qu'il a choisi ce symbole particulier pour cette raison que « *noe 2 thynges can be moare equalle* » ([3])

([1]) Voir notre *History of the Study of Mathematics at Cambridge*, pp. 15-19. Cambridge, 1889.
([2]) + qui indique trop, comme cette ligne — tracée sans un trait transversal indique trop peu.
([3]) Deux choses ne peuvent pas être plus égales.

que deux lignes parallèles. M. Charles Henry a cependant signalé
que dans les manuscrits du moyen-âge ce signe est une abréviation
reconnue pour le mot *est* ; et cela semblerait indiquer une origine
plus probable. Dans cet ouvrage Recorde montre comment on peut
extraire la racine carrée d'une expression algébrique.

Il écrivit aussi une astronomie. Ces ouvrages donnent une idée
nette des connaissances du temps.

Rudolff. Riese. — Vers la même époque en Allemagne, Rudolff
et Riese reprirent la question de l'arithmétique et de l'algèbre.
Leurs recherches servirent de base à l'ouvrage bien connu de Stifel.
Christophe Rudolff (¹) publia son algèbre en 1525 ; elle est intitulée
Die Coss, et s'appuie sur les écrits de Pacioli et peut-être de Jordanus. Rudolff introduisit le signe $\sqrt{\ }$ pour indiquer la racine carrée,
ce symbole étant une corruption de la lettre initiale du mot *radix*
(racine), de même $\sqrt{\ }\sqrt{\ }\sqrt{\ }$ indiquait la racine cubique, et $\sqrt{\ }\sqrt{\ }$
la racine quatrième. *Adam Riese* (²) naquit près de Bamberg (Bavière) en 1489, de parents pauvres ; après avoir travaillé quelques
années comme mineur, il put se livrer à l'étude des sciences, et
mourut à Annaberg le 30 mars 1559. Il écrivit un traité de géométrie pratique, mais son ouvrage le plus important est une arithmétique bien connue (qui est en même temps une algèbre), publiée en
1536 et basée sur le livre de Pacioli. Riese employait les symboles + et —.

Stifel (³). — Les méthodes usitées par Rudolff et Riese et leurs
découvertes furent rassemblées et exposées d'une façon générale dans
un ouvrage de Stifel qui se répandit au loin.

Michel Stifel, connu quelquefois sous le nom latin de *Stiffelius*,
naquit à Esslingen en 1486 et mourut à Iéna le 19 avril 1567. Il
fut tout d'abord moine augustin, mais il accepta les doctrines de
Luther, dont il était un ami personnel. Il nous raconte dans son
algèbre que ce qui détermina finalement sa conversion fut la re-

---

(²) Voir E. Wappler, *Geschichte der deutschen Algebra im XV Jahrhunderte*.
Zwickau, 1887.

(³) Voir deux ouvrages, par B. Berlet. *Ueber Adam Riese*, Annaberg, 1855 ;
et *Die Coss von Adam Riese*. Annaberg, 1860.

(⁴) Les références sur Stifel sont données par Cantor, chap. LXII.

marque que le pape Léon X était la bête mentionnée dans la Révélation. Pour le montrer, il était seulement nécessaire d'additionner les nombres représentés par les lettres du nom Leo decimus (la lettre *m* devait être écartée attendu qu'elle est clairement là pour *mysterium*) et il s'en faut exactement de dix que le résultat soit 666, ce qui prouverait péremptoirement qu'il s'agissait de Léon X. Luther accepta sa conversion, mais il lui dit franchement que ce qu'il avait de mieux à faire était de chasser de son esprit toutes les absurdités qui y germaient relativement au nombre de la bête.

Malheureusement pour lui, Stifel ne suivit pas ce sage conseil. Pensant avoir découvert la vraie manière d'interpréter les prophéties de la Bible, il annonça que la fin du monde surviendrait le troisième jour d'octobre de l'année 1533. Les paysans d'Holzdorf, village dont il était pasteur, confiants dans sa réputation scientifique, le crurent. Quelques uns s'adonnèrent à des exercices religieux, d'autres gaspillèrent leurs biens, mais tous abandonnèrent le travail. Le jour annoncé une fois passé, beaucoup de paysans se trouvèrent ruinés : furieux d'avoir été trompés ils se saisirent de l'infortuné prophète qui fut trop heureux de trouver un refuge dans la prison de Wittenberg, d'où il put sortir quelque temps après, grâce à l'intervention personnelle de Luther.

Stifel écrivit un petit traité sur l'algèbre, mais son principal ouvrage mathématique est son *Arithmetica Integra* publiée à Nuremberg en 1544, avec une préface de Melanchton.

Dans les deux premiers livres de son *Arithmetica Integra* il traite des radicaux et des incommensurables en adoptant la forme euclidienne. Le troisième livre relatif à l'algèbre, est à remarquer car il a appelé l'attention générale sur la pratique alors adoptée en Allemagne où l'on se servait des signes + et — pour indiquer l'addition et la soustraction. On relève quelques faibles indices montrant que ces signes ont été employés occasionnellement par Stifel comme symboles d'opération et non uniquement comme abréviations ; cette application était probablement nouvelle. Non seulement il employait les abréviations usuelles pour les mots italiens représentant la quantité inconnue et ses puissances ; mais dans un cas au moins, lorsqu'il se trouvait en présence de plusieurs quantités inconnues, il les représentait respectivement par les lettres A, B, C, ... etc. Il réintroduisait ainsi la notation algébrique générale tombée en désuétude

depuis le temps de Jordanus. On a dit que Stifel fut le réel inventeur
des logarithmes, mais il est aujourd'hui certain que cette assertion
repose sur une fausse interprétation d'un passage dans lequel il
compare les progressions géométriques et arithmétiques. On a dit
encore que Stifel avait indiqué une formule permettant d'écrire les
coefficients des divers termes du développement de $(1 + x)^n$ connaissant ceux du développement de $(1 + x)^{n-1}$.

En 1553 Stifel fit paraître une édition de l'ouvrage de Rudolff,
Die Coss, dans lequel il introduisait un perfectionnement dans la
notation algébrique de l'époque. Les symboles ordinairement employés alors pour désigner la quantité inconnue et ses puissances
étaient des lettres qui représentaient les mots abrégés. Parmi les
plus usitées se trouvaient R ou Rj pour *racine* ou *res* (x), Z ou C
pour *census* ou *census* (x^2). C ou K pour *cubus* (x^3) etc. Ainsi

$$x^2 + 3x - 4$$

s'écrivait ainsi

$$1Zp. 5Rm. 4;$$

p et m signifiant plus et moins. On employait également d'autres
lettres et d'autres symboles : ainsi Xylander (1575) aurait écrit la
même expression comme il suit :

$$1Q + 5N - 4.$$

Viète et même Fermat ont employé quelquefois une notation
semblable à cette dernière. La modification faite par Stifel consistait à introduire les symboles 1 A, 1 AA, 1 AAA, pour la quantité
inconnue, son carré et son cube ; on voyait ainsi immédiatement et
d'un coup d'œil les liaisons qui existaient entre eux.

Tartaglia. — *Niccolo Fontana* généralement connu sous le nom
de *Nicolas Tartaglia*, c'est-à-dire Nicolas le bègue, naquit à
Brescia en 1500 et mourut à Venise le 14 décembre 1557. Après
la prise de la ville par les Français en 1512, beaucoup d'habitants
se réfugièrent dans la cathédrale, où ils furent massacrés par les
soldats. Son père, qui était courrier de la poste à Brescia, resta
parmi les morts. L'enfant lui-même eut le crâne fendu en trois
endroits, la machoire et le palais transpercés. Il fut abandonné
parmi les morts, mais sa mère qui avait pu pénétrer dans la cathé-

drale lui ayant trouvé encore un reste de vie, réussit à l'emporter et à le sauver. Privée de toutes ressources, la pauvre femme se rappela que les chiens blessés ont l'habitude de lécher leurs plaies, et c'est à un remède de ce genre que Tartaglia attribue sa guérison ; mais sa blessure du palais amena une gêne dans la parole et c'est de là que lui vint son surnom. Sa mère put se procurer la somme d'argent nécessaire pour lui permettre de rester une quinzaine de jours à l'école et il en profita pour dérober un livre avec lequel il apprit seul à lire et à écrire ; mais il était si pauvre, nous raconte-t-il, qu'il n'avait pas de quoi s'acheter du papier et qu'il utilisait les pierres tombales comme ardoises pour travailler à ses exercices.

Il débuta dans la vie publique en professant à Vérone, mais un peu avant 1535, il fut désigné pour occuper une chaire de mathématiques à Venise. Il y vivait quand il accepta un défi d'un certain *Antoine del Fiore* (ou *Florido*), ce qui contribua à le rendre fameux.

Fiore avait appris de son maître, un nommé *Scipion Ferro* (qui mourut à Bologne en 1526), une solution empirique de l'équation cubique de la forme $x^3 + qx = r$.

Cette solution était antérieurement inconnue en Europe et il est probable qu'elle avait été trouvée par Ferro dans un ouvrage arabe. Tartaglia, en réponse à une requête de Colla en 1530, avait avancé qu'il pouvait effectuer la solution d'une équation numérique de la forme $x^3 + px^2 = r$.

Fiore, pensant que Tartaglia était un imposteur, lui envoya un défi, dont les conditions étaient les suivantes : chacun des compétiteurs devait déposer un certain enjeu entre les mains d'un notaire et celui qui donnerait la solution du plus grand nombre de problèmes, dans une série de trente questions proposées par l'autre, entrerait en possession des enjeux ; un délai de trente jours était d'ailleurs accordé à chacun d'eux pour résoudre les questions. Tartaglia savait que son adversaire connaissait la solution d'une équation cubique d'une certaine forme particulière, et, supposant que les questions qui lui seraient proposées dépendraient toutes de la solution d'équations de ce genre, se proposa le problème d'en trouver une solution générale, et parvint certainement à la solution de quelques unes sinon de toutes. On pense que sa solution reposait sur une construction géométrique (¹), et conduisait à la formule qui est souvent, bien qu'à tort, attribuée à Cardan,

Le moment du concours arrivé, toutes les questions proposées à Tartaglia dépendaient, comme il l'avait pensé. de la solution d'une équation cubique, et il parvint dans l'espace de deux heures à les ramener à des cas particuliers de l'équation $x^3 + qx = r$, dont il connaissait la solution. Son compétiteur échoua dans la solution de tous les problèmes qui lui étaient proposés et qui, cela va sans dire, se ramenaient tous à des équations numériques de la forme $x^3 + px^2 = r$. Tartaglia fut par conséquent proclamé le vainqueur et il composa quelques vers en l'honneur de sa victoire.

Les principaux ouvrages de Tartaglia sont les suivants :

1° Sa *Nova Scienza* publiée en 1537 : dans ce livre il étudie la chute des corps sous l'influence de la gravité; et il détermine la portée d'un projectile, en constatant qu'elle est maximum quand l'angle de projection est de 45°, mais ce résultat semble avoir été la conséquence d'une heureuse conjecture.

2° Ses *Inventioni*, ouvrage publié en 1546 et contenant entre autres sa solution des équations cubiques.

3° Son *Trattato de numeri e misuri*, consistant en une arithmétique, publiée en 1556, et en un traité sur les nombres, paru en 1560 ; il montre dans cet ouvrage comment les coefficients de x dans le développement de $(1 + x)^n$ peuvent se déduire, en faisant usage d'un triangle arithmétique (²), de ceux du développement de $(1 + x)^{n-1}$ pour les cas où l'on fait n successivement égal à 2, 3, 4, 5, ou 6.

Les autres ouvrages furent réunis en une seule édition et publiés de nouveau à Venise en 1606.

Le traité sur l'arithmétique et les nombres est un de ceux qui font principalement autorité pour nous renseigner sur l'ancien algorithme italien. Il est prolixe, mais il nous fait une claire exposition des différentes méthodes arithmétiques alors en usage; il renferme de nombreuses notes historiques qui, autant que nous pouvons les vérifier, sont dignes de confiance, et que nous avons grandement utilisés dans le dernier chapitre. Il contient un nombre considérable de problèmes sur toutes espèces de questions pouvant

(¹) Voir plus loin.
(²) Voir plus loin.

se présenter en arithmétique commerciale, et on y trouve plusieurs tentatives pour établir des formules algébriques s'appliquant à des problèmes particuliers.

Ces problèmes donnent incidemment nombre de bonnes informations sur la vie ordinaire et les coutumes commerciales du temps. Nous trouvons ainsi que l'intérêt de l'argent pour les placements offrant toute sécurité variait de 5 à 12 %, l'an ; tandis que l'intérêt pour les transactions commerciales était de 20 % l'an et plus. Tartaglia montrait le côté défectueux de la loi défendant l'usure, en expliquant comment elle était tournée dans les questions de fermage. Les fermiers endettés étaient mis par leurs créanciers dans l'obligation de vendre toutes leurs récoltes immédiatement après la moisson ; le marché se trouvant ainsi encombré, les prix de vente étaient très faibles, et les prêteurs d'argent achetaient à marché ouvert à des conditions extrêmement avantageuses. Les fermiers devaient alors emprunter le grain pour les semailles, à la condition de le remplacer par une quantité égale ou d'en payer le prix dans le courant du mois de mai, quand le cours du blé était le plus élevé. De même Tartaglia, à qui les magistats de Vérone avaient demandé d'établir une échelle mobile permettant de fixer le prix du pain d'après le cours du blé, entre dans une discussion sur les principes qu'on appliquait à son époque pour régler cette question. Dans un autre endroit il donne les règles usitées pour la préparation des médicaments.

Pacioli avait donné dans son arithmétique quelques problèmes plaisants, et Tartaglia l'imita en insérant une large collection de récréations mathématiques. Il s'en excuse à moitié en disant qu'il n'était pas rare à la fin du repas de proposer à la compagnie et comme sujet d'amusement des questions d'arithmétique, c'est pourquoi il ajoute quelques problèmes agréables. Il donne plusieurs questions relatives à la manière de deviner un nombre pensé par un membre de la compagnie, sur les liens de parenté créés par les mariages entre parents, ou sur les difficultés provenant de legs contradictoires.

D'autres récréations sont du genre de celles qui suivent : « trois jolies dames ont pour maris des hommes jeunes, agréables et galants, mais jaloux. Voyageant de compagnie, ils trouvent sur les bords d'une rivière qu'il faut traverser un petit bateau ne pouvant contenir que deux personnes à la fois. On demande comment s'effectuera le passage étant entendu que, pour éviter tout scandale, aucune femme ne sera laissée dans la société d'un homme, à moins que son mari ne soit présent?

« Un vaisseau portant comme passagers 15 Turcs et 15 chrétiens est saisi par la tempête, et le pilote déclare que le salut du bâtiment et de l'équipage exige que la moitié des passagers soit précipitée dans la mer. Pour faire le choix de ceux qui vont être sacrifiés, les passagers sont disposés en rond et il est convenu qu'en commençant à compter à partir d'un point déterminé, chaque neuvième homme sera jeté par-dessus bord. De quelle façon doit-on les disposer pour que les Turcs soient seuls désignés par le sort? »

« Trois hommes dérobent un vase contenant 24 onces de baume. En fuyant ils rencontrent dans un bois un marchand auquel ils achètent hativement trois vases. Arrivés dans un endroit sûr, ils se proposent de partager leur butin, mais ils constatent alors que leurs vases ne contiennent respectivement que 5, 11 et 13 onces. On demande comment ils vont s'y prendre pour faire trois part égales? »

Ces problèmes — dont quelques-uns sont d'origine orientale — forment la base des collections des récréations mathématiques de Bachet de Méziriac, d'Ozanam et de Montucla (¹).

Cardan (²). — La vie de Tartaglia fut troublée par une querelle, qu'il eut avec son contemporain Cardan ; celui-ci publia la solution

(¹) Les solutions de ces questions et d'autres problèmes semblables se trouvent dans nos *Mathematical Recreations and Problems*, dont une traduction française a paru en 1898. JACQUES OZANAM, né à Bouligneux, en 1640 et mort en 1717, laissa de nombreux ouvrages dont l'un, qui mérite d'être mentionné ici, est ses *Récréations mathématiques et physiques*, 2 volumes, Paris, 1696. JEAN-ÉTIENNE MONTUCLA, né à Lyon en 1725 et mort à Paris en 1799, publia une revue des récréations mathématiques d'OZANAM. Son histoire des essais faits pour effectuer la quadrature du cercle, 1754, et son histoire des mathématiques jusqu'à la fin du dix-septième siècle en 2 volumes, 1758, sont des ouvrages intéressants et de valeur.

(²) On trouve un remarquable récit de sa vie dans la *Nouvelle biographie générale*, par V. SARDOU. CARDAN laissa de lui une autobiographie dont une analyse, par H. MORLEY a été publiée en deux volumes, à Londres, en 1854. Tous les ouvrages imprimés de CARDAN furent réunis par SPONIUS, et publiés en 10 volumes, Lyon, 1663 ; ses travaux sur l'arithmétique et la géométrie sont contenus dans le quatrième volume. On prétend qu'il existe au Vatican plusieurs carnets manuscrits de notes qui n'ont pas encore été publiés.

d'une équation cubique, qu'il avait obtenue de Tartaglia en promettant de la tenir secrète. *Jérôme Cardan* naquit à Pavie le 24 septembre 1501, et mourut à Rome le 21 septembre 1576. Sa vie n'est que le récit d'une série d'actes inconséquents les plus extraordinaires. Joueur, peut-être meurtrier, il était aussi un fanatique de la science, résolvant des problèmes qui avaient longtemps déjoué toutes les recherches ; à un moment de sa vie il se livrait à des intrigues considérées comme scandaleuses, même au seizième siècle, à un autre moment il s'abandonnait à des divagations astrologiques et à une autre époque enfin il déclarait que la philosophie était le seul sujet digne de fixer l'attention de l'homme. C'était le génie frisant de près la démence.

Cardan était fils naturel d'un jurisconsulte de Milan, et il suivit les cours des universités de Pavie et de Padoue.

Après avoir pris ses grades, il commença par exercer la médecine à Sacco et Milan de 1524 à 1550 ; ce fut pendant ce temps qu'il étudia les mathématiques et publia ses principaux ouvrages. Après avoir passé une année environ en France, en Écosse et en Angleterre, il retourna à Milan comme professeur de sciences et peu après fut choisi pour occuper une chaire à Pavie. Là, son temps se partageait entre la débauche, l'astrologie et la mécanique. Ses deux fils étaient aussi mauvais et irascibles que lui-même : en 1560, l'aîné fut exécuté pour avoir empoisonné sa femme, et vers la même époque Cardan dans un accès de colère coupa les oreilles du plus jeune qui avait commis quelques méfaits ; cette action répréhensible ne lui attira aucune punition, le pape Grégoire XIII l'ayant pris sous sa protection. En 1562, Cardan se rendit à Bologne, mais son nom rappelait une vie si scandaleuse que les membres de l'Université s'arrangèrent pour l'empêcher de faire des cours, et ne désarmèrent que sous la pression de Rome. En 1570, il fut emprisonné pour hérésie parce qu'il avait publié l'horoscope de Jésus-Christ, et quand il fut relaché, il se vit si généralement détesté qu'il se détermina à abandonner sa chaire. Il quitta Bologne en 1571, et peu après se rendit à Rome. Cardan était l'astrologue le plus renommé de son temps et, lors de son séjour à Rome, il reçut une pension pour les services qu'il rendait comme astrologue à la cour pontificale. Cette dernière profession lui fut fatale, car, ayant annoncé qu'il devait mourir un certain jour, particulier, il se vit dans l'obligation de se suicider pour maintenir sa réputation intacte.

C'est là, du moins, la légende accréditée.

Le principal ouvrage mathématique de Cardan est l'*Ars Magna*, publié à Nuremberg en 1545. Cardan s'intéressait beaucoup à la lutte engagée entre Tartaglia et Fiore, et, comme il avait déjà commencé à écrire son livre, il demanda à Tartaglia de lui communiquer sa méthode de résolution de l'équation cubique. Tartaglia refusa, sur quoi Cardan l'injuria dans les termes les plus violents, mais peu après il lui écrivit en lui disant qu'un certain noble Italien, ayant entendu parler de sa réputation, était très désireux de faire sa connaissance, et il l'engageait à venir de suite à Milan. Tartaglia s'y rendit, et, bien que n'ayant trouvé aucun gentilhomme qui l'attendît, il céda néanmoins aux instances de Cardan et lui donna la règle tant désirée ; Cardan de son côté prit l'engagement par serment de ne jamais la révéler et même de ne pas la confier au papier excepté en caractères chiffrés. La règle est énoncée en quelques vers irréguliers qui existent encore. Cardan affirme qu'on ne lui communiqua que le résultat, et que la démonstration est de lui, mais le fait est douteux. Il paraît avoir aussitôt enseigné la méthode, et l'un de ses élèves, Ferrari, ramena l'équation du quatrième degré à une équation cubique et la résolut ainsi.

Quand l'*Ars Magna* fut publié en 1545, sa mauvaise foi devint manifeste. Tartaglia en éprouva naturellement une profonde irritation, et, après une controverse acrimonieuse, il envoya à Cardan un cartel le provoquant pour une lutte mathématique. Les préliminaires furent arrêtées et le lieu de la réunion devait être une certaine Eglise de Milan, mais le jour fixé arrivé. Cardan fit défaut et envoya Ferrari à sa place. Des deux côtés on se déclara vainqueur, bien que nous pensions que c'est Tartaglia qui réussit le mieux dans les épreuves imposées ; dans tous les cas la dissolution de la réunion fut provoquée par son compétiteur et il dut s'estimer heureux de pouvoir s'enfuir avant d'être assommé. Non seulement la fraude profita à Cardan, mais les écrivains modernes lui ont souvent attribué la solution en question, de telle sorte que Tartaglia n'eut même pas la réparation posthume qui lui était au moins due.

L'*Ars Magna* est un ouvrage bien plus avancé qu'aucune des

algèbres publiées antérieurement. Jusqu'à ce moment les algébristes s'étaient bornés à fixer leur attention sur les racines positives des équations. Cardan discuta les racines négatives et même imaginaires, et prouva que les dernières se présentaient toujours par couple, mais il se refusa à chercher une explication quant à la signification à attribuer à ces quantités « sophistiques » qui, disait-il, étaient ingénieuses bien qu'inutiles. Une grande partie de son analyse des équations cubiques semble être originale ; il montra que si les trois racines sont réelles, la solution de Tartaglia les donne sous une forme qui, contenant des quantités imaginaires, ne permet pas de les calculer. A l'exception de recherches, à peu près semblables à celles que publia Bombelli (¹) quelques années plus tard, la théorie des quantités imaginaires attira peu l'attention des mathématiciens postérieurs, jusqu'à ce qu'Euler et Jean Bernoulli eussent repris cette question après un intervalle d'environ deux siècles. Gauss le premier posa les bases méthodiques et scientifiques du sujet, introduisit la notation des variables complexes, et employa le symbole i, qui avait été introduit par Euler, pour dénoter la racine carrée de (-1) ; la théorie moderne est en grande partie basée sur ses recherches.

Cardan établit les relations entre les coefficients et les racines d'une équation. Il avait également connaissance du principe sur lequel repose « la règle des signes » de Descartes, mais, suivant la coutume alors en usage, il écrivait ses équations comme l'égalité de deux expressions, dans chacune desquelles tous les termes étaient positifs, de sorte qu'il ne lui était pas possible d'exprimer la règle d'une façon concise. Il donna une méthode pour déterminer une racine approchée d'une équation numérique, basée sur ce fait que, si une fonction change de signe quand on remplace la variable par deux nombres différents, l'équation obtenue en égalant la fonction à zéro aura une racine comprise entre ces deux nombres.

La solution de l'équation du second degré de Cardan est géométrique et en substance la même que celle donnée par Alkarismi. Sa solution d'une équation cubique est également géométrique, et se comprendra d'après l'exemple suivant qu'il donne dans le chap. XI.

_____

(¹) Voir plus loin.

Pour résoudre l'équation $x^3 + 6x = 20$ (ou toute autre équation de la forme $x^3 + qx = r$), on prend deux cubes tels que le produit de leurs arêtes soit 2 $\left(\text{ou } \frac{1}{3} q\right)$ et ayant pour différence de leurs volumes 20 (ou r). Alors x sera égal à la différence entre les arêtes des cubes. Pour vérifier cette règle, il pose d'abord ce lemme géométrique : si on enlève d'une ligne AC une certaine portion CB, la différence entre les cubes construits sur AC et BC surpassera le cube construit sur AB de trois fois le parallélépipède droit ayant respectivement pour arêtes AC, BC et AB — cette proposition est équivalente à l'identité algébrique

$$(a - b)^3 = a^3 - b^3 - 3ab\,(a - b),$$

et le fait que x satisfait à l'équation est alors évident. Pour obtenir les longueurs des arêtes des deux cubes, il n'a qu'à résoudre une équation du second degré et il se sert à cet effet de la solution géométrique précédemment exposée.

De même que les mathématiciens précédents, il donne des démonstrations séparées de sa règle pour les différentes formes que l'équation est susceptible de prendre. Ainsi il établit une formule de résolution différente pour les équations de chacune des formes

$$x^3 + px = q, \ x^3 = px + q, \ x^3 + px + q = 0 \ \text{ et } \ x^3 + q = px.$$

Peu de temps après Cardan, nombre de mathématiciens surgirent et s'occupèrent de la résolution des équations du 3° et 4° degré, mais leur importance n'est pas assez grande pour qu'on leur consacre une mention détaillée. Les plus célèbres d'entre eux sont peut être Ferrari et Rheticus.

Ferrari. — *Louis Ferraro*, généralement appelé *Ferrari*, et dont nous avons déjà cité le nom au sujet de la solution de l'équation biquadratique, naquit à Bologne le 2 février 1522 et mourut le 5 octobre 1565. Ses parents étaient pauvres et Cardan le prit à son service comme petit commissionnaire, mais il l'avait autorisé à suivre ses cours et il devint par la suite son élève le plus célèbre. On a fait de lui ce portrait « un petit garçon propre et rose, avec une voix douce, une face joyeuse et un agréable petit nez, aimant le plaisir, d'une grande intelligence » mais « avec les dispositions

d'un démon ». Ses manières, et de nombreux talents lui procu-
rèrent une place au service du cardinal Ferrando Gonzague ; il
s'arrangea de façon à y faire fortune. Ses dissipations influèrent sur
sa santé, et, en 1565, il se retira à Bologne où il commença à faire
des conférences sur les mathématiques. La même année il fut empoisonné, soit par sa sœur qui semble être la seule personne pour
laquelle il eut un peu d'affection, soit par l'amant de celle-ci.

Tous les travaux de Ferrari se trouvent dans l'*Ars Magna* de
Cardan ou dans l'*algèbre* de Bombelli, mais on ne peut rien lui attribuer d'une façon certaine à l'exception de la solution de l'équation
biquadratique. Colla avait proposé comme un défi aux mathématiciens la solution de l'équation

$$x^4 + 6\,x^2 + 36 = 60x\,;$$

équation particulière, probablement trouvée dans quelque livre
arabe. On ne connait rien au sujet de l'histoire de ce problème, si
ce n'est que Ferrari réussit là où Tartaglia et Cardan avaient
échoué.

Rhéticus. — *George Joachim Rheticus* né à Feldkirchen le
15 février 1514 et mort à Kaschau le 4 décembre 1576, était professeur à Wittenberg. Il étudia dans la suite sous la direction de
Copernic, qui lui laissa le soin de publier ses ouvrages. Rhéticus
construisit diverses tables trigonométriques, dont quelques unes
furent publiées en 1596 par son élève Othon. Elles furent par la
suite complétées et étendues par Viete et Pitiscus et servirent ainsi
de fondements à celles encore en usage. Rhéticus trouva également
les valeurs de $\sin 2\theta$ et $\sin 3\theta$ en fonction de $\sin \theta$ et $\cos \theta$ et il
n'ignorait pas que les rapports trigonométriques peuvent se définir
au moyen des rapports des côtés d'un triangle rectangle sans faire
intervenir le cercle.

Nous ajoutons ici les noms de quelques autres mathématiciens
célèbres qui vivaient à peu près à la même époque, bien que leurs
ouvrages aient actuellement peu d'intérêt pour nous en dehors des
amateurs d'antiquités.

François Morolico. — En latin *Maurolycus*, né à Messine, en
1494, de parents grecs et mort en 1575, traduisit de nombreux

ouvrages mathématiques latins et grecs et discuta les coniques considérées comme sections d'un cône. Ses œuvres ont été publiées à Venise en 1575.

Jean Borrel. — Né en 1492. et mort à Grenoble, en 1572, écrivit une algèbre basée sur celle de Stifel, et une histoire de la quadrature du cercle : ses ouvrages furent publiés à Lyon en 1559.

Guillaume Xylander. — Né à Augsbourg, le 26 décembre 1532, et mort le 10 février 1576 à Heidelberg où il était professeur depuis 1558; fit paraître en 1556 une édition des œuvres de Psellus, en 1562 une édition des *Eléments d'Euclide*, en 1575 une édition de l'*arithmétique* de *Diophante*; il composa aussi quelques ouvrages de moindre importance qui furent réunis et publiés, en 1577.

Federigo Commandin. — Né en 1509 à Urbin et mort dans la même ville le 3 septembre 1575, publia en 1558 une traduction des œuvres d'Archimède; en 1566 des extraits d'Apollonius et de Pappus : en 1572 une édition des *Eléments* d'Euclide ; et en 1574 des extraits choisis d'Aristarque, de Ptolémée, d'Héron et de Pappus, qu'il fit suivre de commentaires.

Jacques Peletier. — Né au Mans le 25 juillet 1517 et mort à Paris en juillet 1582, écrivit des livres classiques sur l'algèbre et la géométrie : la plupart des résultats de Stifel et de Cardan se trouvent dans le premier de ses ouvrages.

Adrien Romain. — Né à Louvain le 29 septembre 1561 et mort le 4 mai 1625, professeur de mathématiques et de médecine à l'université de Louvain, fut le premier qui établit la formule usuelle donnant le développement de sin (A + B). — Et enfin,

Barthélemy Pitiscus. — Né le 24 août 1561 et mort à Heidelberg où il était professeur de mathématiques, le 2 juillet 1613, publia en 1599 sa *Trigonométrie* : elle contient les expressions pour sin (A ± B) et cos (A ± B), en fonction des rapports trigonométriques des angles A et B.

Vers cette époque également plusieurs livres classiques parurent, qui contribuèrent à la classification méthodique des sujets, s'ils n'en étendirent pas les limites. Nous pouvons mentionner en particulier ceux de Ramus et de Bombelli.

Ramus ([1]). — *Pierre Ramus* naquit à Cutti en Picardie en 1515, et fut tué à Paris lors du massacre de la Saint-Barthélemy le 24 août 1572. Il fit ses études à l'Université de Paris et, en prenant son grade de maître-ès-arts, il étonna et charma l'Université par le développement brillant de sa thèse contre Aristote.

Il fit des conférences — car il faut se rappeler que dans les premiers temps il n'y avait pas de professeurs — tout d'abord au Mans puis à Paris; dans cette dernière ville, il créa la première chaire de mathématiques. Outre quelques ouvrages sur la philosophie, il écrivit des traités sur l'arithmétique, l'algèbre, la géométrie (inspirée d'Euclide), l'astronomie (basée sur les travaux de Copernic) et la physique qui furent longtemps regardés sur le Continent comme les meilleurs classiques sur ces sujets. Ils ont été réunis dans une édition de ses œuvres publiées à Bâle en 1569.

Bombelli. — Presque immédiatement après l'apparition du grand ouvrage de Cardan, *Raphaël Bombelli* publia en 1572 une algèbre qui est une exposition méthodique de ce qu'on connaissait alors de cette science. Dans la préface, il trace l'historique de la question et fait allusion à Diophante qui, malgré la notice de Regiomontanus, était encore inconnu en Europe. Il discute les radicaux, réels et imaginaires. Il traite également la théorie des équations et montre que, dans le cas irréductible d'une équation cubique, les racines sont toutes réelles; il fait remarquer que le problème de la trisection d'un angle se ramène à la solution d'une équation cubique. Enfin il donne une collection abondante de problèmes.

L'ouvrage de Bombelli est à noter à cause de l'emploi de symboles qui font pressentir la notation par indices. Marchant sur les traces de Stifel, il introduit les symboles 1 , 2 , 3 ..., pour désigner la quantité inconnue, son carré, son cube, et ainsi de suite.

([1]) Voir les monographies, par CH. WADDINGTON, Paris, 1855; et par C. DESMAZE, Paris, 1864.

Par conséquent il écrivait $x^2 + 5x - 4$ comme il suit :

$$1 \; \underline{2} \; p. \; 5 \; \underline{1} \; m. \; 4$$

En 1586, Stevin employait d'une façon semblable 1 , 2 , 3 ...,
et avait suggéré, bien qu'il n'en ait pas fait usage, une notation
correspondante pour les indices fractionnaires. Il aurait écrit
comme il suit l'expression précédente

$$1 \; 2 + 5 \; 1 \; - 4 \; 0 .$$

Mais, que ces symboles fussent plus ou moins avantageux, ils
n'étaient encore uniquement que des abréviations pour des mots,
et étaient soumis à toutes les règles de la syntaxe. Ils constituaient
simplement une sorte de sténographie permettant d'exprimer d'une
façon concise les diverses périodes d'une solution et les résultats. Le
premier perfectionnement fut la création de l'algèbre symbolique,
dont le mérite revient principalement à Viète.

LE DÉVELOPPEMENT DE L'ALGÈBRE SYMBOLIQUE

Nous avons maintenant atteint un point, au-delà duquel il était
difficile de faire progresser d'une façon sensible l'algèbre, aussi
longtemps qu'elle resterait rigoureusement syncopée. Il est évident
que Stifel et Bombelli ainsi que d'autres auteurs du seizième siècle
avaient introduit quelques idées relatives à l'algèbre symbolique ou
étaient sur le point de le faire. Mais, autant qu'il est possible d'attribuer le mérite de l'invention de l'algèbre symbolique à un seul
homme, nous pouvons peut-être l'accorder à Viète, tandis que nous
pouvons dire qu'Harriot et Descartes firent plus que n'importe quel
écrivain pour en généraliser l'usage. Il est nécessaire de se rappeler
cependant que ces innovations ne furent généralement connues
qu'après un certain temps et ne devinrent familières aux mathématiciens que quelques années après avoir été publiées.

Viète ([1]). — *Franciscus Vieta (François Viète)* naquit en 1540
à Fontenay-le-Comte près de la Rochelle et mourut à Paris en

([1]) Une exposition des œuvres de VIÈTE est donnée dans le vol. II, des *Tracts*
de C. HUTTON, Londres, 1812-15.

1603. Ses parents le destinaient à la magistrature et il fut attaché pendant quelque temps au barreau de Paris : il devint ensuite membre du parlement provincial en Bretagne ; et finalement, en 1580, grâce à l'influence du duc de Rohan, il fut nommé maître des requêtes au Parlement de Paris. C'était un convaincu de la doctrine du droit divin des Rois et probablement un catholique zélé. Après 1580, il consacra la plus grande partie de ses loisirs aux mathématiques, bien que son grand ouvrage *In Artem Analyticam Isagoge* dans lequel il expliquait comment l'algèbre pouvait être appliquée à la résolution des problèmes de géométrie, ne fut pas publié avant 1591.

Sa réputation comme mathématicien était déjà considérable, lorsque l'ambassadeur des Provinces-Unies fit remarquer un jour à Henri IV que la France ne possédait aucun géomètre capable de résoudre un problème qui avait été proposé en 1593 par son compatriote Adrien Romain à tous les mathématiciens du monde et qui exigeait la solution d'une équation du 45me degré. Le roi fit venir Viète et lui fit part du défi. Viète vit que l'inconnue de l'équation représentait la longueur de la corde d'un cercle (ayant l'unité pour rayon) sous-tendant un angle au centre égal à $\frac{2\pi}{45}$ et, au bout de quelques minutes, il fit remettre au roi deux solutions du problème écrites au crayon. Comme complément d'explication, nous devons ajouter que Viète avait antérieurement découvert comment on pouvait former $\sin n\vartheta$ au moyen de $\sin\vartheta$ et $\cos\vartheta$. Viète à son tour proposa à Romain de construire un cercle tangent à trois cercles donnés. C'était le problème traité par Apollonius dans son *De Tactionibus*, livre perdu que Viète restitua par conjectures un peu plus tard. Romain résolut la question au moyen des sections coniques mais ne put trouver une solution par la géométrie euclidienne. Viète donna une solution euclidienne, qui fit une telle impression sur Romain que celui-ci entreprit le voyage de Fontenay-le-Comte, où se trouvait alors la Cour du roi de France, pour faire la connaissance de Viète, connaissance qui se transforma rapidement en une constante amitié.

Henri IV avait été vivement frappé de la haute sagacité de Viète. Une autre circonstance donna à celui-ci l'occasion de la manifester d'une manière brillante.

Les Espagnols se servaient à cette époque d'un chiffre, contenant environ 600 caractères, qui étaient périodiquement changés et qu'il était impossible, croyaient-ils, de déchiffrer. Une dépêche ayant été interceptée, le roi la donna à Viète en lui demandant d'essayer de la lire et de trouver la clef du chiffre. Viète y parvint, et pendant deux ans les Français utilisèrent fort avantageusement cette découverte, durant la guerre qui était alors engagée. Philippe II était tellement convaincu que le chiffre ne pouvait être découvert, que, lorsqu'il eut constaté que ses plans étaient connus, il se plaignit au pape de ce que les Français avaient recours à la sorcellerie « contrairement à la pratique de la foi chrétienne. »

Viète écrivit de nombreux ouvrages sur l'algèbre et la géométrie. Les plus importants sont : le *In Artem Analyticam Isagoge*, Tours 1591 : le *Supplementum Geometriæ* et une collection de problèmes de géométrie, Tours 1593 ; et le *De Numerosa Potestatum Resolutione*, Paris, 1600 : tous ne furent imprimés qu'à un petit nombre d'exemplaires pour son usage privé, mais ils furent réunis par F. Van Schooten et publiés en un volume à Leyde en 1646. Viète écrivit aussi le *De Æquationum Recognitione et Emendatione* qui fut publié en 1615, après sa mort, par Alexandre Anderson.

Le *In Artem* est le plus ancien ouvrage sur l'algèbre symbolique. Il y introduisit l'usage des lettres pour représenter à la fois les quantités (positives) connues et inconnues, une notation pour les puissances, et il insistait sur l'avantage de n'opérer que sur des équations homogènes. A cet ouvrage un appendice intitulé *Logistice speciosa* fut ajouté ; il traitait de l'addition et de la multiplication des quantités algébriques et de l'élévation d'un binôme à ses diverses puissances jusqu'à la sixième. Viète laisse supposer qu'il savait comment former les coefficients de ces six développements en se servant du triangle arithmétique, comme Tartaglia l'avait déjà fait ; mais Pascal donna la règle générale pour former ces coefficients pour une puissance quelconque, et Stifel avait déjà fait connaître comment on pouvait former le développement de $(1 + x)^n$ lorsque les coefficients du développement de $(1 + x)^{n-1}$ étaient connus ; Newton fut le premier qui donna l'expression générale du coefficient de x^p dans le développement de $(1 + x)^n$. Un autre appendice, connu sous le nom de *Zetetica*, sur la résolution des équations, fut, par la suite, ajouté au *In Artem*.

Le *In Artem* est remarquable à cause de deux perfectionnements qu'on y trouve concernant la notation algébrique, bien que probablement Viète en ait pris l'idée dans d'autres auteurs.

L'un de ces perfectionnements consiste dans la représentation des quantités connues par les consonnes B, C, D,... etc., et des quantités inconnues par les voyelles A, E, I, etc. Il lui était possible de la sorte d'introduire dans un problème un certain nombre de quantités inconnues ; mais, sur ce point particulier, il semble avoir été devancé par Jordanus et par Stifel. L'usage actuel des lettres du commencement de l'alphabet *a*, *b*, *c*. etc, pour représenter les quantités connues et des lettres de la fin de l'alphabet, *x*, *y*, *z*,... etc.. pour désigner les inconnues, a été introduit par Descartes en 1637.

Voici en quoi consiste le second perfectionnement ; jusqu'à cette époque on avait l'habitude d'introduire de nouveaux symboles pour représenter le carré, le cube, etc., des quantités figurant déjà dans les équations ; ainsi si l'inconnue x était désignée par R ou N, le carré x^2 se désignait par Z ou C ou Q, le cube x^3 par C ou K, etc. Aussi longtemps qu'il en fut ainsi, le principal avantage de l'algèbre consistait à présenter une exposition concise des résultats en opérant graduellement. Mais quand Viète fit usage de la lettre A pour indiquer la quantité inconnue x, il employait quelquefois A *quadratus*, A *cubus*..., pour représenter x^2, x^4..., ce qui permettait de voir aussitôt la relation existant entre ces diverses puissances ; et plus tard les puissances successives de A furent communément désignées par les abréviations Aq, Ac, Aqq, etc. Ainsi Viète aurait écrit l'équation

$$3\,BA^2 - DA + A^3 = Z$$

ainsi

B 3 *in* A *quad.* — D *plano in* A + A *cubo æquatur* Z *solido.*

Il faut observer que les dimensions des constantes (B, D et Z) sont choisies de façon à rendre l'équation homogène, c'est la caractéristique de tout son ouvrage. Il faut également noter qu'il n'emploie pas un signe pour l'égalité et, en fait, le signe particulier ═ que nous utilisons aujourd'hui à cet effet était employé par lui pour représenter « la différence entre ». La notation de Viète n'était pas si commode que celle usitée antérieurement par Stifel, Bombelli et

Stevin, mais elle fut plus généralement adoptée ; des exemples occasionnels d'une notation, se rapprochant de la notation avec indices, telle que A⁷, se rencontrent, dit-on, dans les œuvres de Viète.

Ces deux perfectionnements étaient à peu près indispensables pour aider aux progrès ultérieurs de l'algèbre. Pour les deux, Viète avait été devancé, mais il eut la bonne fortune en en faisant saisir l'importance dans un style emphatique, de trouver le moyen de les faire connaître d'une façon générale à une époque où l'opinion était disposée à les adopter.

Le *De Æquationum Recognitione et Emendatione* traite principalement de la théorie des équations. Viète y montra que le premier membre d'une équation algébrique $\varphi(x) = 0$ peut être transformé en facteurs linéaires, et il expliqua comment les coefficients de x peuvent être exprimés en fonction des racines. Il donna également le moyen de former, à l'aide d'une équation donnée, une autre équation ayant pour racines celles de la première augmentées d'une quantité donnée ou multipliées par une quantité donnée : et il utilisa cette méthode pour se débarrasser du coefficient de x dans l'équation du second degré et du coefficient de x^2 dans une équation cubique, ce qui lui permit d'arriver à la solution algébrique générale de ces deux sortes d'équation.

Sa solution de l'équation cubique est la suivante : Il réduit d'abord l'équation à la forme $x^3 + 3a^2x = 2b^3$. Posant ensuite $x = \dfrac{a^2}{y} - y$, il obtient par substitution $y^6 + 2b^3y^3 = a^6$, c'est-à-dire une équation quadratique en y^3. Il peut alors trouver y et déterminer x.

Sa solution d'une équation biquadratique est semblable à celle de Ferrari, que nous connaissons ; la voici en substance : il commence par se débarrasser du terme en x^3, et l'équation se trouve alors ramenée à la forme $x^4 + a^2x^2 + b^3x = c^4$. Il fait ensuite passer les termes en x^2 et x dans le membre de droite, puis ajoutant de part et d'autre $x^2y^2 + \dfrac{1}{4}y^4$, l'équation devient

$$\left(x^2 + \frac{1}{2}y^2\right)^2 = x^2(y^2 - a^2) - b^3x + \frac{1}{4}y^4 + c^4.$$

Il choisit alors y de telle sorte que le second membre de cette égalité soit un carré parfait. Substituant à y cette valeur, il peut

prendre la racine carrée des deux membres, ce qui lui donne deux
équations quadratiques pour x, dont chacune peut être résolue.

Le *De Numerosa Potestatum Resolutione* traite de la résolution
de nombreuses équations numériques. Dans cet ouvrage se trouve
une méthode pour déterminer les valeurs approchées des racines
positives, mais elle est prolixe et de peu d'usage, bien que son principe (qui est semblable à celui sur lequel s'appuie la règle de Newton) soit exact. Les racines négatives sont invariablement rejetées.
Cet ouvrage est à peine digne de la réputation de Viète.

Les recherches trigonométriques de Viète sont comprises dans
divers traités réunis dans l'édition de Van Schooten. Outre quelques
tables trigonométriques, il donna l'expression générale du sinus (ou
corde) d'un angle en fonction du sinus et du cosinus de ses sous-
multiples. Delambre estime que ces recherches forment le complément du système trigonométrique arabe.

Nous pouvons en conclure que depuis ce temps les résultats de la trigonométrie élémentaire étaient connus des mathématiciens. Viète étudia également la théorie des triangles sphériques
rectangles.

Viète a démontré que les problèmes de la trisection de l'angle
et de la duplication du cube dépendent de la résolution d'une équation cubique. Il eut en 1594 avec Clavius une controverse au sujet
de la réforme du calendrier, mais dans cette circonstance il ne paraît
pas avoir été bien conseillé.

Les travaux de Viète en géométrie sont remarquables sans présenter une grande originalité. Il appliqua l'algèbre et la trigonométrie dans ses recherches sur les propriétés des figures. Il insista,
comme nous l'avons déjà dit, sur ce fait qu'il était avantageux
d'opérer toujours sur des équations homogènes, de telle sorte que,
si l'on donnait un carré ou un cube, on devait les représenter par
des expressions telles que a^2 ou b^3, et non par des termes tels que m
ou n, qui n'indiquent pas les dimensions des quantités qu'ils représentent. Il eut une vive dispute avec Scaliger au sujet de l'ouvrage
sur la quadrature du cercle publié par ce dernier et il réussit
à montrer l'erreur dans laquelle son rival était tombé. Il établit
lui-même une relation curieuse entre l'aire du carré et celle du
cercle circonscrit et montra que ces deux surfaces sont entre elles

comme le produit infini

$$\sqrt{\frac{1}{2}} \times \sqrt{\frac{1}{2} + \sqrt{\frac{1}{2}}} \times \sqrt{\frac{1}{2} + \sqrt{\frac{1}{2} + \sqrt{\frac{1}{2}}}} \times \ldots\ldots \text{ est à } 1.$$

C'est là un des plus anciens essais tentés pour arriver à une valeur de π au moyen d'une série infinie.

Viète connaissait bien les écrits des géomètres grecs. Ce fut lui qui fit la première tentative, dans laquelle il devait trouver des imitateurs, de reconstituer des travaux perdus. Il restitua l'ouvrage perdu d'Apollonius : De *Tactionibus*.

Girard. — Les résultats obtenus par Viète en trigonométrie et dans la théorie des équations furent développés par *Albert Girard*, mathématicien hollandais, né en Lorraine en 1595 et mort le 9 décembre 1632.

En 1626 Girard publia à la Haye un court traité de Trigonométrie, auquel étaient annexées des tables des valeurs des fonctions trigonométriques. Cet ouvrage contient l'exemple le plus ancien de l'usage des abréviations *sin.*, *tan.*, *sec.* pour sinus, tangente et sécante.

Les triangles supplémentaires en trigonométrie sphérique sont également étudiés ; leurs propriétés semblent avoir été découvertes à peu près en même temps par Girard et Snell. Girard donna aussi l'expression de l'aire d'un triangle sphérique en fonction de l'excès sphérique, découverte que Cavalieri fit de son côté. En 1627 Girard fit paraître une édition de la géométrie de Marolois avec de nombreuses additions.

Les recherches algébriques de Girard sont contenues dans l'ouvrage *Invention nouvelle en Algèbre* publié à Amsterdam en 1629 : il contient l'exemple le plus ancien de l'usage des crochets ; une interprétation géométrique du signe négatif ; la constatation que le nombre des racines d'une équation est égal à son degré ; la reconnaissance distincte des racines imaginaires ; le théorème connu sous le nom de règle de Newton pour trouver la somme des puissances semblables des racines d'une équation, et probablement aussi, la remarque que le premier membre d'une équation algébrique $\varphi(x) = 0$ peut être décomposé en facteurs linéaires. Les recherches

de Girard, ignorées de la plupart de ses contemporains, n'exer-
cèrent aucune influence appréciable sur le développement des mathématiques.

L'invention des logarithmes par Neper de Merchiston en 1614
et leur introduction en Angleterre par Briggs et d'autres ont déjà
été mentionnées dans le chapitre xi. Nous pouvons ajouter ici
quelques mots sur ces mathématiciens.

Neper ([1]). — *Jean Napier* ou *Neper* naquit à Merschiston en
1550 et mourut le 4 avril 1617. Il passa la plus grande partie de
sa vie sur ses terres dans le voisinage d'Edinbourg, et prit une part
active dans les controverses politiques et religieuses de l'époque ;
la grande occupation de sa vie a été de montrer que le pape représentait l'ante-christ, mais son amusement favori était l'étude des
mathématiques et de la science.

Aussitôt que les exposants furent d'un usage commun en algèbre,
l'introduction des logarithmes devait naturellement suivre ; mais
Neper raisonna sans employer, pour faciliter ses recherches, aucune
notation symbolique et l'invention des logarithmes est le résultat
d'efforts tentés pendant plusieurs années dans le but d'abréger les
procédés de la multiplication et de la division. Il est vraisemblable
que l'attention de Neper fut attirée sur ce sujet, en voyant le
vif plaisir que semblaient prendre quelques-uns de ses contemporains, à se surpasser les uns les autres dans les développements
donnés à leurs multiplications et à leurs divisions. Les tables trigonométriques de Rhéticus, publiées en 1596 et 1613, avaient été
calculées d'une manière très laborieuse : Viète lui-même se plaisait
à effectuer des calculs arithmétiques, dont beaucoup exigeaient des
journées d'un travail ardu, et dont souvent les résultats ne servaient
à rien d'utile ; L. Van Ceulen (1539-1610) consacra en réalité sa
vie à calculer une valeur numérique approchée de π, et finalement
en 1610 il en obtenait une exacte jusqu'à 35 chiffres décimaux :
pour citer un dernier exemple, P. A. Cataldi (1548-1626), qui
est principalement connu pour son invention en 1613 des fractions

([1]) Voir les *Memoirs of Napier*, par MARK NAPIER. Edinbourg, 1834. Une
édition de toutes ses œuvres a été publiée à Edinbourg, en 1839.
Une bibliographie de ses écrits est annexée à une traduction de l'ouvrage
Constructio, par W. R. MACDONALD. Edinbourg, 1889.

continues, passa des années entières à effectuer des calculs numériques.

En ce qui concerne les autres travaux de Neper, nous pouvons encore mentionner que dans sa *Rabdologia*, ouvrage publié en 1617, il faisait connaître une forme perfectionnée de baguettes au moyen desquelles on pouvait trouver mécaniquement le produit de deux nombres ou le quotient de leur division. Il inventa aussi deux autres baguettes appelées « virgulæ » avec lesquelles on pouvait extraire les racines carrée et cubique. Nous pourrions ajouter qu'en trigonométrie sphérique il découvrit certaines formules connues sous le nom de *analogies de Neper* et appelées « *la règle des parties circulaires* » pour la résolution des triangles sphériques rectangles.

Briggs. — Le nom de Briggs est lié d'une façon inséparable à l'histoire des logarithmes. *Henri Briggs* ([1]) naquit près d'Halifax en 1561 : il fit ses études au collège de St-Jean à Cambridge, prit son grade de maître ès-arts en 1581, et obtint une agrégation en 1588. Il fut choisi en 1596 pour occuper la chaire de géométrie fondée par Gresham, et en 1619 ou 1620 obtint la chaire de Savile à Oxford, et l'occupa jusqu'à sa mort le 26 janvier 1631. Il peut être intéressant d'ajouter que la chaire de géométrie fondée par Sir Thomas Gresham fut la plus ancienne qui ait été créée dans la Grande Bretagne. Environ vingt ans plus tôt, Sir Henri Savile avait donné à Oxford des conférences libres sur la géométrie grecque et les géomètres grecs, et en 1619 il dota les chaires de géométrie et d'astronomie de cette université qui portent encore son nom. A la fois à Londres et à Oxford, Briggs fut le premier qui occupa la chaire de géométrie. A Oxford il commença ses leçons par la neuvième proposition du premier livre d'Euclide, Savile n'ayant pas été capable de pousser ses conférences plus loin. A Cambridge, la chaire Lucasian fut créée en 1663 et les plus anciens professeurs qui l'occupèrent furent Barrow et Newton.

L'adoption presque immédiate en Europe des logarithmes, pour les calculs astronomiques ou autres, est due principalement à

([1]) Voir pp. 27-30 de notre *History of the Study of Mathematics at Cambridge*. Cambridge, 1889.

Briggs qui entreprit le pénible travail de calculer et de préparer des tables de logarithmes. Il réussit à convaincre Kepler de l'avantage que présentait la découverte de Neper, et le développement des logarithmes fut rendu plus rapide par la propagande et la réputation de Kepler, qui les mit en vogue en Allemagne par ses tables de 1625 et de 1629, tandis que Cavalieri en 1624 et Edmond Wingate en 1626 rendaient respectivement le même service aux mathématiciens italiens et français.

Briggs se rendit encore utile en vulgarisant la méthode de division qui est encore généralement employée de nos jours.

Harriot. — *Thomas Harriot*, qui naquit à Oxford en 1560 et mourut à Londres, le 2 juillet 1621, travailla beaucoup à étendre et à codifier la théorie des équations. Il passa sa jeunesse en Amérique avec Sir Walter Raleigh : il y fit là première étude topographique de la Virginie et de la Caroline du Nord, dont les cartes furent dans la suite offertes à la reine Elisabeth. A son retour en Angleterre il s'établit à Londres et consacra presque tout son temps à des études mathématiques.

La majeure partie des propositions données par Viète se trouvent dans les écrits d'Harriot, mais on ne sait si elles ont été découvertes par lui indépendamment des travaux de Viète, ou s'il en avait connaissance. Dans tous les cas il est probable que ce dernier n'avait pas complètement démontré tout ce qui est contenu dans les propositions énoncées. Quelques conséquences de ces propositions avec des développements et une exposition systématique de la théorie des équations furent données par Harriot dans son ouvrage *Artis Analyticæ Praxis* imprimé en 1631. Cet ouvrage est plus analytique qu'aucune autre algèbre antérieure et marque un progrès à la fois dans le symbolisme et dans la notation, mais les racines négatives et imaginaires sont rejetées. Il fut beaucoup lu et doit être considéré comme un de ceux qui ont le plus contribué à répandre les méthodes analytiques. Harriot, le premier fit usage des signes $>$ et $<$ pour représenter « plus grand que » et « plus petit que ». Quand il désignait la quantité inconnue par a, il écrivait son carré aa, son cube aaa, et ainsi de suite. C'est là un perfectionnement bien net de la notation de Viète. Le même symbolisme était employé par Wallis jusqu'en 1685, mais concurremment avec la notation moderne des exposants qui a été introduite par Descartes.

Nous croyons inutile de faire allusion aux autres recherches d'Harriot qui ont comparativement peu de valeur ; des extraits de quelques-unes d'entre elles ont été publiés par S. P. Rigaud en 1833.

Oughtred. — Parmi ceux qui contribuèrent à faire adopter en Angleterre ces divers perfectionnements, et ces additions variées algorithmiques et algébriques, il faut citer *Guillaume Oughtred* ([1]), qui naquit à Eton le 5 mars 1575 et mourut dans sa cure d'Albury (Comté de Surrey) le 30 juin 1660. On a quelquefois dit que sa mort fut causée par l'émotion et le plaisir qu'il éprouva « en apprenant que la Chambre des Communes (ou Convention) avait voté le retour du roi » ; un critique récent ajoute qu'il faut se souvenir « comme explication, que c'était alors (Oughtred) un vieillard de quatre-vingt-six ans », mais la date seule de sa mort suffit peut-être pour discréditer cette légende. Oughtred fit ses études à Eton et au collège du roi à Cambridge ; fellow de ce dernier collège il y fit pendant quelque temps des conférences mathématiques.

Son ouvrage *Clavis Mathematicæ* publié en 1631 est un bon livre classique méthodique sur l'arithmétique, qui contient tout ce qui était alors connu sur le sujet. Il y introduisit le symbole $\times$ pour la multiplication. On y trouve aussi le symbole :: pour indiquer une proportion, antérieurement une proportion telle que $a : b = c : d$ était généralement écrite $a - b - c - d$; il l'écrivait $a.\,b :: c.\,d$. Wallis dit que quelques personnes trouvèrent le livre défectueux à cause du style, mais d'après lui, ceux qui pensaient ainsi faisaient preuve de peu de compétence, car dans Oughtred « les phrases sont abondantes mais non redondantes ». Pell fait une remarque à peu près semblable.

Oughtred écrivit aussi un traité de trigonométrie, publié en 1657, et dans lequel les abréviations pour *sinus*, *cosinus* etc, étaient employées. C'était là réellement un perfectionnement important mais les ouvrages de Girard et d'Oughtred, dans lesquels ces abréviations figurent, furent négligés et bientôt oubliés, et ces simplifica-

([1]) Voir pp. 30-31 de notre *History of the Study of Mathematics at Cambridge.* Cambridge, 1889. Une édition complète des œuvres d'OUGHTRED a été publiée à Oxford, en 1677.

tions dans l'écriture des fonctions trigonométriques ne furent généralement adoptées que lorsqu'Euler les eut introduites à nouveau.

Nous pouvons nous résumer en disant qu'à partir de ce moment
l'arithmétique, l'algèbre et la trigonométrie élémentaires ont été
traitées d'une manière qui, en substance, ne diffère pas de celle
exposée dans nos ouvrages contemporains ; de plus les perfectionnements introduits dans la suite consistèrent en additions et
non en remaniements ayant pour but de présenter ces sciences sur
de nouvelles bases.

ORIGINE DES SYMBOLES LES PLUS COMMUNÉMENT
EMPLOYÉS EN ALGÈBRE.

Il peut être utile de réunir ici dans un paragraphe spécial les
remarques diverses qui ont déjà été faites sur l'introduction des
symboles pour les opérations les plus usuelles de l'algèbre ([1]).

Les plus anciens Grecs, les Hindous et Jordanus indiquaient
l'addition par une simple juxtaposition. Il faut observer que c'est
encore l'usage en arithmétique ou l'on écrit $2\frac{1}{2}$ pour $2 + \frac{1}{2}$. Les
algébristes italiens, quand ils abandonnèrent l'expression de chaque
opération par des mots écrits sans abréviation et introduisirent
l'algèbre syncopée, indiquèrent généralement *plus* par sa lettre
initiale P ou *p*, en traçant quelquefois une ligne à travers la lettre
pour indiquer qu'il s'agissait d'une contraction ou d'un symbole
d'opération et non d'une quantité. Cependant cette façon d'o-
pérer n'était pas uniforme : Pacioli, par exemple, représentait
plus parfois par $\bar{p}$ et d'autre fois par *e* ; Tartaglia employait communément Φ. D'un autre côté les algébristes allemands et anglais
introduisirent le signe $+$ presqu'aussitôt qu'ils firent usage des
procédés de l'algorithme, mais ils n'en parlaient que comme d'un
signum additorum et l'employèrent seulement pour indiquer
l'excès ; ils s'en servirent aussi avec une signification spéciale dans

([1]) Voir aussi deux articles, par C. HENRY, dans les numéros de juin et
juillet 1879 de la *Revue Archéologique*, vol. XXXVII, pp. 324-333, vol.
XXXVIII, pp. 1-10.

les solutions par la méthode de fausse supposition. Widman l'employait en 1489 comme une abréviation pour excès : vers 1630 ce signe faisait partie de la notation algébrique reconnue et était également usité comme symbole d'opération.

La *soustraction* était indiquée par Diophante au moyen de la lettre Ψ renversée et tronquée. Les Hindous la représentaient par un point. Les algébristes italiens, quand ils introduisirent l'algèbre syncopée représentèrent généralement *moins* par M ou *m*, en traçant quelquefois une ligne à travers la lettre, mais cette pratique n'était pas uniforme — Pacioli, par exemple, indiquait quelquefois l'opération par $\overline{m}$ et d'autres fois par *de* pour *demptus*. Les algébristes allemands et anglais introduisirent le symbole actuel — qui pour eux était un *signum subtractorum*. Il est très probable que la barre verticale dans le symbole pour *plus* fut superposée sur le symbole pour *moins* afin de les distinguer l'un de l'autre. Il est à noter que Pacioli et Tartaglia trouvèrent le signe — déjà employé pour représenter indifféremment une division, un rapport ou une proportion. Le signe actuel pour moins était d'un usage général vers l'an 1630 et était alors employé comme symbole d'opération.

Viète, Schooten, et d'autres parmi leurs contemporains employaient le signe = écrit entre deux quantités pour indiquer la différence de ces deux quantités; ainsi $a = b$ signifiait pour eux ce que nous représentons aujourd'hui par $a - b$. D'un autre côté Barrow se servait pour le même usage du signe —.

Nous ne pouvons dire quand et par qui le symbole courant — fut employé pour la première fois avec la signification actuelle.

Oughtred en 1631 employait le signe × pour indiquer la *multiplication* : Harriot la même année introduisait dans le même but l'usage du point; Descartes en 1637 se bornait à juxtaposer les facteurs. Nous ne connaissons aucun symbole employé antérieurement. Leibnitz en 1686 représentait la multiplication par le signe ⌒.

La *division* était ordinairement indiquée par la méthode arabe, en écrivant les quantités sous la forme d'une fraction avec une ligne séparative, c'est-à-dire de l'une des trois façons $a - b$, $a_{|}b$ ou $\frac{a}{b}$. Oughtred en 1631 employait le point pour indiquer soit une division, soit un rapport. Leibnitz en 1686 employait le signe ⌣.

Le signe : employé pour représenter un rapport se trouve dans les deux dernières pages de l'ouvrage d'Oughtred *Canones Sinuum* 1657. Nous pensons que le symbole ÷ par lequel on désigne quelquefois la division résulte simplement de la combinaison de — et du symbole : pour le rapport ; il était employé par Johann Heinrich Rahn à Zürich en 1659, et par Jean Pell à Londres en 1668. Le symbole ÷÷ était usité par Barrow et par d'autres écrivains de son temps pour une proportion continue.

Le signe dont on fait couramment usage aujourd'hui pour représenter l'*égalité* a été introduit par Robert Recorde en 1557 : Xylander en 1575 se servait de deux lignes parallèles verticales ; mais en général jusqu'à l'année 1600, le mot égalité était écrit en toutes lettres et à partir de ce moment jusqu'à Newton, c'est-à-dire jusque vers 1680, il était plus fréquemment représenté par $\propto$ ou par ∞ plutôt que par tout autre symbole. L'un ou l'autre de ces deux derniers signes était usité comme une contraction des deux premières lettres du mot *æqualis*.

Le symbole :: pour indiquer une proportion ou l'égalité de deux rapports fut introduit par Oughtred en 1631, et l'emploi en fut généralisé par Wallis en 1686. Il n'y a aucune nécessité d'avoir pour représenter l'égalité de deux rapports, un signe différent de celui usité pour indiquer l'égalité de deux autres quantités, et il est préférable de remplacer le signe :: par =.

Le signe > pour *est plus grand que* et le signe < pour *est plus petit que* ont été introduits par Harriot en 1631, mais Oughtred avait imaginé simultanément, et dans le même but, les symboles ⊔ et ⊓ ; et ces derniers furent fréquemment employés jusqu'au commencement du dix-huitième siècle, en particulier par Barrow.

> Les symboles =|= pour *n'est pas égal à*
> >|> pour *n'est pas plus grand que*
> et   <|< pour *n'est pas plus petit que*

sont de création récente et ne sont guère usités, pensons-nous, en dehors de la Grande-Bretagne.

Le vinculum fut introduit par Viète en 1591, et les parenthèses furent employées pour la première fois par Girard en 1629.

Le symbole $\sqrt{}$ indiquant la racine carré a été introduit par

Rudolff en 1526 : Bhaskara et Chuquet avaient déjà employé une notation semblable.

Nous avons déjà fait une brève allusion aux différentes manières de représenter les puissances successives auxquelles on peut élever une certaine quantité. La plus ancienne tentative connue faite pour établir un système de notation symbolique appartient à Bombelli qui, en 1572, représentait la quantité inconnue par $\underset{\smile}{1}$, son carré par $\underset{\smile}{2}$, son cube par $\underset{\smile}{3}$, etc. En 1586, Stevin employait de la même manière ①, ②, ⑤,... etc, et suggéra, bien qu'il n'en fit pas usage, une notation correspondante pour les indices fractionnaires. En 1591, Viète apporta une légère amélioration en représentant les différentes puissances de A par A. A *quad*, A *cub*. etc., de telle sorte qu'il pouvait indiquer les puissances de différentes quantités. Harriot en 1631, perfectionna à son tour la notation de Viète en écrivant *aa* pour a^2, *aaa* pour a^3, etc., et cette façon d'écrire demeura en usage pendant cinquante ans en concurrence avec la notation par indices. En 1634 P. Herigone, dans son *Cursus mathematicus* ouvrage publié en cinq volumes à Paris en 1634-1637, écrivait $a, a2, a3...$ pour $a, a^2, a^3....$

L'idée d'employer les exposants pour marquer la puissance est due à Descartes. et fut introduite par lui en 1637 ; mais il ne se servait que d'indices entiers et positifs a^1, a^2, a^3,... Wallis en 1659 donna la signification des indices négatifs et fractionnaires dans les expressions telles que a^{-1}, $a^{\frac{2}{3}}$, etc ; cette dernière conception avait déjà été présentée par Oresme et peut-être par Stevin. Enfin l'idée d'un indice pouvant prendre toutes les valeurs possibles, tel que n dans l'expression a^n, est, croyons-nous, due à Newton, et fut introduite par lui à propos du théorème du binôme dans ses lettres à Leibnitz écrites en 1676.

Le symbole ∞ pour l'infini fut employé pour la première fois par Wallis en 1655 dans son *Arithmetica Infinitorum* ; mais ne se rencontre plus de nouveau jusqu'à l'année 1713 où on le trouve dans l'*Ars Conjectandi* de Jacques Bernoulli. Ce signe avait été employé quelquefois par les Romains pour représenter le nombre 1 000 et on a émis cette opinion que c'est de là que vient son usage pour représenter un grand nombre quelconque.

La trigonométrie n'emploie qu'un très petit nombre de symboles spéciaux ; nous pouvons cependant ajouter à ce paragraphe les quelques lignes qui suivent, contenant tout ce que nous avons pu recueillir sur le sujet. La division sexagésimale des angles nous vient des Babyloniens par l'intermédiaire des Grecs. L'angle usité chez les Babyloniens était l'angle du triangle équilatéral ; suivant leur pratique usuelle cet angle était divisé en 60 parties égales ou degrés, un degré était subdivisé en 60 parties égales ou minutes, et ainsi de suite : on a dit que 60 avait été pris comme la base du système afin que le nombre de degrés correspondant à la circonférence d'un cercle fut le même que le nombre de jours de l'année, lequel, d'après les renseignements que l'on possède, était de 360 (tout au moins en pratique).

Le mot *sinus* fut employé par Regiomontanus et il avait été emprunté aux Arabes : les termes *secante* et *tangente* ont été introduits par Thomas Finck (né en Danemark en 1561 et mort en 1646) dans sa *Geometriæ Rotundi,* Bâle 1583 : le mot *cosécante* fut (pensons-nous) employé pour la première fois par Rhéticus dans son *Opus Palatinum,* 1596 : les termes *cosinus* et *cotangente* furent employés par E. Gunter dans son *Canon Triangulorum,* Londres, 1620. Les abréviations *sin., tan., sec.,* furent usités en 1626 par Girard, et celles de *cos,* et *cot,* par Oughtred en 1657 ; mais ces contractions ne devinrent d'un usage général que lorsqu'Euler les eut ré-introduites en 1748. L'idée des *fonctions* trigonométriques appartient à Jean Bernoulli, et elle fut développée en 1748 par Euler dans son *Introductio in Analysin Infinitorum.*

CHAPITRE XIII

—

FIN DE LA RENAISSANCE [1]

(1586-1637 environ)

Les dernières années de la Renaissance furent marquées par une recrudescence d'activité scientifique, qui s'étendit à presque toutes les branches des mathématiques. En ce qui concerne les mathématiques pures, nous avons déjà vu que, dans la dernière moitié du seizième siècle, on avait fait progresser d'une façon remarquable l'algèbre, la théorie des équations et la trigonométrie ; et nous allons voir un peu plus loin (dans la deuxième partie de ce chapitre) que dans la première partie du dix-septième siècle on imagina quelques méthodes nouvelles en géométrie. Si cependant nous considérons les mathématiques appliquées il est impossible de ne pas être frappé de ce fait que, jusqu'au milieu ou même la fin du seizième siècle, aucun progrès notable n'avait été fait depuis le temps d'Archimède. La statique (des solides) et l'hydrostatique demeurèrent dans le le même état où il les avait laissées, et la dynamique n'existait pas comme science. Ce fut Stevin qui le premier donna une nouvelle impulsion à l'étude de la statique, et c'est à Galilée qu'appartient le mérite d'avoir posé les fondements de la dynamique ; nous consacrons la première partie de ce chapitre à l'examen de leurs œuvres.

[1] Voir la note du chapitre XII.

DÉVELOPPEMENT
⁣DE LA MÉCANIQUE ET DES MÉTHODES EXPÉRIMENTALES

Stevin (¹). — *Simon Stevin* naquit à Bruges en 1548, et mourut en 1620 à La Haye. Sa vie nous est peu connue; nous savons cependant qu'après avoir été tout d'abord employé chez un marchand d'Anvers, il devint dans la dernière période de sa vie l'ami du Prince Maurice d'Orange, qui le nomma quartier maître général de l'armée hollandaise.

Pour ses contemporains il était surtout connu par ses ouvrages sur les travaux de fortifications et sur l'art militaire; les principes qu'il a posés seraient, dit-on, en concordance avec ceux généralement acceptés de nos jours. Il était également populaire à cause de l'invention d'une voiture mise en mouvement à l'aide de voiles; elle roulait sur le bord de la mer portant vingt-huit personnes, et dépassait facilement un cheval galopant à côté : le modèle de cette voiture a été détruit par les Français en 1802 lorsqu'ils envahirent la Hollande. C'est principalement à l'influence de Stevin que les Hollandais et les Français doivent l'établissement d'un système convenable de comptabilité publique.

Nous avons déjà fait allusion à l'introduction dans son *Arithmétique*, publiée en 1585, des exposants pour marquer la puissance à laquelle on élève une quantité : par exemple il écrit $3x^2 - 5x + 1$ comme il suit : 3 ② — 5 ① + 1 ⓪. Sa notation pour les fractions décimales présentait un caractère identique. Plus tard il suggéra l'emploi des exposants fractionnaires (mais non négatifs). Dans le même ouvrage il donne l'idée d'un système décimal de poids et mesures.

Il publia également une géométrie ingénieuse, bien qu'elle

(¹) Une analyse de ses œuvres est donnée dans l'*Histoire des Sciences mathématiques et physiques chez les Belges*, par L. A. J. QUETELET. Bruxelles, 1866, pp. 144-168; on peut voir aussi *Notice historique sur la vie et les ouvrages de Stevinus*, par J. V. GÖTHALS. Bruxelles, 1841; et les *Travaux de Stevinus*, par M. STEICHEN. Bruxelles, 1846. Les ouvrages de STEVIN furent réunis par SNELL, traduits en latin, et publiés à Leyde, en 1608, sous le titre *Hypomnemata Mathematica*.

ne contienne que des résultats déjà antérieurement connus : on y
trouve énoncés quelques théorèmes de perspective.

C'est cependant son ouvrage *Statique et Hydrostatique* publié (en
flamand) à Leyde, en 1586, qui a fait sa réputation. Dans ce livre
il énonce la règle du triangle des forces, théorème qui, d'après quelques-uns, aurait été trouvé pour la première fois par Leonard de
Vinci. Stevin le regarde comme la proposition fondamentale de son
ouvrage ; antérieurement à la publication de cet ouvrage la statique
reposait sur la théorie du levier ; puis on montra la possibilité de
représenter les forces par des lignes droites, ce qui permit de
ramener plusieurs théorèmes à des propositions géométriques, et
en particulier, d'obtenir ainsi une démonstration du parallélogramme des forces (proposition équivalente à celle du triangle des
forces). Stevin manque de clarté dans l'arrangement de ses diverses
propositions ou dans leurs conséquences logiques, et l'exposition
nouvelle du sujet ne fut définitivement arrêtée que lors de la publication, en 1687, des ouvrages de Varignon sur la mécanique. Stevin
détermina également la force qu'il est nécessaire de faire agir le
long de la ligne de plus grande pente pour maintenir un corps
pesant sur un plan incliné — problème dont la solution avait été
longtemps discutée. — Plus tard il établit la distinction entre
l'équilibre stable et instable. En hydrostatique il examina les
questions relatives à la pression exercée par un fluide, et donna
l'explication du paradoxe dit hydrostatique.

Sa méthode [1] pour déterminer la composante d'une force suivant une direction donnée, dans le cas du poids reposant sur un
plan incliné fournit un exemple qui mérite d'être cité.

Il prend un coin ABC dont la base AC est horizontale (et dont
les côtés BA, BC sont dans le rapport de 2 à 1). Un fil reliant un
certain nombre de petits poids égaux et équidistants est placé
sur sur le coin comme le représente la figure 30, de telle sorte
que le nombre des poids reposant sur BA est au nombre de ceux
reposant sur BC dans la même proportion que BA à BC (ceci est
toujours possible si les dimensions du coin sont choisies convenablement en plaçant quatre poids sur BA et deux sur BC). Nous
pouvons, sans rien enlever à la force de son raisonnement, remplacer

---

[1] *Hypomnemata Mathematica*, vol. IV, *de Statica*. prop. 19.

les poids par une chaîne d'un poids uniforme TSLVT. Il fait observer qu'une pareille chaîne se maintiendra au repos, car s'il n'en
était pas ainsi, on pourrait obtenir un mouvement perpétuel. Ainsi
l'effet dans la direction BA du poids de la portion TS de la chaîne
doit équilibrer l'effet dans la direction BC du poids de la portion TV
de la chaîne. Bien entendu la direction BC peut être verticale et,
dans ce cas, le raisonnement précédent revient à dire que l'effet
suivant la direction BA du poids de la portion de chaîne reposant
sur ce côté est diminué dans le rapport de BC à BA ; en d'autres
termes, si un poids P s'appuie sur un plan incliné faisant avec
l'horizon un angle α, la composante de P suivant la ligne de plus
grande pente est égale à P sin α.

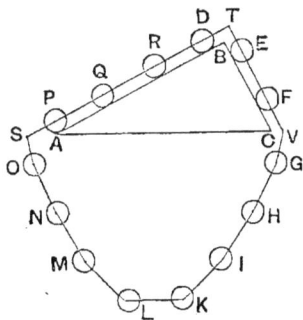

Fig. 30.

Stevin était quelque peu dogmatique dans ses raisonnements,
et ne permettait à personne d'avoir un avis contraire, « et quant à
ceux » dit-il dans un endroit « qui ne peuvent comprendre cela,
que l'auteur de la nature ait pitié de leurs yeux infortunés, car la
faute n'en est pas au raisonnement, mais à la vue qui leur manque
et que nous ne pouvons leur donner ».

Galilée ([1]). — De même que le traitement moderne de la statique trouve son origine dans Stevin, de même les fondements de
la dynamique sont dûs à Galilée. *Galileo Galilei* naquit à Pise le
18 février 1564, et mourut non loin de Florence, le 8 janvier 1642.

([1]) Voir la biographie de GALILÉE par T. H. MARTIN. Paris, 1868. Il existe
également une vie de GALILÉE, par Sir DAVID BREWSTER. Londres, 1841 ; et
une longue notice par LIBRI dans le quatrième volume de son *Histoire des*

Son père, descendant d'une vieille et noble famille Florentine, était lui-même un mathématicien passable et un bon musicien. Galilée fut élevé au monastère de Vallombrosa, où ses talents littéraires et son ingéniosité en mécanique attirèrent beaucoup l'attention sur lui. En 1580 on lui persuada de faire son noviciat dans les ordres, mais son père, qui le destinait à la médecine, le retira aussitôt et l'envoya en 1581 à l'université de Pise. Ce fut là qu'il constata que la grosse lampe de bronze, qui est encore suspendue à la voûte de la Cathédrale, effectuait ses oscillations dans des temps égaux, quelle que fut leur amplitude, grande ou petite — fait qu'il vérifia en comptant les pulsations de son pouls. Jusque là il n'avait pas étudié les mathématiques, mais un jour ayant entendu par hasard une leçon sur la géométrie, cette science lui parut si attrayante que depuis lors il consacra à son étude tous ses loisirs, et obtint finalement l'autorisation d'abandonner la médecine. Il quitta l'université en 1586 et presque immédiatement se livra à des recherches personnelles.

En 1587 il donna la description de la balance hydrostatique, et en 1588 il publia un essai sur les centres de gravité des solides. La réputation que lui valurent ces deux ouvrages lui fit accorder la chaire de mathématiques à Pise, dont les émoluments étaient très faibles, comme c'était alors le cas pour la plupart des professorats. Pendant les trois années qui suivirent il fit, à la Tour penchée, cette série d'expériences sur la chute des corps sur lesquelles reposent les premiers principes de la dynamique. Malheureusement la manière dont il fit connaître ses découvertes et le ridicule qu'il jeta sur ceux qui ne partageaient pas ses idées, provoqua contre lui une animosité assez naturelle, et en 1591 il fut obligé d'abandonner sa position.

A cette époque il semble avoir été dans une grande gêne. Cependant des influences agirent en sa faveur auprès du Sénat Vénitien et il fut nommé professeur à Padoue, où il exerça pendant dix-huit ans (1592-1610).

Sciences mathématiques en Italie. Une édition des œuvres de Galilée fut publiée en 16 volumes, par E. Albéri. Florence, 1842-1856. Un grand nombre de ses lettres sur divers sujets mathématiques ont été découvertes depuis, et une nouvelle édition plus complète est actuellement en cours de publication (10 volumes parus) sous les auspices du gouvernement Italien, Florence, 1890, etc.

Ses leçons paraissent avoir roulé principalement sur la mécanique et l'hydrostatique, et elles sont contenues en substance dans son traité de mécanique publié en 1612. Dans ces leçons il revenait sur ses expériences de Pise et démontrait que les corps dans leur chute ne se déplaçaient pas (comme on le croyait alors) avec une vitesse proportionnelle à leurs poids, toutes choses égales d'ailleurs. Plus tard il montra qu'en supposant le mouvement de descente uniformément accéléré, il était possible d'établir les relations entre la vitesse, l'espace et le temps, qui sont traduites par les formules en usage actuellement. A une autre époque, plus reculée, il montra en observant les temps mis par les corps pour descendre en glissant le long d'un plan incliné, que cette hypothèse était exacte. Il prouva aussi que la trajectoire d'un projectile était une parabole, et dans sa démonstration, il emploie implicitement les principes posés dans les deux premières lois du mouvement, telles qu'elles furent énoncées par Newton.

Il donna du momentum une définition exacte, qui a été considérée par quelques écrivains comme pouvant impliquer la connaissance de la troisième loi du mouvement. Cependant ces lois ne sont nulle part énoncées sous une forme précise et définie et Galilée doit être regardé plutôt comme ayant préparé la route à Newton, que comme le créateur de la dynamique.

En statique, il posa en principe que dans une machine ce qui est gagné en puissance est perdu en chemin parcouru, et dans le même rapport. Dans la statique des solides, il détermina la force capable de maintenir un poids donné sur un plan incliné ; en hydrostatique, il énonça les théorèmes les plus élémentaires sur la pression exercée par les fluides, et sur les corps flottants ; parmi les instruments hydrostatiques, il employa et imagina peut-être le thermomètre, bien que sous une forme quelque peu imparfaite.

Pour beaucoup de personnes cependant Galilée est surtout un astronome et bien que, rigoureusement parlant, ses recherches astronomiques n'entrent pas dans le programme de ce livre, il peut être intéressant d'exposer les principales. Ce fut dans le courant du printemps de l'année 1609 que Galilée apprit qu'un opticien de Middlebourg, H. Lippersheim ou Lippershey, avait imaginé

de fixer à l'intérieur d'un tube des lentilles, de telle sorte que les
objets vus au travers paraissaient considérablement grossis. Cette
invention lui donna l'idée de construire la lunette qui porte encore
son nom et dont la lorgnette de spectacle est un exemple simple.
Au bout de quelques mois il avait fabriqué des instruments capables de grossir dans le rapport de 1 à 32, et dans l'intervalle d'un
an il fit et publia une série d'observations sur les taches du soleil,
les montagnes de la lune, les satellites de Jupiter, les phases de
Vénus et les anneaux de Saturne.

La découverte du microscope fut la conséquence naturelle de
celle de la lunette. Les honneurs et les récompenses lui vinrent
alors en foule et il put, en 1610, abandonner le professorat et se retirer
à Florence. En 1611, il séjourna quelque temps à Rome et il
montra dans les jardins du Vatican, les nouveaux mondes révélés
par la lunette.

Il paraîtrait que Galilée avait toujours cru au système de Copernic,
mais avait reculé devant l'idée de le soutenir à cause des attaques
qu'il aurait eu à supporter. L'existence des satellites de Jupiter
semble cependant l'avoir convaincu de la vérité du système et il
n'hésita plus alors à le préconiser avec hardiesse. Le parti ortho-
doxe s'alarma et, le 24 février 1616, l'Inquisition décréta que
considérer le soleil comme centre du système planétaire était absurde, hérétique et contraire aux saintes écritures. L'édit du
5 mars 1616, qui mit ce décret à exécution n'a jamais été abrogé
bien que pendant longtemps il ait été tacitement ignoré. Il est bien
connu que vers le milieu du dix-septième siècle les Jésuites tour-
nèrent cet édit en disant que la théorie était une hypothèse fausse,
dont on pouvait cependant déduire certains résultats.

En janvier 1632, Galilée publia ses dialogues sur le système du
monde dans lesquels il expose la théorie de Copernic en un langage clair et vigoureux. Probablement par jalousie de la renommée
de Képler, il n'y fait pas mention des lois énoncées par ce grand
savant (les deux premières avaient été publiées en 1609 et la troisième en 1619); il repoussait l'hypothèse de Képler, attribuant à
l'attraction lunaire la cause des marées, et il cherchait à expliquer
leur existence (qui, selon lui, est une confirmation de l'hypothèse
de Copernic) par ce fait que les différentes parties de la terre
tournent avec des vitesses différentes. Il fut plus heureux en mon-

trant que les principes de la mécanique permettaient d'expliquer pourquoi une pierre lancée verticalement devait retomber à l'endroit d'où elle avait été projetée — phénomène qui était antérieurement considéré comme l'une des principales difficultés dans toute théorie supposant la terre en mouvement.

La publication de cet ouvrage fut approuvée par la censure ecclésiastique, mais il était en substance contraire à l'édit de 1616. Galilée fut convoqué à Rome, forcé de se rétracter, dut faire pénitence et ne fut relâché qu'après avoir promis obéissance. Les documents récemment imprimés montrent qu'on le menaça de la torture, mais qu'on n'avait pas l'intention de la lui appliquer.

Une fois libre il s'occupa de nouveau de ses travaux sur la mécanique et vers 1636 il termina un ouvrage qui fut publié à Leyde en 1638, sous le titre *Discorsi intorno a due nuove scienze*. En 1637 il perdit la vue, mais avec l'aide de ses élèves il continua ses expériences sur la mécanique et l'hydrostatique, et sur la théorie du choc.

On a conservé une anecdote de l'époque, qui n'est peut-être pas vraie, mais qui est suffisamment intéressante pour qu'on la reproduise ici. Suivant une version, Galilée aurait reçu un jour quelques membres d'une corporation de Florence, désireux de savoir comment leurs pompes pouvaient être modifiées, de façon à élever l'eau à une hauteur supérieure à trente pieds ; il leur fit remarquer qu'avant tout il était utile de savoir pourquoi l'eau s'élevait même à une hauteur moindre. Un des membres présents lui répondit que la difficulté n'était pas là, attendu que la nature avait horreur du vide. Soit, lui répondit Galilée, mais alors apparemment cette horreur n'existe plus au delà de trente pieds. Torricelli son élève favori assistait à la conversation et son attention fut alors attirée sur cette question, qu'il élucida par la suite.

L'œuvre de Galilée peut être résumée d'une façon impartiale en disant que ses recherches mécaniques sont dignes des plus grands éloges et qu'elles sont mémorables, parce qu'il énonce clairement cette vérité, que la science doit être basée sur les lois déduites de l'expérience ; ses observations astronomiques et les déductions qu'il en tire sont également excellentes et furent exposées avec un talent littéraire ne laissant rien à désirer, mais, bien qu'il soit parvenu à établir la théorie de Copernic sur des bases satisfaisantes, il ne fit par lui-même aucune découverte spéciale en astronomie.

François Bacon ([1]). — La nécessité d'établir la science sur des bases expérimentales fut également exposée avec une vigueur remarquable par un contemporain de Galilée, *François Bacon*, (Lord Verulam), qui naquit à Londres le 22 janvier 1561 et mourut le 9 avril 1626. Il fit ses études au Collège de la Trinité à Cambridge. Sa carrière dans la politique et la magistrature eut comme couronnement le poste élevé de Lord Chancelier avec le titre de Lord Verulam ; l'histoire de sa chute due à ce qu'il avait accepté des pots-de-vin, est bien connue.

Son principal ouvrage est le *Novum Organum* publié en 1620 ; il y pose les principes qui doivent guider ceux qui font des expériences, devant servir de base à une théorie d'une branche quelconque de la physique ou des mathématiques appliquées. Il donne les règles permettant de vérifier les résultats déduits de l'induction, d'éviter les généralisations hâtives, et décrit la façon de conduire les expériences pour qu'elles se vérifient les unes les autres.

L'influence de ce traité dans le dix-huitième siècle a été grande mais il est probable qu'il fut peu lu dans le siècle précédent, et la remarque reproduite par plusieurs écrivains français, que Bacon et Descartes sont les créateurs de la philosophie moderne, repose sur une idée erronée de l'action exercée par Bacon sur ses contemporains : cependant un exposé détaillé de cet ouvrage appartient plutôt à l'histoire des idées scientifiques qu'à celle des mathématiques proprement dites.

Avant d'abandonner les mathématiques appliquées, nous devons ajouter quelques mots sur les écrits de Guldin, Wright et Snellius.

Guldin. — *Habakkuk Guldin*, né à Saint-Gall, le 12 juin 1577 et mort à Graetz le 3 novembre 1643, était de descendance Juive mais fut élevé dans le protestantisme : il se convertit au catholi-

---

([1]) Voir sa vie par J. SPEDDING. Londres, 1872-74. La meilleure édition de ses œuvres est celle par ELLIS, SPEDDING et HEATH, en 7 volumes. Londres, seconde édition, 1870.

cisme romain et entra dans l'ordre des Jésuites, où il prit le nom
chrétien de Paul. C'est à lui que les collèges Jésuites de Rome
et de Graetz doivent leur réputation. Les deux théorèmes connus
sous le nom de Pappus (auxquels nous avons déjà fait allusion)
furent publiés par Guldin dans le quatrième livre de son *De Centro
Gravitatis*, Vienne, 1635-1642. Non seulement Guldin emprunta à
Pappus sans le mentionner les règles en question, mais encore
(suivant Montucla) sa démonstration est erronée, bien que les
applications qu'il en fait à la détermination des volumes et des
surfaces de certains solides soient exactes. Cependant ces théorèmes
étaient inconnus antérieurement et ils excitèrent un intérêt considérable.

Wright (¹). — Nous pouvons également citer ici *Edouard
Wright*, qui mérite d'être mentionné pour avoir établi l'art de la
navigation sur des bases scientifiques. Wright naquit à Norfolk
vers 1560 et mourut en 1615. Il fit ses études au Collège Caius à
Cambridge, et devint dans la suite fellow de cette école. Il paraît
qu'il fut bon marin et il avait un talent spécial pour la construction des instruments. Vers 1600 il fut choisi pour faire des conférences mathématiques par la Compagnie des Indes Orientales ;
il s'établit alors à Londres, et peu après fut désigné pour être le
précepteur de mathématiques de Henry, Prince de Galles, le fils
de Jacques Ier. Comme exemple de son habileté en mécanique,
nous citerons un planétaire de sa construction au moyen duquel il
était possible d'annoncer les éclipses et qui a été montré comme
curiosité à la Tour au moins jusqu'en 1675.

Dans les cartes en usage avant Gerard Mercator, le degré, qu'il
fût en longitude ou en latitude, était représenté dans tous les cas
par la même longueur, et la route que devait suivre un navire était
marquée par une ligne droite joignant les ports de départ et
d'arrivée. Mercator avait vu qu'on était conduit ainsi à des
erreurs considérables et avait compris que pour rendre exacte
cette façon d'indiquer la route d'un navire, la longueur assignée
sur la carte à un degré de latitude devait aller en croissant en

(¹) Voir pp. 25-27 de notre *History of the Study of Mathematics at Cambridge*.
Cambridge, 1889.

même temps que la latitude augmentait. Partant de ce principe, il avait construit empiriquement quelques cartes marines qui furent publiées vers 1560 ou 1570 ; Wright se proposa l'étude du problème et chercha à établir la théorie sur laquelle devait être basé le tracé de ces cartes ; il réussit à trouver la loi d'une échelle de proportion bien que, rigoureusement parlant, sa règle ne s'applique exactement qu'aux petits arcs seulement. Le résultat auquel il parvint fut inséré dans la seconde édition des *Exercices* de Blundeville.

En 1599 Wright publia son ouvrage *Certain Errors in Navigation Detected and Corrected* ([1]), dans lequel il expliquait la théorie et insérait une Table des parties du méridien. Cet ouvrage révèle des connaissances géométriques très étendues. Dans le cours de l'ouvrage il donne la déclinaison de trente deux étoiles, explique les phénomènes de l'inclinaison, de la parallaxe, de la réfraction, et ajoute une table des déclinaisons magnétiques ; il suppose la terre immobile. L'année suivante, il fit paraître quelques cartes construites d'après ces principes et sur lesquelles le point de l'Australie le plus au Nord est indiqué : la latitude de Londres est prise égale à 51° 32′.

Snellius. — *Willebrod Snellius*, dont le nom est encore bien connu à cause de sa découverte en 1619 de la loi de la réfraction, était contemporain de Guldin et de Wright. Il naquit à Leyde en 1581, occupa à l'Université de cette ville une chaire de mathématiques, et y mourut le 30 octobre 1626. C'était un de ces enfants prodiges qui paraissent de temps en temps et on raconte qu'à l'âge de douze ans il connaissait tous les ouvrages classiques de mathématiques de son temps.

Nous ajouterons seulement ici, qu'en géodésie il posa les principes permettant de déterminer la longeur d'un arc de méridien par la mesure d'une ligne de base quelconque, et qu'en trigonométrie sphérique il découvrit les propriétés du triangle polaire ou supplémentaire.

([1]) Certaines erreurs de navigation reconnues et corrigées.

RÉVEIL DE L'INTÉRÊT POUR LA GÉOMÉTRIE PURE

La fin du seizième siècle fut marquée non seulement par les essais faits pour trouver une théorie de la dynamique basée sur des lois découlant d'expériences, mais aussi par une renaissance d'intérêt pour la géométric, due en grande partie à l'influence de Képler.

Képler ([1]). — *Jean Képler*, l'un des fondateurs de l'Astronomie moderne, naquit de parents pauvres, près de Stuttgard, le 27 décembre 1571 et mourut à Ratisbonne le 15 novembre 1630. Il fit ses études à Tubingen sous Mästlin ; en 1593, il fut nommé professeur à Graetz, où il fit la connaissance d'une riche veuve avec laquelle il se maria, mais il constata trop tard qu'il avait sacrifié son bonheur domestique à la recherche de la fortune. En 1599, il accepta un emploi d'aide auprès de Tycho Brahé, et en 1601 il succéda à son maître comme astronome de l'empereur Rodolphe II. Mais la mauvaise chance ne l'abandonna pas ; d'abord ses appointements ne lui furent pas payés ; ensuite sa femme tomba en démence, puis mourut ; un second mariage contracté en 1611 ne le rendit pas plus heureux, bien que cette fois il eut pris la précaution de faire son choix parmi onze jeunes filles, dont il avait soigneusement analysé les qualités et les défauts par écrit : la note subsiste encore ; enfin pour compléter ses infortunes il fut chassé de sa chaire et c'est avec peine qu'il échappa à une condamnation comme hérétique. Pendant ce temps il se procura des moyens d'existence en prédisant l'avenir et en tirant des horoscopes car, « la nature qui a donné », dit-il, « à chaque animal ses moyens d'existence, a désigné l'astrologie comme l'accessoire et l'alliée de l'astronomie. »

([1]) Voir *Johann Keppler's Leben und Wirken*, par J. L. E. Von Breitscwert, Stuttgard, 1831 ; et *Geschichte der Astronomie*, par R. Wolf, Munich, 1877.
Une édition complète des œuvres de Képler a été publiée, par C. Frisch, à Francfort, en 8 volumes, 1858-71 ; et une analyse de la partie mathématique de son principal ouvrage, *Harmonices Mundi*, est donnée par Chasles, dans son *Aperçu historique*. Voir aussi Cantor.

Il mourut au cours d'un voyage entrepris dans le but de toucher, dans l'intérêt de ses enfants, quelques arriérés de son traitement.

En parlant des œuvres de Galilée, nous avons fait brièvement allusion aux trois lois découvertes en astronomie par Képler, lois qui portent et porteront toujours son nom ; nous avons également mentionné la part importante qu'il prit dans la propagation de l'usage des logarithmes sur le continent. Ce sont là des faits bien connus, mais on sait peut être moins que Képler fut aussi un géomètre et un algébriste de premier ordre ; et que lui, Desargues et peut-être Galilée, peuvent être considérés comme formant le trait d'union entre les mathématiciens de la Renaissance et ceux des temps modernes.

Les travaux de Képler en géométrie consistent plutôt en certains principes généraux énoncés et appliqués à quelques exemples, que dans une exposition systématique. Dans un court chapitre sur les coniques, inséré dans son *Paralipomena*, publié en 1604, il donne ce qui a été appelé le principe de la continuité ; et comme exemple il montre que la parabole est à la fois le cas limite d'une ellipse et d'une hyperbole ; il fournit un nouvel exemple de ce même principe à propos des foyers des coniques (le mot *foyer* a été introduit par lui) ; il explique aussi que les lignes parallèles doivent être considérées comme se rencontrant à l'infini. Il introduisit l'usage de l'angle excentrique dans la discussion des propriétés de l'ellipse.

Dans sa *Stereometria*, ouvrage publié en 1615, il détermine les volumes de certains corps et les aires de certaines surfaces au moyen des infiniment petits, au lieu d'employer la pénible et longue méthode d'exhaustion. Ces recherches aussi bien que celles de 1604 furent provoquées par une discussion avec un marchand de vin relativement à la façon de jauger un tonneau. Guldin et d'autres écrivains ont présenté cette objection que cet emploi des infiniment petits n'était pas exact, mais bien que les méthodes de Képler ne soient pas complètement à l'abri de toute critique, sa façon de raisonner était en substance correcte, et en appliquant la loi de continuité aux infiniment petits, il préparait la voie à la méthode des indivisibles de Cavalieri et au calcul infinitésimal de Newton et Leibnitz.

Les travaux de Képler en astronomie n'entrent pas dans le programme de ce livre. Nous mentionnerons seulement qu'ils furent basés sur les observations de Tycho Brahé ([1]), dont il avait été l'aide pendant quelque temps. Ses trois lois sur le mouvement planétaire sont la conséquence de nombreux et laborieux efforts tentés pour ramener les phénomènes du système solaire à certaines règles simples. Les deux premières, publiées en 1609, énoncent que les planètes décrivent des ellipses autour du soleil qui occupe l'un des foyers, et que la ligne joignant le soleil à une planète quelconque décrit des aires égales dans des temps égaux. La troisième formulée en 1619, nous apprend que les carrés des temps des révolutions des planètes sont proportionnels aux cubes des grands axes de leurs orbites. Ces lois, déduites d'observations faites sur les mouvements de Mars et de la Terre, furent étendues par analogie aux autres planètes. Nous devons ajouter qu'il chercha à donner une explication de ces mouvements par une hypothèse qui n'est pas très différente de la théorie des tourbillons de Descartes. Képler consacra également un temps considérable à chercher à élucider les théories de la vision et de la réfraction en optique.

Pendant que Képler étendait les conceptions de la géométrie grecque, un Français, dont les œuvres étaient encore récemment à peu près ignorées, inventait une nouvelle méthode de traiter cette science — méthode connue actuellement sous le nom de géométrie projective. Nous voulons parler de la découverte de Desargues que nous plaçons (avec un peu d'hésitation) à la fin de cette période et non parmi les mathématiciens des temps modernes.

Desargues ([2]). — *Gérard Desargues*, né à Lyon en 1593 et mort en 1662, était ingénieur et architecte, mais de 1626 à environ 1630 il fit à Paris des cours gratuits et publics qui produisirent une grande impression sur ses contemporains. Descartes et Pascal avaient une haute opinion de ses travaux et de son savoir, et tous les deux utilisèrent grandement les théorèmes qu'il avait énoncés.

En 1636, Desargues fit paraître un ouvrage sur la perspective ;

([1]) Pour des détails sur Tycho Brahé, né à Knudstrup, en 1546 et mort à Prague, en 1601, voir sa vie, par J. L. E. Dreyer. Edinbourg, 1890.

([2]) Voir les *Œuvres de Desargues*, par M. Poudra, 2 vol. Paris, 1864 ; et une note dans la *Bibliotheca Mathematica*, 1885, p. 90.

mais la plupart de ses recherches furent insérées dans son *Brouillon proiect* sur les coniques, publié en 1639, et dont une copie fut découverte par Chasles en 1845. Nous empruntons le sommaire suivant à l'ouvrage de C. Taylor sur les coniques. Desargues commence par l'établissement de la doctrine de continuité comme elle avait été posée par Képler : ainsi les points aux extrémités opposées d'une ligne droite sont regardés comme en coïncidence, les lignes parallèles sont considérées comme se rencontrant en un point à l'infini et les plans parallèles comme ayant leur intersection à l'infini. La ligne droite pouvait donc être regardée comme une circonférence ayant son centre à l'infini. Il pose la théorie de six points en involution avec les cas spéciaux, et il établit la propriété projective des faisceaux en involution. La théorie des polaires est exposée, et la théorie analogue dans l'espace est suggérée. La tangente est définie comme la position limite d'une sécante, et l'asymptote comme une tangente à l'infini. Desargues montre que les lignes, qui joignent deux à deux quatre points sur un plan, déterminent sur une transversale quelconque trois couples de points en involution, et, qu'avec une conique quelconque passant par les quatre points, on peut obtenir un autre couple de points en involution avec deux quelconques des premiers. Il démontre que les points d'intersection des diagonales et des deux couples de côtés opposés de tout quadrilatère inscrit dans une conique forment une triade conjuguée par rapport à la conique, et que, lorsque l'un des trois points est à l'infini, sa polaire est un diamètre ; mais il ne réussit pas à expliquer le cas où le quadrilatère est un parallélogramme, bien qu'il ait eu la conception d'une ligne droite complètement à l'infini. On peut dire, par conséquent, avec raison que son livre renferme les théorèmes fondamentaux sur l'involution, l'homologie, les pôles et polaires, et la perspective.

L'influence exercée par la lecture de Desargues sur Descartes, Pascal et les géomètres Français du dix-septième siècle fut considérable ; mais l'étude de la géométrie projective tomba bientôt en oubli, principalement parce que la géométrie analytique de Descartes comme méthode de démonstration et de découverte était un instrument bien plus puissant.

Les recherches de Képler et de Desargues doivent nous faire souvenir que la géométrie des Grecs ne pouvant supporter une plus large extension, les mathématiciens commençaient à rechercher de nouvelles méthodes d'investigations, et étendaient les conceptions premières de la géométrie. L'invention de la géométrie analytique et du calcul infinitésimal détourna temporairement l'attention de la géométrie pure, mais au commencement du dix-neuvième siècle on y reprit intérêt et depuis lors elle a été le sujet favori des études de beaucoup de mathématiciens.

CONNAISSANCE MATHÉMATIQUE
A LA
FIN DE LA RENAISSANCE

Au commencement du dix-septième siècle, on peut dire que les principes fondamentaux de l'arithmétique, de l'algèbre, de la théorie des équations et de la trigonométrie étaient posés et que les grandes lignes de ces sujets, tels que nous les connaissons aujourd'hui, avaient été tracées. Il faut cependant se rappeler qu'il n'existait aucun bon livre classique élémentaire sur ces diverses branches ; leur étude était par suite réservée à ceux qui pouvaient les extraire des volumineux traités, dans lesquels elles se trouvaient enfouies. Bien qu'une grande partie de la notation moderne en algèbre et en trigonométrie eût été introduite, elle n'était pas familière aux mathématiciens, ni même universellement acceptée ; et cette langue spéciale ne s'établit d'une façon définitive que vers la fin du dix-septième siècle. Etant donnée l'absence de bons livres classiques, nous sommes plutôt disposés à admirer la rapidité avec laquelle elle devint d'un usage général, qu'à reprocher à beaucoup d'écrivains l'hésitation qu'ils ont montrée à l'adopter.

Si d'autre part nous nous tournons du côté des mathématiques appliquées, nous constatons que la statique a fait peu de progrès pendant les dix-huit siècles, qui se sont écoulés depuis le temps d'Archimède, et que les fondements de la dynamique ont été posés par Galilée seulement à la fin du seizième siècle. En fait, comme nous le verrons plus loin, la science de la mécanique ne fut pas établie sur des bases satisfaisantes avant le temps de Newton. Les conceptions fondamentales de la mécanique présentent des difficultés, mais l'ignorance des principes de cette science constatée chez les mathématiciens de cette époque est plus grande qu'on aurait pu le supposer d'après leurs connaissances en mathématiques pures.

En dehors de cette exception, nous pouvons dire que les principes de la géométrie analytique et du calcul infinitésimal étaient nécessaires, pour qu'il fût possible de faire progresser la science. Les premiers sont dus à Descartes en 1637, les derniers ont été trouvés par Newton trente ou quarante ans plus tard : leur introduction marque le commencement de la période des mathématiques modernes.

TROISIÈME PÉRIODE

LES MATHÉMATIQUES MODERNES

L'histoire des mathématiques modernes commence avec l'invention de la géométrie analytique et du calcul infinitésimal. Les mathématiques sont bien plus complexes que dans les deux périodes précédentes : mais, durant les dix-septième et dix-huitième siècles on peut les considérer généralement comme caractérisées par le développement de l'analyse et par ses applications aux phénomènes de la nature.

Nous continuons notre exposition chronologique du sujet.

Le chapitre xv contient l'histoire des quarante années de 1635 à 1675, et l'exposé des découvertes mathématiques de Descartes, Cavalieri, Pascal, Wallis, Fermat et Huygens.

Le chapitre xvi est consacré à la discussion des recherches de Newton.

Le chapitre xvii contient un aperçu des travaux de Leibnitz, de ses successeurs durant la première moitié du dix-huitième siècle (en y comprenant d'Alembert) et de ses contemporains de l'École anglaise jusqu'à la mort de Maclaurin.

Les travaux d'Euler, de Lagrange, de Laplace et de leurs contemporains forment le sujet du chapitre xviii.

Enfin dans le chapitre xix nous avons ajouté quelques notes sur un certain nombre de mathématiciens des temps contemporains ; mais nous avons omis à dessein tout renseignement détaillé sur les auteurs encore vivants, et, en partie à cause de ce fait, en partie pour d'autres raisons qui seront données plus loin, notre exposition des mathématiques contemporaines n'a pas la prétention d'embrasser tout le sujet.

CHAPITRE XIV

—

L'HISTOIRE DES MATHÉMATIQUES MODERNES

La démarcation entre cette période et celle traitée dans les six derniers chapitres n'est pas si nette que celle qui existe entre l'histoire des mathématiques grecques et l'histoire des mathématiques au moyen-âge. Les méthodes d'analyse usitées dans le dix-septième siècle et le genre de problèmes traités se modifièrent, mais graduellement ; et les mathématiciens au commencement de cette période étaient en relation immédiate avec ceux de la fin de la dernière période considérée.

Pour cette raison quelques auteurs ont divisé l'histoire des mathématiques en deux phases seulement, considérant ceux qui enseignaient dans les écoles comme les successeurs directs des mathématiciens grecs, et faisant partir l'histoire des mathématiques modernes de l'époque où les livres classiques arabes furent introduits en Europe. La division que nous présentons est, pensons-nous, plus convenable attendu que l'introduction de la géométrie analytique et du calcul infinitésimal provoqua une révolution dans la science et par suite il semble préférable de prendre ces découvertes pour origine de la science moderne.

Le temps qui s'est écoulé depuis l'introduction de ces méthodes représente une époque d'activité intellectuelle incessante, et pendant laquelle les progrès faits en mathématiques furent considérables. L'extension énorme du domaine des connaissances humaines, la masse des matières à examiner, l'absence de vue d'ensemble et mêmes les échos des vieilles controverses concourent à augmenter les difficultés pour l'historien. Comme cependant les faits principaux sont généralement connus et que les ouvrages publiés durant cette époque sont à la portée de tous, nous pouvons parler de la vie et des écrits des mathématiciens modernes d'une façon plus concise que nous ne l'avons fait pour leurs prédécesseurs, et nous borner plus strictement que par le passé à mentionner ceux qui ont contribué d'une façon effective à faire progresser la science.

Pour donner de l'unité à une histoire des mathématiques, il est nécessaire d'adopter un ordre chronologique, mais on peut le faire de deux façons. Ou étudier séparément le développement des différentes branches des mathématiques pendant une certaine période (pas trop longue) et analyser les travaux de chaque mathématicien, quel que soit la nature de ses travaux. Ou encore décrire la vie et les écrits des mathématiciens d'une certaine période et suivre pour chacun d'eux le développement des différentes branches de la science qu'il a étudiées. Personnellement nous préférons cette seconde manière d'envisager la question, et à notre point de vue elle présente cet avantage qui est à considérer, d'ajouter un intérêt, pour ainsi dire humain, à celui de la narration. Il est certain que cette façon de procéder devient plus difficile à mesure que la complexité du sujet augmente et lorsque nous arriverons au dix-neuvième siècle il pourra être nécessaire de traiter séparément les diverses branches des mathématiques ; en attendant et autant qu'il nous sera possible, nous continuerons l'exposé de notre histoire par la biographie des auteurs.

A première vue nous pouvons distinguer dans l'histoire des mathématiques modernes cinq phases distinctes.

Dans la première, nous nous trouvons en présence de l'invention de la géométrie analytique par Descartes, en 1637, et presque en même temps s'introduit la méthode des indivisibles, au moyen de laquelle on peut déterminer par sommation les aires, les volumes et la position des centres de gravité d'une manière analogue à celle que nous fournit de nos jours le calcul intégral. La méthode des indivisibles fut bientôt remplacée par le calcul intégral. Quant à la géométrie analytique, on n'a jamais cessé de la considérer comme une science indispensable à tout mathématicien, et comme une méthode de recherches incomparablement plus puissante que la géométrie des anciens. Cette dernière constitue, sans nul doute, un admirable enseignement intellectuel, et permet fréquemment une démonstration élégante d'une proposition dont l'exactitude est

déjà connue, mais elle exige une manière de procéder spéciale pour
chaque problème particulier que l'on aborde.

La géométrie analytique nous donne quelques règles simples
au moyen desquelles on peut établir une proposition géométrique
ou reconnaître son inexactitude.

Dans la seconde période, nous avons l'invention, une trentaine
d'années plus tard, du calcul des fluxions ou calcul différentiel.

Toute les fois qu'une quantité varie d'une façon continue suivant
une certaine loi (et il en est presque toujours ainsi dans la nature),
le calcul différentiel nous permet de suivre son accroissement ou
sa décroissance; et le calcul intégral nous fournit le moyen de
retrouver la quantité primitive d'après la formule qui donne la loi
de variation. Anciennement chacune des diverses fonctions de x,
telles $(1 + x)^m$, log $(1 + x)$, sin x, arc tg. x etc... ne pouvait être développée suivant les puissances croissantes de x qu'au
moyen seulement d'un procédé spécial à chaque fonction particulière considérée; mais avec l'aide du calcul différentiel le développement d'une fonction quelconque de x suivant les puissances croissantes de x est, en général, réductible à une règle
unique embrassant tous les cas possibles. De même la théorie
des maxima et des minima, la détermination des longueurs des
courbes et des aires qu'elles limitent, la détermination des surfaces
des volumes, des centres de gravité et bien d'autres problèmes,
peuvent se ramener à des règles très simples. Les théories des
équations différentielles, du calcul des variations, des différences
finies, et ne sont plus que le développement des principes de ce
calcul.

La géométrie analytique et le calcul différentiel devinrent les
principaux instruments des progrès ultérieurs en mathématiques.
Chacun d'eux permet de construire une sorte de machine. Pour
résoudre un problème, il suffisait de soumettre à son action la
fonction particulière traduisant la question, l'équation de la
courbe ou de la surface considérée, et le résultat s'obtenait naturellement en effectuant certaines opérations simples. La validité
du procédé avait été démontrée une fois pour toutes et on ne se
trouvait plus dans l'obligation d'imaginer une méthode spéciale
pour chaque fonction, courbe ou surface.

Dans la troisième phase, Huygens, poursuivant les traces de

Galilée, pose les fondements d'une exposition satisfaisante de la dynamique, et Newton en fait une science exacte. Ce dernier mathématicien commença par appliquer les nouvelles méthodes analytiques non seulement à de nombreux problèmes concernant la mécanique des solides et des fluides, mais au système solaire : l'ensemble de la dynamique terrestre et céleste fut ainsi englobé dans le domaine des mathématiques. Il n'est pas douteux que Newton employa le calcul pour obtenir la plupart de ses résultats ; mais il paraît avoir pensé que, s'il établissait ses démonstrations à l'aide d'une science nouvelle qui, à cette époque, était généralement inconnue, ses contemporains (ne connaissant pas le calcul des fluxions) n'auraient pas bien saisi la vérité et l'importance de ses découvertes. Il se détermina en conséquence à donner des démonstrations géométriques de tous les résultats qu'il avait obtenus. C'est pourquoi il présenta ses *Principia* sous cette forme, c'est-à-dire dans une langue que tous les hommes pouvaient alors comprendre. Les théories mécaniques ont été étendues et systématisées sous leur forme moderne par Lagrange et Laplace vers la fin du dix-huitième siècle.

Dans la quatrième phase on applique les mathématiques à la physique. Cette extension du domaine des sciences mathématiques eut pour point de départ les travaux de Newton et d'Huyghens sur la théorie de la lumière, mais c'est au commencement du xixᵉ siècle qu'elle prit tout son développement en s'appuyant sur des observations précises.

Des conséquences nombreuses et d'une grande portée ont été obtenues en physique par suite de l'application des mathématiques aux résultats des observations et des expériences, mais ce qui nous manque aujourd'hui c'est de pouvoir formuler quelques hypothèses simples, dont il serait possible de déduire par l'analyse les phénomènes observés. Si, pour prendre un exemple, il nous était possible de dire en quoi consiste l'électricité, nous pourrions formuler quelques lois simples, dont on déduirait par l'analyse les phénomènes observés de la même manière que Newton déduisit tous les résultats de l'astronomie physique de la loi de gravitation. Toutes les recherches semblent d'ailleurs indiquer qu'il existe entre les différentes branches de la physique une relation intime, par exemple, entre la lumière, la chaleur, l'élasticité, l'électricité et le magnétisme. L'ultime explication de cette relation et des principaux faits de la physique semble dépendre de l'étude de la physique moléculaire ; à son tour la connaissance de la physique moléculaire semble exiger la connaissance de la constitution de la matière, qui paraît dépendre de la chimie ou de la chimie physique. Mais il y a là bien des mystères qui ne nous sont pas encore dévoilés. Dans cette histoire nous ne prétendons pas traiter des problèmes qui sont actuellement encore l'objet de recherches des savants. En particulier nous parlerons peu de la physique mathématique qui est une création du xixᵉ siècle.

La cinquième phase comprend une période dans laquelle les mathématiques pures ont reçu une immense extension. Beaucoup de découvertes datent d'une époque relativement récente, et nous considérons que les développements que nous pourrions donner sortiraient des limites de cet ouvrage. Néanmoins quelques uns de ces travaux sont abordés dans le chapitre xix.

Cette grande extension a principalement porté sur les développements de la géométrie supérieure, de l'arithmétique supérieure ou théorie des nombres, de l'algèbre supérieure (comprenant la théorie des formes), et sur la théorie des équations, la discussion des fonctions de périodicité double et multiple, et surtout sur la théorie des fonctions.

Ce rapide sommaire indique les sujets que nous avons traités et les limites que nous nous sommes imposées. L'histoire de l'origine et du développement de l'analyse ainsi que de son application aux lois du monde physique rentre dans le cadre de notre sujet. Les développements dans la dernière moitié du dix neuvième siècle des mathématiques pures et l'application des mathématiques aux problèmes physiques ouvrent une nouvelle période qui dépasse les limites de notre ouvrage, et nous ne faisons allusion à ces sujets que pour indiquer dans quel esprit l'histoire future des mathématiques nous paraît devoir être traitée.

CHAPITRE XV

—

HISTOIRE DES MATHÉMATIQUES DE DESCARTES
A HUYGENS [1]

(1635-1675 environ)

Nous nous proposons dans ce chapitre de considérer l'histoire des mathématiques pendant une période de quarante ans appartenant au milieu du dix-septième siècle. Nous regardons Descartes, Cavalieri, Pascal, Wallis, Fermat et Huygens comme les principaux mathématiciens de ce temps. Nous terminons ce chapitre par une brève énumération des autres savants les plus marquants de cette même époque.

Nous avons déjà constaté que les mathématiciens de cette période, et cette remarque s'applique plus particulièrement à Descartes, Pascal et Fermat, furent grandement influencés par l'enseignement de Képler et de Désargues, et nous répéterons de nouveau que nous considérons ces derniers avec Galilée comme établissant un lien entre les écrivains de la Renaissance et ceux des temps modernes. Nous devons aussi ajouter que les mathématiciens dont les noms figurent dans ce chapitre étaient contemporains, et il est essentiel de se rappeler qu'ils étaient en relation les uns avec les autres, et en général avaient mutuellement connaissance de leurs recherches aussitôt qu'elles étaient publiées.

Descartes [2]. — En tenant compte des remarques précédentes nous pouvons considérer Descartes comme le premier représentant

---

[1] Voir Cantor, parl. XV, vol. II, pp. 599-844 : les autres autorités pour les mathématiciens de cette période sont mentionnées dans les notes.

[2] Voir *La vie de Descartes* par A. Baillet, 2 vol., Paris 1691 qui est résumée dans le vol. 1 de l'ouvrage *Geschichte der neuern Philosophie* de K. Fischer,

de l'école moderne. *René Descartes* naquit près de Tours le 31 mars 1596, et mourut à Stockholm le 11 février 1650 : il était ainsi contemporain de Galilée et de Desargues. Son père avait l'habitude de passer la moitié de l'année à Rennes quand le parlement de Bretagne, dont il était conseiller, tenait sa session, et le reste du temps dans sa terre de famille de La Haye-Descartes. René, le second garçon d'une famille composée de deux fils et d'une fille, fut envoyé à l'âge de huit ans au collège des Jésuites de La Flèche, et il parle fort avantageusement de l'admirable discipline qui régnait dans cet établissement et de l'instruction qu'on y recevait. A cause de sa santé délicate on lui permettait de rester au lit le matin ; c'est une habitude qu'il conserva toujours et, quand il visita Pascal en 1647 il lui raconta que sa seule manière de produire un bon travail en mathématiques, et de conserver sa santé, était de ne permettre à personne de venir le faire lever le matin avant qu'il n'en ressentît le désir. Nous rapportons ce petit fait au profit de tout écolier entre les mains duquel cet ouvrage pourrait tomber.

En quittant le collège en 1612, Descartes se rendit à Paris pour faire son entrée dans le monde. Là, par l'intermédiaire des Jésuites, il fit connaissance de Mydorge et renoua avec Mersenne son amitié de collège ; il consacra avec eux les deux années de 1615 et 1616 à l'étude des mathématiques. A cette époque un homme de condition entrait généralement dans l'armée ou dans l'église ; Descartes se fit soldat, et en 1617 il rejoignit l'armée de Maurice de Nassau, prince d'Orange. De passage à Breda, se promenant un jour dans les rues de cette ville, il vit une affiche en hollandais qui excita sa curiosité, et arrêtant un passant il lui demanda d'en faire la traduction soit en français, soit en latin. L'étranger, qui par hasard était Isaac Beeckman, principal du Collège Hollandais de Dort, s'engagea à le faire si Descartes répondait à la question qui était posée, l'affiche étant, en fait, un défi lancé à tout l'univers, et relatif à la solution d'un problème de géométrie.

Munich, 1878. On trouve un exposé assez complet des recherches mathématiques et physiques de DESCARTES dans l'*Encyclopädie* de ERSCH et GRUBER. L'édition la plus complète de ses œuvres est celle de VICTOR COUSIN en 11 vol. Paris 1824-6. Quelques notes de moindre importance découvertes par la suite furent publiées par F. DE CAREIL., Paris, 1859.

Descartes le résolut au bout de quelques heures et ce fut l'origine d'une vive amitié entre lui et Beeckman. Cet essai inattendu de ses dispositions mathématiques lui rendit odieuse la vie oisive qu'il menait à l'armée, mais cédant à des influences de famille et à la tradition il resta soldat. Au commencement de la guerre de trente ans, on le décida à entrer comme volontaire dans l'armée de Bavière sous les ordres du comte de Bucquoy. Il continua cependant à consacrer ses loisirs à des études mathématiques, et il avait l'habitude de faire remonter l'origine de ses premières idées sur sa philosophie nouvelle et sa géométrie analytique à trois rêves qu'il eut dans la nuit du 10 novembre 1619 à Neuberg, lorsqu'il faisait campagne sur le Danube. Il considérait ce jour comme le plus important de son existence, celui qui décida de son avenir.

Il se retira de l'armée dans le courant du printemps de l'année 1621 et passa les cinq années qui suivirent en voyages, pendant lesquels il consacra la plus grande partie de son temps à l'étude des mathématiques pures. En 1626 nous le trouvons établi à Paris. Il avait la taille petite mais bien tournée, toujours modestement vêtu de taffetas vert et portant seulement, comme marque de sa condition, l'épée au côté et la plume au chapeau. » Durant les deux premières années de son séjour dans cette ville il se mêla à la société et passa son temps à s'occuper de la construction d'instruments d'optique ; mais ces distractions constituaient simplement le délassement d'un esprit qui n'avait pu trouver encore cette théorie de l'univers qu'il était bien convaincu de découvrir un jour.

En 1628 le cardinal de Berulle, le fondateur des oratoriens, rencontra Descartes et fut si impressionné par sa conversation, qu'il lui dit que c'était un devoir de consacrer sa vie à la recherche de la vérité. Descartes y consentit et pour se mettre à l'abri des importuns, il se rendit en Hollande qui avait alors atteint l'apogée de sa puissance. Il y séjourna vingt ans, consacrant tout son temps à la philosophie et aux mathématiques. La science, dit-il, peut être comparée à un arbre, ayant pour racine la métaphysique, pour tronc la physique, et dont les trois principales branches sont : la mécanique, la médecine et les préceptes moraux, qui constituent les trois applications de nos connaissances, au monde extérieur, au corps humain, et à la conduite de la vie.

Il consacra les quatre premières années de son séjour en

Hollande, 1629 à 1633, à écrire *Le Monde* qui comprend un essai de théorie physique de l'Univers, mais trouvant que sa publication était de nature à lui attirer l'hostilité de l'Eglise, et n'ayant aucun goût pour le martyre, il l'abandonna : le manuscrit incomplet fut publié en 1664. Il résolut ensuite de composer un traité sur la science universelle, qui fut publié à Leyde en 1637 sous le titre : *Discours de la méthode pour bien conduire sa raison et chercher la vérité dans les sciences*; il était accompagné de trois appendices (qui peut-être n'ont pas été composés avant 1638) intitulés : *La Dioptrique, Les Météores et La Géométrie*. C'est l'origine de la géométrie analytique. En 1641 il publia un ouvrage appelé *Meditationes* dans lequel il explique jusqu'à un certain point ses vues philosophiques esquissées dans les *Discours*. En 1644 il fit paraître les *Principia Philosophiæ* dont la majeure partie est consacrée à la science physique, spécialement aux lois du mouvement et à la théorie des tourbillons. En 1647 le roi de France lui fit une pension en l'honneur de ses découvertes. Il se rendit en Suède en 1649 sur l'invitation de la reine Christine, et mourut quelques mois après d'une inflammation des poumons.

Au physique, Descartes était petit avec une grosse tête, un front saillant, un nez proéminent, et une chevelure noire tombant sur ses sourcils, sa voix était faible. Par nature il était froid et plutôt égoïste. Eu égard à l'étendue de ses études ce n'était pas un érudit, et il méprisait la science et les arts qui n'étaient pas susceptibles de quelque application. Il ne voulut jamais se marier et ne laissa aucun descendant bien qu'il ait eû une fille naturelle qui mourut jeune.

En ce qui concerne ses théories philosophiques, il nous suffira de dire qu'il s'attaqua aux problèmes qui ont été débattus depuis deux mille ans, et qui seront probablement discutés encore avec la même ardeur pendant deux mille ans. Il est à peine nécessaire de faire observer que ces problèmes sont par eux-mêmes d'un intérêt capital, mais que par leur nature même aucune solution n'est susceptible d'une démonstration ou d'une réfutation rigoureuse; tout ce qu'il est possible de faire est de fournir une solution plus probable qu'une autre et les erreurs, même d'un Descartes, ont pu être réfutées par ses successeurs.

Nous avons lu quelque part que la philosophie a toujours eu

pour principal objet l'étude des rapports entrent Dieu, la nature et l'homme. C'est la Grèce qui produisit les premiers philosophes : ils s'occupèrent principalement des relations entre Dieu et la nature, l'homme étant considéré séparément. L'Eglise chrétienne s'absorbe dans l'étude des relations entre Dieu et l'homme au point de négliger entièrement la nature. Enfin les philosophes modernes traitèrent particulièrement des relations entre l'homme et la nature. Notre intention n'est pas de discuter ces opinions diverses, il nous suffit de dire que c'est Descartes qui a le premier envisagé la philosophie à la manière des modernes.

Les principaux travaux mathématiques de Descartes sont exposés dans sa géométrie et sa théorie des tourbillons ; c'est sa géométrie qui constitue la base la plus solide de sa réputation.

La géométrie analytique ne consiste pas simplement (comme on le dit quelquefois trop légèrement) dans l'application de l'algèbre à la géométrie : cette application avait été déjà faite par Archimède et par bien d'autres, et elle était devenue la façon usuelle d'opérer dans les ouvrages des mathématiciens du seizième siècle. Le grand progrès accompli par Descartes tient à ce qu'il vit nettement, d'une part que la position d'un point dans un plan, peut être complètement déterminée par ses distances x et y, à deux droites fixes tracées à angle droit dans le plan, avec la convention qui nous est familière pour l'interprétation des valeurs positives et négatives ; il montra d'autre part que bien qu'une équation telle que $f(xy) = 0$ soit indéterminée et puisse être satisfaite par une infinité de valeurs de x et y, cependant ces valeurs de x et y déterminent les coordonnées d'un certain nombre de points dont l'ensemble forme une courbe et que l'équation $f(xy) = 0$ exprime les propriétés géométriques, communes à tous les points de la courbe. Descartes vit aussi qu'un point de l'espace pouvait être déterminé d'une manière identique par trois coordonnées, mais il ne s'occupa que des courbes planes.

Il était dès lors évident que pour rechercher les propriétés d'une courbe il suffisait de choisir comme définition, une propriété géométrique caractéristique de cette courbe et de l'exprimer au moyen d'une équation entre les coordonnées (ordinaires) d'un point quelconque de la courbe, c'est-à-dire de traduire la définition dans la langue spéciale à la géométrie analytique. L'équation ainsi obtenue contient implicitement chacune des propriétés de la courbe, et une propriété particulière quelconque peut s'en déduire par l'algèbre ordinaire sans s'inquiéter de la forme de la courbe. Tout cela peut avoir été entrevu d'une façon confuse par les anciens auteurs mais Descartes alla plus loin et mit en évidence ces faits très importants que deux ou plusieurs courbes peuvent être rapportées à un seul et même système de coordonnées et que les points d'intersection de deux courbes se déterminent en cherchant les racines communes aux deux équations.

Nous pensons qu'il est inutile d'entrer dans de plus longs détails à ce sujet, attendu que presque tous ceux qui comprennent ce que nous venons de dire ont connaissance de la géométrie analytique et peuvent apprécier l'importance de la découverte de Descartes.

La *géométrie* de Descartes est divisée en trois livres : les deux premiers ont rapport à la géométrie analytique et le troisième comprend une analyse de l'algèbre telle qu'elle existait à l'époque. Il est quelquefois difficile de suivre son raisonnement, mais l'obscurité était intentionnelle. « Je n'ai rien omis », dit-il, « qu'à dessein. J'avais prévu que certaines gens qui se vantent de savoir tout n'auraient pas manqué de dire que je n'avais rien écrit qu'ils n'eussent su auparavant, si je me fusse rendu assez intelligible pour eux. »

Le premier livre débute par une exposition des principes de la géométrie analytique et contient la discussion d'un problème particulier qui avait été proposé par Pappus dans le septième livre de son Συναγωγή et dont quelques cas particuliers avaient été traités par Euclide et Apollonius. Le théorème général avait échappé aux géomètres antérieurs et ce sont les essais tentés pour arriver à le résoudre, qui conduisirent Descartes à l'invention de la géométrie analytique. L'énoncé complet du problème est plutôt confus, mais le cas le plus important consiste à trouver le lieu des points tels que le produit des perpendiculaires abaissées de chacun d'eux sur m lignes droites données soit dans un rapport constant avec le produit des perpendiculaires abaissées sur n autres lignes droites données.

Les anciens avaient trouvé une solution géométrique pour les cas où l'on avait $m = 1$ avec $n = 1$ et $m = 1$ avec $n = 2$. Pappus avait constaté de plus que pour $m = n = 2$, le lieu était une conique mais il ne donnait aucune preuve à l'appui ; Descartes ne réussit pas à trouver une solution par la géométrie pure, mais il montra que la courbe était représentée par une équation du second degré, c'est-à-dire qu'elle était une conique ; Newton fournit dans la suite une élégante solution du problème par la géométrie pure.

Dans le second livre, Descartes divise les courbes en deux classes : les courbes géométriques et les courbes mécaniques. Il définit les premières comme étant celles qui peuvent être engendrées par l'intersection de deux lignes se déplaçant chacune parallèlement aux axes des coordonnées avec des vitesses « commensurables » ; il veut dire par là que dy/dx est une fonction algébrique, comme c'est le cas, par exemple, pour l'ellipse et la cissoïde. Il appelle la courbe, mécanique, quand le rapport des vitesses des mêmes lignes définies plus haut est « incommensurable » ; c'est-à-dire quand dy/dx est une fonction transcendante, comme par exemple c'est le cas pour la cycloïde et la quadratrice. Descartes se borna à étudier les courbes géométriques sans traiter la théorie des courbes mécaniques. La classification actuelle en courbes algébriques et transcendantes est due à Newton.

Descartes s'occupa aussi d'une façon particulière de la théorie des tangentes aux courbes, ainsi qu'il paraît résulter de son système de classification dont il vient d'être parlé. A cette époque la tangente en un point d'une courbe était définie : la ligne droite menée par ce point de telle sorte qu'aucune autre droite ne puisse être tracée entre elle et la courbe, c'est-à-dire la ligne droite de contact le plus étroit. Descartes proposa de substituer à cette définition une autre qui revenait à considérer la tangente comme la position limite de la sécante ; Fermat, et à une date plus reculée Maclaurin et Lagrange adoptèrent cette définition. Barrow, suivi par Newton et Leibnitz considérait une courbe comme la limite d'un polygone inscrit dont les côtés deviennent infiniment petits et montrant qu'un côté du polygône devient à la limite tangent à la courbe. Roberval d'un autre côté définissait la tangente en un point d'une courbe comme la direction du mouvement d'un point mobile décrivant cette courbe, à l'instant où il se trouve au point considéré. Quelle que soit la définition choisie on arrive au même résultat, mais la question de savoir quelle était la meilleure définition de la tangente provoqua une controverse très animée. Comme application de sa théorie Descartes donna une règle générale pour tracer les tangentes et les normales à la roulette.

La méthode employée par Descartes pour trouver la tangente ou la normale en un point quelconque d'une courbe donnée était en substance la suivante. Il déterminait le centre et le rayon d'un cercle passant par le point donné qui devait couper la courbe en deux points consécutifs. La tangente au cercle en ce point devenait tangente à la courbe quand les deux points d'intersection du cercle avec la courbe venaient à se confondre avec le point considéré. Dans les ouvrages modernes on exprime généralement la condition que les deux points où une droite (telle que $y = mx + c$) coupe la courbe doivent coïncider avec le point considéré : ceci permet de déterminer m et c et par suite d'écrire l'équation de la tangente en ce point. Descartes cependant ne procédait pas ainsi, mais choisissant un cercle comme la courbe la plus simple à laquelle il savait mener une tangente, il traçait son cercle de façon à lui faire toucher la courbe au point en question, et ramenait ainsi le problème au tracé d'une tangente à un cercle. Nous noterons en passant qu'il n'appliqua sa méthode qu'aux courbes symétriques par rapport à un axe, sur lequel il prenait le centre du cercle.

Le style systématiquement obscur adopté par Descartes fut un obstacle à la diffusion et l'appréciation immédiate de ses ouvrages, mais une traduction latine avec notes explicatives fut préparée par F. de Beaune, et une édition avec un commentaire par F. Van Schooten, publiée en 1659 eut un grand succès.

Le troisième livre de la *géométrie* contient une analyse de l'algèbre telle qu'elle existait à cette époque, mais il en modifia la langue, en employant les lettres du commencement de l'alphabet pour les quantités connues et celle de la fin pour les quantités inconnues (1). De plus Descartes introduisit le système des indices encore en usage ; très vraisemblablement c'était une nouveauté pour lui, mais nous devons rappeler ici que des écrivains antérieurs en avaient déjà suggéré l'idée bien que cette notation n'eut pas été généralement adoptée. On ne sait si Descartes pensa que les lettres pouvaient représenter une quantité quelconque, positive ou néga-

---

(1) Sur l'origine de l'usage du signe x pour représenter une inconnue, voir une note par G. ENESTRÖM dans la *Bibliotheca Mathematica*, 1885, p. 43.

tive, et qu'il était suffisant de démontrer une proposition pour un seul cas général. C'est le plus ancien auteur qui ait remarqué qu'il était commode de faire passer tous les termes d'une équation dans un seul membre, bien que Stifel et Harriot eussent déjà adopté cette disposition dans plusieurs cas. Il donna la signification des quantités négatives et les employa couramment. Il fit usage dans cet ouvrage de la règle qui porte encore son nom pour trouver une limite du nombre des racines positives et négatives d'une équation algébrique ; et il introduisit la méthode des coefficients indéterminés pour la solution des équations. Il pensait avoir donné une méthode permettant de résoudre les équations algébriques de degré quelconque, mais il y a là une erreur de sa part. Il fit usage de la méthode des coefficients indéterminés. On peut aussi rappeler qu'il énonça le théorème, communément attribué à Euler, sur la relation qui existe entre le nombre des faces, des sommets et des angles d'un polyèdre.

L'un des deux appendices ou *Discours* était consacré à *l'Optique*. Son principal intérêt consiste dans l'établissement de la loi de la réfraction. Cet exposé paraît avoir été emprunté à l'ouvrage des Snellius, bien que la façon dont il est présenté puisse laisser croire qu'il est dû aux recherches de Descartes. Il aurait, semble-t-il, reproduit à Paris en 1626 ou 1627 les expériences de Snellius, et il est possible qu'il ait oublié par la suite ce qu'il devait aux anciennes recherches de ce savant. Une grande partie de l'optique est consacrée à la détermination de la meilleure forme à donner aux lentilles d'un télescope, mais les difficultés mécaniques que l'on éprouvait à dresser les surfaces du verre pour leur donner la forme exigée étaient alors trop grande pour que ces recherches eussent la moindre utilité pratique. Descartes ne paraît pas avoir été fixé sur la question de savoir si l'on doit regarder les rayons lumineux comme émanant de l'œil et allant pour ainsi dire frapper les objets (comme le croyaient les Grecs) ou si au contraire on doit les considérer comme partant de l'objet et venant impressionner l'œil, mais comme il supposait la vitesse de la lumière infinie il est probable que cette question n'avait pour lui aucune importance.

L'autre appendice sur *Les Météores* contient une explication de nombreux phénomènes atmosphériques, et entre autres celle de l'arc en ciel ; cette dernière est nécessairement incomplète, attendu que

Descartes ignorait que l'indice de réfraction d'une substance n'est pas le même pour les lumières de différentes couleurs.

La théorie physique de l'univers de Descartes comprenant la plupart des résultats contenus dans son ancien ouvrage non publié *Le Monde* est exposé dans ses *Principia*, 1644, et repose sur des bases métaphysiques. Il commence par une discussion du mouvement, puis il énonce dix lois de la nature dont les deux premières sont à peu près identiques aux deux premières lois du mouvement telles qu'elles ont été données par Newton ; les huit dernières sont inexactes.

Il passe ensuite à l'examen de la nature de la matière qu'il regarde comme d'espèce uniforme bien qu'elle se présente sous trois formes. Il suppose que la matière de l'univers doit être en mouvement et que ce mouvement se décompose en un certain nombre de tourbillons. Pour lui le soleil est le centre d'un immense tourbillon de cette matière dans laquelle les planètes flottent et tournent en rond comme une paille dans un tourbillon d'eau. Chaque planète est à son tour le centre d'un tourbillon secondaire entraînant les satellites dans son mouvement : ces tourbillons secondaires produisent des variations de densité dans le milieu environnant qui constitue le premier tourbillon, et il en résulte que les planètes décrivent des ellipses et non des cercles. Toutes ces suppositions sont arbitraires et ne sont appuyées sur aucune observation. Il n'est pas difficile de prouver qu'avec cette hypothèse, le soleil serait au centre des ellipses et non à l'un des foyers (comme l'a établi Képler), et que le poids d'un corps en un point quelconque de la surface de la terre en dehors de l'équateur, agirait suivant une direction ne coincidant pas avec la verticale ; mais il suffira de dire ici que Newton, dans le second livre des *Principia*, 1687, a examiné cette théorie en détail et a montré que ses conséquences sont non seulement incompatibles avec chacune des lois de Képler et avec les lois fondamentales de la mécanique, mais sont aussi en désaccord avec les lois de la nature admises par Descartes lui-même.

Cependant en dépit de son caractère informe et de ses imperfections la théorie des tourbillons marque en astronomie une ère nouvelle, c'est une tentative pour expliquer les phénomènes de l'univers entier par les lois mécaniques.

Cavaliéri ([2]). — Presqu'en même temps que Descartes publiait sa géométrie, c'est-à-dire vers 1637, les principes du calcul intégral, limité aux sommations, étaient étudiés en Italie. Les calculs s'effectuaient au moyen de ce qu'on a appelé la méthode des indivisibles dont l'invention revient à Cavaliéri. Il l'appliquait ainsi que ses contemporains à de nombreux problèmes sur la quadrature des courbes et des surfaces, à la détermination des volumes, des centres de gravité. Il remplaçait ainsi la pénible méthode d'exhaustion des géomètres grecs; ces diverses méthodes sont au fond identiques mais la notation des indivisibles est plus concise et plus convenable. Les indivisibles furent à leur tour remplacés au commencement du dix-huitième siècle par le calcul intégral.

Bonaventure Cavalieri naquit à Milan en 1598 et mourut à Bologne le 27 novembre 1647. Encore fort jeune il entra dans l'ordre des Jésuites et sur la recommandation de ses supérieurs il fut nommé en 1629 professeur de mathématiques à Bologne, où il professa jusqu'à sa mort. Nous avons déjà mentionné le nom de Cavalieri au sujet de l'introduction en Italie de l'usage des logarithmes, et nous avons fait allusion à sa découverte de l'expression de l'aire d'un triangle sphérique en fonction de l'excès sphérique. Ce fut l'un des mathématiciens les plus considérables de son temps, mais sa réputation repose principalement sur l'invention du principe des indivisibles.

Le principe des indivisibles avait été employé par Képler en 1604 et 1615 sous une forme un peu primitive. Il fut établi pour la première fois par Cavalieri en 1629 mais il ne publia pas ses résultats avant 1635. Dans le premier exposé de sa méthode qu'il donna en 1625, Cavalieri admettait qu'une ligne était formée par un nombre infini de points (chacun sans grandeur), une surface par un nombre infini de lignes (chacune sans largeur) et un volume par un nombre infini de surfaces (chacune sans épaisseur). Pour répondre aux objections présentées par Guldin et d'autres savants cette exposition fut remaniée, et sous sa dernière forme, qui est celle employée par les mathématiciens du dix-septième siècle, elle a été

([1]) La vie de CAVALIÉRI a été écrite par P. FRISI, Milan, 1778 ; par F. PREDARI, Milan 1843 ; par GABRIO PIOLA, Milan, 1844 ; et par A. FAVARO, Bologne, 1888. On trouve une analyse de ses œuvres dans *l'Histoire des Sciences mathématiques et Physiques* de M. MARIE, Paris, 1885-8 vol. IV pp. 69-90.

publiée en 1647 dans les *Exercitationes Geometricæ* de Cavalieri ;
le troisième exercice est consacré à la défense de la théorie. Ce
livre renferme la plus ancienne démonstration des propriétés découvertes par Pappus. Les œuvres de Cavalieri sur les indivisibles
ont été rééditées en 1653 avec ses dernières corrections.

La méthode des indivisibles repose en fait, sur cette hypothèse
que toute grandeur est divisible en un nombre infini de petites
quantités qui peuvent être choisies de façon à avoir entre elles un
rapport donné quelconque (le cas d'égalité non exclus). L'analyse
présentée par Cavalieri ne vaut guère la peine d'être reproduite si
ce n'est pour signaler que c'est le premier pas fait vers la création
du calcul infinitésimal. Un exemple suffira. Supposons que l'on
demande de trouver l'aire d'un triangle rectangle. Considérons la
base comme formée ou comme contenant n points (ou indivisibles)
et semblablement considérons l'autre côté comme contenant na
points, alors les ordonnées aux points successifs de la base contien-
dront a, $2a$, $3a$,... na points. Par conséquent le nombre des points
renfermés dans l'aire est

$$a + 2a + 3a + \ldots + na$$

et cette somme est égale à

$$\frac{1}{2}n^2a + \frac{1}{2}na.$$

Puisque n est très grand, nous pouvons négliger la quantité
$\frac{1}{2}na$ comme insignifiante à côté de $\frac{1}{2}n^2a$ et l'air est

$$\frac{1}{2}(na) \times a.$$

c'est-à-dire $\frac{1}{2}$ hauteur $\times$ base.

Il serait facile de critiquer cette démonstration quoique présentée
sous une forme inacceptable, elle est correcte en substance.

On aurait une fausse idée de la méthode des indivisibles en la
jugeant seulement d'après l'exemple précédent, aussi en dévelop-
perons-nous un autre emprunté à un écrivain plus récent, exemple
de nature à bien faire saisir la méthode modifiée et rectifiée par
l'emploi des limites.

Proposons nous de trouver l'expression de l'aire limitée par un
arc de parabole APC, par la tangente en A à cette parabole et par

un diamètre quelconque DC. Complétons le parallélogramme ABCD et divisons AD en n parties égales. Prenons la longueur AM égale à r de ces parties et soient MN la $(r+1)^e$ partie. Menons MP, NQ parallèles à AB et traçons PR parallèle à AD. Lorsque n devient

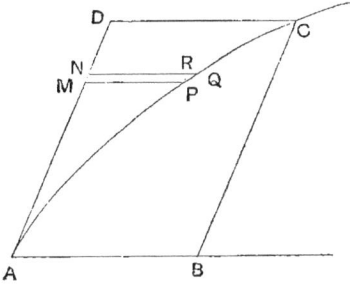

Fig. 31.

infiniment grand, l'aire curviligne APCD peut être considérée comme la limite de la somme des parallélogrammes tels que PN. Maintenant on a

$$\frac{\text{aire PN}}{\text{aire BD}} = \frac{\text{MP. MN}}{\text{DC. AD}}.$$

Mais d'après une propriété connue des paraboles

$$\frac{\text{MP}}{\text{DC}} = \frac{\text{AM}^2}{\text{AD}^2} = \frac{r^2}{n^2},$$

et

$$\frac{\text{MN}}{\text{AD}} = \frac{1}{n};$$

par suite

$$\frac{\text{MP.MN}}{\text{DC.AD}} = \frac{r^2}{n^3}.$$

On a donc

$$\frac{\text{aire PN}}{\text{aire BD}} = \frac{r^2}{n^3};$$

on en déduit facilement

$$\frac{\text{aire APCD}}{\text{aire BD}} = \frac{1^2 + 2^2 + \dots + (n-1)^2}{n^3} = \frac{\frac{1}{6} n(n-1)(2n-1)}{n^3}$$

et à la limite

$$\frac{\text{aire APCD}}{\text{aire BD}} = \frac{1}{3}.$$

Il est peut être utile de faire remarquer que Cavalieri et ses successeurs employèrent toujours la méthode des indivisibles pour déterminer les rapports de deux aires, de deux volumes ou de deux grandeurs de même nature ; jamais ils ne parlèrent d'une aire contenant un certain nombre d'unités d'aire.

L'idée de comparer une grandeur avec une unité de même espèce semble appartenir à Wallis.

Il est évident que sous sa forme directe la méthode n'est applicable qu'à quelques courbes. Cavalieri prouvait que si m est un entier positif, la limite de

$$\frac{1^m + 2^m + \ldots + n^m}{n^{m+1}} \quad \text{pour } n \text{ infini est} \quad \frac{1}{m+1},$$

ce qui revient à dire qu'il trouva l'intégrale de x^m, de $x = 0$ à $x = 1$; il discuta également la quadrature de la parabole.

Pascal ([1]). — Parmi les contemporains de Descartes aucun ne fit preuve d'un plus grand génie naturel que Pascal, mais sa réputation mathématique repose plus sur ce qu'il aurait pu faire que sur ce qu'il a produit en réalité, attendu que durant une grande partie de sa vie, il regarda comme un devoir de consacrer tout son temps aux pratiques de la religion.

Blaise Pascal naquit à Clermont le 19 juin 1623 et mourut à Paris, le 19 août 1662. Son père, président à la Cour des Aides de Clermont, avait lui-même une certaine réputation comme homme de science. Il vint s'établir à Paris en 1631, autant pour poursuivre ses propres études scientifiques, que pour s'occuper de l'instruction de son fils dont il avait déjà pu apprécier l'intelligence exceptionnelle. Pascal fut gardé à la maison, son père voulant éviter

---

([1]) Voir Pascal par J. Bertrand, Paris, 1891 ; et *Pascal sein Leben und seine Kämpfe*, par J. G. Dreydorff, Leipzig, 1870. La vie de Pascal écrite par sa sœur Mme Périer, fut éditée par A. P. Falgère, Paris, 1845, et a formé la base de plusieurs ouvrages. Une édition de ses écrits fut publiée en 5 volumes à La Haye en 1779, seconde édition, Paris 1819 ; quelques opuscules additionnels et des lettres furent publiés en 3 volumes à Paris en 1858.

tout surmenage à l'enfant, et dans ce même but il décida que son instruction serait tout d'abord limitée à l'étude des langues et ne comprendrait pas celle des mathématiques. La curiosité de l'enfant fut naturellement excitée par cette restriction, et un jour, il avait alors douze ans, il demanda à son père en quoi consistait la géométrie. Son père lui répondit que c'était la science qui apprenait à construire des figures exactes et à déterminer les rapports pouvant exister entre leurs différents éléments ; Pascal, stimulé sans aucun doute par la défense qui lui avait été faite, consacra à cette nouvelle étude le temps qu'on lui laissait pour ses jeux, et en quelques semaines il parvint à découvrir de lui-même plusieurs propriétés des figures et en particulier cette proposition que la somme des angles d'un triangle est égale à deux angles droits. Son père frappé par cette preuve d'intelligence lui donna un exemplaire des *Eléments* d'Euclide, livre que Pascal lut avec ardeur et ne tarda pas à posséder à fond.

A l'âge de quatorze ans Roberval, Mersenne, Mydorge et plusieurs autres géomètres français l'admirent dans leurs réunions hebdomadaires : c'est de ces réunions qu'est sortie plus tard l'Académie Française.

A seize ans Pascal écrivit un essai sur les sections coniques ; et en 1641, à l'âge de dix-huit ans, il construisit la première machine arithmétique, instrument qu'il perfectionna de nouveau huit ans plus tard. Sa correspondance avec Fermat vers cette époque montre que son attention était tournée vers la géométrie analytique et la physique. Il reproduisit les expériences de Torricelli qui permettaient d'évaluer en poids la pression atmosphérique, et il confirma sa théorie relativement à la cause des variations barométriques par des relevés faits au même instant à différentes altitudes sur la montagne du Puy-de-Dôme.

En 1650, Pascal abandonna subitement ses recherches scientifiques pour s'absorber dans l'étude de la religion, ou comme il dit dans ses *Pensées* « pour contempler la grandeur et la misère de l'homme » ; et à peu près à la même époque il persuada à la plus jeune de ses sœurs d'entrer dans la communauté de Port Royal.

En 1653 il eut à administrer les biens de sa famille. Il reprit alors son ancienne existence et fit plusieurs expériences sur la pression exercée par les gaz et les liquides : ce fut également vers

cette époque qu'il imagina le triangle arithmétique, et créa avec
Fermat le calcul des probabilités. Il songeait à se marier quand un
accident lui fit de nouveau tourner ses pensées vers la religion. Le
23 novembre 1654 il conduisait un attelage, lorsque les chevaux
s'emballèrent ; les deux conducteurs sautèrent par dessus le parapet
du pont de Neuilly, et Pascal ne dut son salut qu'à la rupture des
traits. Toujours porté quelque peu au mysticisme il considéra cet
événement comme un avertissement pressant d'avoir à abandonner
le monde. Il écrivit le récit de l'accident sur un petit morceau de
parchemin, qu'il garda sur sa poitrine jusqu'à sa mort, afin d'avoir
toujours présent à l'esprit l'engagement qu'il avait pris ; peu après
il se rendit à Port Royal où il vécut jusqu'à sa mort en 1662.
D'une constitution débile, il avait détruit sa santé par ses études
incessantes ; depuis l'âge de dix-sept ou dix-huit ans il souffrait
d'insomnie et d'une dyspepsie aigue, et sa mort ne fut que le résultat d'un épuisement prématuré.

Ses fameuses *Lettres Provinciales* contre les Jésuites et ses
Pensées ont été écrites vers la fin de sa vie, et offrent le premier
exemple de cette forme achevée qui caractérise la plus belle littérature française. Le seul ouvrage mathématique qu'il composa
après sa retraite à Port Royal fut son essai sur la cycloïde en 1658.

Nous allons maintenant passer à un examen un peu plus détaillé
de ses œuvres mathématiques.

Son premier essai sur la *Géométrie des coniques*, écrit en 1639
mais publié seulement en 1779, semble être basé sur l'enseignement de Desargues. Deux des résultats qu'il a trouvés sont aussi
importants qu'intéressants. Le premier est la proposition connue
sous le nom de « Théorème de Pascal » à savoir que si un hexagone est instruit dans une conique, les points de rencontre des
côtés opposés sont en ligne droite. Le second qui est dû en réalité
à Desargues, est cette propriété que lorsqu'un quadrilatère est instruit dans une conique, si l'on trace une ligne droite coupant les
côtés pris en ordre aux points A, B, C, D et la conique en P et Q,
on a la relation :

$$\frac{PA.PC}{PB.PD} = \frac{QA.QC}{QB.QD}.$$

Pascal fit connaître son *triangle arithmétique* en 1653, mais
aucun exposé de sa méthode ne fut imprimé avant 1665. Le tri-

angle est construit comme le représente la figure ci-après, chaque ligne horizontale se déduisant de la précédente en prenant chaque nombre de la ligne à former égal à la somme de tous ceux qui se trouvent à sa gauche dans la ligne précédente, jusque et y compris

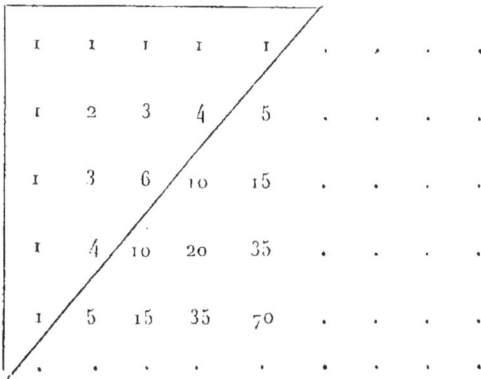

Fig. 32.

le nombre immédiatement au dessus de celui que l'on forme ; par exemple, le quatrième nombre dans la quatrième ligne, c'est-à-dire 20, est égal à 1 + 3 + 6 + 10. Les nombres qui composent chacune des lignes sont ce qu'on appelle aujourd'hui des nombres *figurés*. Ceux qui entrent dans la première ligne sont les figurés du premier ordre ; ceux de la seconde ligne sont les nombres naturels ou les figurés du second ordre ; ceux de la troisième sont les figurés du troisième ordre, et ainsi de suite. On voit facilement que le m^e nombre de la n^e ligne est

$$\frac{(m + n - 2)\,!}{(m - 1)\,!\,(n - 1)\,!}$$

On obtient le triangle arithmétique de Pascal (jusqu'à un ordre demandé quelconque) en traçant une diagonale de droite à gauche comme le montre notre figure. Les nombres contenus dans chaque diagonale donnent les coefficients des termes entrant dans le développement du binôme : par exemple, les figures de la cinquième diagonale, 1, 4, 6, 4, 1, sont les coefficients du développement de $(a + b)^4$. Pascal employait également le triangle arithmétique pour trouver les nombres de combinaisons de m objets pris n à n ; il

avait d'ailleurs établi (d'une façon correcte) que ces nombres étaient
fournis par la formule

$$\frac{(n + 1)\,(n + 2)\,(n + 3)\ldots m}{(m - n)!}$$

Comme mathématicien Pascal est peut-être mieux connu par sa
correspondance avec Fermat en 1654, où on trouve les principes de
la *Théorie des probabilités*. Cette correspondance eut pour cause un
problème proposé à Pascal par un joueur célèbre de l'époque, le
Chevalier de Méré, que Pascal communiqua à Fermat. Voici en
quoi il consistait. Deux joueurs, de force égale, désirent abandonner
la partie avant la fin du jeu. Les mises et le nombre des points qui
constituent le jeu étant donnés, on désire savoir dans quelle proportion les enjeux doivent être partagés. Pascal et Fermat tom-
bèrent d'accord dans la réponse, mais donnèrent des démonstrations
différentes. Nous reproduisons ci-après la solution de Pascal. Celle
de Fermat sera donnée plus loin.

« Voici à peu près comme je fais pour savoir la valeur de cha-
« cune des parties quand deux joueurs jouent par exemple en 3
« parties, et chacun a mis 32 pistoles au jeu.

« Posons que le premier en ait deux et l'autre une ; ils jouent
« maintenant une partie dont le sort est tel, que si le premier la
« gagne, il gagne tout l'argent qui est au jeu, savoir 64 pistoles :
« si l'autre la gagne il sont deux parties à deux parties ; et par
« conséquent s'ils veulent se séparer, il faut qu'ils retirent chacun
« leur mise, savoir, chacun 32 pistoles. Considérez donc, monsieur,
« que si le premier gagne, il lui appartient 64 ; s'il perd, il lui
« appartient 32. Donc s'ils ne veulent point hasarder cette partie,
« et se séparer sans la jouer, le premier doit dire : je suis sûr
« d'avoir 32 pistoles, car la perte même me les donne ; mais pour
« les 32 autres, peut-être je les aurai peut-être vous les aurez ; le
« hasard est égal ; partageons donc ces 32 pistoles par la moitié,
« et donnez-moi outre cela mes 32 qui me sont sures. Il aura donc
« 48 pistoles et l'autre 16.

« Posons maintenant que le premier ait deux parties, l'autre
« point, et qu'ils commencent à jouer une partie. Le sort de cette
« partie est tel, que si le premier la gagne, il tire tout l'argent, 64
« pistoles, si l'autre la gagne, les voilà revenus au cas précédent

« auquel le premier aura deux parties et l'autre une. Or, nous
« avons déjà montré qu'en ce cas il appartient à celui qui a les
« deux parties 48 pistoles ; donc s'ils veulent ne point jouer cette
« partie, il doit dire ainsi : si je la gagne, je gagnerai tout qui est
« 64 ; si je la perds, il m'appartiendra légitimement 48. Donc
« donnez-moi les 48 qui me sont certaines, au cas même que je
« perde, et partageons les 16 autres par la moitié, puisqu'il y a
« autant de hasard que vous les gagniez que moi. Ainsi il aura 48
« et 8 qui font 56 pistoles.

« Posons enfin que le premier n'ait qu'une partie et l'autre point.
« Vous voyez, monsieur, que s'ils commencent une partie nouvelle
« le sort en est tel, que si le premier la gagne il aura deux parties
« à point, et partant par le cas précédent, il lui appartient 56 ; s'il
« la perd, ils sont partie à partie, donc il lui appartient 32 pistoles.
« Donc il doit dire, si vous voulez ne pas la jouer, donnez-moi 32
« pistoles qui me sont sures et partageons le reste de 56 par la
« moitié ; de 56 otez 32, reste 24 ; partagez donc 24 par la moitié,
« prenez en 12 et moi 12, qui, avec 32, fait 44.

« Or, par ce moyen, vous voyez par les simples soustractions,
« que pour la première partie il appartient sur l'argent de l'autre
« 12 pistoles, pour la seconde autres 12, pour la dernière 8. »

Pascal continue ensuite en considérant le même problème quand
la partie est gagnée par celui qui obtient le premier $m + n$ points,
et en supposant que l'un des joueurs a m points et l'autre n points.
Il obtient la solution en se servant du triangle arithmétique. La
solution générale de la question (dans laquelle on suppose des
joueurs de force inégale) est donnée dans plusieurs livres classiques modernes et concorde avec le résultat de Pascal, bien que la
notation de Pascal soit différente et moins commode.

Pascal fait intervenir le calcul des probabilités dans le septième
chapitre de ses Pensées. On y lit en effet un raisonnement de ce
genre : comme la valeur d'un bonheur éternel est infinie, même
si la probabilité de ce bonheur assuré par une vie religieuse est
très petite, néanmoins l'espérance (qui est mesurée par le produit
des deux), est encore assez grande pour nous engager à mener
une vie religieuse.

Cet argument, s'il a quelque valeur, s'applique à toute religion
qui assure le bonheur éternel à ceux qui en acceptent et en prati-

quent les doctrines. Si une conclusion quelconque doit-être tirée
du raisonnement de Pascal, c'est qu'il ne faut pas appliquer les
mathématiques à des questions dont certaines données sont nécessairement en dehors de leur domaine. Ce n'est d'ailleurs que justice
d'ajouter que personne n'éprouvait plus de mépris que Pascal
pour ceux dont les opinions variaient suivant les avantages matériels qu'ils espéraient en tirer, et ce passage isolé est en désaccord
avec l'esprit général de ses écrits.

Le dernier ouvrage mathématique de Pascal est de 1658 et traite
de la *Cycloïde*. La cycloïde est la courbe décrite par un point de la
circonférence d'un cercle roulant sur une ligne droite. Galilée en
1630, avait le premier attiré l'attention sur cette courbe dont la
forme est particulièrement gracieuse, et il avait émis l'idée de
donner cette forme aux arches des ponts ([1]). Quatre ans plus tard
en 1634, Roberval trouva l'aire de la cycloïde ; Descartes défia de
trouver les tangentes à la courbe, le même défi fut également envoyé
à Fermat qui résolut immédiatement le problème. Plusieurs questions relatives à cette courbe, à sa surface. au volume engendré par
sa révolution autour de son axe, de sa base ou de la tangente au
sommet, furent alors proposées par divers mathématiciens. Toutes
ces questions et d'autres analogues, ainsi que la détermination de
la position des centres de gravité des solides formés, furent résolues
par Pascal en 1658, et les résultats obtenus publiés comme un
défi au monde savant. Wallis réussit à résoudre toutes les questions
à l'exception de celles relatives aux centres de gravité. Pascal
obtenait ses résultats au moyen de la méthode des indivisibles, et
ses solutions sont semblables à celles qui seraient données par un
mathématicien moderne avec l'aide du calcul intégral. Il obtenait
par sommation des résultats équivalents aux intégrales

$$\int \sin \varphi d\varphi, \qquad \int \sin^2 \varphi d\varphi, \qquad \int \varphi \sin \varphi d\varphi,$$

une limite étant ou 0 ou $\frac{1}{2} \pi$.

Il a fait également des recherches sur la spirale d'Archimède.
D'après d'Alembert, ces recherches forment un lien entre la géométrie d'Archimède et le calcul infinitésimal de Newton.

_____

([1]) Le pont de la route d'Essex sur le Cam, qui est construit sur les terres
du Collège de La Trinité à Cambridge, a des arches cycloïdales.

Wallis ([1]). — *Jean Wallis* naquit à Ashford le 22 novembre 1616 et mourut à Oxford le 28 octobre 1703. Il fit ses études à l'Ecole de Felstead, et à l'âge de quinze ans il lui arriva un jour pendant les vacances de voir un livre d'arithmétique entre les mains de son frère ; sa curiosité fut excitée par les lignes bizarres et les symboles contenus dans l'ouvrage ; il l'emprunta et dans l'espace de quinze jours, avec l'aide de son frère, le posséda complètement.

Son père le destinant à la médecine, il fut envoyé au Collège Emmanuel à Cambridge, et pendant qu'il y était il soutint une « thèse » sur la doctrine de la circulation du sang. C'est, dit-on, la première fois que cette théorie fut soutenue publiquement en Europe.

Cependant il se laissa entraîner vers les mathématiques.

Il obtint son agrégation au Collège de la Reine, à Cambridge, et entra ensuite dans les ordres, mais il s'attacha au parti Puritain à qui il rendit de grands services en déchiffrant les dépêches des Royalistes. Il se joignit cependant aux Presbytériens modérés en signant le manifeste protestant contre l'exécution de Charles Ier, et il s'attira l'hostilité des Indépendants. Malgré leur opposition, il fut désigné en 1649 pour occuper la chaire Savilian de géométrie à Oxford, où il séjourna jusqu'à sa mort qui survint en 1703. En dehors de ses ouvrages mathématiques, il écrivit sur la théologie, la logique et la philosophie ; c'est lui qui institua le premier système d'enseignement pour les sourds-muets. Nous nous limiterons à quelques notes sur ses plus importants écrits mathématiques. Ils sont remarquables par l'introduction dans le domaine ordinaire de l'analyse des séries infinies, et par ce fait qu'ils révélaient et expliquaient, à tous les étudiants, les principes des nouvelles méthodes d'analyse introduites par ses contemporains et par ses prédécesseurs immédiats.

En 1655 Wallis publia un traité sur les *sections coniques*, dans lequel il les définissait analytiquement. Nous avons déjà eu l'occasion de mentionner que la *géométrie* de Descartes est à la fois difficile et obscure, et ne fut pas comprise par plusieurs de ses

---

([1]) Voir notre *History of the study of Mathematics at Cambridge* pp. 41-46. Une édition des œuvres mathématiques de WALLIS a été publiée en trois volumes à Oxford, 1693-98.

contemporains à qui la nouvelle méthode était inconnue. Wallis
dans son ouvrage cherche à rendre la méthode de Descartes intelligible à tous : c'est le livre le plus ancien dans lequel les coniques
sont considérées et définies comme courbes du second degré.

L'ouvrage le plus important de Wallis est son *Arithmetica Infinitorum* qui fut publié en 1656. Dans ce traité les méthodes
d'analyse de Descartes et de Cavalieri furent systématisées et
étendues. Il devint aussitôt le livre modèle sur le sujet et les écrivains qui suivirent s'y référèrent constamment. Il est précédé d'un
court traités sur les sections coniques. Il commence par établir la
loi des exposants; montrant que x^0. x^{-1}, x^{-2}. représentent respectivement 1, $\frac{1}{x}$ $\frac{1}{x^2}$,...; que $x^{\frac{1}{2}}$ représente la racine carrée de x,
que $x^{\frac{2}{3}}$ désigne la racine cubique de x^2, et d'une façon générale x^{-n}
représente l'inverse de x^n et que $x^{\frac{p}{q}}$ désigne la racine q^e de x^p.

Abandonnant les nombreuses applications algébriques, conséquences de cette découverte, il continue ensuite en obtenant par la
méthode des indivisibles l'aire limitée par la courbe $y = x^m$, l'axe
des x et une ordonnée quelconque $x = h$; il prouve que le rapport
de cette aire à celle d'un parallélogramme de même base et de même
hauteur est égal à $\frac{1}{m+1}$. Il supposait vraisemblablement que le
même résultat serait également vrai pour la courbe $y = ax^m$, dans
laquelle a est une constante quelconque, et m un nombre positif ou
négatif; mais il discute seulement le cas de la parabole où $m = 2$
et celui de l'hyperbole dans lequel $m = -1$: dans ce dernier cas
il interprète mal le résultat trouvé. Il s'occupe ensuite de l'évaluation des aires limitées par une courbe de la forme $y = \Sigma ax^m$, et
montre que si l'ordonnée y d'une courbe peut être développée
suivant les puissances de l'abscisse x, sa quadrature peut être effectuée : ainsi il avance que si l'équation d'une courbe était

$$y = x^0 + x^1 + x^2 + ...$$

son aire serait

$$x + \frac{1}{2} x^2 + \frac{1}{3} x^3 + ...$$

Il applique alors ce résultat à la quadrature des courbes

$$y = (x - x^2)^0, \quad y = (x - x^3)^2, \quad y = (x - x^2)^2, \quad y = (x - x^2)^3, \text{ etc.}$$

prises entre les limites $x = 0$ et $x = 1$, et montre que les aires sont respectivement

$$1, \frac{1}{6}, \frac{1}{30}, \frac{1}{140}, \text{etc...}$$

Il considère encore les courbes de la forme $y = x^{-m}$ et établit le théorème que l'aire limitée par la courbe, l'axe des x. et l'ordonnée $x = 1$, est à l'aire du rectangle ayant la même base et la même hauteur dans le rapport de m à $m + 1$. Ceci revient à trouver la valeur de $\int_0^1 x^{\frac{1}{m}}\, dx$.

Il donne comme exemple la parabole dans laquelle $m = 2$. Il énonce, mais sans en donner une démonstration le résultat correspondant pour une courbe de la forme $y = x^{\frac{1}{9}}$.

Wallis fait preuve d'une grande ingéniosité en réduisant les équations des courbes aux formes données ci-dessus; mais, ne connaissant pas le théorème du binôme, il ne pouvait effectuer la quadrature du cercle, dont l'équation est $y = (x - x^2)^{\frac{1}{2}}$, attendu qu'il ne pouvait développer ce binôme. Il posa cependant le principe de l'interpolation. Ainsi, comme l'ordonnée du cercle $y = (x - x^2)^{\frac{1}{2}}$ est la moyenne géométrique entre les ordonnées des courbes $y = (x - x^2)^0$ et $y = (x - x^2)^1$, on pouvait supposer approximativement que l'aire du demi-cercle $\int_0^1 (x - x^2)^{\frac{1}{2}} dx$, qui est $-\frac{1}{8}\pi$, pouvait être prise comme moyenne géométrique entre les valeurs de

$$\int_0^1 (x - x^2)^0\, dx \qquad \text{et} \qquad \int_0^1 (x - x^2)^1\, dx,$$

c'est-à-dire, 1 et $\frac{1}{6}$; ce qui revient à prendre pour la valeur de π $4\sqrt{\frac{2}{3}}$ ou $3,26$. Mais Wallis disait qu'étant donnée la série $1, \frac{1}{6}, \frac{1}{30}, \frac{1}{140}, \ldots$ qu'il avait obtenue précédemment, le terme interpolé entre 1 et $\frac{1}{6}$ devait être choisi de façon à obéir à la loi de cette série. Par ce moyen et en employant une méthode laborieuse, dont nous ne croyons pas utile d'exposer ici les détails il était amené à une valeur du terme interpolé qui revenait à faire

$$\pi = 2\,\frac{2.2.4.4.6.6.8.8\ldots.}{1.3.3.5.5.7.7.9\ldots.}$$

Les mathématiciens du dix-septième siècle employaient constamment l'interpolation pour obtenir des résultats que nous donnerait une analyse directe.

On trouve également traités dans cet ouvrage la formation et les propriétés des fractions continues; cette question avait été mise à l'ordre du jour par l'usage que Brouncker faisait de ces fractions.

Quelques années plus tard, en 1659. Wallis publia un traité contenant la solution des problèmes de la cycloïde, qui avaient été proposés par Pascal. Il y expliquait incidemment comment les principes posés dans son *Arithmetica Infinitorum* pouvaient être utilisés pour la rectification des courbes algébriques, et il donna une solution du problème de la rectification de la parabole semicubique $x^3 = ay^2$, qui avait déjà été obtenue en 1657 par son élève William Neil. La spirale logarithmique avait été rectifiée par Torricelli peu avant la découverte de Neil. C'est le premier exemple de la détermination par les mathématiques de la longueur d'une ligne courbe, et comme tous les essais tentés pour rectifier l'ellipse et l'hyperbole avaient été (nécessairement) infructueux, on avait primitivement pensé qu'il n'était pas possible d'effectuer la rectification des courbes, comme d'ailleurs Descartes l'avait affirmé. La cycloïde fut la seconde courbe rectifiée en 1658 par Wren.

Au commencement de 1658, une découverte semblable, indépendante de celle de Neil, fut faite par Van Heuraët [1], et fut publiée par van Schœten dans son édition de la *Geometria* de Descartes en 1659. La méthode de Van Heuraët est la suivante. Il suppose la courbe rapportée à des axes rectangulaires; si (x, y) sont les coordonnées d'un point quelconque de cette courbe, et n la longueur de la normale, et si un autre point dont les coordonnées sont (x, η) est pris de telle sorte que $\frac{\eta}{h} = \frac{n}{y}$, h étant une constante, alors, si ds est l'élément de la longueur de la courbe cherchée, nous avons par les triangles semblables $\frac{ds}{dx} = \frac{n}{y}$. Par conséquent

___

(1) Sur Van Heuraët, voir la *Bibliotheca Mathematica* 1887, vol. I, pp. 76-80.

$hds = \eta\, dx$. Dès lors si l'aire du lieu décrit par le point (x, η) peut être trouvée, la première courbe peut être rectifiée.

Henraët effectua de cette manière la rectification de la courbe $y^3 = ax^2$; mais il ajoutait que la rectification de la parabole $y^2 = ax$ est impossible attendu qu'elle exige la quadrature de l'hyperbole. Les solutions données par Neil et Wallis sont à peu près semblables à celle donnée par Henraët, bien qu'aucune règle générale ne soit énoncée et que l'analyse soit grossière. Une troisième méthode fut suggérée par Fermat en 1660, mais elle est peu élégante et laborieuse. En 1668, la Société Royale proposa aux mathématiciens l'étude de la théorie du choc des corps. Wallis, Wren et Huygens envoyèrent des solutions correctes et semblables, dépendant toutes de ce qu'on appelle aujourd'hui la conservation du « momentum », mais tandis que Wren et Huygens se bornaient à étudier la théorie des corps parfaitement élastiques, Wallis considéra aussi les corps imparfaitement élastiques. Cette étude fut suivie en 1669 par un ouvrage sur la statique (centres de gravité) et en 1670 par un autre sur la dynamique; ils permettent de se faire une idée de ce que l'on connaissait sur le sujet à cette époque.

En 1685 Wallis publia une *Algèbre*, précédée de l'histoire de son développement et contenant un grand nombre de renseignements utiles. La seconde édition, parue en 1693 et formant le second volume de ses *Opera*, fut considérablement augmentée. Cette algèbre est à citer comme étant l'ouvrage dans lequel on trouve pour la première fois l'usage méthodique des formules. Une grandeur donnée y est représentée par son rapport numérique à une grandeur de même espèce choisie comme unité : ainsi quand Wallis se propose de comparer deux longueurs, il regarde chacune d'elles comme contenant un certain nombre d'unités. Nous rendrons peut-être cette explication plus claire en disant que la relation entre l'espace parcouru dans un temps quelconque par un point se déplaçant avec une vitesse uniforme aurait été représentée par Wallis par la formule $s = vt$, dans laquelle s désigne le rapport de l'espace décrit à l'unité de longueur ; tandis que les écrivains antérieurs auraient exprimé la même relation au moyen de la formule équivalente (¹) $\dfrac{s_1}{s_2} = \dfrac{v_1 t_1}{v_2 t_2}$. Il est curieux de noter que Wallis rejetait

---

(¹) Voir par exemple, les *Principia* de NEWTON, Liv. I, sect. I, Lemmes 10 et 11.

comme absurbe l'idée admise aujourd'hui qu'un nombre négatif
est plus petit que rien, mais admettait qu'il représente quelque
chose plus grand que l'infini. Cette dernière opinion peut être soutenue et n'est pas en contradiction avec la première, mais elle n'est
guère plus simple.

Fermat ([1]). — Tandis que Descartes posait les fondements de
la géométrie analytique, le même sujet occupait l'attention d'un
autre Français non moins remarquable. Nous voulons parler de
Fermat. *Pierre de Fermat*, qui naquit près de Montauban en 1601,
et mourut à Castres le 12 janvier 1665, était le fils d'un marchand
de cuirs ; il fut instruit dans sa famille ; en 1631 il obtint le poste
de conseiller au Parlement de Toulouse, et il s'acquitta des devoirs
de sa charge avec une grande conscience. Il garda sa fonction toute
sa vie, consacrant aux mathématiques la plus grande partie de ses
loisirs ; d'ailleurs à part une discussion quelque peu acrimonieuse
avec Descartes sur la validité d'un certain système d'analyse employé par ce dernier, sa vie ne fut troublée par aucun évènement
méritant la peine d'être mentionné. L'obscurité du style de
Descartes fut la principale cause de la discussion, mais Fermat par
son tact et sa courtoisie permit que cette discussion se terminât
sans aigreur. Fermat était un érudit, il parvint à restaurer par
conjectures l'ouvrage d'Apollonius sur les lieux plans.

A part quelques notes isolées, Fermat ne publia rien de son vivant, et ne donna aucune exposition systématique de ses méthodes.
Quelques uns des résultats les plus remarquables qu'ils a obtenus
ont été trouvés après sa mort sur des morceaux de papier,
ou écrits en marge des livres qu'il avait lus et annotés, mais sans
aucune démonstration. Il est dès lors quelque peu difficile de fixer
les dates de ses travaux. Il était par nature modeste et réservé, et
ne semble avoir jamais songé à publier ses écrits. Nous allons
maintenant considérer séparément 1° ses recherches sur la théorie

---

([1]) La meilleure édition des œuvres de FERMAT est celle en 3 volumes préparée par S. P. TANNERY et C. HENRY, et publiée aux frais du Gouvernement
français; vol I, 1891 ; vol. II, 1894 ; vol. III, 1896. Des anciennes éditions,
nous pouvons mentionner celle de ses notes et de sa correspondance, publiée
à Toulouse en deux volumes, 1670 et 1679 : dont un sommaire avec notes,
fut publié par E. BRASSINNE à Toulouse en 1853 et dont une réimpression fut
aite à Berlin, en 1861.

des nombres ; 2° l'usage qu'il fit en géométrie de l'analyse et des infiniment petits ; et 3° la façon dont il a traité les questions de probabilité.

1° *La théorie des nombres* paraît avoir été l'étude favorite de Fermat. Il prépara une édition de Diophante, et ses notes et commentaires contiennent de nombreux théorèmes d'une élégance remarquable. La plupart des démonstrations de Fermat sont perdues, et il est possible que quelques unes d'entre elles manquaient de rigueur ; une induction par analogie et l'intuition du génie suffisant à le conduire à des résultats exacts. Les exemples suivants serviront à donner une idée de ses recherches.

a) p étant un nombre premier et a un nombre premier avec p, la différence $a^{p-1} - 1$ est divisible par p, c'est-à-dire que l'on a :

$$a^{p-1} - 1 \equiv 0 \quad (\text{mod. } p).$$

Une démonstration de cette proposition donnée pour la première fois, par Euler, est bien connue. Un théorème plus général est traduit par la relation

$$a^{\varphi(n)} - 1 \equiv 0 \quad (\text{mod. } n),$$

dans laquelle a est premier avec n et $\varphi(n)$ représente le nombre des entiers plus petits que n et premiers avec n.

b) Un nombre premier (plus grand que 2) peut toujours être décomposé en une différence de deux carrés entiers mais d'une seule manière.

Voici la démonstration de Fermat. Soit n le nombre premier que nous supposons égal à $x^2 - y^2$, c'est-à-dire à $(x + y)(x - y)$. Par hypothèse, les seuls facteurs entiers de n, sont n et 1. Par suite

$$x + y = n \quad \text{et} \quad x - y = 1$$

d'où l'on déduit

$$x = \frac{1}{2}(n + 1) \quad \text{et} \quad y = \frac{1}{2}(n - 1).$$

c) Il donna une démonstration de cette proposition énoncée par Diophante que la somme des carrés de deux entiers ne peut être de la forme $4n - 1$; et il ajouta un corollaire dont la signification serait, croyons-nous, qu'il est impossible que le produit d'un carré par un nombre premier de la forme $4n - 1$ (même multiplié par un nombre premier avec ce dernier) soit un carré ou la somme de deux carrés. Par exemple, 44 est un multiple de 11 (qui est de la forme $4 \times 3 - 1$) par 4, par suite il ne peut représenter la somme de deux carrés.

Il établit aussi qu'un nombre de la forme $a^2 + b^2$, a étant premier avec b, ne peut être divisible par un nombre premier de la forme $4n - 1$.

d) Tout nombre premier de la forme $4n + 1$ est décomposable, et cela d'une seule façon, en une somme de deux carrés. Ce problème fut résolu pour la première fois par Euler qui montra qu'un nombre de la forme $2^m(4n + 1)$ pouvait toujours être décomposé en une somme de deux carrés.

e) Si a, b, c sont des entiers tels que $a^2 + b^2 = c^2$, le produit ab ne peut être un carré. Lagrange en donna une démonstration.

f) Trouver un nombre x tel que $x^2n + 1$ soit un carré, n étant un nombre entier donné qui n'est pas un carré. Lagrange en donna encore une solution.

g) L'équation $x^2 + 2 = y^3$ n'a qu'une solution en nombres entiers ; et l'équation $x^2 + 4 = y^3$ ne présente que deux solutions entières. Ces solutions sont évidemment pour la première équation $x = 5$, et pour la seconde équation $x = 2$ et $x = 11$. Cette question fut proposée en défi aux mathématiciens anglais Wallis et Digby.

h) L'équation $x^n + y^n = z^n$ est impossible en nombres entiers, si n est un entier plus grand que 2. Cette proposition [1] a une célébrité extraordinaire parce qu'aucune démonstration générale n'en a encore été donnée, mais on n'a aucune raison de douter de son exactitude.

Fermat découvrit probablement qu'elle était exacte d'abord pour $n = 3$ et ensuite pour $n = 4$. Sa démonstration pour le premier de ces cas est perdue, mais celle pour le second cas subsiste et Euler donna une preuve du même genre pour $n = 3$. Ces démonstrations consistent à faire voir que si on peut trouver trois valeurs entières pour x, y, z satisfaisant à l'équation, il sera possible de trouver trois autres entiers plus petits qui rempliront la même condition : on montre alors finalement que l'équation serait satisfaite

---

[1] Au sujet de cette curieuse proposition, voir nos *Mathematical Recreations and Problems*, 3º édition pp. 35-38. Traduction française par FITZ PATRICK).

par trois valeurs qui de toute évidence ne peuvent convenir. Par suite aucune solution entière n'est possible. Ce mode de démonstration ne semble applicable qu'aux cas de $n = 3$ et $n = 4$.

La découverte par Fermat du théorème général est d'une date postérieure. On peut en donner une démonstration en admettant qu'un nombre peut être décomposé en facteurs premiers (complexes) d'une manière et seulement d'une seule. Cette supposition a été faite par quelques écrivains, mais elle n'est pas universellement vraie. Il est possible que Fermat ait fait quelques suppositions erronées, mais il est peu probable qu'il se soit servi des nombres complexes, et, en somme, il paraît très vraisemblable qu'il n'a découvert une démonstration rigoureuse.

En 1840 Legendre parvint à trouver des démonstrations pour $n = 5$; en 1832 Lejeune Dirichlet en donna une pour $n = 4$: et en 1845 Lamé et Lebesgue fournirent une démonstration pour $n = 7$. La proposition paraît être vraie dans toute sa généralité, et en 1849, Kummer, en faisant usage des nombres premiers idéaux, prouva qu'elle était exacte pour tous les nombres, sauf ceux remplissant trois conditions (s'ils existent). On ne sait s'il est possible de trouver un nombre quelconque satisfaisant à ces conditions, mais il n'y en a aucun inférieur à 100.

La démonstration est compliquée et difficile, et, il ne peut y avoir aucun doute à ce sujet, basée sur des considérations inconnues à Fermat. Nous pouvons ajouter que, pour prouver l'exactitude de la proposition quand n est plus grand que 3, il suffit évidemment de se borner aux cas où n est un nombre premier, et le premier pas dans la démonstration de Kummer est de montrer que l'un des nombres x, y, z doit être divisible par n.

Les extraits suivants, d'une lettre actuellement à la Bibliothèque universitaire de Leyde, donneront une idée des méthodes de Fermat ; la lettre n'est pas datée, mais il paraîtrait que, à l'époque où Fermat l'écrivit, il avait prouvé la proposition (h) ci-dessus, seulement pour le cas de $n = 3$.

« Je ne m'en servis au commencement que pour démontrer les « propositions négatives, comme par exemple, qu'il n'y a aucun « nombre moindre de l'unité qu'un multiple de 3 qui soit composé d'un quarré du triple d'un autre quarré. Qu'il n'y a aucun « triangle rectangle de nombres dont l'aire soit un nombre quarré.

« La preuve se fait par ἀπαγωγήν τὴν εἰς ἀδύνατον en cette manière.
« S'il y auoit aucun triangle rectangle en nombres entiers, qui
« eust son aire esgale à un quarré, il y auroit un autre triangle
« moindre que celuy la qui auroit la mesme propriété. S'il y en
« auoit un second moindre que le premier qui eust la mesme pro-
« priété il y en auroit par un pareil raisonnement un troisième
« moindre que ce second qui auroit la mesme propriété et enfin
« un quatrième, un cinquième etc, à l'infini en descendant. Or est-
« il qu'estant donné un nombre il n'y en a point infinis en des-
« cendant moindres que celuy la, j'entends parler toujours des
« nombres entiers. D'où on conclud qu'il est donc impossible
« qu'il y ait aucun triangle rectangle dont l'aire soit quarré. *Vide*
« *foliū post sequens...*

« Je fus longtemps sans pouvoir appliquer ma méthode aux
« questions affirmatiues parce que le tour et le biais pour y venir
« est beaucoup plus malaisé que celuy dont je me sers aux négatiues.
« De sorte que lorsqu'il me falut demonstrer que tout nombre
« premier qui surpasse de l'unité un multiple de 4, est composé
« de deux quarrez je me treuuay en belle peine. Mais enfin une mé-
« ditation diuerses fois réitérée me donna les lumières qui me
« manquoient. Et les questions affirmatiues passerent par ma mé-
« thode à l'ayde de quelques nouueaux principes qu'il y fallust
« joindre par nécessité. Ce progres de mon raisonnement en ces
« questions affirmatives estoit tel. Si un nombre premier pris à
« discretion qui surpasse de l'unité un multiple de 4 n'est point
« composé de deux quarrez il y aura un nombre premier de
« mesme nature moindre que le donné ; et ensuite un troisieme
« encore moindre, etc., en descendant à l'infini jusques a ce que
« uous arriviez au nombre 5, qui est le moindre de tous ceux
« de cette nature, lequel il s'en suiuroit n'estre pas composé
« de deux quarrez, ce qu'il est pourtant d'ou on doit inferer par la
« deduction à l'impossible que tous ceux de cette nature sont par
« consequent composez de 2 quarrez. Il y a infinies questions de
« cette espece.

« Mais il y en a quelques autres qui demandent de nouveaux
« principes pour y appliquer la descente, et la recherche en est
« quelquefois si mal aisée, qu'on n'y peut venir qu'avec une peine
« extreme. Telle est la question suiuante que Bachet sur Diophante

« avoue n'avoir jamais peu demonstrer, sur le suject de laquelle
« Mr Descartes fait dans une de ses lettres la mesme déclaration,
« jusques la qu'il confesse qu'il la juge si difficile qu'il ne voit
« point de voye pour la résoudre. Tout nombre est quarré ou
« composé de deux, trois, ou de quatre quarrez. Je l'ay enfin
« rangée sous ma méthode et je demonstre que si un nombre
« donné n'estoit point de cette nature il y en auroit un moindre
« qui ne le seroit pas non plus, puis un troisieme moindre que le
« second etc., à l'infini, d'où l'on infere que tous les nombres sont
« de cette nature...

« J'ay ensuite considéré certaines questions qui bien que néga-
« tives ne restent pas de receuoir très grande difficulté la méthode
« pour y pratiquer la descente estant tout à fait diverses des précé-
« dentes comme il sera aisé d'esprouuer. Telles sont les suiuantes.
« Il n'y a aucun cube diuisible en deux cubes. Il n'y a qu'un seul
« quarré en entiers qui augmenté du binaire fasse un cube, le dit
« quarré est 25. Il n'y a que deux quarrez en entiers lesquels aug-
« mentés de 4 fassent cube, les dits quarrez sont 4 et 121.

« Après auoir couru toutes ces questions la plupart de diuerses
« (sic) natures et de différente façon de demonstrer, j'ay passé à
« l'inuention des regles generales pour resoudre les equations sim-
« ples et doubles de Diophante. On propose par exemple 2 quarr.
« + 7957 esgaux à un quarré (hoc est $2xx + 7967 \infty$ quadr.)
« J'ay une regle generale pour resoudre cette equation si elle est
« possible, ou découvrir son impossibilité. Et ainsi en tous les cas
« et en tous nombres tant des quarréz que des unitéz. On propose
« cette equation double $2x + 3$ et $3x + 5$ esgaux chacun à un
« quarré. Bachet se glorifie en ses commentaires sur Diophante
« d'auoir trouvé une regle en deux cas particuliers. Je la donne
« generale en toute sorte de cas. Et determine par regle si elle est
« possible ou non...

« Voila sommairement le conte de mes recherhes sur le suject
des nombres.

« Je ne l'ay escrit que parce que j'apprehende que le loisir
« d'estendre et de mettre au long toutes ces démonstrations et ces
« methodes me manquera.

« En tout cas cette indication seruira aux sçauants pour trouver
« d'eux mesmes ce que je n'estens point, principalement si M. de

« Carcaui et Frenicle leur font part de quelques demonstrations
« par la descente que je leur aye envoyees sur le suject de quelques
« propositions négatives. Et peut estre la posterité me scaura gré
« de luy avoir fait connoistre que les anciens n'ont pas tout sceu, et
« cette relation pourra passer dans l'esprit de ceux qui viendront
« apres moy pour *traditio lampadis ad filios* comme parle le grand
« Chancelier d'Angleterre, suiuant le sentiment et la deuise duquel
« j'adjousteray, *multi pertransibunt et augebitur scientia.* »

2° Nous continuerons en faisant mention de *l'emploi fait par*
Fermat *en géométrie de l'analyse et des infiniment petits*.. Il semblerait résulter de sa correspondance qu'il avait imaginé pour lui-
même les principes de la géométrie analytique avant d'avoir eu
connaissance de la *géométrie* de Descartes et avait compris que de
l'équation d'une courbe (ou comme il l'appelait « la propriété spé-
cifique ») on pouvait déduire toutes ses propriétés. Cependant les
notes qui nous restent de lui sur la géométrie traitent principalement de l'application des infiniment petits à la détermination des
tangentes aux courbes, à la quadrature des courbes et aux questions
de maxima et de minima ; ces notes sont probablement une révision de ses manuscrits originaux (qu'il détruisit) et qui furent
écrits vers 1663, mais il n'est pas douteux qu'il avait déjà l'idée
générale de sa méthode pour trouver les maxima et les minima
vers 1628 ou 1629.

Il obtenait la sous-tangente de l'ellipse, de la cycloïde, de la
cissoïde, de la conchoïde et de la quadratrice en faisant égales les
ordonnées de la courbe et d'une ligne droite pour deux points
ayant pour abscisses x et $x - e$; mais rien n'indique qu'il considérait le procédé comme général, et bien qu'il utilisât le principe
dans le courant de son ouvrage, il est probable qu'il ne le sépa-
rait jamais des symboles, si nous pouvons parler ainsi, du problème particulier dont il s'occupait. Le premier exposé définitif de
la méthode est dû à Barrow ([1]) et fut publié en 1669.

Fermat obtint aussi les aires des paraboles et des hyperboles
d'un degré quelconque et détermina les centres de gravité de
quelques corps en forme de lames et du paraboloïde de révolution.
Comme exemple de la méthode qu'il employait pour résoudre ces
questions nous donnerons sa solution du problème de la détermi-

([1]) Voir plus loin pages 321-2.

nation de l'aire comprise entre la parabole $y^3 = px^2$, l'axe des x, et la ligne $x = a$. Si, dit-il, on mène les diverses ordonnées des points pour lesquels x est successivement égale à a, $a\,(1 - e)$, $a\,(1 - e)^2,\ldots$, l'aire cherchée sera partagée en un certain nombre de petits rectangles ayant respectivement pour aires

$$ae\,(pa^2)^{\frac{1}{3}}, \qquad ae\,(1 - e)\left\{pa^2\,(1 - e)^2\right\}^{\frac{1}{3}},\ldots$$

Leur somme est

$$\frac{p^{\frac{1}{3}}a^{\frac{5}{3}}e}{1 - (1 - e)^{\frac{5}{3}}},$$

et au moyen d'une proposition subsidiaire (attendu qu'il ne connaissait pas le théorème du binôme) il trouva pour la limite de cette expression quand e s'annule, $\frac{3}{5}\,p^{\frac{1}{3}}a^{\frac{5}{3}}$. Les théorèmes mentionnés en dernier lieu n'ont été publiés qu'après sa mort : et ils ne furent probablement composés qu'après la lecture des ouvrages de Cavalieri et de Wallis.

Képler avait fait remarquer que les valeurs d'une fonction dans le voisinage et de part et d'autre d'un maximum (ou d'un minimum) devaient êtres égales. Fermat appliqua ce principe à quelques exemples.

Ainsi, pour trouver la valeur maximum de $x\,(a - x)$ sa méthode revient essentiellement à prendre une autre valeur de x, à savoir $x - e$, e étant très petit et à poser $x\,(a - x) = (x - e)$ $(a - x + e)$. Simplifiant, et posant finalement $e = 0$, on obtient $x = \frac{a}{2}$. Cette valeur de x rend l'expression donnée maximum.

3° Fermat doit partager avec Pascal l'honneur d'avoir créé *la théorie des probabilités*. Nous avons déjà fait mention du problème proposé à Pascal et qu'il communiqua à Fermat, et nous avons reproduit à cette occasion la solution de Pascal. La solution de Fermat dépend de la théorie des combinaisons et sera suffisamment expliquée par l'exemple suivant, qui est en substance tiré d'une lettre datée du 24 août 1654 et faisant partie de sa correspondance avec Pascal.

Fermat examine le cas de deux joueurs, A et B, lorsqu'il manque à A deux points pour gagner et à B, trois points. Le jeu sera certainement décidé dans le cours de quatre essais. Prenons les lettres *a* et *b* et écrivons toutes les combinaisons qui peuvent être formées avec quatre lettres. Ces combinaisons sont au nombre de 16, à savoir :

aaaa, aaab, aaba, aabb ; abaa, abab, abba, abbb ;
baaa, baab, baba, babb ; bbaa, bbab, bbba, bbbb.

Maintenant chaque combinaison dans laquelle *a* se présente deux fois ou plus de deux fois représente un cas favorable pour A, et toute combinaison dans laquelle *b* se présente trois fois ou plus de trois fois représente un cas favorable pour B. Dès lors, en les comptant, on trouvera qu'il y a 11 cas favorables pour A et 5 cas favorables pour B ; et du moment que ces cas sont tous également vraisemblables, la chance de gagner du joueur A est à celle du joueur B comme 11 est à 5.

Le seul autre problème sur ce sujet qui, autant que nous sachions, attira l'attention de Fermat lui fut également proposé par Pascal et en voici l'objet. Une personne se propose d'obtenir six avec un dé à jouer en le lançant huit fois ; en supposant qu'elle ait jeté trois fois le dé sans succès, on demande quelle portion de l'enjeu elle est autorisée à retirer, si elle abandonne la partie au quatrième coup. Fermat raisonnait comme il suit : La chance de réussite est représentée par $\frac{1}{6}$, de telle sorte qu'il lui serait permis de prendre $\frac{1}{6}$ de l'enjeu à la condition d'abandonner son coup. Mais si nous désirons estimer la valeur du quatrième coup avant qu'aucun coup de dé ne soit fait, nous dirons : le premier coup vaut $\frac{1}{6}$ de l'enjeu ; le second vaut $\frac{1}{6}$ de ce qui reste, c'est-à-dire $\frac{5}{36}$ de l'enjeu ; et le troisième vaut $\frac{1}{6}$ du nouveau reste, soit $\frac{25}{216}$; le quatrième coup vaut $\frac{1}{6}$ du dernier reste, c'est-à-dire $\frac{125}{1296}$ de l'enjeu.

Fermat ne paraît pas avoir poursuivi le sujet plus loin, mais sa correspondance avec Pascal montre que ses idées en ce qui concerne les principes fondamentaux du calcul des probabilités étaient justes : celles de Pascal ne le furent pas toujours.

La réputation de Fermat est à peu près unique dans l'histoire de la science. Les problèmes sur les nombres qu'il avait proposés résistèrent pendant longtemps à toutes les tentatives faites pour les résoudre, et beaucoup d'entre eux ne cédèrent que devant le génie d'Euler. Un seul reste encore à résoudre. Ses autres travaux furent éclipsés par l'extraordinaire maîtrise qu'il montra dans la théorie des nombres, mais en réalité, ils sont tous d'un ordre supérieur et l'on ne peut que regretter qu'il ait jugé à propos d'écrire si peu.

Huygens (¹). — *Christian Huygens* naquit à La Haye, le 14 avril 1629, et mourut dans la même ville, le 8 juin 1695. Il écrivait généralement son nom sous cette forme « Hugens », mais nous avons adopté la coutume de l'écrire Huygens, on l'écrit aussi quelquefois Huyghens. Sa vie ne présente aucun événement marquant.

En 1651, il publia un essai dans lequel il fait ressortir l'erreur d'une méthode de quadrature du cercle proposée par Grégoire de Saint-Vincent qui connaissait bien la géométrie des Grecs, mais n'avait pas saisi les points essentiels des méthodes plus modernes. Cet essai fut suivi de traités sur la quadrature des coniques et sur une rectification approchée du cercle.

En 1654, il dirigea son attention sur les perfectionnements à apporter au télescope. En collaboration avec son frère, il imagina une nouvelle manière préférable à l'ancienne, pour dresser et polir des lentilles. Comme conséquence de ces perfectionnements il lui fut possible, durant les deux années qui suivirent, 1655 et 1656, de résoudre plusieurs problèmes astronomiques, comme par exemple la détermination de l'anneau de Saturne. Ses observations exigeaient des méthodes exactes pour mesurer le temps, et il fut de la sorte conduit en 1656 à inventer l'horloge à pendule, comme elle est décrite dans son traité *Horologium* 1658.

Dans l'année 1657, Huygens écrivit un petit ouvrage sur le calcul des probabilités, basé sur la correspondance échangée entre Pascal

(¹) Une nouvelle édition des œuvres et de la correspondance d'Huyghens est actuellement en cours de publication à La Haye, 1888 etc.

Une ancienne édition de ses œuvres a été publiée en six volumes, quatre à Leyde en 1724 et deux à Amsterdam en 1728 (sa vie par s'GRAVESANDE est donnée en préface dans le premier volume) : sa correspondance scientifique fut publiée à la Haye en 1833.

et Fermat. Vers cette époque il passa environ deux ans en Angleterre. Sa réputation à ce moment était si grande que Louis XIV,
en 1665, lui offrit une pension pour venir vivre à Paris, qui devint
son lieu de résidence.

En 1668, il envoya à la Société Royale de Londres, en réponse
à un problème qu'elle avait proposé, un mémoire dans lequel
(simultanément avec Wallis et Wren) il démontrait expérimentalement que le « momentum » suivant une certaine direction avant
le choc de deux corps est égal au « momentum » suivant cette
direction, après le choc. C'était là un des points sur lesquels Descartes s'était trompé dans sa mécanique.

L'ouvrage le plus important d'Huygens fut son *Horologium Oscillatorium*, publié à Paris en 1673. Le premier chapitre est consacré
aux horloges à pendule. Le second est une exposition complète de
la théorie de la chute des corps pesants dans le vide, sous l'action
de leur propre poids, soit verticalement, soit le long de courbes
données. Entre autres propositions, il montre que la cycloïde est
tautochrone. Dans le troisième chapitre il définit les développées,
démontre quelques unes de leurs propriétés les plus élémentaires,
et donne des exemples de ses méthodes en trouvant les développées de la cycloïde et de la parabole. Ce sont là les exemples
les plus anciens de la détermination des développées. Dans le quatrième chapitre, il résout le problème du pendule composé, et
montre que les centres d'oscillation et de suspension sont interchangeables. Dans le cinquième et dernier chapitre, il revient
de nouveau sur la théorie des horloges, signale que si on trouvait
le moyen de faire osciller la lentille du pendule suivant une cycloïde,
les oscillations seraient isochrones ; et il termine en montrant que
la force centrifuge agissant sur un corps qui se déplace sur la circonférence d'un cercle de rayon r avec une vitesse uniforme v,
varie proportionnellement à v^2 et inversement à r.

Cet ouvrage renferme le premier essai fait pour appliquer la
dynamique aux corps de dimensions finies et non à de simples
points.

En 1675, Huygens proposa de régler le mouvement des montres
en se servant du ressort spiral, dans la théorie duquel il avait peut-
être été précédé par Hooke, qui en présentait en 1658 une exposition quelque peu ambigüe et incomplète. Les montres ou hor-

loges portatives avaient été inventées de bonne heure dans le seizième siècle et vers la fin de ce siècle elles n'étaient pas très rares ; mais elles étaient grossières et ne présentaient aucune garantie étant mises en mouvement au moyen d'un grand ressort et réglées par une poulie conique et une tige à échappement ; de plus jusqu'en 1687 elles ne portaient qu'une seule aiguille. La première montre dont le mouvement fut réglé par un ressort spiral fut faite à Paris sur les indications de Huygens qui l'offrit à Louis XIV.

L'intolérance croissante des catholiques détermina son retour en Hollande en 1681, et, après la révocation de l'édit de Nantes, il refusa de conserver des relations avec la France. Il s'occupa alors de la construction des lentilles présentant une distance focale énorme : trois d'entre elles mesurant comme distances focales 123 pieds, 180 pieds et 210 pieds furent données à la Société Royale de Londres qui les possède encore. Ce fut vers cette époque qu'il découvrit l'oculaire achromatique (pour télescope) qui porte son nom. En 1689 il se rendit de Hollande en Angleterre pour faire connaissance avec Newton, dont les *Principia* avaient été publiés en 1687. Huygens reconnaissait complètement le mérite incontestable de l'ouvrage, mais il semble avoir pensé que toute théorie qui n'expliquait pas la gravitation par des causes mécaniques était incomplète.

A son retour en 1690, Huygens publia son traité sur la *Lumière* dans lequel il exposait et expliquait la théorie des ondulations. La plus grande partie avait déjà été écrite vers 1678. L'idée générale de la théorie avait été suggérée par Robert Hooke en 1664, mais il n'en n'avait pas fait assez ressortir les conséquences. Cette publication ne tombe pas dans la période que nous embrassons dans ce chapitre, mais nous pouvons dire brièvement ici que, suivant la théorie des ondes, l'espace est occupé par l'éther, milieu extrêmement élastique, et que la lumière est la conséquence d'une série d'ondulations ou de vibrations dans ce milieu, mis en mouvement par les pulsations des corps lumineux. En partant de cette hypothèse Huygens obtenait les lois de la réflexion et de la réfraction, expliquait le phénomène de la double réfraction et donnait une construction pour le rayon extraordinaire dans les cristaux à deux axes ; de plus il imaginait les expériences qui mettent en évidence les principaux phénomènes de la polarisation.

L'immense réputation de Newton et son génie sans rival firent
que l'on refusa d'accepter une théorie qu'il rejetait, et conduisirent
à l'adoption générale de la théorie de l'émission proposée par Newton ; mais il faut faire remarquer que l'explication de quelques phénomènes donnée par Huygens, tels que la coloration des plaques
minces étaient en désaccord avec les résultats des expériences. Ce
ne fut que lorsque Young et Wollaston, au commencement du dix-
neuvième siècle, eurent repris la théorie des ondulations pour en
modifier quelques détails, et que Fresnel eut de nouveau développé
leurs vues, que cette théorie fut acceptée.

Outre ces ouvrages Huygens prit part à la plupart des controverses et des défis qui jouaient alors un si grand rôle dans le
monde savant, et il écrivit plusieurs traités d'une importance secondaire. Dans l'un deux il étudia la forme et les propriétés de la
chaînette. Dans un autre il formula en termes généraux la règle
pour trouver les maxima et minima dont Fermat avait fait usage,
et montra que la sous-tangente d'une courbe algébrique $f(x, y) = 0$
était égale à $\dfrac{y f_y}{f_x}$, où f_y est la fonction dérivée de $f(x, y)$ considérée
comme une fonction de y. Dans quelques ouvrages posthumes,
publiés à Leyde 1703, il montra en outre comment le pouvoir
grossissant du télescope pouvait se déduire des distances focales
des lentilles composées, et expliqua quelques phénomènes relatifs
aux halos.

Nous devons ajouter que presque toutes ses démonstrations, de
même que celles de Newton, sont rigoureusement géométriques et
il ne paraît pas avoir employé le calcul différentiel ou des fluxions,
bien qu'il ait admis la validité des méthodes. Ainsi, ses ouvrages
étaient composés en un langage archaïque et ils ne reçurent peut-
être pas toute l'attention que leur mérite intrinsèque comportait.

Nous venons de suivre le développement des mathématiques
sous l'influence de Descartes, Cavalieri, Pascal, Wallis, Fermat et
Huygens pendant une période qui peut être considérée approximativement comme allant de 1635 à 1675. La vie de Newton est en
partie comprise dans cette période : nous étudions dans le chapitre
suivant ses œuvres et son influence.

Nous pouvons signaler rapidement *les noms des autres mathé-*

maticiens de cette époque (¹) en les faisant suivre d'une courte notice. Les principaux furent *Bachet, Barrow, Brouncker, Collins, De la Hire, de Laloubère, Frénicle, James Gregory, Hooke, Hudde, Nicolas Mercator, Mersenne, Pell, Roberval, Rœmer, Rolle, Saint-Vincent, Sluze, Torricelli, Tschirnhausen, van Schooten, Viviani et Wren*.

Dans les notes qui suivent, nous avons classé les mathématiciens qui viennent d'être mentionnés de façon à présenter, autant que possible, leurs travaux principaux suivant l'ordre chronologique.

Bachet. — *Claude Gaspard Bachet de Méziriac* naquit à Bourg en 1581 et mourut en 1638. Il écrivit les *Problèmes plaisants* dont la première édition parut en 1612 ; une seconde édition augmentée fut publiée en 1624 ; cet ouvrage contient une intéressante collection de questions et de récréations arithmétiques, dont la plupart sont citées dans nos *Mathematical Recreations and Problems*.

Il écrivit aussi *Les éléments arithmétiques* qui existent en manuscrit ; et une traduction de l'*Arithmétique* de Diophante. Bachet fut le plus ancien écrivain qui discuta la solution des équations indéterminées au moyen des fractions continues.

Mersenne. — *Marin Mersenne* né en 1588 et mort à Paris en 1648, était un frère Franciscain qui entreprit de faire connaissance et de correspondre avec les mathématiciens français de son époque et avec la plupart de leurs contemporains étrangers. En 1634 il publia une traduction de la mécanique de Galilée ; en 1644 il publia ses *Cogitata Physico Mathematica*, ouvrage par lequel il est connu et qui contient l'exposition de quelques expériences de physique ; il écrivit aussi un tableau synoptique des mathématiques, qui fut imprimé en 1664.

La préface des *Cogitata* contient l'énoncé de cette proposition (probablement due à Fermat), que pour que l'expression $2^p - 1$ représente un nombre premier, les seules valeurs possibles de p, non supérieures à 257, sont 1, 2, 3, 5, 7, 13, 17, 19, 31, 67, 127 et 257 : le nombre 67 a probablement été mis par erreur pour 61. En tenant compte de cette correction, la proposition semble être

---

(¹) On trouvera des notes sur plusieurs de ces mathématiciens dans le *Mathematical Dictionnary and Tracts* de C. Hutton, 5 volumes, Londres 1812-1815.

vraie, et elle a été vérifiée pour toutes les valeur de p à l'exception
de 19 ; savoir 71, 101, 103, 107, 109, 137, 139, 149, 157, 163,
167, 173, 181, 193, 199, 227, 229, 241 et 257.

Mersenne affirmait que $p = 257$ donnait pour $2^p - 1$ un nombre premier et que pour les autres valeurs, $2^p - 1$ est un nombre
composé. Les vérifications pour les cas où $p = 67, 89, 127$ reposent apparemment sur de longs calculs numériques faits par de
simples particuliers et non publiés ; jusqu'à ce que ces démonstrations aient été confirmées nous pouvons dire que vingt deux cas
attendent une vérification ou exigent des investigations ultérieures.
Les facteurs de $2^p - 1$ quand $p = 67$ et $p = 89$ ne sont pas
connus, les calculs montrant simplement que les nombres résul-
tants ne peuvent être premiers. Il est très vraisemblable que ces
résultats sont des cas particuliers de quelque théorème général qui
reste à découvrir.

La théorie des nombres parfaits dépend directement de celle des
nombres de Mersenne. Il est probable que tous les nombres parfaits sont compris dans la formule $2^{p-1} (2^p - 1)$, dans laquelle
$2^p - 1$ est un nombre premier. Euclide a démontré que tous les
nombres de cette forme sont parfaits : Euler a montré que cette
formule comprend tous les nombres parfaits pairs ; et il y a des
raisons de penser — bien qu'une démonstration rigoureuse du fait
soit encore à trouver — qu'un nombre impair ne peut pas être
parfait. Si on admet l'exactitude de cette dernière proposition, on
peut conclure que tout nombre parfait est de la forme indiquée ci-
dessus.

Ainsi, pour $p = 2, 3, 5, 7, 13, 19, 31, 61$, les valeurs correspondantes de $2^p - 1$, d'après la règle de Mersenne, sont des nombres premiers : 3, 7, 31, 127, 8191, 131071, 524287, 2147483647,
2305843009213693951 ; et les nombres parfait correspondants
sont : 6, 28, 496, 8128, 33550336, 8589869056,

137338691328, 2305843008139952128, et
2658455991569831744654692615953842176.

Roberval [1]. — *Gilles Personier* (de) *Roberval*, né à Roberval en

─────────────────

[1] Une édition complète de ses œuvres était comprise dans les anciens *Mémoires* de l'Académie des sciences publiés en 1693.

1602 et mort à Paris en 1675, se fit appeler de Roberval du lieu de sa naissance sans avoir aucun droit à ce titre seigneurial.

Il examina la question des tangentes aux courbes, résolut quelques unes des questions les plus simples relatives à la cycloïde, généralisa les théorèmes d'Archimède sur la spirale, écrivit sur la mécanique et sur la méthode des indivisibles, qu'il rendit plus précise et logique. Il professait à l'université de Paris et était en correspondance avec presque tous les mathématiciens de son temps.

Van Schooten. — *François Van Schooten*, à qui nous devons une édition des œuvres de Viète, succéda à son père (qui avait enseigné les mathématiques à Huygens, Hudde et Sluze) comme professeur à Leyde en 1646 ; il fit paraître en 1659 une traduction latine de la *géométrie* de Descartes ; et en 1657 une collection d'excercices mathématiques, dans lesquels il recommandait l'usage des coordonnées dans l'espace à trois dimensions. Il mourut en 1661.

Saint-Vincent [1]. — *Grégoire de Saint-Vincent*, de l'ordre des Jésuites, né à Bruges en 1584 et mort à Gand en 1667, découvrit le développement de log $(1 + x)$ suivant les puisssances croissantes de x. Bien qu'il se soit occupé de la quadrature du cercle, il est à citer à cause des nombreux théorèmes intéressants qu'il découvrit dans ses tentatives pour résoudre un problème impossible, et Montucla observe ingénieusement que « personne ne quarra jamais le cercle avec tant d'habileté ou (excepté ce qui concerne son objet principal) avec autant de succès ». Il écrivit sur cette question deux livres, l'un publié en 1647 et l'autre en 1668, qui contiennent deux ou trois cents pages d'impression serrée : l'inexactitude de sa quadrature fut signalée par Huygens. Il employait les indivisibles dans le premier de ces ouvrages ; un livre plus ancien intitulé *Theoremata Mathematica* publié en 1624 contient une claire exposition de la méthode d'exhaustion, qui est appliquée à plusieurs quadratures, notamment à celle de l'hyberbole.

[1] Voir L. A. J. Quetelet, *Histoire des sciences chez les Belges*. Bruxelles, 1866.

Torricelli ([1]). — *Evangelista Torricelli* né à Faenza e 15 octobre 1608 et mort à Florence en 1647, écrivit sur la quadrature de la cycloïde et des coniques, la théorie du baromètre, la valeur de la gravité déterminée par l'étude du mouvement de deux poids réunis par un fil passant sur la gorge d'une poulie fixe, la théorie des projectiles et le mouvement des fluides.

Hudde. — *Jean Hudde* bourgmestre d'Amsterdam, naquit dans cette ville en 1633 et y mourut en 1704. Il écrivit deux traités en 1659 ; dans l'un il s'occupe de la réduction des équations qui ont des racines égales : dans l'autre il arrive à un résultat équivalent à cette proposition que si $f(x, y) = 0$ est l'équation algébrique d'une courbe, la sous-tangente est $- y \dfrac{\dfrac{df}{dy}}{\dfrac{df}{dx}}$; mais ne connaissant pas la notation du calcul différentiel son énoncé est confus.

Frénicle ([2]). — *Bernard Frénicle de Bessy*, né à Paris vers 1605 et mort en 1670, écrivit de nombreux mémoires sur les combinaisons, la théorie des nombres et les carrés magiques. Il peut être intéressant d'ajouter qu'il défia Huygens de résoudre en nombres entiers le système d'équation suivant

$$x^2 + y^2 = z^2$$
$$x^2 = u^2 + v^2$$
$$x - y = u - v$$

M. Pépin en a donné une solution en 1880.

De Laloubère. — *Antoine de Laloubère* père jésuite, né dans le Languedoc en 1600 et mort à Toulouse en 1664, donna en 1660 une solution inexacte des problèmes proposés par Pascal sur la cycloïde ; mais son titre le plus sérieux à la renommée est que, le premier des mathématiciens, il étudia les propriétés de l'hélice.

[1] Ses écrits mathématiques furent publiés à Florence sous le titre *Opera Geometrica*. Voir aussi un mémoire par G. Loria. *Bibliotheca mathematica*, vol. I pp. 75-89., Leipzig, 1900.

[2] Les œuvres diverses de Frénicle, éditées par De la Hire, ont été publiées dans les *Mémoires de l'Académie*, vol. V, 1691.

Nicolas Mercator. — *Nicolas Mercator* (appelé quelquefois *Kauffmann*) naquit dans le duché de Holstein vers 1620 ; mais passa la plus grande partie de sa vie en Angleterre. Il vint en 1683 en France, où il dessina et construisit les fontaines de Versailles, mais on refusa de lui payer la somme convenue pour l'exécution des travaux, à moins qu'il ne se convertît au catholicisme ; il mourut de vexations et de misère à Paris en 1687. Il écrivit un traité sur les logarithmes intitulé *Logarithmo-technica* publié en 1568, et découvrit la série

$$\log (1 + x) = x - \frac{1}{2} x^2 + \frac{1}{3} x^3 - \frac{1}{4} x^4 + \dots,$$

il démontrait cette égalité en écrivant l'équation de l'hyperbole sous la forme

$$y = \frac{1}{1 + x} = 1 - x + x^2 - x^3 + \dots,$$

à laquelle la méthode de quadrature de Wallis pouvait être appliquée.

La même série avait été découverte indépendamment par Saint-Vincent.

Barrow [1]. — *Isaac Barrow* naquit à Londres en 1630 et mourut à Cambridge en 1677. Il commença ses études au Collège de Charterhouse (où il se signala par une telle dissipation, qu'on entendit un jour son père s'écrier que, s'il plaisait à la Providence de le frapper dans la personne d'un de ses enfants, elle ne pouvait mieux faire que de choisir Isaac), il étudia ensuite au collège de Felstead, enfin il compléta son éducation au collège de la Trinité à Cambridge ; après avoir pris ses grades en 1648, il obtint une agrégation en 1649, et résida alors pendant quelques années dans le collège, mais il en fut chassé par la persécution des Indépendants. Il passa dans l'est de l'Europe les quatres années suivantes et retourna en Angleterre en 1659 après diverses aventures. L'année suivante il obtint une chaire de grec à Cambridge. En 1662, il devint professeur de géométrie au collège Gresham et en 1663 il fut choisi pour occuper pour la première fois la chaire Lucasian

---

[1] Ses œuvres mathématiques, éditées par W. WHEWELL, furent publiées à Cambridge en 1860.

à Cambridge. Il abandonna en 1669 cette dernière à son élève Newton, dont il reconnaissait la haute supériorité. Il consacra le restant de sa vie à l'étude des questions religieuses. Il fut nommé directeur du collège de la Trinité en 1672, et il conserva ce poste jusqu'à sa mort.

On le représente comme un homme « de faible stature, maigre et d'un teint pâle » négligé dans sa toilette et fumeur invétéré. Il était cité pour sa force et son courage, et l'on raconte que, voyageant dans la mer du Nord, il sauva par son intrépidité le vaisseau qui le portait attaqué par des pirates. Son esprit prompt et mordant en fit un favori de Charles II et détermina les courtisans à le respecter lors même qu'ils ne l'aimaient pas. Son talent comme écrivain et sa grande éloquence, sa vie irréprochable font de lui un personnage marquant de son époque.

Le premier de ses ouvrages est une édition complète des *Éléments* d'Euclide qu'il fit paraître en 1655 ; en 1660 il en publia une traduction anglaise, et en 1657 une édition des *Data*. Ses conférences, faites en 1664, 1665 et 1666, furent publiées en 1683 sous le titre *Lectiones Mathematicæ* : elles traitent principalement des bases méthaphysiques sur lesquelles reposent les vérités mathématiques. Ses conférences pour 1667 furent publiées la même année, et exposent l'analyse qui conduisit Archimède à ses principales découvertes. En 1669 il fit paraître ses *Lectiones Opticæ et Geometricæ*; il avertit dans la préface que ces leçons ont été revues et corrigées par Newton, qui y ajouta des recherches personnelles, mais il semble probable, d'après les remarques de Newton dans la controverse engagée à propos du calcul des fluxions que ces additions ne portent que sur l'optique : cet ouvrage, le plus important qu'il ait publié, fut réédité en 1674 avec quelques modifications de peu d'importance. En 1675 il publia une édition avec de nombreux commentaires des quatre premiers livres des *Coniques* d'Apollonius et des ouvrages existants d'Archimède et de Théodose.

Dans ses conférences sur l'optique, un grand nombre de problèmes relatifs à la réflexion et à la réfraction de la lumière sont traités avec ingéniosité. Il donne la définition des foyers dans les miroirs, et montre que l'image d'un objet est le lieu des foyers géométriques de chacun de ses points. Barrow étudia aussi quelques unes des propriétés les plus simples des lentilles minces ; et simplifia considérablement l'explication cartésienne de l'arc-en-ciel.

Les leçons géométriques contiennent quelques méthodes nouvelles pour déterminer les aires et les tangentes des courbes. La plus remarquable est celle donnée pour la détermination des tangentes aux courbes, et cette question est assez importante pour que nous en fassions l'objet d'une note détaillée : elle montre comment Barrow, Hudde et Sluze appliquaient les idées de Fermat sur le calcul différentiel. Fermat avait observé que la tangente en un point P d'une courbe était déterminée si un autre point de cette tangente, en dehors de P, était connu ; par conséquent, si la longueur de la sous-tangente MT pouvait être trouvée (et par suite, le point T), alors la ligne TP serait la tangente demandée. Barrow faisait remarquer que, si l'abscisse et l'ordonnée d'un point Q voisin de P étaient tracées, il obtenait un petit triangle PQR (qu'il appelait le triangle différentiel, parce que ses côtés PR et PQ étaient les différences des abscisses et des ordonnées de P et de Q), de telle sorte que

$$\frac{TM}{MP} = \frac{QR}{RP}.$$

Pour trouver $\frac{QR}{RP}$ il supposait que x et y étaient les coordonnées de P, et $x - e$, $y - a$ celles de Q (Barrow faisait usage des

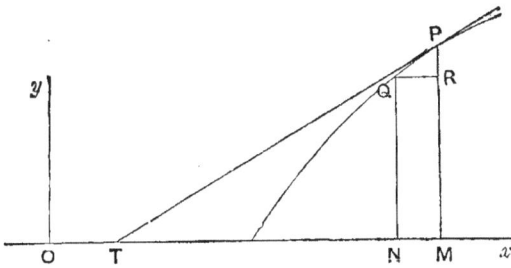

Fig. 33.

lettres p et m pour x et y, mais nous avons cru préférable de nous conformer à la notation moderne). En substituant les coordonnées de Q dans l'équation de la courbe, et en négligeant les carrés et les puissances supérieures de e et a comparativement à leurs premières puissances, il obtenait $\frac{e}{a}$.

Le rapport $\frac{a}{e}$ fut par la suite (conformément à une idée émise par Sluze) appelé le cofficient angulaire de la tangente au point considéré.

Barrow appliqua cette méthode aux courbes

$$x^2(x^2 + y^2) = r^2y^2 ; \qquad x^3 + y^3 = r^3 ; \qquad x^3 + y^3 = rxy$$

(courbe appelée *la galande*) : $y = (r - x)\,\mathrm{tang}\,\frac{\pi x}{2r}$, la *quadratrice*, et $y = r\,\mathrm{tang}\,\frac{\pi x}{2r}$.

Il nous suffira ici de prendre comme exemple le cas le plus simple de la parabobe $y^2 = px$. En employant la notation donnée ci-dessus, nous avons pour le point P, $y^2 = px$; et pour le point Q $(y - a)^2 = p(x - e)$.

On a par soustraction $2ay - a^2 = pe$.

Mais si a est une quantité infiniment petite, a^2 doit être infiniment plus petit et par suite peut être négligé par rapport aux quantités $2ay$ et pe.

Alors

$$2ay = pe,$$

c'est-à-dire

$$\frac{e}{a} = \frac{2y}{p}.$$

Par conséquent

$$\frac{TM}{y} = \frac{e}{a} = \frac{2y}{p},$$

d'où

$$TM = \frac{2y^2}{p} = 2x.$$

C'est exactement le procédé employé dans le calcul différentiel avec cette différence que dans ce dernier cas nous avons une règle qui nous donne directement le rapport $\frac{a}{e}$ ou $\frac{dy}{dx}$ sans qu'il soit nécessaire d'effectuer pour chaque cas particulier un calcul semblable au précédent.

Brouncker. — William, Vicomte, Brouncker, l'un des fondateurs de la Société Royale de Londres, né vers 1620 et mort le 5 avril, 1684, fut l'un des plus brillants mathématiciens de cette époque. Il était en relations avec Wallis, Fermat et d'autres savants renommés. Nous avons mentionné plus haut sa curieuse reproduction d'une solution donnée par Brahmagupta d'une certaine équation indéterminée. Brouncker prouva que l'aire comprise entre l'hyperbole équilatère $xy = 1$, l'axe des x et les ordonnées $x = 1$, $x = 2$, est égale à

$$\frac{1}{1.2} + \frac{1}{3.4} + \frac{1}{5.6} + \dots \qquad \text{ou à} \qquad 1 - \frac{1}{2} + \frac{1}{3} - \frac{1}{4} + \dots$$

Il s'occupa également d'autres expressions semblables pour différentes surfaces limitées par l'hyperbole et des lignes droites. Il écrivit sur la rectification de la parabole et de la cycloïde. [1] Il est à noter qu'il fit usage des séries infinies pour exprimer des quantités dont il n'aurait pu déterminer autrement les valeurs. En réponse à une question de Wallis concernant un essai de quadrature du cercle, il montra que le rapport de l'aire du cercle à l'aire du carré circonscrit, c'est-à-dire $\frac{\pi}{4}$, est égal à

$$\frac{1}{1} + \frac{1^2}{2} + \frac{3^2}{2} + \frac{5^2}{2} + \frac{7^2}{2} + \dots$$

Les fractions continues [2] avaient été introduites par Cataldi dans son traité sur la recherche des racines carrées des nombres publié à Bologne en 1613, mais Brouncker semble avoir été le plus ancien auteur qui ait étudié leurs propriétés.

James Gregory. — *James Gregory*, né à Drumoak près Aberdeen en 1638 et mort à Edimbourg en octobre 1675, fut successivement professeur à Saint-André et à Edimbourg. En 1660 il publia ses *Optica Promota* dans lequel se trouve décrit le télescope à ré-

[1] Au sujet de ces recherches, voir ses notes dans les *Philosophical Transactions*, Londres 1668, 1672, 1673 et 1678.
[2] Sur l'histoire des fractions continues voir les mémoires de S. GÜNTHER et A. FAVARO insérés dans le *Bulletino bibliografia* de BONCOMPAGNI Rome, 1874, vol. VII pp. 213, 451, 533.

flecteur qui porte son nom. En 1667 il composa sa *Vera Circuli et Hyperbolæ Quadratura*, ouvrage dans lequel il montrait comment les aires du cercle et de l'hyperbole pouvaient s'obtenir sous la forme de séries convergentes infinies, et là (pour la première fois croyons-nous) se trouve établie une distinction entre les séries convergentes et divergentes. Cet ouvrage contient également une proposition géométrique remarquable, prouvant que le rapport de l'aire d'un secteur de cercle quelconque à l'aire du polygone régulier inscrit, ou du polygone régulier circonscrit, ne peut être exprimé sous forme d'une expression algébrique comprenant un nombre fini de termes. De là il concluait que la quadrature du cercle est impossible : Montucla accepte ce raisonnement, mais il n'est pas concluant.

Ce livre contient encore les développements en séries de sin x, cos x, arc sin x et arc cos x. Il fut réimprimé en 1668 avec un appendice, *Geometriæ Pars*, dans lequel Gregory expliquait comment on pouvait déterminer les volumes des solides de révolution.

En 1671, ou peut-être plus tôt, il établit la relation

$$\theta = \operatorname{tang} \theta - \frac{1}{3} \operatorname{tg}^3\theta + \frac{1}{5} \operatorname{tg}^5\theta - \ldots,$$

lorsque θ est compris entre $-\frac{1}{4}\pi$ et $\frac{1}{4}\pi$. C'est sur ce théorème que furent basés, par la suite, plusieurs des calculs faits pour arriver à une valeur approchée de π.

Wren. — *Sir Christophe Wren* naquit à Knoyle, Wiltshire, le 20 octobre 1632 et mourut à Londres, le 25 février 1723. Il est plus connu comme architecte que comme mathématicien, mais il occupa la chaire Savilian, fut professeur d'astronomie à Oxford de 1661 à 1673, et pendant quelque temps président de la Société Royale. Avec Wallis et Huygens il étudia les lois du choc des corps ; il découvrit également la double génération par une droite de l'hyperboloïde à une nappe, bien que probablement il ne se soit intéressé qu'à l'hyperboloïde de révolution (¹). Il écrivit en outre sur la résistance des fluides, et le mouvement du pendule. Il était ami de

(¹) Voir les *Philosophical Transactions*, Londres 1669.

Newton et (de même que Huygens, Hooke, Halley et d'autres) il avait essayé de montrer que la force qui provoquait le mouvement des planètes était en raison inverse du carré de la distance au soleil.

Wallis, Brouncker, Wren et Boyle (ce dernier était plutôt chimiste et physicien que mathématicien) furent les principaux savants qui fondèrent la Société Royale de Londres. La Société eut pour origine le prétendu « collège indivisible » créé à Londres en 1645 ; la plupart de ses membres se rendirent durant la guerre civile à Oxford, où Hooke, qui servait alors d'aide à Boyle dans son laboratoire, prit part à leurs réunions. La Société fut constituée à Londres en 1660, et fut organisée en corps le 15 juillet 1662. L'Académie dei Lincei fut fondée en 1603, l'Académie française en 1666, et l'Académie de Berlin en 1700.

Hooke. — *Robert Hooke*, né à Freshwater le 18 juillet 1635, et mort à Londres le 3 mars 1703, fit ses études à Westminster et Christ Church, Oxford. En 1665, il fut nommé professeur de géométrie au collège de Gresham, poste qu'il occupa jusqu'à sa mort. Il a découvert cette loi que, dans certaines limites, la tension exercée par une corde tendue est proportionnelle à l'allongement. Il inventa le pendule conique et étudia ses propriétés ; le premier, il affirma d'une façon formelle que les mouvements des corps célestes étaient de simples problèmes de dynamique. Il était aussi jaloux qu'orgueilleux et irritable et accusa à la fois Newton et Huygens de s'être approprié, sans scrupule, ses découvertes. De même que Huygens, Wren et Halley, il tenta de trouver la loi régissant la force qui produit le mouvement des planètes autour du soleil et il pensait que cette force varie en raison inverse du carré des distances. Comme Huygens il découvrit que les petites oscillations d'un ressort spiral enroulé étaient pratiquement isochrones et fut ainsi conduit à en recommander (probablement en 1658) l'usage dans les montres ; il en avait une de ce genre faite à Londres, en 1675 ; elle fut achevée exactement trois mois après la construction d'une montre semblable faite à Paris d'après les indications de Huygens.

Collins. — *Jean Collins*, né près d'Oxford le 5 Mars 1625 et

mort à Londres, le 10 novembre 1683, était un homme d'une
grande intelligence naturelle mais de peu d'instruction. Passionné
pour les mathématiques, il passait tout le temps dont il disposait à
correspondre avec les principaux mathématiciens du temps pour
lesquels il était toujours prêt à faire tout ce qui était en son pouvoir, et il a été appelé — assez justement — le Mersenne anglais.
On lui doit de nombreuses informations sur les détails des découvertes faites durant cette période (¹).

Pell. — Un autre mathématicien qui consacra une part considérable de son temps à faire connaître les découvertes des autres,
et à correspondre avec les principaux mathématiciens fut *Jean Pell*.
Pell naquit dans le Sussex le 1ᵉʳ mars 1610, et mourut à Londres
le 10 décembre 1685. Il fit ses études au Collège de la Trinité à
Cambridge et occupa successivement les chaires de mathématiques
à Amsterdam et Breda; il entra ensuite au service diplomatique
de l'Angleterre; mais il s'établit finalement en 1661 à Londres où
il passa les vingt dernières années de sa vie. Ses principaux ouvrages sont une édition, considérablement augmentée, de l'*Algèbre*
de Branker et Rhonius, Londres, 1668; et une table des carrés
des nombres, Londres, 1672.

Sluze. — *René-François Walter de Sluze* (*Slusius*), chanoine
de Liège, né le 7 juillet 1622 et mort le 19 mars 1685, trouva
pour la sous-tangente d'une courbe $f(x, y) = 0$ une expression

qui est équivalente à $-y\dfrac{\frac{df}{dy}}{\frac{df}{dx}}$; il écrivit de nombreux traités (²),

et en particulier, discuta assez longuement les spirales et les points
d'inflexion.

Viviani. — *Vincent Viviani*, élève de Galilée et de Torricelli,
né à Florence le 5 avril 1622, et mort dans cette ville le 22 septembre 1703, fit paraître en 1659 une restitution du livre perdu

(¹) Voir le *Commercium Epistolicum*, et S. P. Rigaud, *Correspondence of Scien-
tific Men of the Seventeenth Century*, Oxford, 1841.
(²) Quelques unes de ses notes ont été publiées par Le Paige dans le volume XVII du *Bulletino di bibliografia* de Boncompagni. Rome, 1884.

d'Apollonius sur les sections coniques ; et en 1701 une restitution de l'ouvrage d'Aristée. Il expliqua en 1677 comment on pouvait effectuer la trisection de l'angle à l'aide de l'hyperbole équilatère ou de la conchoïde. En 1692 il proposa le problème consistant à ouvrir dans une voûte hémisphérique quatre fenêtres égales, de telle sorte que le restant de la surface fut exactement quarrable : problème célèbre dont des solutions analytiques furent données par Wallis, Leibnitz, David Gregory, et Jacques Bernoulli.

Tschirnhausen. — *Ehrenfried Walther von Tschirnhausen* naquit à Kislingswalde le 10 avril 1631 et mourut à Dresde le 11 octobre 1708. En 1682, il étudia la théorie des caustiques par réflexion ou catacaustiques, comme on les appelait ordinairement, et il montra qu'elles étaient rectifiables. C'est le second exemple que l'on connaisse de la détermination de l'enveloppe d'une ligne mobile. Il construisit des miroirs ardents d'une grande puissance. La transformation par laquelle il enlevait dans une équation algébrique donnée certains termes intermédiaires est bien connue ; elle a été publiée dans les *Acta Eruditorum* pour 1683.

De la Hire. — *Philippe De la Hire* (ou *Lahire*), né à Paris le 18 mars 1640, et mort dans cette ville le 21 avril 1719, écrivit sur les méthodes graphiques, 1673 ; sur les sections coniques, 1685 ; il composa un traité sur les épicycloïdes, 1694 ; un autre sur les roulettes, 1702 ; et enfin un autre sur les conchoïdes, 1708. Son travail sur les sections coniques et les épicycloïdes est basé sur l'enseignement de Desargues dont il fut l'élève favori. Il traduisit également l'essai de Moschopulus sur les carrés magiques, et recueillit la plupart des théorèmes sur ce sujet qui étaient antérieurement connus : le tout fut publié en 1705.

Rœmer. — *Olof Rœmer*, né à Aarhuus le 25 septembre 1644, et mort à Copenhague le 19 septembre, 1710, mesura le premier la vitesse de la lumière, en 1675, au moyen des éclipses des satellites de Jupiter. Il répandit l'usage de la lunette méridienne et du cercle mural, les hauteurs azimutales ayant été jusque là généralement employées, et c'est d'après ses recommandations que les observations astronomiques des étoiles furent faites généralement par

la suite dans le méridien. Ce fut également lui qui le premier introduisit dans les observatoires l'usage des micromètres et des micros-
copes pour la lecture des angles. Il déduisit aussi des propriétés de
l'épicycloïde la forme la plus convenable à donner aux dents des
engrenages cylindriques pour assurer un mouvement uniforme.

Rolle. — *Michel Rolle*, né à Ambert le 21 avril 1652, et mort
à Paris le 8 novembre 1719, écrivit en 1689 une algèbre qui
contient le théorème qui porte son nom sur les racines d'une équation. Il publia, en 1696, un traité sur la résolution des équations
déterminées ou indéterminées, et écrivit plusieurs autres ouvrages
d'importance moindre. Il considérait le calcul différentiel, qui,
ainsi que nous allons le voir un peu plus loin, avait été introduit
vers la fin du dix-septième siècle, comme un ensemble d'artifices
ingénieux.

NOTE I

—

S. VIÈTE CONSIDÉRÉ COMME GÉOMÈTRE DAPRÈS
MICHEL CHASLES

On doit à Viète la doctrine des sections angulaires, c'est-à-dire la connaissance de la loi suivant laquelle croissent ou décroissent les sinus, ou les cordes des arcs multiples ou sous-multiples. La première idée d'exprimer l'aire d'une courbe par une suite infinie de termes se trouve aussi dans les ouvrages de ce grand géomètre.

Viète n'était pas moins profond dans la géométrie pure des anciens, que dans l'analyse algébrique. Il résolut le premier avec la règle et le compas le problème : construire un cercle tangent à trois cercles donnés. Mais c'est surtout en trigonométrie sphérique qu'il fit ses plus belles découvertes. Il donna la solution de quelques cas nouveaux des triangles, inventa deux formules analytiques générales comprenant tous les cas de la trigonométrie sphérique.

On lui doit surtout une idée neuve et heureuse, c'est la transformation des triangles sphériques en d'autres, dont les angles et les côtés répondent, d'une certaine manière, aux côtés et aux angles du triangle donné, qui devait conduire Snellius à la découverte du triangle supplémentaire (voir Chasles *Histoire de la Géométrie*, p. 51 et suivantes.

NOTE II

ANALYSE DES OUVRAGES ORIGINAUX DE NAPIER
RELATIFS A L'INVENTION DES LOGARITHMES

Par M. BIOT

Ayant été chargé il y a quelques mois de faire, pour le *Journal des Savants*, l'analyse d'une *Vie de Napier* qui a récemment paru en Écosse, je me suis trouvé ainsi dans l'obligation d'étudier les écrits originaux dans lesquels il a publié son invention des logarithmes, surtout, afin de reconnaître la marche des idées qui avaient pu l'y conduire, ainsi que les moyens plus ou moins exacts qu'il avait employés pour la réaliser. Or, je n'ai pu me défendre d'un véritable sentiment d'admiration quand j'ai vu tout ce qu'il y avait mis de finesse, de précision et de patience à combiner des nombres ; et comme les écrits dont il s'agit sont aujourd'hui peu connus, parce qu'on n'a jamais besoin d'y recourir pour jouir des avantages de sa découverte, il m'a semblé qu'il pourrait y avoir quelque intérêt à en offrir ici une analyse exacte, où les idées de Napier seraient exposées avec la lucidité que l'on peut leur donner aujourd'hui en les exprimant dans notre langage algébrique, sans toutefois leur ôter rien de ce qu'elles ont d'individuel et d'original, comme l'on fait trop souvent, ou même toujours, ceux qui ont eu l'occasion de les rappeler.

Les ouvrages dont il s'agit sont au nombre de deux, dont les exemplaires sont très rares. L'un, publié du vivant de Napier et par lui-même en 1614, est intitulé *Mirifici Logarithmorum Canonis Descriptio.* Il y expose le mode de génération qu'il attribuait aux nouvelles quantités appelées par lui *Nombres artificiels ou Logarithmes ;* à quoi il joint leurs affections ou propriétés numériques, dérivées de cette définition ; leur usage pour simplifier les calculs arithmétiques, lorsqu'il faut multiplier des nombres entre eux, ou les diviser les uns par les autres, leur emploi dans les déterminations de Trigonométrie et d'Astronomie ; enfin les tables numériques contenant les logarithmes des lignes trigonométriques appelées *sinus*, *cosinus*, *tangentes*, *sécantes*, calculées de minute en minute pour tous les degrés du quart de cercle, ce qui avait dû lui coûter un incroyable travail matériel, indépendamment de l'invention. Tout cela est donné sans explication, sans aucune ouverture sur les idées qui l'avaient conduit à concevoir l'admirable utilité de ces tables, non plus que sur les moyens qu'il avait employés pour les calculer. Le second ouvrage est intitulé *Mirifici Logarithmorum Canonis Constructio*. Celui-ci fut seulement publié après sa mort, par son fils, en 1619. Dans ce livre, Napier explique, établit, démontre tous les procédés, tout le mécanisme de la construction de ses logarithmiques qu'il n'avait pas voulu d'abord dévoiler. Nous n'avons plus besoin aujourd'hui que de son idée primordiale, non de sa méthode. Le développement immense donné au calcul algébrique, par l'emploi des symboles littéraux dont l'introduction est due à Viete, nous fournit aujourd'hui des séries rapidement, indéfiniment convergentes, au moyen desquelles nous obtenons ces mêmes logarithmes par une voie directe, immédiate, presque sans travail, avec une netteté de symboles qui nous laisse toujours voir l'effet présent des opérations générales que nous faisons subir aux formules, et qui nous permet d'apprécier avec une généralité non moins complète le degré d'approximation de nos résultats. Toutefois, quoique la précision où ils peuvent être ainsi poussés soit sans limite, je déclare à l'honneur de Napier, qu'elle ne dépasse rien qu'on ne puisse atteindre fort aisément par sa méthode ; et si, comme il est assez naturel de le supposer, cette assertion paraît plus que hardie à nos analystes, j'espère pouvoir en donner tout à l'heure des preuves qui ne laisseront rien à objecter.

Mais, pour avoir cette juste idée du travail de Napier, il faut l'étudier dans ses livres mêmes, surtout dans le second où il explique sa méthode, et ne pas s'en fier aux extraits qu'on en a donnés. De tous ces extraits, le meilleur, c'est-à-dire le plus consciencieux et le plus travaillé, est à mon avis celui qu'a publié Hutton dans son introduction aux *Tables mathématiques* de Sherwinn et qui est réimprimé avec cette introduction dans le volume des *Scriptores Logarithmici*. Toutefois la marche suivie par Napier y est plutôt reproduite exactement qu'elle n'y est caractérisée dans son principe et dans ses résultats, comparativement à nos méthodes actuelles ; or c'est là surtout ce que l'on aime à connaître d'un premier inventeur. Pour Montucla, on serait presque tenté de croire qu'il n'a pas eu entre les mains l'ouvrage posthume et explicatif de Napier ; car il lui attribue des procédés de bissection qui ne sont pas les siens et qui ont été employés depuis par Briggs. On devrait s'attendre à en trouver une plus juste estime dans l'histoire de l'Astronomie par Delambre, à qui ne manquaient assurément ni la connaissance des méthodes logarithmiques actuelles, ni l'amour sincère de la vérité ; mais par un défaut de philosophie qui se fait trop remarquer dans son ouvrage, il n'emploie pas seulement la simplicité de nos formules modernes pour mettre au grand jour les idées de Napier, ce qui serait leur véritable usage ; il traduit, traduit imparfaitement ses idées en formules modernes, leur donne ainsi pour base une approximation empirique qu'elles n'ont point et qui est positivement opposée à l'esprit de Napier. Puis ainsi défiguré il l'examine, lui demande compte d'inexactitudes qu'il n'a pas commises, de fautes qu'il lui attribue par sa propre erreur, après quoi il en porte un jugement qui pour être bienveillant et favorable, n'en est pas moins contraire à la réalité. On a dit et répété que les derniers chiffres des tables de Napier étaient inexacts. C'est la vérité ; mais une vérité plus utile aurait consisté à savoir si l'inexactitude résultait de sa méthode ou de quelque faute de calcul dans son application. C'est ce que j'ai fait ; et j'ai reconnu ainsi qu'il y avait en effet une petite faute de ce genre, une très petite faute dans le dernier terme de la seconde progression que Napier forme pour préparer le calcul de sa table. Or, tous les pas suivants sont conclus de celui-là, ce qui y porte les petites erreurs que l'on a remarquées. J'ai corrigé la faute, et ensuite j'ai calculé, selon sa méthode, mais à l'aide de nos procédés plus rapides, le logarithme de 5000000 qui est le dernier de la table de Napier, celui par conséquent sur lequel toutes les erreurs s'accumulent ; j'ai trouvé ainsi pour sa valeur 6931471,808942, tandis que par les méthodes modernes, il doit être 6931471,805599. La différence commence à la dixième figure. J'ai calculé pareillement le logarithme hyperbolique de 10 d'après les nombres de Napier corrigés ; j'ai trouvé pour sa valeur 2,3025850940346, tandis que par nos tables actuelles elle est 2,3025850929940 : la différence réelle porte donc seulement sur la neuvième décimale. C'est plus que n'en comprennent les tables de Callet dont nous nous servons tous les jours. Si Napier avait eu à sa disposition un magister de village pour calculer par soustractions une progression géométrique plus lente encore que celle dont il a fait usage, travail qu'il présente comme désirable, les tables à quatorze décimales de Briggs n'auraient eu sur les siennes aucune supériorité. A l'époque où Napier publia ses tables de logarithmes, tous les mathématiciens, tous les astronomes, et ils étaient alors en grand nombre, sentaient à chaque instant le besoin de trouver quelque invention qui simplifiât les effroyables calculs numériques auxquels ils étaient sans cesse contraints de se livrer pour la résolution des triangles célestes, seule application des Mathématiques que l'on connût alors. Divers détails de l'histoire scientifique du temps attestent particulièrement les tentatives faites à cet égard par un obscur mathématicien du continent appelé Byrge, comme sans doute par beaucoup d'autres, au nombre desquels on compte Képler lui-même. Et en effet, lorsque l'on songe à ce que devait être le calcul numérique des tables de sinus et de tangentes naturelles pour un rayon exprimé par un million ou même par dix millions de parties, comme on en construisait alors : quand on songe que tout cela exigeait de continuelles divisions et multiplications qui devaient impitoyablement s'exécuter au complet, sans faire grâce d'aucun chiffre sur les plus grands nombres, on comprend très bien que tous les vœux des mathématiciens tendissent à se délivrer d'un si lourd fardeau, et que la nécessité suggérât mille moyens plus ou moins imparfaits de s'y soustraire. Mais Napier seul a donné et publié pour cela les logarithmes : on ne trouve aucune invention aussi bonne pour ce but ni avant, ni après lui ; et elle nous sert encore aujourd'hui, sans que nous sentions le désir ou le besoin d'aucune autre. A ces titres son droit d'inventeur, d'inventeur unique est incontestable. Mais ce droit devient, s'il est possible, plus clair encore, quand on étudie le principe de ses tables, que l'on met à nu l'idée simple qui leur sert de base, que l'on en comprend l'originalité, que l'on apprécie la justesse avec laquelle il l'applique, et la précision des résultats qu'il en déduit. C'est ce que je vais essayer de rendre sensible à tous les lecteurs.

Les propriétés des progressions géométriques et arithmétiques considérées en correspondance, ont été reconnues et démontrées, pour la première fois, par Archimède, dans le *Traité de l'Arénaire*. De là aux logarithmes. il n'y a qu'un pas ; et même les logarithmes ne sont que des indices employés à la manière d'Archimède, pour exprimer le rang de chaque nombre dans une série géométrique indéfinie qui les comprend tous, de sorte que leurs multiplications et leurs divisions entre eux, peuvent de même se remplacer par l'addition ou la soustraction mutuelle des indices qui leur correspondent. Mais comment comprendre tous les nombres dans une même série géométrique procédant continûment par rapports égaux ? C'est précisément en cela que consiste l'idée fondamentale de Napier. Il n'y a qu'à faire ce rapport commun si près de l'égalité, que la progression marche par des pas excessivement lents, de sorte qu'un nombre quelconque donné, s'il ne tombe juste sur un des termes de la progression, se trouve du moins compris entre deux termes si peu différens l'un de l'autre que l'erreur soit négligeable ; ou mieux encore, il n'y a, comme le fait Napier, qu'à se représenter la progression géométrique et la progression arithmétique correspondante, comme engendrées par le mouvement continu de deux mobiles partis ensemble du repos, et marchant l'un avec une accélération géométrique, l'autre avec un mouvement toujours équidifférent et uniforme. Les positions simultanées des deux mobiles à un instant quelconque donneront, dans la progression géométrique le nombre, dans l'Arithmétique, l'indice ou le logarithme qui lui correspond.

Mais cette idée toute simple offre dans l'exécution une difficulté matérielle. Pour former les termes successifs de la progression géométrique, il faut les multiplier successivement par leur rapport commun, autant de fois qu'il y a d'unités dans l'indice de leur rang. Nous voilà donc retombés dans des calculs de multiplication que précisément nous voulions éviter. Napier se soustrait à cet embarras par un moyen très simple et rempli d'adresse. Il forme sa progression géométrique en descendant des plus grands aux moindres nombres, au lieu de monter des petits aux grands comme Archimède ; et il emploie, pour rapport constant des termes successifs, celui de 10 à 9, ou de 100 à 99, ou de 1000 à 999, ou généralement d'une puissance entière de 10 à cette même puissance diminuée de l'unité. Alors chaque terme peut se déduire du précédent par simple soustraction. Car si le premier terme est, par exemple, 10000000 et le second 9999999, celui-ci s'obtiendra en retranchant du premier l'unité qui est sa dix-millionième partie. Le troisième se déduira du second en ôtant de même au second un dix-millionième de sa valeur ou 0,9999999 suivant notre notation décimale actuelle ; et, en continuant cette marche, on obtiendra par simple soustraction géométrique, autant de termes qu'on voudra, lesquels se suivront tous dans la même proportion qu'on aura choisie. Mais quelque lente que soit la raison de cette progression, ce n'est encore que l'expression d'un mouvement intermittent, tandis que la définition népérienne du logarithme exige que l'on détermine les indices de rang qui correspondraient aux mêmes termes engendrés par un mouvement tout-à-fait continu. Napier n'obtient pas l'expression absolue de cette rectification, comme nous pourrions aujourd'hui le faire par nos méthodes différentielles, qui nous permettent de passer sans erreur de la discontinuité à la continuité. Mais en comparant les conditions essentielles du mouvement continu à celles du mouvement intermittent, il établit des limites mesurables entre lesquelle le logarithme d'un nombre donné est toujours compris ; de sorte, que si ces deux limites diffèrent entre elles seulement au-delà de l'ordre de décimales que l'on veut conserver, on peut légitimement prendre l'une quelconque, ou mieux encore le milieu entre elles pour l'expression suffisamment approchée du logarithme. Appliquant ceci à son tableau, il montre que le logarithme du premier terme 9999999 est nécessairement compris entre 1,0000000 et 1,0000001 de sorte qu'il le prend égal à 1,00000005. Or la valeur exacte de ce logarithme calculée par nos méthodes actuelles est 1,00000 00500 00003 333, de sorte que l'évaluation de Napier est seulement en erreur d'un tiers d'unité sur la quatorzième décimale de ce logarithme. C'est donc là le premier terme de la progression arithmétique correspondante à la progression géométrique qu'il a adoptée. Donc, en le multipliant par la suite des nombres 1, 2, 3,... qui marquent le rang successif des termes de cette progression géométrique, il aura les indices, c'est-à-dire les logarithmes de tous ces termes. C'est en effet ainsi qu'il opère ; et, avec quelques abréviations, il conduit sa table de correspondance, depuis 10000000 jusqu'à 5000000. Alors, si l'on assigne un nombre quelconque compris entre ces limites, il montre comment on obtiendra immédiatement son logarithme avec l'approximation requise en le comparant aux deux termes de la progression géométrique entre lesquels il est compris. Si le nombre proposé sort des limites de la table, il montre comment on peut l'y faire rentrer et obtenir son logarithme. Le problème général d'enlacer ainsi tous les nombres, exactement ou approximativement, dans une même progression géométrique, se trouve donc complètement résolu ; et alors pour toutes les multiplications et divisions des nombres les uns par les autres on obtient les mêmes facilités, les mêmes simplifications qu'Archimède avait trouvées pour la progression géométrique particulière dont il a fait usage dans l'*Arénaire*. Telle est l'invention de Napier. Il a rendu continu et général pour tous les nombres, les avantages qu'Archimède n'avait obtenus qu'intermittens et particuliers. Si l'on demande pourquoi Archimède n'a pas fait ce second pas qui peut nous sembler aujourd'hui si voisin du premier, on en trouverait une raison plausible dans la nature des symboles littéraux employés de son temps pour désigner les nombres. Car la signification de ces caractères étant absolue, des nombres très peu différents les uns des autres étaient souvent exprimés par des caractères qui n'avaient aucune relation apparente entre eux ; ou si leurs expressions avaient des élémens communs, le rapport de grandeur de ceux-ci aux dissemblables n'était pas mis en évidence par l'expression numérique même ; au lieu que ces deux sortes d'évidence excitent et frappent pour ainsi dire les regards dans notre manière actuelle d'écrire les nombres, surtout lorsque, généralisant l'idée qui donne une valeur de position aux chiffres, on l'étend dans un sens inverse aux subdivisions de l'unité par l'emploi des chiffres décimaux. C'est encore ici un exemple de l'influence des signes sur l'extension des idées dont l'histoire des Mathématiques abonde. Faisons remarquer à ce sujet, que Napier employa le premier en Europe, cette généralisation si simple dans le mode d'écrire les subdivisions décimales qui était indispensable pour effectuer ses soustractions successives et les contenir dans des limites fixées d'erreurs. Si l'on veut se convaincre que cette idée n'était pas si simple à découvrir que nous pourrions le croire aujourd'hui, qu'elle nous est familière par l'usage, il n'y a qu'à voir les moyens compliqués et presque impraticables par lesquels Stevin, un habile et ingénieux géomètre, essayait d'écrire les décimales peu de temps auparavant. A la vérité Pitiscus y substitua la notation actuelle, en 1612, dans la seconde édition de sa *Trigonométrie* et le *Canon mirificus* où Napier emploie cette notation, ne parut qu'en 1614, ce qui laisse à Pitiscus le mérite comme l'antériorité de la publication ; mais, que Napier qui l'emploie constamment dans ses tables, eût dû l'imaginer aussi de son côté, indépendamment de Pitiscus, cela semblera incontestable, si l'on fait attention au nombre d'années considérable que le calcul de ces tables a dû exiger. Or toute leur construction est fondée sur l'emploi de cette notation ; et ainsi elles en attestent l'usage antérieur, probablement même fort antérieur, à Pitiscus qui ne l'employait pas dans son édition précédente en 1599.

Le système de logarithmes adopté par Napier était le plus simple et le plus commode qu'on pût concevoir alors pour former les termes successifs de la progression géométrique. Les tables qu'il avait construites ainsi, offraient déjà pour les multiplications et les divisions ces avantages de simplification immenses que nous avons plus haut expliqués. Képler les adopta, et en publia une copie dans les *Tables Rudolphines* dont il transforma le plan pour leur en adapter l'usage. Toutefois l'invention une fois trouvée, on pouvait bien voir que le système logarithmique de Napier n'était pas celui qui s'appropriait le mieux à notre mode décimal de numération. Briggs, professeur d'Oxford, contemporain de Napier, en imagina un autre qui offre cet avantage ; et qui est le même dont nous nous servons aujourd'hui. Il paraît qu'il reçut cette idée de Napier même, avec lequel il alla plusieurs fois conférer en Écosse : et, à la fin de l'ouvrage posthume de Napier, on trouve un appendice dans lequel la méthode employée par Briggs est indiquée. Quoi qu'il en soit, Briggs construisit avec habileté sur ce nouveau système des tables excellentes, les plus exactes, les plus abondantes en décimales qui aient été publiées jusqu'ici. C'est une œuvre estimable de patience et même d'habileté ingénieuse aux approximations numériques. Mais on s'est quelquefois autorisé de cette amélioration pour attribuer à Briggs une part dans l'invention même. En vérité, c'est confondre deux mérites trop dissemblables, le génie et le labeur ; mais le vif sentiment des découvertes n'est pas une faculté vulgaire et il est trop souvent remplacé par un autre moins honorable qui est le penchant secret des esprits médiocres à rabaisser ce qui est élevé.

Après cette exposition générale, nous allons entrer dans l'exposition numérique des procédés que Napier a employés. Pour cela, nous rappellerons d'abord la manière dont il conçoit la génération des logarithmes. Nous traduirons cette définition dans le langage analytique actuel pour en établir et en voir aisément les conséquences. Nous rapporterons ensuite la série des procédés que Napier emploie pour réaliser sa conception, et nous apprécierons le degré de précision qu'ils atteignent ; nous montrerons enfin que tous les systèmes de logarithmes imaginables peuvent être déduits d'un mode de génération analogue avec de simples changements de constantes ; et cela nous fera voir en quoi le système particulier adopté par Napier était spécialement favorable pour la marche du calcul numérique qu'il employait.

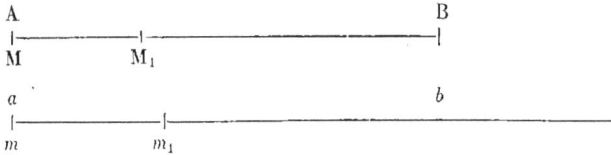

$$
\begin{array}{ll}
\text{A} \rule{12em}{0.4pt}\, \text{B} \\
\text{M} \qquad \text{M}_1 \\[1ex]
a \rule{16em}{0.4pt}\, b \\
m \qquad m_1
\end{array}
$$

Napier considère deux droites parallèles AB, ab ; la première AB, est finie et il exprime sa longueur par 10 000 000 ; nous la représenterons par A : la seconde ab est indéfinie.

Aux origines A et a sont deux points matériels M, m, qui, d'abord en repos, partent simultanément pour parcourir les droites AB, ab. Les vitesses initiales de ces deux points sont égales entre elles ; mais les lois de leurs mouvements sont différentes. m se meut uniformément sur ab avec sa vitesse initiale. M se meut sur AB avec une vitesse continuellement décroissante, et toujours proportionnelle à l'espace qui lui reste à décrire pour arriver à l'extrémité B.

Cela posé, si l'on conçoit qu'à un même instant quelconque, le mobile m soit parvenu en m_1, sur la droite ab, et le mobile M en M_1 sur la droite AB ; mm_1 sera le logarithme de BM_1. Telle est la définition de Napier.

Pour en voir d'abord les conséquences, écrivons-là en analyse. Soit $am_1 = x$; $AM_1 = y$, concevons le temps t partagé en intervalles égaux et très petits que nous prendrons pour unité de temps, et nommons aA la vitesse initiale commune aux deux mobiles pour une unité pareille. Puis, substituons à la continuité du mouvement géométrique, un mouvement discontinu dont les intermittences se succèdent après chaque unité de temps, en conformant toujours les vitesses successives à la condition géométrique que leur assigne Napier.

Alors la correspondance des y et des x aux époques successives du mouvement sera telle que la montrent les colonnes suivantes :

Unités de temps écoulées depuis le départ.	Valeur de am_1 ou x à cette époque.	Valeur correspondante. de BM. ou $A - y$.	Accroissement de y pendant l'instant suivant.	Valeur nouvelle de y résultante de l'accroissement précédent.
o	o	A	aA	$y_1 = aA$
1	aA	$A(1-a)$	$aA(1-a)$	$y_2 = aA + aA(1-a) = A - A(1-a)^2$,
2	$2aA$	$A(1-a)^2$	$aA(1-a)^2$	$y_3 = y_2 + aA(1-a)^2 = A - A(1-a)^3$,
3	$3aA$	$A(1-a)^3$	$aA(1-a)^3$	$y_4 = y_3 + aA(1-a)^3 = A - A(1-a)^4$,
4	$4aA$	$A(1-a)^4$	$aA(1-a)^4$	$y_5 = y_4 + aA(1-a)^4 = A - A(1-a)^5$,
etc.	etc.			

La loi de ces successions est évidente. Après un nombre quelconque n d'unités de temps, elle donnera pour les positions simultanées des deux mobiles

$$x = naA, \qquad y = A - A(1-a)^n ;$$

de là, en éliminant a, l'on tire

$$y = A - A \left(1 - \frac{x}{nA} \right)^n,$$

ou, en développant le facteur binome,

$$y = A\left(\frac{x}{A} - \frac{n.n-1}{1.2} \cdot \frac{x^2}{n^2A^2} + \frac{n.n-1.n-2}{1.2.3} \frac{x^3}{n^3A^3} \right.$$
$$\left. - \frac{n.n-1.n-2.n-3}{1.2.3.4} \frac{x^4}{n^4A^4} \cdots, \text{etc.} \right).$$

Ici le nombre n des intermittences est quelconque. Pour passer de la discontinuité à la continuité, il faut le supposer infini, x restant fini ; alors x sera logarithme de $A - y$ selon la définition de Napier. Or, cette supposition donne

$$y = A \left(\frac{x}{A} - \frac{x^1}{1.2} \frac{x^2}{A^2} + \frac{1}{1.2.3} \frac{x^3}{A^3} - \frac{1}{1.2.3.4} \frac{x^4}{A^4} \cdots, \text{etc.} \right).$$

Maintenant la série comprise dans les parenthèses est le développement de $1 - e^{-\frac{x}{A}}$, e étant la base des logarithmes hyperboliques, c'est-à-dire le nombre $2,7182818$; en le remplaçant par cette valeur contractée, on a

$$y = A - Ae^{-\frac{x}{A}} \quad \text{d'où} \quad A - y = Ae^{-\frac{y}{A}}.$$

$A - y$ est le nombre dont x est le logarithme dans le système de Napier. Représentons-le pour partager par N. On aura donc dans ce système

$$\frac{N}{A} = e^{-\frac{x}{A}} ;$$

mais en désignant par z le logarithme de $\dfrac{N}{A}$ dans le système hyperbolique dont la base est e, on a

$$\frac{N}{A} = e^{z};$$

il en résulte donc que l'on a aussi

$$z = -\frac{x}{A},$$

ou, en remplaçant les lettres x et z par les espèces particulières de
logarithmes qu'elles représentent,

$$\log \text{hyp.} \left(\frac{N}{A}\right) = -\frac{\log \text{népérien (N)}}{A}$$

et inversement

$$\log \text{népérien (N)} = -A \log \text{hyp.} \left(\frac{N}{A}\right).$$

Ces relations très simples reproduisent en effet tous les logarithmes de
la table de Napier, quand on donne les logarithmes hyperboliques ordinaires et réciproquement.

Par exemple, dans la table de Napier, le rayon étant représenté par
10 000 000, le sinus de 30°, moitié du rayon, est représenté par
5 000 000 ; et sa table, corrigée d'une petite faute de calcul accidentelle,
donne

$$\log 5000000 = 6931471,808942 ;$$

prenant donc 5 000 000 pour le nombre N et observant que A est
10 000 000, on devra avoir

$$\log \text{hyp.}\left(\frac{N}{A}\right) \text{ou} \log \text{hyp.}\left(\frac{1}{2}\right) = -\frac{6931471,808942}{10\,000\,000} = -0,6931471808942.$$

Or, d'après les tables hyperboliques de Callet, on trouve en effet,

$$\log \text{hyp.} \left(\frac{1}{2}\right) = -0,6931471805599 :$$

l'erreur de Napier n'est donc que de trois unités sur la dixième décimale.

Connaissant ainsi la constitution de sa table, d'après la définition
même qu'il a assignée à ses logarithmes, nous pouvons apprécier le
degré plus ou moins parfait d'exactitude que lui donnent les limites
entre lesquelles il démontre que le logarithme doit être compris pour

chaque nombre; limites qui lui servent à obtenir les vraies valeurs résultantes du mouvement continu.

Le nombre étant toujours supposé $A - y$, son logarithme x est toujours plus grand que y et moindre que $\dfrac{Ay}{A - y}$: telle est sa proposition.

Pour en démontrer la première partie, il considère que x et y sont deux espaces décrits en temps égal sur les deux droites ab, AB, le premier avec un mouvement uniforme, le second avec une vitesse continuellement décroissante, depuis l'origine A. Or, par définition, les vitesses initiales étaient égales à cette origine pour les deux mobiles : donc la somme des espaces décrits par m avec cette vitesse initiale constamment conservée, surpasse la somme des espaces correspondants, en même nombre, décrits par M avec la même vitesse initiale perpétuellement affaiblie; donc premièrement, on aura toujours $x > y$.

Quant à l'autre limite $\dfrac{Ay}{A - y}$, il la construit d'abord sur BA prolongé; et la représentant par AM_2, il reporte de même la valeur

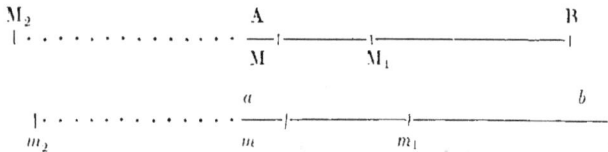

am_1 ou x, sur le prolongement de ba en m_2; puis il dit : les espaces $\mathrm{M}_2\mathrm{A}$, m_2a, peuvent être considérés comme décrits dans un même temps, le premier avec une vitesse continuellement décroissante jusqu'en A, le second avec une vitesse uniforme. Mais, par définition, la plus petite vitesse de M_2 qui a lieu en A est égale à la vitesse de m_2 en a, et dans tout le reste de l'espace $\mathrm{M}_2\mathrm{A}$, elle lui est supérieure, donc on aura toujours

$$m_2a < \mathrm{M}_2\mathrm{A} \quad \text{ou} \quad x < \frac{Ay}{A - y}.$$

Ayant ainsi démontré l'existence de ces deux limites, il forme leur valeur numérique lorsqu'il a besoin d'un logarithme exact; et lorsqu'elles diffèrent seulement au-delà de l'ordre de décimales qu'il se propose de conserver, il prend la moyenne entre elles, comme étant une valeur suffisamment exacte, ce qui est en effet évident.

Puisque nous connaissons l'expression analytique exacte de ses logarithmes, nous pouvons apprécier le degré absolu de cette approximation; pour cela, revenons à la relation générale,

$$A - y = Ae^{-\frac{x}{A}}.$$

En prenant de part et d'autre les logarithmes dans le système hyperbolique, il viendra

$$x = - \text{A log hyp.} \left(\frac{A - y}{A} \right) = - \text{A log hyp.} \left(1 - \frac{y}{A} \right),$$

et en développant le second membre,

$$x = y + \frac{1}{2A} y^2 + \frac{1}{3A^2} y^3 + \frac{1}{4A^3} y^4 \ldots,$$

c'est la valeur vraie du logarithme népérien x en fonction de y. Maintenant la limite supérieure $\dfrac{Ay}{A - y}$ ou $\dfrac{y}{1 - \frac{y}{A}}$ étant développée, donne

$$y + \frac{y^2}{A} + \frac{y^3}{A^2} + \frac{y^4}{A^3} \ldots, \text{ etc.};$$

ajoutant donc la limite inférieure y, et prenant la moyenne des deux, comme le fait Napier, on a pour résultat,

$$y + \frac{1}{2A} y^2 + \frac{1}{2A^2} y^3 + \frac{1}{2A^3} y^4 \ldots, \text{ etc.}$$

On voit donc qu'en prenant cette moyenne pour la vraie valeur de son logarithme, c'est-à-dire pour x, l'erreur de Napier ne commence qu'aux quantités du troisième ordre ; et encore, pour cet ordre, elle consiste seulement dans l'excès de $\frac{1}{2A^2} y^3$ sur $\frac{1}{3A^2} y^3$, de sorte qu'elle est seulement $\frac{1}{6A^2} y^3$. D'après cela, si l'on veut savoir pour quelle valeur de y elle produira une unité sur les décimales du quatorzième ordre de ses logarithmes, ce qui répond au vingt-unième des nôtres, il n'y a qu'à supposer

$$\frac{1}{6A^2} y^3 = 0,00000\,0000000\,001,$$

et puisque $A = 10000000$, il viendra $y = \sqrt[3]{6}$;
c'est-à-dire que y sera plus grand que 1 et moindre que 2, d'où $A - y$ moindre que 9999999, et plus grand que 9999998. Or, en effet, l'emploi fondamental que Napier fait de ces limites, pour la construction de sa table, s'applique au nombre 9999999, et aussi le logarithme se trouve-t-il seulement en erreur de $\frac{1}{3}$ d'unité sur les décimales de l'ordre quatorzième comme on le verra plus loin.

Ici Napier établit plusieurs théorèmes très dignes de remarque, non par leur complication, car ils sont au contraire fort simples, mais par l'extrême recherche d'exactitude qu'ils annoncent. Le but de ces théorèmes est de fixer les limites définitives d'approximation des résultats numériques, lorsqu'ils sont obtenus par l'addition, soustraction, multiplication ou division de quantités qui ne sont elles-mêmes connues qu'entre certaines limites définies d'erreur.

Il démontre ensuite l'équidifférence des logarithmes pour les nombres qui se suivent continûment dans un même rapport. Ce théorème n'est au fond que celui d'Archimède sur les relations qu'ont entre eux les termes correspondants des deux progressions de l'*Arénaire*. Mais Napier en tire un corollaire qui lui devient fort utile pour déduire, avec une précision indéfinie, le logarithme d'un nombre, du logarithme d'un autre qui en est voisin. Soient N le plus grand des deux nombres, N_1 le moindre ; cherchez-en un troisième N_2 qui soit à A, comme N_1 est à N, de manière qu'on ait

$$ N_2 = A . \frac{N_1}{N} = A - A \frac{(N - N_1)}{N} . $$

Puisque $N - N_1$ est supposé une quantité très petite, N_2 différera très peu de A ; et en outre le terme qui exprime cette différence sera par sa petitesse même facile à calculer exactement. Mais, par hypothèse, A sert d'origine à la série des nombres, et l'on a pris zéro pour son logarithme. Conséquemment N_2 en différant peu, son logarithme pourra être donné avec assez de précision par la moyenne des deux limites y et $\frac{Ay}{A - y}$, qui qui deviennent ici $A - N_2$ et $\frac{A(A - N_2)}{N_2}$, ou, en éliminant N_2, $\frac{A(N - N_1)}{N}$ et $\frac{\frac{A(N - N_1)}{N}}{1 - \frac{(N - N_1)}{N}}$; on jugera aisément de cette condition par l'étendue même de ces limites, en voyant si elles diffèrent seulement dans les ordres de décimales que l'on est résolu de négliger. Alors en prenant leur moyenne, ce sera la différence cherchée des logarithmes de N et de N_1 qu'il ne restera plus qu'à appliquer dans le sens convenable à celui de ses logarithmes qui est donné. Napier n'a pas présenté ces réductions sous la forme analytique que nous venons d'employer, et il est évident qu'il ne pouvait le faire à cette époque, mais sa méthode et sa marche sont exactement équivalentes.

Si l'on veut connaître les nouvelles limites d'erreur que la réduction ainsi opérée introduit dans le résultat final, c'est-à-dire dans la détermination du logarithme inconnu, il n'y a qu'à employer séparément les limites trouvées pour le logarithme de N_2 et les combiner avec celles du logarithme donné, soit par somme, soit par différence, selon qu'il sera nécessaire : de manière à connaître les limites extrêmes du résultat final, conformément aux règles établies plus haut par Napier pour ce mode de combinaison.

Mais il peut arriver que le moyen proportionnel auxiliaire N_2 ne se trouve pas assez voisin de A pour que son logarithme soit donné immédiatement avec une précision suffisante par la moyenne des deux limites qui l'embrassent. Alors, comme la table générale des logarithmes calculés commence au nombre A, on cherchera dans cette table le nombre qui diffère le moins de N_2. Soit ce nombre N_3 ; son logarithme sera connu par la table même ; il ne restera donc qu'à déterminer la différence des logarithmes de N_2 et de N_3, ce qui se fera par un nouveau moyen auxiliaire N_4, comme nous venons tout à l'heure de l'expliquer. Si N_4 se trouve assez près de A pour que son logarithme puisse être assigné avec une exactitude suffisante par la moyenne des limites qui l'embrassent, on en déduira celui de N_3, puis enfin celui de N ou de N_1 ; mais, si N_4 se trouvait encore compris entre des limites trop larges, on le comparerait encore au nombre tabulaire qui en approche le plus, et l'on formerait un nouveau moyen auxiliaire N_5 pour déterminer la différence des logarithmes ; puis, au besoin, on recourrait à un autre, à un autre encore, jusqu'à ce qu'enfin les limites du dernier logarithme diffèrent entre elles aussi peu qu'on le voudra.

Ces préliminaires étant établis, je passe à la construction des tables. Une disposition très ingénieusement choisie par Napier, c'est d'avoir pris sa progression géométrique descendante, ce qui lui permet d'en former les termes successifs avec autant de précision qu'il le désire par de simples soustractions successives sans multiplications ni divisions. Ainsi, prenant pour terme supérieur le nombre 10 000 000, si la raison de la progression doit être $\frac{9999999}{10000000}$, comme il le fait dans une première table préparatoire indispensable à expliquer d'abord, il est évident qu'il suffira de retrancher du premier terme 10000000, sa dix-millionième partie, ou simplement 1 pour avoir le second terme de la progression qui sera 9999999 ; puis de celui-ci encore ôtant sa dix-millionième partie, ou 0,9999999, on aura le troisième terme et ainsi de suite, aussi loin que l'on voudra. Napier pousse d'abord cette première table jusqu'à 101 termes en comptant le premier. On comprendra tout à l'heure la raison de ce nombre. Pour le moment, je me borne à présenter la succession de ces calculs, comme le fait Napier, en y signalant l'usage des décimales avec la même généralité et simplicité que nous leurs donnons aujourd'hui, sauf qu'il emploie un point au lieu d'une virgule pour les séparer.

Rangs successifs des termes, à partir du premier	Termes successifs de la progression géométrique.
0	10000000.0000000
	1.0000000
1	9999999.0000000
	.9999999
2	9999908.0000001
	.9999998
3	9999997.0000003
etc.	etc.
100	9999900.0004950.

La vraie valeur de ce centième terme, calculée directement avec vingt décimales, par nos méthodes de développement actuelles, est

$$9999900,0049\ 49983\ 83003\ 92122.$$

On l'obtient aisément, d'après l'expression générale de ce 101ᵉ terme qui est $10^7 (1 - \alpha)^{100}$, α représentant la fraction un dix-millionième, ou $\frac{1}{10^7}$. Cette expression développée devient

$$10^7 (1 - 100\,\alpha) + \frac{100.99}{1.2}\,\alpha^2 - \frac{100.99.98}{1.2.3}\,\alpha^3 + \frac{100.99.98.97}{1.2.3.4}\,\alpha^4 \ldots$$

et en mettant pour α sa valeur

$$10^7 - 100 + \frac{100.99}{1.2} \cdot \frac{1}{10^7} - \frac{100.99.98}{1.2.3}\,\frac{1}{10^{14}} + \frac{100.99.98.97}{1.2\ 3.4}\,\frac{1}{10^{21}}, \text{etc.}$$

Le calcul effectué jusqu'aux α^4 donne la valeur que nous venons de rapporter. On voit que celle de Napier n'en diffère que dans la neuvième décimale.

Cette table sert à Napier pour deux choses : d'abord pour trouver le logarithme du premier terme 9999999, et par déduction, tous les logarithmes des termes suivants qui dérivent les uns des autres par le même rapport ; secondement, pour calculer, d'après le dernier terme de la table, le logarithme du nombre 9999900 qui est extrêmement peu différent de ce terme-là.

Pour la première opération, il considère que le nombre 9999999 étant égal à A — 1, y est 1 ; de sorte que les limites de son logarithme sont 1 et $\dfrac{10000000}{9999999}$ ou 1,00000 01000 0001... ; lesquelles ne diffèrent l'une de l'autre que par la septième décimale, on peut donc, dans cet ordre d'approximation, prendre pour valeur du logarithme, la moyenne de ces limites, c'est-à-dire 1,00000 005. Napier s'arrête à ce résultat. Pour en apprécier la précision, il n'y a qu'à reprendre la relation générale trouvée plus haut entre ses logarithmes et les nôtres, laquelle est

$$\log \text{nép. } N = - A \log \text{hyp. } \left(\frac{N}{A}\right),$$

ici l'on a

$$A = 10^7 ; \quad N = 9999999 = 10^7 - 1$$

d'où

$$- \log \text{hyp. } \left(\frac{N}{A}\right) = - \log \text{hyp. } \left(\frac{10^7 - 1}{10^7}\right) = - \log \text{hyp. } \left(1 - \frac{1}{10^7}\right).$$

et en développant ce logarithme en série, puis effectuant la multiplication par A ou 10^7, il vient

$$\log \text{nép. } (9999999) = 1 + \frac{1}{2 . 10^7} + \frac{1}{3 . 10^{14}} + \frac{1}{4 . 10^{21}} \ldots,$$

ou, en effectuant les calculs,

$$\log \text{nép. } (9999999) = 1,00000 00500 00003\ 333,$$

d'où l'on voit que le résultat de Napier n'est en erreur que de $\frac{1}{3}$ d'unité sur la quatorzième décimale.

Le logarithme du premier terme de sa progression géométrique étant connu, il en déduit aussitôt ceux de tous les termes suivants par la la condition d'équidifférence, c'est-à-dire, en multipliant ce premier logarithme, par le rang successif de chaque terme ; le centième et dernier terme de sa progression se trouve donc ainsi avoir pour logarithme cent fois la valeur précédente, c'est-à-dire 100,000050, avec ses limites comprises entre 100,000000 et 100,000010 ; d'après le résultat exact obtenu plus haut, on voit que cette évaluation n'est en erreur que de $\frac{1}{3}$ d'unité sur la douzième décimale.

Ceci est le logarithme du dernier terme de sa première table. Pour passer de là au logarithme de 9999900, Napier emploie des moyens proportionnels auxiliaires qui se rapprochent davantage du premier terme de la progression. Nous avons expliqué plus haut ce procédé d'après lui. Ceci va nous fournir un exemple de la manière dont il l'applique.

Il cherche donc d'abord un moyen auxiliaire N_2, tel qu'on ait

$$\frac{N_2}{A} = \frac{N_1}{N}, \quad \text{ou} \quad N_2 = \frac{A N_1}{N} = A - \frac{A(N - N_1)}{N},$$

ici l'on a

$$A = 10^7, \quad N = 9999900,0004950 ; \quad N_1 = 9999900.$$

Conséquemment le terme correctif

$$\frac{A(N - N_1)}{N} = \frac{10^7.0,0004950}{9999900} = \frac{10^7.0,0004950}{10^7 - 1} = \frac{0,0004950}{1 - \frac{1}{10^5}}$$

$$= 0.0004950004950\ldots.$$

Ainsi, d'après les formules de la page 340, les deux limites du logarithme de N_2, selon Napier, seront

$$\frac{A(N - N_1)}{N} = 0,0004950004950 \text{ et } \frac{A(N - N_1)}{1 - \frac{(N - N_1)}{N}} = \frac{0,0004950004950}{1 - 0,0000000009495}.$$

Ces deux quantités étant égales, dans les douze premières décimales, on peut prendre à volonté l'une ou l'autre pour la limite de N_2, et les ajoutant à celles déjà obtenues pour le logarithme du dernier terme de la progression, c'est-à-dire à 100.000000 et 100,000010, on aura celles du logarithme de 9999900, lesquelles seront ainsi

$$100,0004950049 5 \quad \text{et} \quad 1.000505004950 5 ;$$

ce qui, en se bornant à huit décimales, donne pour la valeur moyenne de ce logarithme,

$$100,000050\ 0004950$$

C'est la valeur que lui donne Napier. Le calcul exact, par les séries, donne un résultat qui diffère à peine. En effet, on a alors

$$N = 9999900 = 10^2.(10^5 - 1) = 10^7 \left(1 - \frac{1}{10^5}\right) ;$$

ce qui étant mis dans l'expression générale du logarithme népérien donne

$$\log \text{nép.} (9999900) = -10^7 \log \text{hyp.} \left(1 - \frac{1}{10^7}\right) = 100 + \frac{1}{2.10^5}$$

$$+ \frac{1}{3.10^8} + \frac{1}{4.10^{15}} \ldots\ldots,$$

ou en réduisant

$$\log \text{nép.} (9999900) = 100,0005000033\,33358,$$

résultat différent de celui de Napier seulement dans les neuvièmes décimales.

Ce nombre 9999900 lui sert pour premier terme d'une nouvelle progression plus rapide dont la raison est $\frac{9999900}{10000000}$ ou $\frac{99999}{100000}$ et dont les termes se déduisent encore par simple soustraction, en retranchant de chaque terme sa centième partie, comme le montre le tableau suivant qui n'a plus besoin d'explication :

Rangs successifs des termes à partir du premier	Termes successifs de la progression géométrique.
0	10000000.000000
	100.000000
1	9999900.000000
	99.999000
2	9999800.001000
	99.998000
3	9999700.003000
	99.997000
4	9999600.006000
etc.	etc.
50	9995001,224804.

Napier ne conduit cette progression que jusqu'au cinquantième terme, parce que son but est seulement d'en déduire le logarithme de 9995000, dont il va avoir besoin tout à l'heure. Dans les soustractions qui l'ont conduit à ce cinquante-unième terme, il faut qu'il ait commis quelque petite faute de calcul, car la valeur qu'il donne est seulement 9995001, 222927, et elle est en erreur dès la troisième décimale. Ce résultat devenant une base fondamentale de sa table, comme on va le voir, altère nécessairement les dernières décimales de la plupart de ses logarithmes, et y cause les erreurs que l'on y a remarquées ; mais la faute est dans le détail mécanique du calcul non dans la méthode.

Nous avons déterminé tout à l'heure le logarithme du nombre 9999900 qui est le premier de cette seconde table, et nous l'avons trouvé égal à 100,000500 ; ceux de tous les autres termes suivent donc celui-là par équidifférence, puisque ces termes procèdent les uns des autres, suivant le même rapport. Le logarithme du cinquante-unième et dernier sera donc égal à 50 fois la différence commune, ou à

$$5000,02500 ;$$

c'est ainsi que fait Napier. La valeur exacte déduite de nos résultats précédents serait

$$5000,02500\ 01666\ 679 ;$$

elle diffère seulement dans la septième décimale.

De là, en appliquant ses théorèmes de limites, Napier conclut le logarithme de 9995000, et il le trouve ainsi égal à 5001,2485357 ; mais ce résultat est influencé par la faute qu'il a commise sur son cinquante-unième terme. En refaisant le calcul par sa méthode, après avoir corrigé l'erreur, on trouva 5001,25041645 ; la valeur exacte directement

Rangs successifs des termes à partir du premier.	Termes successifs de la progression géométrique.
0	10000000.000000
	5000.000000
1	9995000.000000
	4997.500000
2	9990002.500000
	4995.001250
3	9985007.498750
etc.	etc.
20	9900473.578080

déduite des séries, serait 5001,25041 68230, et elle ne diffère encore
que dans la septième décimale de celle que Napier aurait dû obtenir.

Enfin, avec ce dernier nombre, 9995000, il construit une troisième
table qu'il forme encore par soustraction avec le rapport $\dfrac{10000000}{9995000}$ ou
$\dfrac{10000}{9995}$ qui est précisément $1 - \dfrac{1}{2000}$, et il obtient ainsi le tableau de
la page 346.

Napier ne conduit cette troisième progression que jusqu'au vingtième
terme, parce qu'il veut seulement en déduire le logarithme de 9900000.
Or, cela lui suffit pour l'obtenir ; car, d'abord, comme il a le logarithme du premier terme de sa nouvelle progression, il peut en conclure tous ceux des autres termes par la loi d'équidifférence ; et ainsi le
logarithme du vingtième terme s'obtiendra en multipliant par 20 cette
différence commune, ce qui lui donne 100024,970774, qu'il se borne à
remplacer par 100025, et de là, il conclut le logarithme voisin du
9990000 qu'il trouve égal à 100503.3210291. Mais ces résultats sont
encore viciés par la petite erreur du dernier terme de sa seconde table ;
et, en les en dépouillant, on trouve par sa méthode le logarithme de
9900000 égal à

$$100503,35852\ 28,$$

tandis que le calcul direct par les séries, donne

$$100503,35852\ 5350 ;$$

de sorte que l'erreur du résultat obtenu par sa méthode ne commence
plus qu'à la sixième décimale.

Ayant obtenu, par ce qui précède, le logarithme de 9995000 et
celui de 9900000, Napier s'en sert pour construire, toujours par soustraction et par équidifférence, une nouvelle table beaucoup plus étendue, qu'il appelle *Table radicale*, parce que c'est généralement aux
termes qui la composent qu'il rapporte les nombres quelconques, dont
il veut déterminer le logarithme. Cette table contient 69 colonnes verticales, comprenant chacune 21 termes, ce qui fait en tout 1449 termes,
ou nombres, accompagnés de leurs logarithmes. Nous rapportons ici,
comme type, les deux premières colonnes et la dernière, en rectifiant
seulement les conséquences de la faute de calcul que nous avons signalée. (Voir le tableau de la page 348).

La formation de toutes ces colonnes est très simple. D'abord, quant
aux nombres naturels, les premiers de chaque colonne se déduisent
successivement les uns des autres, par le rapport commun $\dfrac{99}{100}$, ou

$1 - \frac{1}{100}$, c'est-à-dire en retranchant de chaque terme précédent la centième partie de sa valeur. Par exemple, de 10000000 retranchant le centième qui est 100000, il reste 9900000 qui devient le premier nombre de la seconde colonne et ainsi des autres successivement.

Dans le sens vertical, les nombres naturels de chaque colonne se déduisent les uns des autres par la proportion commune $\frac{10000000}{9995000}$ ou $1 - \frac{1}{2000}$; leur formation successive est donc facile en les dérivant des premiers de chaque colonne.

1re colonne		2e colonne			69e colonne	
Nombres naturels	Loga-rithme	Nombres naturels	Loga-rithme		Nombres naturels	Loga-rithme
10000000.0000	0.0	9900000.0000	100503.4	.....	5048858.8879	6834228.4
9995000.0000	5001.2	9895050.0000	105504.6	.....	5046334.4584	6839229.6
9990002.5000	10002.5	9890102.4750	110505.9	.....	5043811.2112	6844230.9
9985007.4987	15003.7	9885157.4387	115507.1	.....	5041289.3856	6849232.1
9980014.9950	20005.0	9880214.8451			5038768.7409	6854233.4
etc.	etc.	etc.	etc.	......	etc.	etc.
9900373.5780	100025.0	9801468.8422	200528.4	.....	5031109.6568	6929252.1
					4998669.4019	6934253.4

Quant aux logarithmes qui correspondent à ces nombres, ils sont également faciles à calculer. Car, d'abord pour les premiers nombres de chaque colonne qui ont un rapport constant, leurs logarithmes marchent par équidifférence, et la raison de leur progression est le logarithme de 9900000 moins celui de 10000000, c'est-à-dire celui même de 9900000, l'autre étant zéro.

Ainsi, par les déterminations précédentes, cette différence commune est 100503,3585228.

Dans le sens vertical, les logarithmes de chaque colonne sont encore équidifférents. Mais la raison est égale à la différence des logarithmes de 9995000 et de 10000000, c'est-à-dire à 5001,25041645, d'après les évaluations rapportées plus haut.

Cette table radicale étant ainsi formée, seulement à l'aide de soustractions et d'additions, Napier y ramène tous les nombres dont il veut trouver les logarithmes.

Cherchons, par exemple, le logarithme de 5000000 nombre qui représente le sinus de 30°, lorsque le rayon est 10000000 ou 10^7. Ce logarithme se trouve évidemment compris entre les deux derniers de la dernière colonne; et l'on peut calculer combien il en diffère, par la méthode des moyens auxiliaires expliquée plus haut. Partant donc ainsi du nombre tabulaire 5001109,9568, qui est le plus voisin de 5000000, le premier moyen proportionnel auxiliaire, est 9997780,5790294. Si l'on veut le considérer comme suffisant, il donne pour la différence cherchée, des logarithmes 2219,6673162. Mais on pourrait craindre que ce premier moyen ne fût trop différent de 10^7, pour qu'on pût lui appliquer directement les conditions des limites avec une suffisante exactitude. En ce cas, il faudrait le comparer à son analogue tabulaire qui se trouverait être le vingt-troisième terme de la seconde table préparatoire, lequel a pour valeur 9997800,230988, avec un logarithme égal à 2200,011000. Alors, en rapportant à ce terme le premier moyen auxiliaire, on formerait un second moyen qui, cette fois, par ses limites, donnerait pour différence des derniers logarithmes 19,6363115; laquelle étant ajoutée à 2200,011000, donne 2219,6673111, résultat qui diffère seulement dans la sixième décimale de celui qui donnait la première proportionnalité. Toutefois ce second résultat étant déduit de limites plus étroites, est préférable; l'ajoutant donc au logarithme tabulaire de 5001109,9568 qui est 6929252, 141631, on aura le logarithme de 5000000 qui se trouvera être 6931471, 808942, lequel, ainsi qu'on l'a vu plus haut, n'est en erreur que de trois unités sur la quatrième décimale. Napier, dans son ouvrage, lui attribue une valeur différente et plus fautive, laquelle est 6931469,22. Mais cela provient sans doute de la petite faute de calcul qu'il avait faite dans sa seconde table préparatoire; et, dans tous les cas, la valeur que nous venons d'obtenir est bien réellement celle que sa méthode doit donner.

J'ai calculé de même par sa méthode le logarithme de 8000000 dont il fait également un usage spécial, comme nous le verrons tout à l'heure. Pour l'obtenir, n'ayant pas toute sa table radicale explicitement formée, je cherche d'abord la puissance de $\frac{99}{100}$ qui en diffère le moins, et je trouve par une évaluation facile que c'est la 23°. Le calcul exact de $\left(\frac{99}{100}\right)^{23}$ qui se fait aisément par la formule du binome, me donne le premier terme de cette 23° colonne que je trouve égale à

$$8016305,8953g\ 046.$$

Son logarithme est 22 fois la différence commune horizontale

$$100503,3585228,$$

ce qui produit 2231078889i672. Maintenant, pour se rapprocher du nombre proposé 8000000, il faut descendre graduellement dans cette 23ᵉ colonne, suivant les conditions de proportion et de différences assignées plus haut. Alors, après quatre opérations de ce genre, on trouve pour le 5ᵉ terme le nombre 8000285,30405085, ayant pour logarithme 2231078,8891672. C'est le plus voisin de 8000000 qui soit dans la colonne. La différence des logarithmes de ces deux nombres conclue d'un seul moyen auxiliaire, se trouve être 356,6235045 : et en l'ajoutant au logarithme tabulaire, on a le logarithme de 8000000 égal à 2231435,5126717. C'est aussi généralement celui du rapport abstrait $\frac{8}{10}$; car ce rapport est le même que $\frac{8000000}{10000000}$, et dans le système de Napier, le logarithme de 10000000 est nul.

Or, nous avons trouvé tout à l'heure le logarithme de 5000000, lequel est aussi celui du rapport abstrait $\frac{1}{2}$ par une raison pareille; donc, en le triplant, nous aurons le logarithme de $\frac{1}{8}$, lequel sera

$$20724415,4268826.$$

Ajoutons ce dernier logarithme à celui de $\frac{8}{10}$, nous aurons le logarithme du produit $\frac{1}{10}$, lequel sera ainsi 23025850,9394977; ce sera le logarithme du nombre 1000000.

Si nous voulons celui de $\frac{1}{5}$, il est aussi celui de 2000000; il n'y a qu'à retrancher de ce résultat le logarithme de $\frac{1}{2}$, et il viendra le logarithme de $\frac{1}{5}$ égal à 16094379,1305557.

On peut aisément apprécier le degré de précision de ces résultats en les comparant à nos tables actuelles, d'après les relations assignées plus haut entre les logarithmes népériens et nos logarithmes hyperboliques. Mais il y a une de ces vérifications qui se présente d'elle-même; car puisqu'on a généralement

$$\log \text{hyp.} \left(\frac{N}{A}\right) = -\frac{\log \text{nép. } N}{A} \quad \text{ou} \quad \log \text{. hyp.} \left(\frac{A}{N}\right) = \frac{\log \text{. nép. } N}{A};$$

si l'on fait $N = 1000000 = 10^6$, comme $A = 10^7$, on aura

$$\log \text{hyp. } 10 = \frac{\log \text{nép. } 10^6}{10^7} = 2,3025850939495770.$$

Or, d'après nos tables actuelles, on a

$$\log \text{hyp.}\ 10 = 2,30258\,50929\quad 940.$$

L'erreur de Napier n'est donc que d'une unité sur la 9e décimale de ce logarithme.

Les logarithmes des rapports $\frac{1}{2} : \frac{1}{10}$, trouvés tout à l'heure, servent à Napier pour obtenir les logarithmes des nombres inférieurs à 5000000; car il est évident qu'en multipliant ces nombres par 2, 5, ou 10 : ou par une puissance quelconque de ces rapports, il peut les ramener dans sa table radicale et en déduire leurs logarithmes dans cet état. Après quoi, ajoutant au résultat les logarithmes des rapports employés pour les multiplier, il obtient les logarithmes qui conviennent à ces mêmes nombres, dans leur état primitif.

L'application principale que Napier avait en vue en construisant sa table, c'était de donner les logarithmes des lignes trigonométriques, dont les valeurs numériques étaient alors consignées dans des tables continuellement employées par les astronomes. Voilà pourquoi Napier appelle toujours les nombres naturels des sinus. Dans sa table, le nombre 10000000 représente le sinus de l'angle droit, et sa moitié 5000000, celui de 30°. Sa table radicale ne descendant pas plus bas que ce dernier arc, il trouve les logarithmes des sinus qui conviennent aux arcs moindres en les ramenant dans sa table radicale par les artifices de multiplications indiqués ci-dessus, et il emploie aussi au même usage les relations trigonométriques qui peuvent abréger les calculs pour les diverses parties d'un même quadrans. Mais comme ces détails n'ont plus de rapport avec son invention originale, nous cesserons de nous en occuper.

Seulement pour achever de mettre en rapport ses idées avec les nôtres nous appliquerons à un système de logarithmes quelconque, le mode de génération qu'il a imaginé pour les siens. Concevons donc de nouveau deux droites BAB_1, ab, sur ces droites, deux mobiles M, m,

lesquels partent simultanément du repos en A et a avec des vitesses initiales données Aa et Aα, se meuvent tous deux dans le même sens sur leur droite, le premier M avec une vitesse géométriquement va-

riable, toujours proportionnelle à sa distance à un point fixe B, tel
que $AB = A$, et le second m, avec vitesse constante toujours
égale à sa vitesse initiale Ax. Supposons qu'après un temps
fini quelconque, M soit arrivé en M_1, m en m_1 aux distances
y et x de leurs points de départ respectifs. Partageons le
temps t en un très grand nombre de parties très petites que nous prendrons pour unité, et concevons que les vitesses Aa et Ax soient expri-
mées pour cette unité-là. Alors, en substituant au mouvement continu
géométrique, un mouvement intermittent, modifié après chaque unité
de temps écoulée précisément comme nous l'avons fait pour le cas particulier de Napier ; nous trouverons qu'après un nombre quelconque
d'instants n, les positions simultanées des deux mobiles sont liées par
les relations suivantes :

$$x = nAx, \quad y = -A + A(1 + a)^n;$$

ici $A + y$ est le nombre dont x est le logarithme : de là on tire

$$y = -A + A\left(1 + \frac{a}{x} \cdot \frac{x}{nA}\right)^n,$$

ou en développant le second membre,

$$y = A\left[\left(\frac{a}{x}\right)^1 \frac{x}{A} + \frac{n.n-1}{1.2}\left(\frac{a}{x}\right)^2 \frac{x^2}{n^2A^2} + \frac{n\,n-1.n-2}{1.2.3}\cdot\left(\frac{a}{x}\right)^3 \frac{x^3}{n^3A^3}\cdots\right].$$

Ici, le nombre n des intermittences est quelconque ; en le faisant infini, x restant fini, nous passerons de la discontinuité à la continuité.
Alors il restera

$$y = A\left[\left(\frac{a}{x}\right)\frac{x}{A} + \frac{1}{1.2}\left(\frac{a}{x}\right)^2 \frac{x^2}{A^2} + \frac{1}{1.2.3}\left(\frac{a}{x}\right)^3 \frac{x^3}{A^3}\cdots\cdots\right].$$

La série comprise entre les parenthèses est égale à

$$-1 + e^{\left(\frac{a}{x}\right)\frac{x}{A}},$$

e étant le nombre qui sert de base aux logarithmes hyperboliques ; on
aura donc par cette contraction,

$$y = -A + Ae^{\left(\frac{a}{x}\right)\frac{x}{A}}, \quad \text{d'où} \quad A + y = Ae^{\left(\frac{a}{x}\right)\frac{x}{A}},$$

$A + y$ est généralement le nombre dont x est le logarithme dans le
système donné. Représentons pour abréger ce nombre par N, et nous
aurons

$$N = Ae^{\left(\frac{a}{x}\right)\frac{x}{A}}.$$

Dans le système adopté par Napier, les deux vitesses initiales Aa et Aα sont égales, mais de signes opposés, puisqu'il fait décroître les nombres, quand les logarithmes augmentent. On a donc, par ces suppositions,

$$N = Ae^{-\frac{x}{A}},$$

comme nous l'avions trouvé directement, page 336. Dans le système appelé *hyperbolique*, on suppose que chaque nombre N est donné par l'équation

$$N = e^x,$$

x étant son logarithme dans ce système ; on a donc alors $a = \alpha$, et en outre, A $= 1$, c'est-à-dire que les vitesses initiales des deux progressions sont égales, comme dans le système de Napier, mais elles sont de même sens, au lieu qu'il les met en sens contraire ; et en outre, A $= 1$, tandis que Napier le fait égal à 10^7.

Dans notre système décimal de logarithmes, en les représentant par x, on a généralement.

$$N = (10)^x = e^{x \log \text{hyp.} (10)};$$

donc, pour assimiler ces logarithmes à ceux qui seraient engendrés par le mouvement, il faut prendre A $= 1$, comme dans les logarithmes hyperboliques, et en outre faire

$$\frac{a}{\alpha} = \log \text{hyp. } 10,$$

c'est-à-dire que le rapport des deux vitesses initiales des deux progressions est précisément égal au logarithme hyperbolique de la base. Il est pareillement facile de voir que, pour ce cas, où les logarithmes croissent dans le même sens que les nombres, la marche arithmétique de Napier serait encore applicable, pourvu que la progression choisie fût ascendante. Par exemple, si sa raison était $\dfrac{10000001}{10000000}$, en sorte que chaque terme se déduirait du précédent par simple addition, en *lui ajoutant* sa dix-millionième partie qui se prend à vue. Si Napier eût voulu, ou bien eût vécu assez, pour effectuer cette application de sa méthode avec des progressions convenablement choisies, il aurait pu obtenir nos tables actuelles ou des tables analogues, aussi exactement et plus aisément que par les bissections dont Briggs s'est servi pour les former.

***

NOTE III

SUR KÉPLER

Nous croyons devoir ajouter quelques pages à ce que M. Ball dit de Képler, en nous inspirant du bel ouvrage de M. Joseph Bertrand « les fondateurs de l'Astronomie » Képler est à la fois l'un des plus grands génies et l'une des plus nobles figures que l'humanité ait produits.

Né de parents pauvres, maltraité dans son enfance, occupé dans sa jeunesse aux plus vils travaux, obligé de lutter toute sa vie contre la pauvreté, persécuté pour ses opinions religieuses, il ne cessa de poursuivre avec une énergie indomptable et inlassable le problème le plus difficile que l'homme ait encore osé aborder. Mais avant de parler des lois de Képler, je veux ajouter quelques mots à ce que M. Ball a dit de Képler considéré comme géomètre. M. Ball a parlé de l'ouvrage de Képler sur le jaugeage des tonneaux. Dans ce travail il y a un passage qu'il faut citer ; c'est la remarque faite par Képler que, dans le voisinage d'un maximum la variation d'une fonction est insensible, je cite textuellement Képler :

« Sous l'influence d'un bon génie qui sans doute était géomètre, les constructeurs de tonneaux leur ont précisément donné la forme qui, pour une même longueur de la ligne mesurée par les jaugeurs, leur assure la plus grande capacité possible ; et comme aux environs du maximum les variations sont insensibles, les petits écarts accidentels n'exercent aucune influence appréciable sur la capacité, dont la mesure expéditive est par suite suffisamment exacte. » Cette idée sur les maxima, jetée en passant, mais en termes si assurés, par Képler, devait être développée vingt ans plus tard par Fermat, dont elle est un des titres de gloire.

Nous devons citer encore, de Képler, (¹) sa belle méthode des projec-

---

(1) CHASLES. — *Histoire de la géométrie.*

tions, pour déterminer, par une construction graphique, les circonstances des éclipses de soleil pour les habitants des différents points de de la terre. C'était, deux cents ans avant l'invention de la géométrie descriptive, une application ingénieuse de la doctrine des projections comme on ferait aujourd'hui. Cette méthode a été suivie, par les célèbres astronomes et géomètres Cassini, Flamsteed, Wren Halley, et généralisée par Lagrange dans un mémoire où il est intéressant de voir avec quelle habileté l'illustre auteur de la mécanique analytique savait aussi se servir des procédés de la géométrie descriptive vingt ans avant que cette production du génie de Monge eût vu le jour.

Je ne veux pas exposer ici comment après neuf années d'efforts poursuivis avec une application infatigable, et une contention d'esprit qui parfois « le tourmenta, dit-il, presque jusqu'à la démence, *diu nos torseral pene ad insaniam* », Képler parvint à représenter le mouvement de Mars par deux des lois reconnues ensuite applicables aux autres planètes, et qui ont immortalisé son nom.

M. Bertrand a signalé, et nous croyons devoir reproduire deux circonstances remarquables, qui venant en aide à la pénétration d'esprit de Képler, l'ont conduit plus facilement au but dont elles auraient pu l'éloigner.

« Le mouvement de la Terre, dont la connaissance présumée a servi de base à tous ses calculs, était théoriquement aussi mal connu que celui de Mars. Le cercle dans lequel il fait mouvoir notre planète doit être remplacé par une ellipse ; mais cette ellipse, fort heureusement, diffère assez peu d'un cercle pour que la substitution de l'une à l'autre soit indifférente au degré d'approximation qu'il fallait adopter. S'il en eût été autrement, la méthode devenait inexacte, et les chiffres, en se contredisant, auraient averti et découragé le judicieux et sincère inventeur.

La seconde circonstance, plus remarquable encore peut-être, est l'imperfection des méthodes d'observation et des instruments de Tycho.

Képler a pu affirmer, il est vrai, qu'une erreur de huit minutes était impossible, et cette confiance a tout sauvé ; s'il avait pu en dire autant d'une erreur de huit secondes, tout était perdu. L'organe intérieur du jugement aurait cessé, suivant une expression de Gœthe, d'être en harmonie avec l'organe extérieur de la vue, devenu trop délicat et trop précis.

Képler se trompait, en effet, en regardant l'important avantage obtenu sur la planète rebelle et opiniâtre, comme une de ces victoires décisives qui terminent à jamais la lutte ; ces grandes lois, éternellement vraies dans de justes limites, ne sont pas rigoureuses et mathématiques. De nombreuses perturbations écartent incessamment Mars de sa route, en l'affranchissant peu à peu des liens délicats dans lesquels l'heureux calculateur avait cru l'enlacer à jamais. Pour qui pénètre plus au fond, ces irrégularités expliquées et prévues confirment, il est vrai avec éclat la théorie de l'attraction qu'elles agrandissent en l'éclairant ; mais la connaissance prématurée de ces perturbations, conséquence nécessaire d'observations plus précises, en enveloppant la vérité dans d'inextricables embarras, aurait retardé pour bien longtemps peut-être les progrès de la mécanique du ciel. Képler, rejetant alors l'orbite elliptique aussi bien et au même titre que l'orbite circulaire, eût été forcé de chercher directement les lois du mouvement perturbé, au risque d'épuiser, contre d'invincibles obstacles, toutes les ressources de sa pénétration et l'opiniâtreté de sa patience.

Képler voulut pénétrer plus avant dans les mystères de la nature, et découvrir la cause des mouvements dont il avait révélé les lois. Après avoir détruit à jamais la vieille erreur des orbites circulaires obligatoires, il énonça le principe simple et vrai sur lequel repose aujourd'hui toute la mécanique rationnelle : le mouvement naturel d'un corps est toujours rectiligne ; mais il ajoute malheureusement : « S'il n'a pas une âme qui le dirige, » et cette restriction gâte tout. *Nego ullum motum perennem non rectum a Deo conditum esse, præsidio mentali destitutum.* Il faut, d'après ce principe, une force incessante pour conduire la planète dans son orbite courbe, et cette force réside dans le soleil. Képler l'affirme expressément : *Solis igitur corpus esse fontem virtutis quæ planetas omnes circumagit.*

C'est la doctrine de Newton, ou, pour parler mieux, c'est la vérité.

Pour achever de faire connaître Képler, il nous faut parler du plus célèbre de ses ouvrages : « *Harmonices mundi libri quinque* » et ici encore je cite textuellement M. Bertrand.

« Képler étudia d'abord géométriquement plusieurs figures régulières
« et les aperçus analytiques auxquels il est conduit auraient suffi,
« comme l'a dit un de nos plus illustres confrères (¹), pour préserver
« l'ouvrage de l'oubli. Il met le problème en équation et interprète
« exactement toutes les solutions ; c'est encore tout ce que nous pou-
« vons faire aujourd'hui. Mais un tel résultat ne satisfait pas Képler.
« Il est prouvé, dit-il, que les côtés des polygones réguliers doivent
« rester inconnus et sont de leur nature introuvables. Et il n'y a rien
« d'étonnant en ceci, *que ce qui peut se rencontrer dans l'archétype du*
« *monde ne puisse être exprimé dans la conformation de ses parties.* S'occupant ensuite de la musique humaine, et reprenant l'idée de Pytha-

(¹) M. Chasles, dans son admirable *aperçu historique sur l'origine et le développement des méthodes en géométrie.*

gore, qui comparait, dit-on, les planètes aux sept cordes de la lyre, il veut montrer comment l'homme, imitant le Créateur par un instinct naturel, sait, dans les notes de sa voix, faire le même choix et observer la même proportion que Dieu a voulu mettre dans l'harmonie générale des mouvements célestes ; la même pensée du Créateur se traduisant ainsi dans tous ses desseins, dont l'un peut servir d'interprète et de figure à l'autre.

Cherchant des harmonies partout où elles sont possibles, Képler consacre un chapitre à la politique :

« Cyrus, dit-il, vit dans son enfance un homme de haute taille, vêtu d'une courte tunique, et près de lui un nain avec une robe longue et traînante. Il fut d'avis qu'ils échangeassent leurs robes, afin que chacun eût celle qui convenait à sa taille ; mais son maître déclara qu'on devait laisser à chacun ce qui lui appartenait. On aurait pu concilier les deux avis, en ordonnant au premier de donner au nain, après l'échange, une certaine somme d'argent.

« Tout le monde, ajoute Képler, voit clairement par cet exemple qu'une proportion géométrique peut être aussi harmonique : telle est 1, 2, 4, ou encore l'heureux arrangement qui donne au plus grand la robe la plus longue. Une proportion arithmétique peut aussi être harmonique : telle est 2, 3, 4, ou encore l'utile échange qui permet au nain, possesseur d'une longue robe, de ne pas perdre son bien, mais de le changer en argent qu'il pourra appliquer à un meilleur usage. »

Ce passage, que je traduis de mon mieux, et je n'ai pas besoin de le dire, sans en bien pénétrer le sens, suffit, je crois, pour donner une idée du chapitre sur la politique.

Le dernier chapitre enfin précise la nature des accords planétaires : Saturne et Jupiter font la basse, Mars le ténor, Vénus le contralto, et Mercure le fausset.

Ces idées obscures et chimériques, dans lesquelles l'esprit de Képler se fatigue et s'égare, semblent l'inutile et vain amusement d'une imagination affranchie du joug de la raison ; on s'avance avec tristesse, sans oser sonder la mystérieuse profondeur de cette grande intelligence conduite, par une inspiration sans lumière, dans le pur domaine de la fantaisie.

Mais, aux dernières pages du livre, le génie du rêveur inspiré se réveille tout à coup pour lui dicter de fiers et magnifiques accents, devenus non moins immortels que la découverte qu'ils annoncent :

« Depuis huit mois, dit-il, j'ai vu le premier rayon de lumière ; depuis trois mois, j'ai vu le jour ; enfin, depuis peu de jours, j'ai vu le soleil de la plus admirable contemplation. Je me livre à mon enthousiasme, je veux braver les mortels par l'aveu ingénu que j'ai dérobé les vases d'or des Egyptiens, pour en former à mon Dieu un tabernacle loin des confins de l'Egypte. Si vous me pardonnez, je m'en réjouirai : si vous m'en faites un reproche, je le supporterai : le sort en est jeté. J'écris mon livre ; il sera lu par l'âge présent ou par la postérité, peu importe ; il pourra attendre son lecteur : Dieu n'a-t-il pas attendu six mille ans un contemplateur de ses œuvres ? »

Puis, revenant au langage précis de la science, il révèle la célèbre loi qui, reliant tous les éléments de notre système, rattache les grands axes des orbites planétaires à la durée des révolutions : rien de plus inattendu que cette vive lumière qui semble s'élancer du chaos. Le lecteur étonné se demande comment ces règles précises et ces proportions mathématiques apparaissent tout à coup dans un monde où Képler semblait entrer en rêvant : comment tant de clarté subite après des obscurités si profondes ? comment cette pure mélodie après les harmonies douteuses qui précèdent ? Nul aujourd'hui ne saurait le dire. Képler annonce sa loi, la vérifie sans songer à faire connaître comme d'habitude l'histoire de ses idées ; puis, charmé par la pleine et entière possession de l'un des secrets les plus longtemps et les plus ardemment désirés, la joie le pénètre avec trop d'abondance pour qu'il se contente des expressions humaines ; toutes les puissances de son âme éclatent en actions de grâces, et le pieux Képler, empruntant les paroles majestueuses de l'Ecriture, s'écrie avec le Psalmiste : « La sagesse du Seigneur est infinie, ainsi que sa gloire et sa puissance. Cieux, chantez ses louanges ! Soleil, lune et planètes, glorifiez le dans votre ineffable langage ! Harmonies célestes, et vous tous qui savez les comprendre, louez-le ! Et toi, mon âme loue ton Créateur ! c'est par lui et en lui que tout existe. Ce que nous ignorons est renfermé en lui, aussi bien que notre vaine science. A lui, louange, honneur et gloire dans l'éternité ! »

Et dans une note non moins émue, et plus touchante peut-être que le texte, il ajoute « Gloire aussi à mon vieux maître Mœstlin ! »

NOTE IV

—

DÉVELOPPEMENT DES PRINCIPES DE LA DYNAMIQUE
TRAVAUX DE GALILÉE ET HUYGHENS

Les travaux de Galilée et Huyghens ont une telle importance, que nous croyons devoir ajouter une note étendue à l'exposition de M. Rouse Ball. — Elle est extraite textuellement de l'ouvrage de Mach, dont la traduction a été une véritable révélation pour le public français.

1. — Nous en arrivons maintenant à la discussion des principes de la dynamique. La dynamique est une science toute moderne. Toutes les spéculations mécaniques des anciens, et des Grecs en particulier, se rapportent à la statique. Le fondateur de la dynamique est Galilée. On peut s'en convaincre par la simple considération de quelques propositions des Aristotéliciens, qui étaient courantes à son époque. Pour expliquer la descente des corps lourds et l'ascension des corps légers (dans les liquides ou dans l'air par exemple) on disait que chaque corps cherche son lieu, et que les plus pesants ont leur lieu en bas, les plus légers, en haut. On distinguait les mouvements en mouvements naturels, tels que celui de chute des graves, et en mouvements violents, tels que celui des projectiles. On tirait d'un très petit nombre d'observations et d'expériences superficielles la conclusion que les corps lourds tombent plus vite et les corps légers plus lentement, ou plus exactement, que les corps de plus grand poids tombent plus vite et ceux de moindre poids, moins vite. Ces quelques extraits montrent suffisamment combien les connaissances dynamiques des anciens et en particulier des Grecs, étaient insignifiantes ; les temps modernes eurent donc tout d'abord à poser les bases de la science du mouvement.

On a fait ressortir maintes fois et de divers côtés que les idées de Galilée n'étaient pas sans relations avec celles de prédécesseurs illustres Il serait puéril de se le dissimuler, mais encore faut-il dire que Galilée les dépasse tous de loin. Le plus grand des devanciers de Galilée est

Léonard de Vinci (1452-1519) dont nous avons déjà parlé dans le chapitre précédent. Mais ses travaux n'eurent aucune influence sur la
marche de la science, car ils ne furent publiés pour la première fois
qu'en 1797 par Venturi, et seulement en partie. Léonard de Vinci
connaissait le rapport des durées des chutes suivant la hauteur et suivant la longueur du plan incliné. Peut-être connaissait-il aussi le principe de l'inertie.

Il est incontestable que tous les hommes ont une certaine connaissance instinctive d'une résistance à toute mise en mouvement, mais
Léonard de Vinci paraît être allé un peu plus loin. Etant donné une
colonne de dés, il sait que l'on peut en projeter *un* sans mettre les
autres en mouvement ; il sait aussi qu'un corps mis en mouvement se
meut plus longtemps si la résistance est moindre, mais il suppose que
le corps cherche à parfaire une *longueur de parcours* mesurée par l'impulsion ; il ne parle jamais en termes exprès de la résistance au mouvement lorsque les empêchements sont complètement écartés (Cf.
Wohlwill : *Bibliotheca mathematica* ; Stockholm, 1888, p. 19). Benedetti (1530-1590) connaît l'accélération dans la chute des corps ; il
l'attribue à l'addition des impulsions successives de la pesanteur (*Divers.
speculat. math. et phys. liber*, Taurini, 1585). Il attribue la continua-
tion du mouvement d'un corps lancé, non point, comme les péripaté-
ticiens, à l'influence du milieu, mais à une certaine *virtus impressa,*
sans cependant parvenir à résoudre complètement le problème. Les
travaux de jeunesse de Galilée se rapprochent de ceux de Benedetti,
qu'il semble avoir utilisés. Galilée accepte aussi une *virtus impressa*,
mais il la considère comme allant en décroissant, et ce n'est qu'après
1604 (selon Wohlwill) qu'il paraît être en possession complète des lois
de la chute des corps. G. Vailati a fait une étude spéciale des travaux
de Benedetti (*Atti della R. Acad di Torino* ; vol XXXIII, 1898). Il considère que Benedetti a rendu un service capital en examinant les conceptions aristotéliciennes à un point de vue critique et mathématique,
en les corrigeant et en cherchant à découvrir les contradictions qu'elles
renferment : il préparait ainsi le progrès ultérieur. Les aristotéliciens
supposaient communément la vitesse de la chute en raison inverse de
la densité du milieu ambiant. Benedetti montra que cette hypothèse
est inadmissible, ou du moins qu'elle ne peut tenir que dans des cas
particuliers. Il admet que la vitesse est proportionnelle à la différence
$p - q$ entre le poids p du corps et la poussée q qu'il subit de la part
du milieu. Dès lors, si dans un milieu de densité double, le corps
tombe avec une vitesse égale à la moitié de la vitesse précédente, on
aura : $p - q = 2 (p - 2q)$, condition qui n'est vérifiée que lorsque
$p = 3q$. Pour Benedetti un corps *léger* en soi n'existe pas ; il attribue

à l'air un poids et une poussée ; il considère plusieurs corps *identiques* tombant ensemble les uns à côté des autres, une première fois libres, et une seconde fois liés entre eux ; et, comme cette liaison ne peut altérer en rien le phénomène de la chute, il en déduit que des corps inégaux de même substance tombent également vite. Il se rapproche donc ici de la manière de penser de Galilée, quoique ce dernier pénètre plus profondément le problème. Les travaux de Benedetti contiennent toutefois encore beaucoup d'erreurs ; il croit, par exemple, que les vitesses de deux corps de même volume et de même configuration, sont entre elles comme leurs poids ou comme leurs densités. Il faut encore signaler ses recherches intéressantes sur la fronde et son étude de l'oscillation d'un corps de part et d'autre du centre de la terre dans un canal diamétral traversant le globe terrestre, à laquelle il y a peu à retrancher. Les corps lancés horizontalement lui paraissent se rapprocher plus lentement du sol et c'est pour cette raison qu'il croit à la diminution du poids d'une toupie tournant autour d'un axe vertical. Benedetti ne résout donc pas complètement les problèmes qu'il aborde, mais il prépare leur solution.

2. — Dans les « *Discorsi e Dimostrazioni matematiche* » parus en 1638, Galilée exposa ses premières recherches sur les lois de la chute des corps. Galilée possède l'esprit moderne : il ne se demande pas *pourquoi* les corps tombent, mais bien *comment* ils tombent, d'après quelle loi se meut un corps tombant librement ? Pour déterminer ces lois, il fait certaines hypothèses ; mais, au contraire d'Aristote, il ne se borne pas à les poser, il cherche à en prouver l'exactitude par l'expérience.

Comme la vitesse d'un corps qui tombe va manifestement en croissant sans cesse, il lui parut, en premier lieu, raisonnable d'admettre que cette vitesse est double après le parcours d'un chemin double, triple au bout d'un chemin triple, en résumé, que les vitesses acquises par la chute croissent proportionnellement aux espaces parcourus. Avant de vérifier cette hypothèse par l'expérience, il examina si les conséquences que l'on peut logiquement en déduire ne l'infirment pas. Son raisonnement est le suivant : lorsqu'un corps acquiert une certaine vitesse après être tombé d'une certaine hauteur, une vitesse double après une hauteur de chute double, etc., comme sa vitesse dans la seconde chute est double de sa vitesse dans la première, il en résulte que le second chemin, qui est double, est parcouru dans un même temps que le premier, qui est simple. Or, dans le cas d'un chemin double à parcourir, comme la première moitié doit en être parcourue tout d'abord, on voit qu'il ne resterait aucun temps pour le parcours de la seconde moitié. La chute des corps serait donc un transport instantané, ce qui est contradictoire non seulement avec l'hypothèse, mais encore avec l'expérience visuelle. Nous reviendrons d'ailleurs plus tard sur ce raisonnement erroné.

3. — Galilée, croyant avoir prouvé que sa première hypothèse était inadmissible, supposa ensuite que la vitesse acquise est proportionnelle à la durée de la chute. D'après cela, si un corps tombe deux fois de suite, de telle façon que la seconde chute dure deux fois plus longtemps que la première, la vitesse acquise dans la seconde chute sera double de la vitesse acquise dans la première. N'ayant découvert aucune contradiction dans cette hypothèse, Galilée se préoccupa de vérifier par l'expérience si elle était conforme aux faits. Il était fort difficile de prouver directement que les vitesses croissent proportionnellement au temps mais il lui sembla par contre plus aisé de déterminer la loi suivant laquelle l'espace parcouru croit avec la durée de chute. Il déduisit donc de son hypothèse la relation entre l'espace parcouru et le temps employé à le parcourir et c'est cette relation qu'il soumit à l'expérience. Sa déduction est simple, claire et parfaitement correcte. Il représenta les temps écoulés par des longueurs prises sur une ligne droite, et éleva à leurs extrémités des perpendiculaires (ordonnées) représentatives des vitesses acquises. Un segment quelconque OG de la droite OA représente ainsi une durée de chute et la perpendiculaire correspondante GH la vitesse acquise.

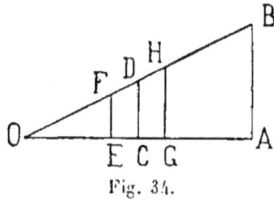

En considérant le mode d'accroissement de la vitesse, Galilée remarqua qu'à l'instant c, où la moitié de la durée OA de la chute est écoulée, la vitesse acquise CD est la moitié de la vitesse finale AB, et que pour deux instants E et G également distants de l'instant C, l'un avant, l'autre après, les vitesses (EF et GH) sont également différentes de la vitesse *moyenne* CD, l'une en moins, l'autre en plus. Or, à chaque instant qui précède C correspond un instant également éloigné qui le suit. Si donc nous comparons le mouvement réel avec un mouvement *uniforme*, dont la vitesse serait la demi-vitesse finale, nous voyons que ce qui est perdu par le mouvement réel sur le mouvement uniforme dans la première moitié est regagné dans la seconde. Nous pouvons donc regarder l'espace parcouru dans la chute comme ayant été parcouru d'un mouvement uniforme de vitesse égale à la moitié de la vitesse finale. En appelant v la vitesse acquise pendant le temps t on a, puisqu'elle est proportionnelle à t, $v = gt$, formule

Fig. 34.

dans laquelle g est la vitesse acquise dans l'unité de temps (que l'on appelle accélération). L'espace parcouru s est alors donné par $s = \frac{gt}{2} \cdot t = \frac{1}{2} gt^2$. On a appelé *mouvement uniformément accéléré* ce mouvement dans lequel, d'après l'hypothèse, la vitesse s'accroît de quantités égales dans des temps égaux.

Le tableau suivant donne les durées de chutes, les vitesses acquises et les espaces parcourus correspondants :

t	v	s
1	$1g$	$1 \cdot 1 \cdot \frac{g}{2}$
2	$2g$	$2 \cdot 2 \cdot \frac{g}{2}$
3	$3g$	$3 \cdot 3 \cdot \frac{g}{2}$
4	$4g$	$4 \cdot 4 \cdot \frac{g}{2}$
. . . .	. . . .	. . . .
t	tg	$t \cdot t \cdot \frac{g}{2}$

4. — La relation entre t et s peut être vérifiée expérimentalement et Galilée a procédé à cette vérification de la manière que nous allons décrire.

Remarquons tout d'abord qu'aucune des notions et des données qui nous sont maintenant si familières n'était connue à cette époque : c'était au contraire Galilée qui devait les découvrir pour nous. Il lui était donc impossible de procéder comme nous le ferions aujourd'hui. Dans le but de pouvoir observer avec plus de précision le mouvement de chute des corps, Galilée chercha d'abord à le ralentir. Il observa des sphères roulant dans des rainures sur un plan incliné, et admit que ce procédé ralentissait seulement la vitesse du mouvement sans altérer la forme de la loi de chute. L'hypothèse qu'il s'agit de vérifier exige que des rainures de longueur 1. 4. 9. 16....,. correspondent à des durées de chutes respectives 1. 2. 3. 4..... L'expérience confirme le résultat théorique. Galilée mesura le temps d'une façon très habile. Nos chronomètres actuels n'existaient pas alors; leur construction ne devint possible qu'après l'acquisition des connaissances dynamiques dont Galilée posa les bases. On se servait à cette époque d'horloges mécaniques, très peu précises, qui ne pouvaient servir qu'à la mesure approximative de grands espaces de temps; les plus couramment employées étaient les horloges à eau et à sable, déjà en usage dans l'antiquité. Galilée construisit une horloge à eau fort simple, qui, chose peu ordinaire pour l'époque, fut spécialement adaptée à la mesure des durées très petites ; elle consistait en un vase de très grande section, rempli d'eau, dont le fond était percé d'un petit orifice que l'on pouvait boucher avec le doigt. Dès que la sphère commençait son mouvement sur le plan incliné, Galilée écartant le doigt ouvrait l'orifice ; l'eau s'écoulait et était recueillie dans un récipient, placé sur une balance, et au moment où la sphère arrivait au bout du parcours déterminé, il refermait l'orifice. A cause de la grande section du vase, la pression ne variait pas sensiblement, le poids de l'eau écoulée était donc proportionnel au temps. Il constata que les temps croissaient comme la suite des nombres entiers pendant que les espaces parcourus croissaient comme la suite des carrés. L'expérience vérifiait donc les conséquences de l'hypothèse et par suite l'hypothèse elle-même.

Pour comprendre parfaitement la marche de la pensée chez Galilée, il faut se rappeler qu'avant d'aborder l'expérimentation il se trouve déjà en possession d'expériences instinctives. Les yeux suivent le corps qui tombent d'autant plus difficilement qu'il tombe depuis plus longtemps ou qu'il a parcouru plus de chemin dans sa chute ; le choc qu'il donne à la main qui le reçoit devient en même temps de plus en plus sensible, et le bruit qu'il fait en heurtant les objets, de plus en plus fort. La vitesse croît par conséquent avec la durée de la chute et la longueur du parcours. Mais, pour l'usage scientifique, la représentation mentale des expériences sensibles doit encore être figurée *abstraitement*. Ce n'est qu'ainsi qu'on peut les utiliser pour trouver une propriété *dépendante* d'un fait, ou pour compléter une propriété partiellement établie, par une *construction de calculs* abstraite basée sur une *appréciation* abstraite de la propriété caractérisée. Cette figuration se fait par la mise en évidence des points que l'on tient pour importants, en négligeant ce qui est accessoire, par *abstraction, idéalisation*. L'expérience décide si elle est ou non suffisante. Sans conception préexistante quelconque, toute expérience est en général impossible, car cette dernière reçoit précisément sa forme de la conception préalable que l'on possède. Quels seraient en effet le moyen et le but de la recherche si l'on n'avait pas déjà une certaine tendance ? La voie dans laquelle l'expérience doit être engagée pour *se compléter* dépend des données acquises auparavant. L'expérience étaie, modifie ou ruine la conception qui en a donné l'idée. Dans un cas semblable, le chercheur moderne se poserait la question : De quoi v est-il fonction ? v étant fonction de t, quelle est la forme de cette fonction ? Galilée, à la manière naïve des temps primitifs, se demande : v est-il proportionnel à s ou est-il proportionnel à *t*? Il procède synthétiquement et à tàtons, et arrive pareillement au but. Les méthodes classiques, qui sont en quelque sorte des patrons ou des modèles, sont un des résultats de la recherche, et ne peuvent être parfaitement développées dès les premiers pas que fait le génie (Cf. *Ueber Gedankenexperimente,* Zeitschr. f. d. phys. u. chem, Unterricht ; 1887, I).

5. — Dans le but de se représenter la relation entre le mouvement sur le plan incliné et le mouvement de chute libre, Galilée supposa qu'un corps acquiert la même vitesse en tombant suivant la hauteur ou suivant la longueur du plan. Cette hypothèse paraît un peu hasardée, mais il y parvint d'une façon qui la rend très naturelle et que nous allons exposer en quelques mots. Lorsqu'un corps tombe librement, il acquiert une vitesse proportionnelle à la durée de la chute ; Galilée imagina qu'au moment où le corps arrive à l'extrémité de sa chute sa vitesse soit brusquement renversée et dirigée vers le haut. Le corps se met à monter et l'on peut accepter que son mouvement actuel est pour ainsi dire une image réfléchie du précédent. La vitesse, qui tantôt croissait proportionnellement au temps, diminue dans le même rapport et ne devient nulle qu'au moment où le corps est monté pendant aussi longtemps qu'il était descendu et se retrouve à son niveau primitif. Donc la vitesse qu'un corps acquiert en tombant lui permet de monter à une hauteur *égale* à la hauteur de sa chute. Or, si en tombant le long d'un plan incliné, un corps acquérait une vitesse qui lui permit de remonter, sur un autre plan incliné, plus haut que son niveau initial, il s'ensuivrait que le poids même des corps pourrait produire leur ascension. L'hypothèse que les vitesses acquises ne dépendent que de la hauteur *verticalement* parcourue, et non pas de l'inclinaison des plans, ne contient donc que l'affirmation et la notion logique du *fait* que les corps pesants tendent non à monter, mais à *descendre*. Si, en effet, dans la chute inclinée, le corps prenait une vitesse un tant soit peu plus grande qu'en tombant verticalement suivant la hauteur, il suffirait de le faire passer, avec sa vitesse acquise, sur un plan vertical ou sur un plan autrement incliné pour l'amener plus haut que son point de départ. Si la vitesse acquise obliquement était au contraire moindre, on arriverait au même résultat en renversant l'expérience. Dans les deux cas on pourrait, par une succession de plans inclinés convenablement disposés, forcer un corps pesant à monter indéfiniment par son propre poids, — ce qui est en contradiction absolue avec notre connaissance instinctive de la nature des corps graves.

6. — Ici encore Galilée ne se contenta pas de l'examen logique et philosophique de son hypothèse ; il voulut la soumettre à l'expérience.

Il prit dans ce but un pendule simple formé d'une sphère lourde attachée à un fil mince. Écartant le pendule de sa position d'équilibre, il souleva la sphère jusqu'à une hauteur quelconque et vérifia, en l'abandonnant à elle-même, qu'elle remontait jusqu'au même niveau. Il reconnut que, lorsqu'il n'en est pas *exactement* ainsi, la résistance de l'air est la cause de l'écart, puisque celui-ci est plus grand pour une balle de liège, moindre pour une sphère plus lourde. Abstraction faite de cette résistance, le corps remonte à la même hauteur. Or, le mouvement de la sphère du pendule sur son arc de cercle peut être considéré comme une chute sur une succession de plans inégalement inclinés. Galilée fit ensuite remonter le corps sur un autre arc de

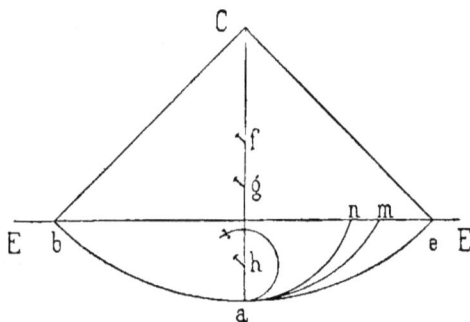

Fig. 35.

cercle, c'est-à-dire sur une autre série de plans inclinés, en se servant pour cela d'un arrêt qu'il fixait en un point quelconque *f*, *g* (fig. 35), d'un côté de la position d'équilibre du fil, afin d'empêcher tel segment de fil qu'il voulait d'accomplir la seconde moitié du mouvement. Dès que le fil, dans son mouvement, atteint la position d'équilibre, il rencontre l'arrêt, et la sphère qui est descendue le long de l'arc *ba*, remonte le long d'une autre série de plans inclinés, donnée par l'arc *am* ou l'arc *an*. On constate qu'elle revient à son niveau horizontal initial EE, ce qui n'arriverait pas si l'inclinaison du plan avait une influence sur la vitesse acquise dans la chute. En fixant l'arrêt suffisamment bas (en *h*) on peut raccourcir à volonté la longueur du pendule dans la deuxième demi-oscillation sans changer l'allure du phénomène ; et, s'il est fixé assez bas pour que le fil ne puisse plus remonter jusqu'au plan EE, la sphère passera rapidement par dessus l'arrêt

sur lequel elle enroulera le fil, car elle possède encore un reste de
vitesse lorsqu'elle arrive à la plus grande hauteur qu'il lui est possible
d'atteindre. On sait d'ailleurs que, dans ce cas, le point h doit être
assez rapproché de a pour que le fil ne puisse se détendre.

7. — On voit que la vitesse qu'un corps acquiert en tombant sur le
plan incliné lui permet de remonter exactement au niveau d'où il est
descendu. L'hypothèse de l'égalité des vitesses acquises dans la chute
inclinée et dans la chute verticale de même hauteur ne contient rien
d'autre que l'expression de ce fait. Galilée en déduisit aisément que les
durées des chutes suivant la longueur et la hauteur sont dans le rapport de ces deux chemins, et que les accélérations sont dans le rapport
inverse, puisqu'elles sont inversement proportionnelles aux durées des
chutes.

Considérons en effet un plan incliné ; sa hauteur AB et sa longueur
AC sont toutes deux parcourues d'un mouvement uniformément accéléré dans des temps t et t'. Soit v la vitesse finale commune ; on sait
que :

$$AB = \frac{v}{2} t, \quad AC = \frac{v}{2} t',$$
$$\frac{AB}{AC} = \frac{t}{t'}.$$

En appelant g et g' les accélérations respectives, on aura :

$$v = gt, \quad v = g't',$$
$$\frac{g'}{g} = \frac{t}{t'} = \frac{AB}{AC} = \sin \alpha.$$

On peut donc calculer, par cette méthode, l'accélération d'un corps

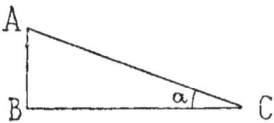

Fig. 36.

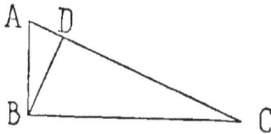

Fig. 37.

tombant librement, étant donnée celle qu'il possède sur le plan
incliné.

Galilée déduisit de cette théorie quelques corollaires dont plusieurs
sont passés dans nos traités élémentaires. Considérons, par exemple,
deux corps tombant, l'un verticalement, l'autre obliquement. Leurs
accélérations sont entre elles dans le rapport inverse de la hauteur à la

longueur : pour avoir les chemins qu'ils parcourent en des temps
égaux, il suffira donc d'abaisser la perpendiculaire BD du pied de la
hauteur sur le plan incliné : Les deux chemins AB et AD sont donc
parcourus dans des temps égaux par deux corps, l'un tombant librement du point A, l'autre glissant sur le plan incliné. Il s'ensuit que si
plusieurs plans inclinés AC, AE,
AF aboutissent en A, les cordes
d'intersections AD, AG, AH de leurs
lignes de plus grande pente avec
la circonférence décrite sur AB
comme diamètre sont parcourues
dans des temps égaux. Comme cette
propriété ne dépend que des longueurs des cordes et des inclinai-
sons, et non point de la situation
des plans inclinés dans l'espace, elle reste valable pour les cordes BD,
BG, BH aboutissant à l'extrémité inférieure. On peut donc dire en
général qu'un corps soumis à la seule action de son poids met le
même temps pour décrire le diamètre vertical d'un cercle ou l'une
quelconque des cordes qui aboutissent à l'une de ses extrémités (fig. 38).

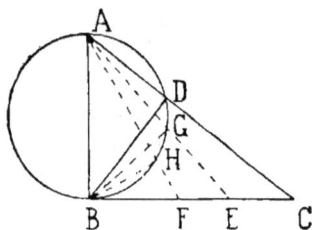

Fig. 38.

Galilée ajoutait encore à ceci quelques considérations fort élégantes
que les manuels ne contiennent
d'habitude pas : ainsi il considérait des obliques diversement in-
clinées, partant d'un même point
A, et situées dans un même plan
vertical. Si l'on abandonne au
même instant au point A un corps
pesant sur chacune de ces droites,
ces corps, commençant ensemble
leurs mouvements de descente,
se trouveront à chaque instant en
des points d'une même circonférence dont le diamètre est donné

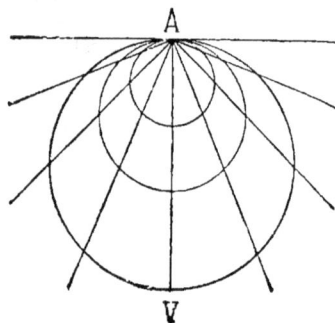

Fig. 39.

par l'espace verticalement parcouru et croît par suite proportionnellement au carré du temps. En faisant tourner la figure autour de la
verticale AV, on voit sans peine que ces circonférences sont rem-
placées par des sphères lorsque les obliques sont distribuées d'une
façon quelconque dans l'espace autour du point A.

8. — Galilée ne cherche donc pas à faire une *théorie* de la chute des
corps. Tout au contraire, il observe le *phénomène* de la chute et l'étudie

sans idées préconçues. Dans cette recherche, *adaptant* graduellement sa pensée aux phénomènes et la *poursuivant* dans toutes ses conséquences logiques, il est arrivé à une conception qui, probablement pour lui-même beaucoup moins que pour ses successeurs, a eu le caractère d'une loi particulière nouvelle. Galilée suit dans toutes ses déductions un principe d'une grande fécondité scientifique, que l'on peut justement appeler *principe de continuité* et qui consiste à modifier, graduellement et autant qu'il est possible, les circonstances d'un cas particulier quelconque dont on s'est fait une idée claire, en se tenant toujours aussi près que possible de cette idée antérieurement acquise. Aucune autre méthode ne permettra la compréhension des phénomènes naturels avec plus de certitude et de *simplicité*, avec moins de fatigue ou un moindre effort intellectuel.

Un exemple particulier fera mieux saisir notre pensée que ces considérations générales. Galilée considère un corps qui tombe sur le plan incliné AB et que l'on place avec sa vitesse acquise sur un autre plan incliné BC, le long duquel il remonte. Sur tous les plans inclinés BC, BD, etc., ce corps monte et s'élève jusqu'au plan horizontal passant par A. Mais de même que ce corps tombe le long de BD avec une

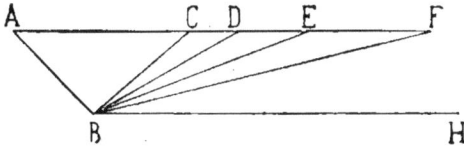

Fig. 40.

accélération moindre que le long de BC, de même il monte le long de BD avec un *ralentissement* moindre que le long de BC. A mesure que les plans BC, BD, BE, BF se rapprochent du plan horizontal, le ralentissement du corps devient de plus en plus petit ; le chemin parcouru et la durée du mouvement deviennent par conséquent de plus en plus grands. Sur le plan horizontal BH, le ralentissement disparaît *tout à fait*, — abstraction faite, évidemment, du frottement et de la résistance de l'air — le corps se meut indéfiniment loin et indéfiniment longtemps avec une vitesse *constante*. En atteignant ainsi le cas limite du problème, Galilée découvre la loi connue sous le nom de *loi d'inertie*, d'après laquelle un corps sur lequel n'agit aucune circonstance modificatrice de mouvement (force) conserve indéfiniment sa vitesse (et sa direction). Nous reviendrons plus loin sur ce sujet.

Dans une remarquable étude publiée en 1884 dans le *Zeitschrift für Völkerpsychologie* sous le titre *Die Entdeckung des Beharrungsgesetzes*

(vol. XIV, pp. 365-410 et vol. XV, pp. 70-135, 337-387), E. Wohlwill a montré que les prédécesseurs et les contemporains de Galilée, et
Galilée lui-même, n'abandonnèrent que *très lentement et par degrés* les
idées aristotéliciennes pour en arriver à la loi de l'inertie. Même chez
Galilée le *mouvement circulaire uniforme* et le *mouvement horizontal* uniforme prennent une signification singulière. L'étude très intéressante
de Wohlwill montre que Galilée lui-même n'arrive pas à une conception parfaitement claire des principes fondamentaux qu'il a posés et qui
ont permis le développement de la science et qu'il est sujet à de fré-
quents retours aux idées anciennes, ce qui n'est d'ailleurs que très
naturel.

Le lecteur peut du reste voir à l'exposé que j'en ai fait que la loi
d'inertie ne possédait point, dans l'esprit de Galilée, la clarté et la
généralité qu'elle acquit plus tard (Cf. *Erhaltung der Arbeit*, p. 47.)
Contrairement à l'opinion de Wohlwill et de Poske, je crois toujours
avoir, dans mon exposition, indiqué le point qui devait *faire sentir* le
plus clairement possible, à Galilée et à ses successeurs, le *passage* de la
conception ancienne à la nouvelle. Galilée fut bien près de la conception complète de la loi d'inertie, et je n'en veux comme preuve que le
fait signalé (par Wohlwill lui-même, l. c. p. 112) que Baliani déduisit
de l'exposé de Galilée l'indestructibilité d'une vitesse une fois acquise.
Il n'est pas même surprenant que, là où il s'agit uniquement de mouvements de corps *pesants*, Galilée emploie la loi d'inertie surtout pour
les mouvements horizontaux. Il sait cependant qu'une balle *sans poids*
continuera à se mouvoir en ligne droite dans la direction du jet (*Dialogue sur les deux systèmes du monde*; Leipzig; 1891, p. 184), mais il
n'est pas extraordinaire qu'il hésite devant l'énoncé général d'une proposition à première vue si étrange.

9. — La chute des corps est donc un mouvement dans lequel la
vitesse croit proportionnellement au temps, c'est-à-dire un mouvement
uniformément accéléré.

Parfois l'accélération uniforme du mouvement de la chute des graves
est présentée comme une conséquence de l'action constante de la pesanteur. Ce procédé d'exposition est un anachronisme et un non-sens historique. « La gravité, dit-on, est une force constante ; *par conséquent*
elle engendre, dans des éléments égaux de temps, des éléments égaux
de vitesse et le mouvement qu'elle produit est ainsi uniformément accéléré. » Cette exposition est antihistorique, ainsi que toutes celles du
même genre. Elle présente sous un jour entièrement faux le fait capital
de la découverte de ces lois. La notion de force, telle que nous la possédons aujourd'hui, fut en effet créée par Galilée. Auparavant l'on ne

connaissait la *force* qu'en tant que *pression*. Ce n'est que l'expérience qui peut apprendre qu'en général la pression provoque un mouvement. A plus forte raison encore ne peut-on savoir, autrement que par l'expérience, *comment* la pression se transforme en mouvement, et reconnaître qu'elle ne détermine ni une position, ni une vitesse, mais bien une accélération. La simple logique ne pourrait nous donner sur ce point que des hypothèses ; l'expérience seule peut nous éclairer avec autorité.

10. — Des analogies tirées d'autres parties de la physique font immédiatement saisir qu'il n'est nullement évident *a priori* que les circonstances déterminantes de mouvement (forces) produisent des *accélérations*. Ainsi, les différences de température provoquent aussi des changements des corps, mais elles déterminent des *vitesses* compensatrices et non pas des *accélérations*.

Galilée *discerne* dans les phénomènes naturels le fait que les circonstances déterminantes de mouvement produisent des accélérations. Mais auparavant on y avait déjà discerné un grand nombre d'autres points. Par exemple, lorsque l'on dit que toute chose cherche son lieu, cette observation est parfois fort juste, mais elle n'est pas valable dans tous les cas et n'épuise point complètement le sujet. Ainsi jetons une pierre en l'air ; cette pierre ne cherche plus son lieu, puisqu'elle monte et que son lieu est en bas ; mais l'accélération vers la terre ou le ralentissement du mouvement d'ascension est toujours présent. Galilée est le premier qui ait aperçu ce fait : son observation est juste dans tous les cas, elle est valable en général, *elle embrasse d'un seul coup d'œil un domaine bien plus grand*.

11. — Ainsi que nous l'avons déjà remarqué, c'est tout à fait *incidemment* que Galilée trouva la loi d'inertie. On énonce d'habitude cette loi en disant qu'un corps, sur lequel n'agit aucune force, conserve une vitesse et une direction invariables. Cette loi d'inertie a eu une fortune étrange. Il ne paraît pas qu'elle ait jamais joué un bien grand rôle dans la pensée de Galilée. Mais ses successeurs, et notamment Huyghens et Newton, en ont fait une loi spéciale. Bien plus, certains ont considéré l'inertie comme une propriété générale de la matière. Il est cependant facile de reconnaître qu'elle ne constitue en rien une loi particulière, mais qu'elle est au contraire déjà contenue dans cette idée (de Galilée) que les circonstances déterminantes de mouvement (c'est-à-dire les forces) produisent des *accélérations*. En effet, s'il est donné qu'une force ne détermine ni une position, ni une vitesse, mais bien une accélération c'est-à-dire une *variation* de vitesse, il va de soi que là où il n'y a pas de force, il ne peut se produire de variation de vitesse. Il est inutile de donner de ce corollaire un énoncé spécial ; en le faisant, on présente un fait unique comme *deux faits distincts*, on formule *deux fois le même fait*. De grands génies ont commis cette erreur de méthode, et l'on ne peut se l'expliquer que par cette perplexité des débutants, qui peut s'emparer des plus grands chercheurs et les faire hésiter lorsqu'ils voient devant eux une énorme accumulation de matériaux nouveaux.

En tout état de choses, il est complètement erroné de se représenter l'inertie soit comme une propriété évidente par elle-même, soit comme une conséquence du principe général d'après lequel « l'effet d'une cause persiste ». L'origine de toutes ces erreurs est une recherche mal comprise de la rigueur. Les principes du genre de celui que nous venons de citer sont d'ailleurs des propositions scolastiques qui n'ont que faire dans la science. La proposition contraire : « cessante causa, cessat effectus », est tout aussi valable, car si l'on appelle « effet » la vitesse acquise, c'est la première proposition qui tient ; si l'on appelle « effet » l'accélération, c'est la seconde qui est correcte.

12. — Nous étudierons maintenant les travaux de Galilée en nous plaçant à un autre point de vue. Galilée commença ses recherches en se servant des notions qui étaient familières de son temps et qui s'étaient développées grâce surtout aux arts manuels. Parmi celles-ci se trouve la notion de vitesse que le mouvement uniforme fournit immédiate-

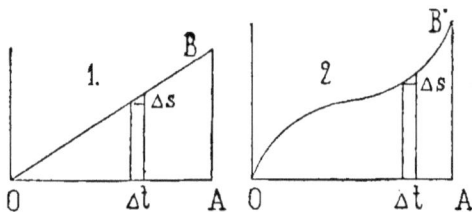

Fig. 41.

ment. Si, en effet, un corps décrit dans chaque seconde le même chemin c, en t secondes il décrira le chemin $s = ct$. On appelle vitesse le chemin c décrit par seconde, que l'on peut d'ailleurs mesurer en observant un chemin quelconque et le temps correspondant ; la formule donne alors $c = \frac{s}{t}$. La vitesse s'obtient donc en divisant le nombre qui mesure l'espace parcouru par celui qui mesure le temps écoulé.

Or Galilée ne pouvait achever ses travaux sans modifier et étendre tacitement la notion traditionnelle de vitesse. Pour fixer les idées, représentons par les diagrammes un mouvement uniforme et un mouvement variable (fig. 41, 1 et 2), les temps écoulés étant portés en abscisses sur l'axe OA et les espaces parcourus en ordonnées, dans la direction AB. Dans le premier cas, nous obtenons constamment la même valeur c pour la vitesse, quel que soit l'accroissement d'espace parcouru que nous divisions par le temps correspondant. Mais il n'en est pas ainsi dans le second : en procédant de même, nous obtenons pour la vitesse les valeurs les plus différentes. Il s'ensuit qu'alors la notion ordinaire de vitesse n'a plus de signification déterminée. Si toutefois l'on considère l'espace parcouru dans un élément de temps assez petit pour que l'élément de courbe de la figure 2 s'approche de la ligne droite, on pourra regarder cet accroissement comme uniforme et définir la vitesse de ce mouvement élémentaire comme étant le quotient $\frac{\Delta s}{\Delta t}$ du chemin élémentaire par l'élément de temps correspondant. Cette définition sera plus précise encore si l'on définit la vitesse à un instant donné comme la limite vers laquelle tend le quotient $\frac{\Delta s}{\Delta t}$ lorsque l'élément de temps devient infiniment petit, limite que l'on représente par $\frac{ds}{dt}$. Cette conception nouvelle contient la première comme cas particulier ; elle s'applique immédiatement au mouvement uniforme. Bien qu'elle n'ait été formellement exprimée que longtemps après lui, on voit cependant que, dans sa pensée, Galilée se servait de cette extension de la notion de vitesse.

13. — La notion d'*accélération* à laquelle Galilée fut conduit est entièrement nouvelle. Dans le mouvement uniformément accéléré, la vitesse varie avec le temps, de la même façon que l'espace parcouru dans le mouvement uniforme. En appelant v la vitesse acquise au bout du temps t on a :

$$v = gt,$$

formule dans laquelle g représente l'accroissement de vitesse dans l'unité de temps, c'est-à-dire l'accélération, qui est donc aussi donnée par l'équation :

$$g = \frac{v}{t}.$$

Dès que l'on considère des mouvements non uniformément accélérés, on doit étendre la notion d'accélération de la même façon que l'on a dû étendre celle de vitesse. Reprenons les figures 1 et 2, dans lesquelles les abscisses représentent toujours les temps, mais où, maintenant, les ordonnées représentent les *vitesses*. En reprenant point par point le raisonnement précédent, nous définirons l'accélération par la formule $\frac{dv}{dt}$, où dv représente l'accroissement infiniment petit de vitesse pendant le temps infiniment petit dt. En nous servant des notations du calcul différentiel, nous aurons, pour l'accélération φ dans un mouvement *rectiligne* :

$$\varphi = \frac{dv}{dt} = \frac{d^2s}{dt^2}.$$

Les idées qui viennent d'être développées sont d'ailleurs susceptibles d'une représentation graphique. En portant les temps en abscisses et les chemins en ordonnées, on obtient une courbe des espaces dont la *pente* en chaque point représente la vitesse à l'instant correspondant. En portant de même les temps et les vitesses en abscisses et en ordonnées, on obtient une courbe des vitesses dont la pente représente l'accélération. Mais la courbure de la courbe des espaces permet déjà de reconnaître la variation de la pente des vitesses. Considérons, en effet, un mouvement uniforme représenté, comme d'habitude, par la ligne droite OCD et comparons-le avec un second mouvement OCE dont la vitesse est la plus grande, dans la seconde moitié du mouvement et pour lequel l'ordonnée BE, correspondant à l'abscisse OB $= 2$OA, sera par conséquent plus grande, et, enfin, avec un mouvement OCF, dont la vitesse dans la seconde moitié est moindre que la vitesse du mouvement uniforme et pour lequel l'ordonnée finale BF sera moindre que BD. La simple superposition des diagrammes de ces trois mouvements montre qu'à un mouvement accéléré correspond une courbe des espaces convexe vers l'axe des abscisses et à un mouvement retardé, une courbe concave. Supposons qu'un mobile, animé d'un mouvement verticale quelconque, porte un crayon dont la pointe reste en contact avec une feuille de papier que l'on déplace d'un mouvement horizontal uniforme de droite à gauche. Le crayon dessine un diagramme (fig. 43) d'où l'on peut déduire les particularités du mouvement. En a, la vitesse du crayon est dirigée vers le haut ; en b, elle est plus grande ; en c, nulle ; en d, elle est dirigée vers le bas ; en e, de nouveau nulle. En a, b, d, e, l'accélération est dirigée vers le haut ; en c, elle est dirigée vers le bas ; en c et en e, elle est maximum.

14. — Un tableau de temps, des vitesses acquises et des chemins parcourus permet d'embrasser d'un coup d'œil le résumé des découvertes de Galilée. (Voir le tableau de la page 375).

Les nombres qui y sont contenus suivent une loi si simple et si immédiatement reconnaissable qu'il est tout aussi facile de remplacer tout

le tableau par une *règle de construction*. La relation qui existe entre la
première et la deuxième colonne est exprimée par l'équation suivante,
qui n'est au fond que l'expression de la méthode de construction du

t	v	s
1	g	$1 . \dfrac{g}{2}$
2	$2g$	$4 . \dfrac{g}{2}$
3	$3g$	$9 . \dfrac{g}{2}$
. . .	. . .	. . .
t	tg	$t^2 \dfrac{g}{2}$

tableau : $v = gt$. Les relations entre les nombres de la première et de
la troisième colonne, et entre ceux de la deuxième et de la troisième,

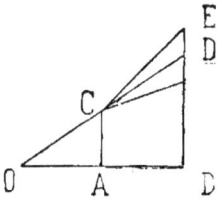

Fig. 42.

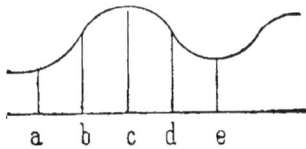

Fig. 43.

sont respectivement : et $s = \dfrac{1}{2} gt^2$ et $s = \dfrac{v^2}{2g}$. On trouve ainsi les trois
relations :

(1) $$v = gt,$$

(2) $$s = \frac{1}{2} gt^2,$$

(3) $$s = \frac{v^2}{2g}.$$

Galilée n'emploie que les relations (1) et (2) ; Huyghens, le premier,
mit en évidence l'utilité de la troisième, ce qui fut pour la science un
progrès considérable.

15. — Une remarque suggestive peut être faite à propos de ce tableau.
Nous avons déjà dit que, par la vitesse qu'il acquiert en tombant, un
corps peut remonter au niveau d'où il est parti. Dans ce mouvement
d'ascension, la vitesse diminue (par rapport au temps et à l'espace)

exactement de la même manière qu'elle avait augmenté pendant la chute. Or, un corps tombant librement acquiert une vitesse double dans une chute de durée double, mais la hauteur qu'il parcourt pendant ce temps double est quatre fois plus grande. Donc un corps lancé verticalement vers le haut avec une vitesse double montera pendant un temps *deux fois* plus grand et à une hauteur *quatre fois* plus grande qu'un corps lancé avec une vitesse simple.

Peu de temps après Galilée, ont reconnu que, dans la vitesse d'un corps, il se trouve quelque chose qui correspond à une force, par quoi une force peut être vaincue, une certaine « *capacité d'action* ». On ne discuta que le point de savoir si cette capacité d'action était proportionelle *à la vitesse*, ce qui était l'avis des cartésiens, ou bien au *carré de la vitesse*, ce que prétendait l'école de Leibnitz. Mais on sait aujourd'hui qu'il n'y a plus là matière à discussion. Le corps lancé vers le haut avec une vitesse double surmonte une force donnée pendant un temps *double* mais le long d'un chemin *quadruple*. Donc, par rapport au temps, la capacité d'action de la vitesse lui est proportionnelle. par rapport à l'espace, elle est proportionnelle à son carré. D'Alembert signale cette erreur, mais en termes peu clairs. Ajoutons encore que Huyghens déjà avait sur ce sujet des idées parfaitement précises.

16. — Les procédés expérimentaux par lesquels on vérifie aujourd'hui les lois de la chute des corps sont quelque peu différents de ceux de Galilée. On peut employer deux méthodes Ou bien, afin de pouvoir l'observer commodément, on ralentira le mouvement de chute qui, par sa rapidité, est difficile à observer directement, mais de telle façon qu'il ne s'ensuive aucune modification de sa loi ; ou bien on l'observera directement, sans y rien changer, par des procédés perfectionnés. Sur le premier de ces principes reposent le plan incliné de Galilée et la machine d'Atwood. Ce dernier appareil consiste en une poulie légère sur laquelle passe un fil tendu par deux poids égaux P suspendus à ses extrémités. Ajoutons à l'un des poids P un petit poids p. Ce petit excès de poids fait naître un mouvement uniformément accéléré d'accélération $\dfrac{p}{2P + p} g$, comme nous le verrons sans peine dès que nous aurons discuté le concept « masse ». Une échelle graduée verticale liée à la poulie permet alors de vérifier que les chemins, 1, 4, 9, 16... sont parcourus dans les temps 1, 2, 3, 4... Pour observer la vitesse finale acquise au bout d'une durée donnée de chute, on enlève le poids additionnel p, qui dépasse un peu P, à

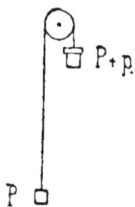

Fig. 44.

l'aide d'un anneau à l'intérieur duquel doit passer le corps P + p, et, à partir de cet instant, le mouvement continue sans accélération.

L'appareil de Morin est basé sur le second principe. Une feuille de papier disposée verticalement est animée d'un mouvement uniforme au moyen d'un appareil d'horlogerie. Un corps pesant est muni d'un

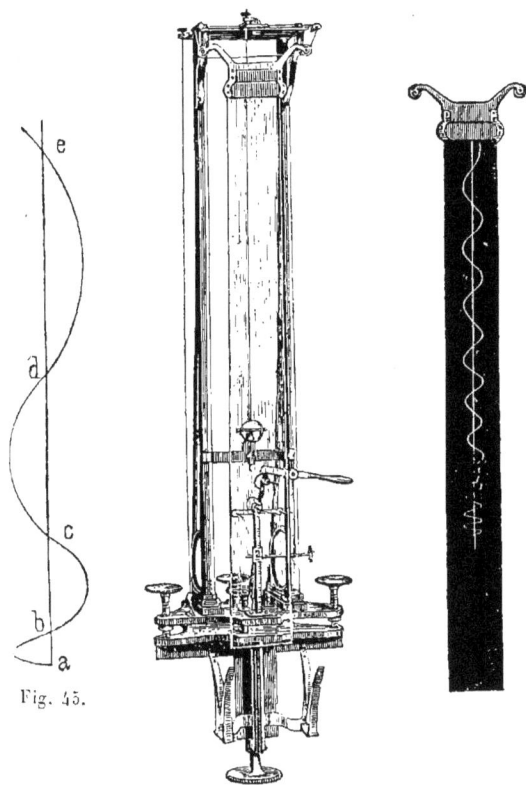

Fig. 45.

Fig. 45 a.

crayon qui, lorsque le papier se meut, trace une ligne horizontale. Si le corps tombe, le papier restant immobile, le crayon trace une droite verticale. Si les deux mouvements sont simultanés, le crayon trace une parabole dont les abscisses horizontales représentent les temps écoulés et dont les ordonnées verticales représentent les espaces parcourus. Pour les abscisses 1, 2, 3, 4... on obtient les ordonnées 1, 4, 9, 16... Il est accessoire que Morin se serve, au lieu d'une feuille de papier plane, d'un tambour cylindrique animé d'une rotation rapide autour de son axe vertical ; le corps, guidé par un fil de fer, tombe le long d'une génératrice de ce cylindre.

Un appareil différent basé sur le même principe fut inventé à la fois par Laborde, Lippich et von Babo, indépendamment l'un de l'autre. Un long rectangle de verre noirci au noir de fumée tombe librement devant une tige élastique qui vibre horizontalement, en traçant une courbe sur le verre noirci. Le premier passage de la tige par sa position d'équilibre fait commencer le mouvement de chute. Les ondulations tracées sur le verre deviennent de plus en plus longues à cause de la constance de la durée d'oscillation et de l'accroissement de la vitesse verticale. On constate (fig. 45) que $bc = 3\,ab$, $cd = 5\,ab$, $de = 7\,ab$,... Les égalités :

$$ac = ab + bc = 4\,ab,$$
$$ad = ab + bc + cd = 9\,ab,$$
$$ae = ab + bc + cd + de = 16\,ab, \text{ etc.},$$

nous montrent immédiatement la loi des espaces. La loi des vitesses est vérifiée par l'inclinaison des tangentes aux points a, b, c, d, etc. Cette expérience permet de déterminer très exactement la valeur de g, si l'on connaît la durée de l'oscillation du barreau.

Wheatstone employa, pour la mesure des temps très petits, un chronoscope formé d'un mécanisme d'horlogerie à mouvement très rapide qui se mettait en marche au commencement du temps à mesurer et cessait de marcher à la fin. Hipp a modifié avantageusement ce procédé comme suit : Le mécanisme d'horlogerie à mouvement rapide est réglé par un diapason donnant une note élevée, au lieu de balancier. Un index très léger peut être engrené avec le mécanisme ou désengrené, par l'intermédiaire d'un courant électrique. Dès que le corps tombe, le courant s'ouvre et l'index est engrené ; dès que le corps arrive au but le courant se ferme, l'index est désengrené et le chemin qu'il a parcouru donne le temps écoulé.

17. — Parmi les travaux ultérieurs de Galilée nous devons encore citer ses réflexions sur le mouvement du pendule, et sa réfutation de l'opinion d'après laquelle les corps de poids plus grand tomberaient plus vite que ceux de poids moindre. Nous reviendrons plus tard sur ces deux points. On peut cependant signaler ici qu'en découvrant l'isochronisme des oscillations du pendule, il proposa immédiatement de s'en servir pour la mesure du nombre de battements du pouls des malades, ainsi que pour les observations astronomiques, et que, jusqu'à un certain point, il l'utilisa lui-même dans ce but.

18. — Ses recherches sur le mouvement des projectiles sont d'une importance plus grande encore. D'après Galilée un corps libre possède toujours une accélération verticale g dirigée vers la terre. Si au début du mouvement le corps est déjà animé d'une vitesse c, sa vitesse après le temps t sera :

$$v = c + gt,$$

formule dans laquelle la vitesse initiale est prise avec le signe moins lorsqu'elle est dirigée vers le haut. Le chemin parcouru au bout du temps t est donné par

$$s = a + ct + \frac{1}{2} gt^2 ;$$

ct et $\frac{1}{2} gt^2$ sont les parties de chemin décrites respectivement dans le mouvement uniforme et dans le mouvement uniformément accéléré. La constante a est nulle lorsque l'on compte les espaces à partir du point où le corps se trouve au temps $t = o$.

Dès qu'il eut acquis ses conceptions fondamentales sur la dynamique, Galilée reconnut sans peine que le jet horizontal est une combinaison de deux mouvements *indépendants* l'un de l'autre, un mouvement horizontal uniforme et un mouvement vertical uniformément

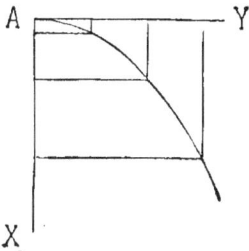

Fig. 46.

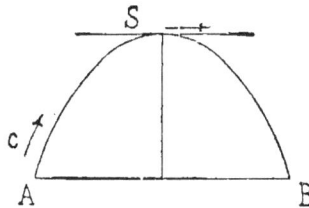

Fig. 47.

accéléré. Il fit ainsi connaître le *parallélogramme du mouvement*. Dès lors le jet oblique ne présentait pas de difficultés réelles.

Si un corps est animé d'une vitesse horizontale c, il décrit dans le temps t un chemin horizontal $y = ct$, pendant que, verticalement, il tombe de la hauteur $x = \frac{1}{2} gt^2$. Des circonstances déterminantes de mouvement distinctes n'exercent aucune influence les unes sur les autres et les mouvements qu'elles déterminent sont *indépendants les uns des autres*. Galilée fut conduit à cette hypothèse par une observation attentive et l'expérience l'a confirmée. Les deux équations ci-dessus donnent, par élimination de t, l'équation de la courbe décrite sous l'action combinée de ces deux mouvements :

$$y = \sqrt{\frac{2c^2}{g}\, x}$$

C'est une parabole d'Appolonius, à axe vertical et de paramètre $\frac{c^2}{g}$, ainsi que Galilée le savait.

On peut aisément reconnaître avec Galilée que le jet oblique ne constitue pas un problème nouveau. Si l'on imprime à un corps une vitesse v, inclinée d'un angle α sur l'horizon, on peut décomposer cette vitesse en une composante horizontale $c \cos \alpha$ et une composante verticale $c \sin \alpha$. Cette dernière fait monter le corps pendant un temps t égal au temps que mettrait pour l'acquérir le corps tombant librement. Ce temps est donné par

$$c \sin \alpha = gt.$$

Dès que le corps atteint sa hauteur maximum, la composante verticale de sa vitesse initiale est détruite et le mouvement continue à partir de S comme dans le cas du jet horizontal. Considérons deux moments également distants du moment du passage en S, l'un avant, l'autre après. Les positions du corps à ces deux instants se trouvent sur une même horizontale, à des distances égales de la verticale du point S, et de part et d'autre de celle-ci. Cette verticale est donc un axe de symétrie de la trajectoire, qui est une parabole de paramètre $\frac{(c \cos \alpha)^2}{g}$.

Pour trouver la portée du jet, il suffit de considérer le mouvement horizontal pendant le temps de la montée et de la descente du projectile. Or nous venons de voir que le projectile monte pendant le temps $t = \frac{c \sin \alpha}{g}$; il met le même temps pour descendre, soit en tout $\frac{2c \sin \alpha}{g}$. Le parcours horizontal pendant ce temps est :

$$\omega = c \cos \alpha,\ 2\,\frac{c \sin \alpha}{g} = \frac{c^2}{g}\, 2.\sin \alpha \cos \alpha = \frac{c^2}{g} \sin 2\,\alpha.$$

La portée du jet est donc maximum pour $\alpha = 45°$; elle est la même pour les 2 angles $\alpha = 45° \pm \beta°$.

19. — Pour apprécier à sa valeur l'importance du progrès réalisé par Galilée en analysant le mouvement des projectiles, il est nécessaire de considérer les recherches plus anciennes sur le même sujet. Santbach (1561) pense qu'un boulet de canon se meut en ligne droite

jusqu'à épuisement de sa vitesse et qu'alors il tombe verticalement.
Tartaglia (1537) compose la trajectoire du projectile d'un segment de
droite, d'un arc de cercle qui s'y raccorde et enfin de la tangente verticale à celui-ci. Il sait qu'en toute rigueur la trajectoire est courbe partout, puisque la pesanteur provoque en chaque point une déviation,
mais il ne parvient pas à une analyse plus complète du phénomène.
Rivius (1582) exprime encore plus clairement la même idée. La portion
initiale de la trajectoire fait aisément croire à une destruction de la
pesanteur par la très grande vitesse ; nous avons vu que Benedetti
a commis cette erreur. Le segment de courbe ne présente pas de
chute et nous oublions la petitesse de la *durée* de celle-ci. En négligeant
cette circonstance, nous pourrions encore aujourd'hui regarder un jet
d'eau comme un corps grave suspendu dans l'air, si nous faisions
abstraction du mouvement rapide de ses particules. La même illusion
est produite par le pendule conique, par la toupie, par la rotation
rapide d'une chaîne solide (Philos. Mag. 1878), par la locomotive qui
détruirait un pont délabré si elle reposait sur lui, mais qui, lancée à
toute vitesse, parvient à le traverser sans encombre, grâce à une durée
de chute et de travail insuffisante. Une analyse plus approfondie
montre que ces phénomènes ne sont pas plus merveilleux que les phénomènes les plus ordinaires. Ainsi que le croit Vailati, la diffusion de
l'emploi des armes à feu, au XIVᵉ siècle, a énormément réagi sur toute
la mécanique. Il est vrai que ces phénomènes se présentaient déjà dans
les anciennes machines de jet et aussi dans le jet à la main, mais leur
forme nouvelle et imposante peut avoir forcé l'attention d'une manière
particulièrement efficace.

20. — La reconnaissance de l'*indépendance* des circonstances déterminantes de mouvement (ou forces) qui se rencontrent dans la nature
est d'une importance capitale. Elle fut dé-
couverte et exprimée à propos de l'étude
du mouvement des projectiles. Supposons
qu'un corps se meuve suivant AB (fig. 48)
pendant que le champ du mouvement se
déplace suivant AC. Le déplacement du

Fig. 48.

corps est alors AD. Mais cela n'est vrai que si les circonstances qui,
dans le même temps, déterminent les mouvements AB et AC n'ont
aucune influence l'une sur l'autre. Dès lors on voit sans peine que la
construction du parallélogramme donne non seulement la composition des mouvements simultanés, mais aussi celles des vitesses et des
accélérations.

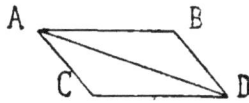

Galilée envisage donc le mouvement du projectile comme un phénomène composé de deux mouvements indépendants l'un de l'autre. Cette conception ouvre tout un domaine de connaissances analogues fort importantes. On peut dire qu'il est de la même importance de reconnaître l'*indépendance* de deux circonstances A et B que la *dépendance* de deux circonstances A et C, car ce n'est qu'après avoir reconnu le premier de ces points que nous pouvons poursuivre, sans être troublé, l'étude du second. On peut comparer à la découverte de Galilée celles du parallélogramme des forces par Newton, de la composition des cordes par Sauveur, de la composition des mouvements de propagation de la chaleur par Fourier. Ces derniers chercheurs firent pénétrer dans tout le domaine de la physique mathématique la méthode de composition d'un phénomène à l'aide de phénomènes partiels indépendants les uns des autres, méthode analogue à la représentation d'une intégrale générale par une somme d'intégrales particulières. P. Volkmann a donné à cette méthode de décomposition d'un phénomène en parties indépendantes les unes des autres et de composition d'un phénomène à l'aide de parties de ce genre, les noms très justes d'*isolation* et de *superposition*. Ces deux procédés nous permettent de comprendre *par fragments* et de reconstruire dans la pensée ce que nous n'aurions pu concevoir *en une fois*.

« Ce n'est que dans des cas *très rares* que les phénomènes se présen-
« tent à nous avec un caractère parfaitement unitaire ; le monde des
« phénomènes offre tout au contraire un caractère entièrement com-
« posite... Notre connaissance doit alors résoudre le problème de discer-
« ner dans les phénomènes tels qu'ils se présentent les séries de phé-
« nomènes partiels qui les composent et d'étudier d'abord ces phé-
« nomènes partiels dans leur pureté. Nous ne nous rendons maître de
« l'ensemble qu'après avoir démêlé la part que chaque circonstance
« particulière prend au phénomène composé..... » Cf *Volkmann :*
« *Erkenntnisstheoretische Grundzüge der Naturwissenschaft*, 1896, p. 70,
« et mes *Principien der Warmelehre*, p. 123, 151, 452. »

TRAVAUX DE HUYGHENS

1. — Parmi les successeurs de Galilée on doit considérer Huyghens comme son égal à tous égards. Peut-être avait-il l'esprit moins philosophique, mais il compensait cette infériorité par son génie de géomètre. Non seulement Huyghens poussa plus loin les recherches commencées par Galilée, mais il résolut les premiers problèmes de la *dynamique de plusieurs masses*, alors que Galilée s'était toujours limité à la dynamique *d'un seul* corps.

L'abondance des travaux d'Huyghens se montre déjà dans son traité *Horologium oscillatorium*, paru en 1673. Des problèmes d'une importance capitale y sont pour la première fois traités. Ce sont : la théorie du centre d'oscillation, la découverte et la construction de l'horloge à

balancier, la découverte de l'échappement dans le mécanisme des horloges, la détermination de l'accélération g par l'observation du pendule, une proposition relative à l'emploi de la longueur du pendule à seconde comme unité de longueur, des théorèmes sur la force centrifuge ; les propriétés géométriques et mécaniques de la cycloïde, la théorie de la développée et du cercle de courbure.

2. — Dans son exposition, Huyghens se fait remarquer comme Galilée par une sincérité parfaite qui montre une grande élévation de caractère. Il expose ouvertement les méthodes par lesquelles il fut conduit à ses découvertes et permet ainsi au lecteur d'arriver à la complète intelligence de ses théories. Il n'a d'ailleurs aucune raison de cacher ses méthodes. Si dans quelque mille ans son nom est encore présent à la mémoire des hommes, on y reconnaîtra toujours sa *grandeur* intellectuelle et morale.

Dans la discussion des travaux de Huyghens, nous devrons procéder un peu autrement que nous ne l'avons fait pour Galilée, dont les conceptions pouvaient être exposées presque sans modifications, grâce à leur simplicité classique. Cela n'est plus possible pour Huyghens qui traite des problèmes bien plus compliqués. Ses méthodes et ses

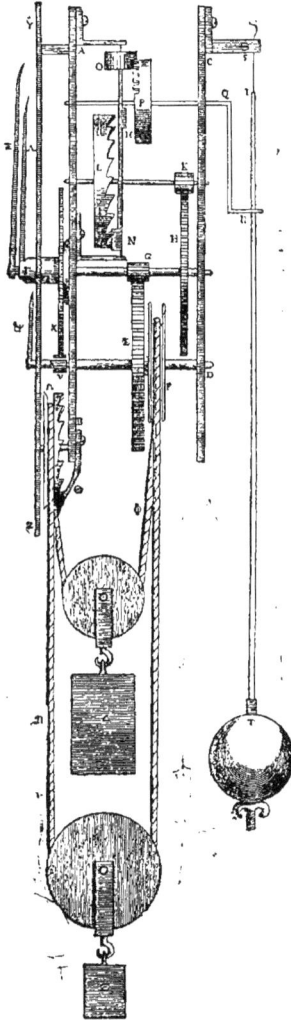

Horloge à balancier de Huyghens.

notations mathématiques sont devenues insuffisantes et pénibles. Pour être plus bref, nous reproduirons ses conceptions sous une forme moderne, tout en respectant ses idées essentielles et caractéristiques.

3. — Nous commencerons par ses recherches sur la force centrifuge. Dès que l'on accepte cette conception de Galilée que la force détermine une accélération, on doit nécessairement attribuer à une *force* toute *modification* dans la vitesse et par conséquent aussi toute modification dans la *direction* d'un mouvement — car cette direction est déterminée par trois composantes de la vitesse perpendiculaires entre elles. Par conséquent le phénomène d'un corps, par exemple une pierre attachée à une corde, animé d'un mouvement circulaire uniforme, n'est concevable que dans l'hypothèse d'une force continue qui le fait dévier de son chemin rectiligne.

Cette force est la tension de la corde qui, à chaque instant, attire le corps vers le centre du cercle, hors de la ligne droite et qui représente donc une force centripète. D'un autre côté, elle agit aussi sur l'axe ou le centre fixe du cercle et, envisagée ainsi, elle constitue une force centrifuge.

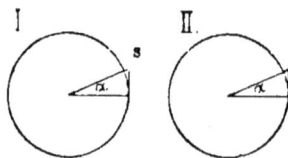 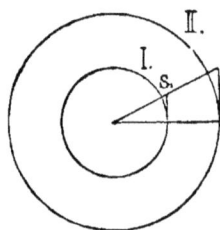

Fig. 49.   Fig. 50.

Considérons un corps auquel on a donné une vitesse quelconque et que l'on force à se mouvoir d'un mouvement uniforme sur une circonférence, par une accélération constamment dirigée vers le centre, et proposons-nous de rechercher les circonstances dont dépend cette accélération. Soient (fig. 49) deux circonférences égales sur lesquelles se meuvent uniformément deux corps, l'un avec une vitesse simple sur la circonférence I, l'autre avec une vitesse double sur la circonférence II. Considérons dans ces deux cercles le même angle très petit α et son arc élémentaire ; soit s le chemin élémentaire correspondant dont le corps s'est éloigné du chemin rectiligne (suivant la tangente) sous l'influence de l'accélération centripète ; ce chemin est le même dans les deux cas. Soient φ_1 et φ_2 les accélérations respectives ; τ et $\frac{\tau}{2}$ sont les éléments de temps correspondants à l'angle α ; la loi de Galilée donne :

$$\varphi_1 = \frac{2s}{\tau^2}, \qquad \varphi_2 = 4 . \frac{2s}{\tau^2},$$

d'où :

$$\varphi_2 = 4\,\varphi_1.$$

Par une généralisation fort simple on voit que dans des cercles égaux les accélérations centripètes sont entre elles comme les carrés des vitesses.

Etudions maintenant le mouvement sur les circonférences I et II de la figure 5o, dont les rayons sont dans le rapport de 1 à 2 ; prenons des vitesses qui soient dans le même rapport, de telle sorte que des éléments semblables d'arc soient décrits dans des temps égaux. Soient φ_1, φ_2, s et $2s$ les accélérations et les chemins élémentaires, τ le temps qui a la même valeur dans les deux cas ; on a :

$$\varphi_1 = \frac{2s}{\tau^2}, \qquad \varphi_2 = \frac{4s}{\tau^2},$$

d'où

$$\varphi_2 = 2\,\varphi_1.$$

Si maintenant l'on réduit de moitié la vitesse sur la circonférence II, de telle sorte que les deux mouvements aient la même vitesse, φ_2 sera réduit au quart c'est-à-dire à $\frac{1}{2}\,\varphi_1$. En généralisant on voit que pour des vitesses *égales* les accélérations sont en raison inverse des rayons des circonférences.

4. — Les méthodes suivies par les chercheurs anciens les conduisirent presque toujours à trouver leurs théorèmes sous la forme pénible de proportions. Nous choisirons donc une autre voie. Sur un mobile animé d'une vitesse v, faisons agir pendant un élément de temps τ une force qui lui donne l'accélération φ perpendiculaire à la direction de son mouvement. Cette force fait naître une vitesse nouvelle $\varphi\tau$, qui, composée avec la vitesse primitive, donne la nouvelle direction du mouvement; soit α l'angle de celle-ci avec l'ancienne ; supposons enfin que la trajectoire soit un cercle de rayon r, on trouve :

$$\frac{\varphi\tau}{v} = tg\,\alpha = \alpha = \frac{v\tau}{r},$$

car on peut remplacer la tangente par l'angle, qui est supposé *très petit*. On a donc :

$$\varphi = \frac{v^2}{r},$$

qui est l'expression complète de l'accélération centripète dans un mouvement circulaire uniforme.

R. B. — Tome I.   25

Cette conception du mouvement circulaire uniforme produit par une accélération centripète constante a une apparence paradoxale.

Le paradoxe consiste dans l'acceptation du fait qu'une accélération centripète continue existe sans qu'il s'ensuive de rapprochement réel du centre ou d'accroissement de vitesse. Mais cette impression disparaît si l'on réfléchit que, sans cette accélération centripète, le mobile s'éloignerait indéfiniment du centre, que la direction de l'accélération varie à chaque instant et qu'une variation de vitesse, inexistante dans le cas

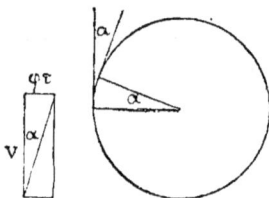 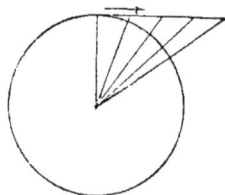

Fig. 51.   Fig. 52.

présent, entraîne (comme on le verra dans la discussion du principe des forces vives) un rapprochement des corps qui se donnent mutuellement les accélérations. L'exemple plus compliqué du mouvement elliptique s'explique d'une manière analogue.

5. — On peut mettre sous une autre forme l'expression de l'accélération centripète ou centrifuge $\varphi = \dfrac{v^2}{r}$. Appelons T la durée d'une révolution du mobile. On a·:

$$vT = 2r\pi,$$

$$\varphi = \frac{4r\pi^2}{T^2}.$$

Nous nous servirons plus tard de cette expression. Si plusieurs corps sont animés de mouvements circulaires uniformes tels que les durées des révolutions soient égales, les accélérations centripètes qui les retiennent sur leurs circonférences respectives sont proportionnelles aux rayons; cela résulte évidemment de la formule que nous venons d'établir.

A propos de l'accélération centrifuge, disons aussi un mot des démonstrations qui reposent sur le principe de l'hodographe de Hamilton. Considérons un mobile parcourant uniformément le cercle de rayon r (fig. 52 b) : la tension du fil transforme la vitesse v au point A en une vitesse égale, mais d'une autre direction, au point B. Portons à partir d'une même origine O les vitesses successives du mobile en grandeur et directions (fig. 52 c) ; le lieu de leurs extrémités est une circonférence de rayon v. En même temps que OM se transforme en ON, il s'introduit une composante MN perpendiculaire à la première. Pendant la durée T d'une révolution du mobile, la vitesse croît *uniformément* de la quantité $2\pi v$ suivant la direction du rayon r.

La valeur de l'accélération centrale est donc $\varphi = \dfrac{2\pi v}{T}$ ou $\varphi = \dfrac{v^2}{r}$ puisque $vT = 2\pi r$.

Si l'on ajoute à OM $= v$ la petite composante w (fig. 52 d), la vi-

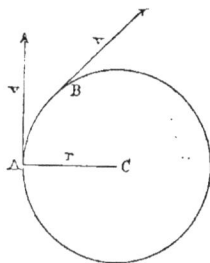 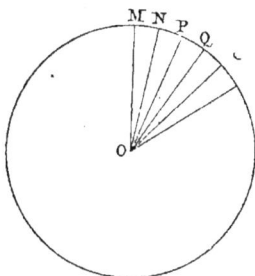

Fig. 52 b.   Fig. 52 c.   Fig. 52 d.

tesse résultante sera $\sqrt{v^2 + w^2} = v + \dfrac{w^2}{2v}$ approximativement; mais, à cause de la rotation *continue* du rayon, le terme $\dfrac{w^2}{2v}$ disparaît devant v et l'on voit que seule la direction de la vitesse change, sa grandeur restant invariable.

6. — Les phénomènes tels que la rupture de fils trop peu résistants à l'aide desquels on imprime à des corps un mouvement de rotation trop rapide, ou l'aplatissement de sphères molles animées de mouvements de rotation sont bien connus et s'expliquent par les considérations précédentes. C'est ainsi qu'Huyghens put donner, à l'aide de cette notion nouvelle, l'explication immédiate de toute une catégorie de phénomènes. Ainsi, par exemple, une horloge à balancier ayant été transportée de Paris à Cayenne par Richer (1671-1673), il se trouva qu'elle retardait. Huyghens observant que la force centrifuge due à la rotation de la terre est maximum à l'équateur, en déduisit la diminution apparente de l'accélération g due à la pesanteur et donna ainsi l'explication immédiate du retard.

Parmi les expériences qu'Huyghens fit dans cet ordre d'idées, nous en citerons encore une, à cause de son intérêt historique. Lorsque Newton développa sa théorie de la gravitation universelle, Huyghens fut du

grand nombre de ceux qui ne purent pas admettre l'idée de l'action à
distance. Il croyait pouvoir au contraire expliquer la gravitation par le
mouvement très rapide de particules d'un milieu intermédiaire. Il en-
ferma dans un corps plein d'eau quelques corps légers, tels que de petites sphère de bois, et fit alors tourner le vase autour d'un axe ; il observa qu'aussitôt les sphères de bois se rapprochaient de celui-ci. Si l'on
fait par exemple tourner autour d'un axe horizontal les tubes cylindriques de verre RR, fixés sur le pivot Z, et contenant les sphères de
bois KK, celles-ci s'éloignent de l'axe dès que l'appareil est mis en
mouvement. Lorsqu'on remplit d'eau les tubes, les sphères plus légères
se placent aux extrémités supérieures EE et l'on voit qu'une rotation
imprimée à l'appareil les rapproche de l'axe. L'explication de ce phénomène est la même que celle du principe d'Archimède : les sphères
reçoivent une poussée centripète égale et directement opposée à la force
centrifuge qui agirait sur le liquide dont elles tiennent la place.

Descartes pensait déjà à cette explication de la poussée centripète des
corps flottants dans un milieu tourbillonnaire. Mais Huyghens remarqua avec raison que l'on doit alors
accepter que les corps *les plus légers*
reçoivent *la plus forte* poussée centripète et que, par conséquent, tous
les corps pesants devraient être plus
légers que le milieu tourbillonnaire.
Il remarqua en outre que des phénomènes analogues doivent se produire avec des corps *quelconques* qui
ne participent *pas* au mouvement
du tourbillon, et qui se trouvent

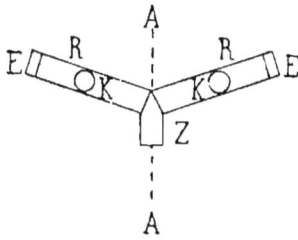

Fig. 53.

ainsi, sans force centrifuge, dans un milieu animé de forces centri-
fuges. Par exemple, une sphère de matière quelconque et mobile
seulement autour d'un rayon *fixe* (fil de fer), sera, dans le milieu
tourbillonnaire, poussée contre l'axe de rotation.

Huyghens immergea dans un vase fermé rempli d'eau des morceaux
de cire à cacheter qui, à cause de leur densité un peu *plus grande*, se
déposent sur le fond du vase. Celui-ci étant ensuite animé d'un mouvement de rotation, les morceaux de cire à cacheter vont se placer au
bord extérieur. Si l'on fait cesser brusquement la rotation l'eau continue à tourner tandis que les morceaux de cire, qui reposent sur le
fond et dont le mouvement est par suite plus vite contrarié, sont maintenant poussés sur l'axe. Huyghens voit dans ce phénomène une image
de la pesanteur. L'acceptation d'un éther tourbillonnant *dans un sens* ne
lui paraît correspondre à aucune nécessité ; il est d'avis que cet éther

aurait tout entraîné avec lui. Il fait donc l'hypothèse de particules d'éther se mouvant rapidement dans tous les sens, et est d'avis que, dans un espace fermé, ce phénomène entraînera un mouvement circulaire prépondérant qui s'établira de lui-même. Cet éther lui semble suffisant pour l'explication de la gravité. L'exposition détaillée de cette théorie cinétique de la pesanteur, se trouve dans le traité d'Huyghens. « *Sur les causes de la pesanteur* » ([1]) ; cf. aussi Lasswitz « *Geschichte der atomistik* » 1890 vol. II, p. 344.

7. — Avant de parler des recherches d'Huyghens sur le centre d'oscillation, nous présenterons au sujet du mouvement pendulaire et oscillatoire en général, quelques considérations très élémentaires et par conséquent très claires, malgré leur manque de rigueur.

Galilée déjà connaissait plusieurs propriétés du mouvement du pendule. De nombreuses allusions disséminées dans ses dialogues prouvent qu'il possédait déjà les idées que nous allons exposer, ou qu'il était sur le point de les acquérir. Le corps pesant suspendu au fil du pendule se meut sur une circonférence dont le rayon est la longueur l de ce fil (fig. 54). Donnons-lui un dépla-

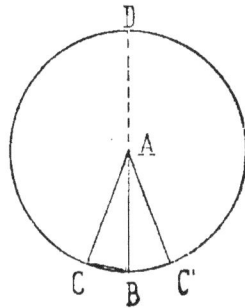

Fig. 54.

cement très petit : il oscillera en décrivant un arc très petit, sensiblement confondu avec sa corde CB, qui est parcourue dans le même temps que le diamètre vertical BD $= 2l$. Soit t la durée de la chute ; on a :

$$2l = \frac{gt^2}{2}, \quad \text{d'où} \quad t = 2\sqrt{\frac{l}{g}}.$$

Mais comme le mouvement au-delà de B, sur l'arc BC′, prend le même temps que le mouvement sur CB, on obtient pour la durée MT d'une oscillation de C en C′.

$$T = 4\sqrt{\frac{l}{g}}.$$

Malgré que cette explication soit grossière on voit qu'elle fait apparaître la *forme* réelle de la loi du pendule : on sait, en effet, que la formule exacte de la durée des oscillations très petites est

$$T = \pi\sqrt{\frac{l}{g}}.$$

([1]) *Discours sur les causes de la pesanteur*, à la fin du *Traité de la lumière*, Leyde, 1690.

Le mouvement du pendule peut être considéré comme une chute sur une succession des plans inclinés. Soit α l'angle du fil avec la verticale ; le pendule reçoit l'accélération $g \sin \alpha$ vers la position d'équilibre. Pour de *petites* valeurs de α, cette accélération peut s'écrire $g.\alpha$; elle est donc toujours proportionnelle à l'élongation et dirigée en sens contraire. Pour de *petites* élongations on peut aussi négliger la courbure du chemin.

8. — Ces préliminaires permettent de représenter par le *schéma élémentaire* suivant la notion fondamentale du mouvement oscillatoire. Un corps est mobile sur une droite OA (fig. 55) et est constamment

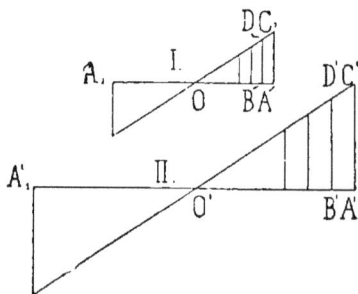

animé d'une accélération dirigée vers le point O et proportionnelle à sa distance à ce point. Nous représenterons en chaque point cette accélération par une ordonnée normale à la droite du mouvement et portée au dessus ou au-dessous, suivant que l'accélération est dirigée vers la gauche ou vers la droite. Le corps, abandonné au point A, se mouvra vers O d'un mouve-

Fig. 55.

ment uniformément accéléré, puis de O vers le point A_1 tel que $OA_1 = OA$, puis il reviendra de A_1 vers O, etc. On reconnait d'abord aisément l'indépendance de la durée d'oscillation (durée du mouvement AOA_1) et de son amplitude (longueur OA). Considérons à cet effet en I et II, deux oscillations semblables d'amplitudes 1 et 2. L'accélération étant variable d'un point à l'autre, partageons les longueurs OA et $O'A' = 2 OA$ en un très grand nombre de parties élémentaires, chaque élément A'B' de O'A' étant double de l'élément correspondant AB de OA.

Les accélérations initiales φ et φ' se trouvent dans le rapport $\varphi' = 2\varphi$. Les éléments AB et $A'B' = 2 AB$ seront donc parcourus par les accélérations respectives φ et 2φ dans le même temps τ et les vitesses des deux corps I et II, à la fin du premier élément de chemin, seront

$$v = \varphi\tau \text{ et } v' = 2\varphi\tau, \qquad \text{d'où} \qquad v' = 2\,v.$$

Les accélérations et les vitesses initiales se retrouvent dans le rapport $1 : 2$ aux points B et B'. Les chemins infinitésimaux correspondants suivants seront parcourus dans le même temps et cette égalité des temps de parcours subsiste pour tous les couples consécutifs de chemins élémentaires. Une généralisation immédiate montre que la durée de l'oscillation est indépendante de l'amplitude.

Considérons maintenant (fig. 56, I et II) deux mouvements oscillatoires de même amplitude mais tels que, dans l'oscillation II, le même écartement du point O produise une accélération quatre fois plus grande que dans le mouvement I. Partageons de même les deux amplitudes OA et O'A' = OA en un très grand nombre de parties égales ; les parties de I sont donc égales à celles de II. Des accélérations initiales en A et A' sont φ et 4φ ; les chemins élémentaires sont AB = A'B' = s et, en appelant τ et τ' les durées respectives de parcours, on voit que :

$$\tau = \sqrt{\frac{2s}{\varphi}}, \qquad \tau' = \sqrt{\frac{2s}{4\varphi}} = \frac{\tau}{2}.$$

L'élément A'B' est donc parcouru en un temps égal à la moitié de celui du parcours de l'élément AB. Les vitesses finales v et v' en B et B' sont :

$$v = \varphi\tau, \qquad v' = 4\varphi\,\frac{\tau}{2} = 2v.$$

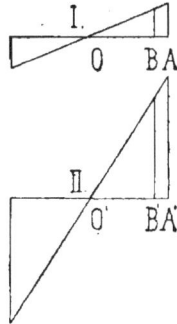

Fig. 56.

Les vitesses initiales en B et B' étant dans le rapport de 1 à 2 et les accélérations dans le rapport de 1 à 4, on voit que l'élément de chemin suivant en I sera parcouru dans un temps double de celui du parcours de l'élément correspondant en II. En généralisant on voit que, pour des amplitudes égales, les durées des oscillations sont inversement proportionnelles aux racines carrées des accélérations.

9. — Ces considérations peuvent être abrégées et rendues beaucoup plus claires par un mode de représentation employé pour la première fois par Newton. Newton appelle systèmes matériels *semblables* des systèmes matériels dont les figures géométriques sont semblables et dont les masses homologues sont entre elles dans le même rapport de similitude. Il dit en outre que ces systèmes sont animés de mouvements semblables lorsque les points homologues décrivent des chemins semblables dans des temps proportionnels. Dans la terminologie géométrique actuelle, ces systèmes mécaniques, qui ont 5 dimensions, ne sont dits *semblables* que lorsque les dimensions linéaires, les temps et les masses sont dans le *même* rapport. Ils seraient donc plus correctement appelés *affins* l'un à l'autre.

Nous conserverons cette dénomination bien appropriée de systèmes semblables, et, dans les considérations qui suivent, nous ferons abstraction des masses. Soient donc, dans deux mouvements semblables, s et αs les chemins homologues, t et βt les temps homologues ; on aura :

pour les vitesses homologues : $v = \dfrac{s}{t}, \quad \gamma v = \dfrac{\alpha s}{\beta t}$;

pour les accélérations homologues : $\varphi = \dfrac{2s}{t^2}, \quad \varepsilon \varphi = \dfrac{\alpha}{\beta^2} \dfrac{2s}{t^2}.$

On reconnaît maintenant sans peine que les oscillations d'amplitudes 1 et α, décrites par un corps dans les conditions posées plus haut sont des mouvements *semblables*. Dès lors en remarquant que le rapport des accélérations homologues est $\varepsilon = \alpha$, on trouve

$$\alpha = \frac{\alpha}{\beta^2},$$

d'où, pour le rapport des temps homologues, et par suite aussi pour celui des durées d'oscillations :

$$\beta = \pm 1.$$

Il en résulte donc que les durées d'oscillations sont indépendantes des amplitudes.

Si deux oscillations ont leurs amplitudes dans le rapport $1 : \alpha$ et leurs accélérations dans le rapport $1 : \alpha\mu$, on trouve :

$$\varepsilon = \alpha\mu = \frac{\alpha}{\beta^2} \quad \text{et} \quad \beta = \frac{1}{\pm\sqrt{\mu}}.$$

ce qui démontre à nouveau la seconde loi du mouvement oscillatoire.

Deux mouvements circulaires uniformes sont toujours semblables ; appelons $\dfrac{1}{\alpha}$ le rapport des rayons et $\dfrac{1}{\gamma}$ celui des vitesses ; le rapport des accélérations sera :

$$\varepsilon = \frac{\alpha}{\beta^2},$$

d'où, puisque $\gamma = \dfrac{\alpha}{\beta}$:

$$\varepsilon = \frac{\gamma^2}{\alpha},$$

formule qui donne les lois de l'accélération centripète.

Il est regrettable que ces questions sur l'*affinité* mécanique et phoronomique soient *si peu* étudiées, car elles promettent le plus bel et le plus lumineux élargissement de nos conceptions.

10. — Entre le mouvement circulaire uniforme et les mouvements oscillatoires que nous avons étudiés existe une relation importante. Rapportons le mouvement circulaire à deux axes coordonnés rectangulaires, l'origine étant au centre de la circonférence, et décomposons suivant les directions X et Y l'accélération centripète φ qui est la condition de ce mouvement. Remarquons que la projection du mouvement sur les X ne dépend que de la composante X de l'accélération. Nous pouvons considérer les deux mouvements et les deux accélérations comme indépendants l'un de l'autre.

Les deux mouvements composants sont des mouvements oscillatoires autour du centre. L'écartement x correspond à une accélération $\varphi . \dfrac{x}{r}$ ou $\dfrac{\varphi}{r} . x$ dirigée vers le

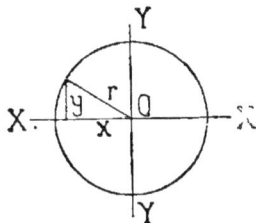

Fig. 57.

point o. L'accélération est donc *proportionnelle* à l'écartement et le mouvement est par conséquent identique au [mouvement oscillatoire dont nous venons de parler. La durée T d'une oscillation complète, comprenant le mouvement d'aller et celui de retour, est égale à la durée de la révolution du mobile. Mais nous savons que :

$$\varphi = \frac{4\pi^2 r}{T^2},$$

nous avons donc

$$T = 2\pi \sqrt{\frac{r}{\varphi}}.$$

Or $\dfrac{\varphi}{r}$ est l'accélération pour $x = 1$: en appelant f la valeur qu'elle possède pour un écartement égal à l'unité de longueur, il vient

$$T = 2\pi \sqrt{\frac{1}{f}},$$

et, en désignant comme d'habitude par T la durée d'une oscillation simple, formée d'un aller ou d'un retour, nous aurons :

$$T = \pi \sqrt{\frac{1}{f}}.$$

11. — Ce résultat peut être immédiatement appliqué aux oscillations pendulaires d'amplitude *très petite*, pour lesquelles on pourrait répéter les raisonnements qui précèdent, parce que la courbure est négligeable. En appelant α l'angle du fil avec la verticale, la masse du pendule est écartée de sa position d'équilibre de la longueur $l\alpha$ et l'accélération correspondante est $g\alpha$; il s'ensuit que :

$$f = \frac{g\alpha}{l\alpha} = \frac{g}{l}, \qquad \text{et} \qquad T = \pi \sqrt{\frac{l}{g}}.$$

On voit donc que la durée de l'oscillation est en raison directe de la racine carrée de la longueur du pendule et en raison inverse de la racine carrée de l'accélération de la pesanteur. Un pendule dont la longueur serait le quadruple de celle du pendule à seconde aurait par conséquent une oscillation de deux secondes. Un pendule à seconde, éloigné de la surface de la terre à une distance égale au rayon terrestre, n'éprouverait plus qu'une accélération $\frac{g}{4}$ et sa durée d'oscillation serait aussi de deux secondes.

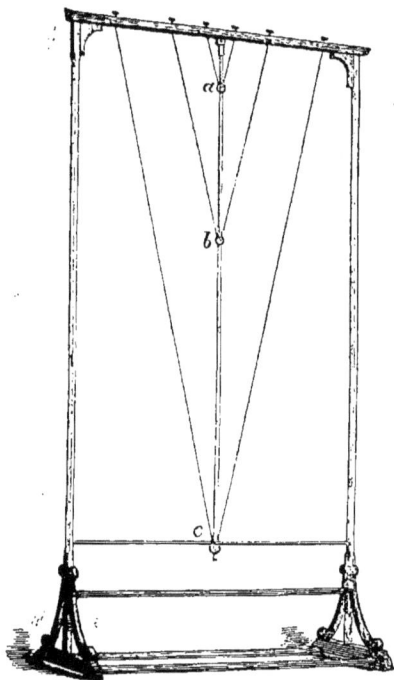

Fig. 58.

12. — On peut facilement prouver par l'expérience la relation entre la longueur du pendule et la durée de son oscillation. On emploie des pendules a, b, c (suspendus par deux fils pour assurer l'invariabilité du plan des oscillations), de longueurs respectives 1, 4, 9. On constate que a fait deux oscillations dans le temps où b n'en fait qu'une et qu'il en fait trois pendant que c en fait une.

Il est un peu plus difficile de vérifier expérimentalement la relation entre T et g, car on ne peut faire varier à volonté l'accélération due à la pesanteur. On peut cependant y arriver en ne faisant agir sur le pendule qu'une composante de g. Soit en effet AA l'axe de rotation du pendule, situé dans le plan du dessin supposé vertical ; l'intersection EE du plan du dessin et du plan d'oscillation est par conséquent la position d'équilibre du pendule. Soit β l'angle de l'axe de rotation AA avec le plan horizontal, égal à l'angle du plan d'oscillation EE avec le plan vertical. L'accélération qui agit dans le plan d'oscillation est $g \cos \beta$. Dès lors, en donnant au pendule une petite élongation α dans son plan d'os-

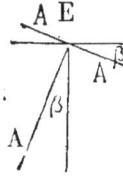

Fig. 59.

Fig. 60.

cillation, l'accélération correspondante sera $(g \cos \beta)\, \alpha$, et la durée de l'oscillation sera

$$T = \pi \sqrt{\frac{l}{g \cos \beta}}.$$

Il en résulte que lorsque β croît l'accélération $g \cos \beta$ diminue et que, par conséquent, la durée de l'oscillation augmente. L'expérience peut se faire aisément à l'aide de l'appareil de la figure 60. Le cadre RR, mobile autour d'une charnière C, peut être incliné et fixé dans une position d'inclinaison donnée, à l'aide d'un arc gradué G et d'une vis de pression. On constate que la durée d'oscillation augmente avec β. Si l'on amène le plan d'oscillation à être horizontal, le cadre reposant alors sur le pied F, la durée d'oscillation devient infiniment grande. Le pendule ne retourne plus alors vers aucune position d'équilibre déterminée, mais effectue des révolutions successives dans le même sens jusqu'à ce que toute sa vitesse ait été détruite par le frottement.

13. — Lorsque le pendule cesse de se mouvoir dans un *plan* et se meut dans l'*espace* autour du point de suspension, le fil du pendule décrit un cône. Huyghens étudia aussi le mouvement du pendule conique ; nous en examinerons un cas particulier simple. Considérons un pendule (fig. 61) de longueur l, écarté de la verticale d'un angle α et donnons à la masse qu'il soutient une vitesse v perpendiculaire au plan du fil et de la verticale. Si l'accélération centrifuge développée fait équilibre à celle de la pesanteur, c'est-à-dire si l'accélération résultante est dirigée suivant le fil, la masse suspendue décrira une circonférence horizontale. On

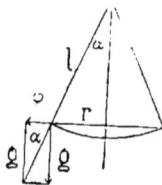

Fig. 61.

a dans ce cas $\frac{\varphi}{g} = \operatorname{tg} \alpha$. En appelant T la durée d'une révolution, il vient

$$\varphi = \frac{4 r \pi^2}{T^2}, \qquad \text{d'où} \qquad T = 2\pi \sqrt{\frac{r}{\varphi}},$$

et, en remplaçant $\dfrac{r}{\varphi}$ par sa valeur,

$$\frac{r}{\varphi} = \frac{l \sin \alpha}{g \operatorname{tg} \alpha} = \frac{l \cos \alpha}{g};$$

il vient donc pour la durée de la révolution du pendule :

$$T = 2\pi \sqrt{\frac{l \cos \alpha}{g}}.$$

La vitesse v du mouvement est donnée par

$$v = \sqrt{r\varphi},$$

ou puisque $\varphi = g \, \mathrm{tg} \, \alpha$:

$$v = \sqrt{gl \sin \alpha \, \mathrm{tg.} \, \alpha}.$$

Si l'angle du cône est très petit on peut écrire

$$T = 2 \sqrt{\frac{g}{l}},$$

formule identique à celle du pendule ordinaire, car *une* révolution du pendule conique correspond à *deux* oscillations simples du pendule plan.

14. — Huyghens, le premier, se proposa la détermination exacte de l'accélération de la pesanteur à l'aide du pendule. La formule d'un pendule simple, formé d'une petite sphère attachée à un fil, étant $T = \pi \sqrt{\dfrac{l}{g}}$, on a

$$g = \frac{\pi^2 l}{T^2}.$$

A la latitude de 45° on trouve pour g la valeur 9,806, exprimée en $\dfrac{\text{mètre}}{\text{seconde}^2}$, soit, en nombre rond, 10 mètres par seconde, valeur très suffisante pour un calcul provisoire et qui a l'avantage d'être facile à retenir.

15. — Tout commençant qui réfléchit se demande comment l'on peut trouver la durée de l'oscillation, c'est-à-dire un *temps*, en divisant un nombre qui mesure une *longueur* par un nombre qui mesure une *accélération*, et en prenant la racine carrée du quotient. Pour le comprendre il faut se rappeler que $g = \dfrac{2s}{t^2}$ est le quotient d'une longueur par le carré d'un temps. La formule de la durée est donc en réalité

$$T = \pi \sqrt{\frac{l}{2s} \, t^2};$$

$\dfrac{l}{2s}$, étant le rapport de deux longueurs, est un nombre ; la quantité, qui se trouve sous le radical est donc le carré d'un temps. Il va de soi que la valeur T sera exprimée en secondes si l'on a choisi la seconde pour unité de temps dans l'évaluation de g.

La formule

$$g = \frac{\pi^2 l}{T^2}$$

fait voir directement que g est le quotient d'une longueur par le carré d'un temps, ainsi que le veut la nature de l'accélération.

16. — Le plus important des résultats obtenus par Huyghens est la solution du problème de la détermination du centre d'oscillation. Tant qu'il ne s'agit que de la dynamique d'un corps *unique* les principes de Galilée suffisent parfaitement. Or ce nouveau problème consiste dans la détermination du mouvement de *plusieurs* corps qui agissent les uns sur les autres, et l'on ne peut le résoudre sans faire appel à un principe *nouveau*. C'est ce principe nouveau qui fut donné par Huyghens.

Nous savons que les pendules plus longs oscillent plus lentement et que les pendules plus courts oscillent plus vite. Un corps solide pesant, mobile autour d'un axe quelconque ne passant pas par son centre de gravité, constitue un pendule composé. Chacune des particules matérielles de ce corps, située seule à la même distance de l'axe, aurait une durée d'oscillation particulière : mais, à cause de la liaison de ses parties entre elles, le corps se meut comme un tout et la durée de son oscillation a une valeur unique et bien déterminée. Imaginons plusieurs pendules de longueurs inégales, les plus courts oscillant plus vite et les plus longs, moins vite ; si on les réunit en un seul, on peut prévoir que le mouvement des pendules plus longs sera accéléré, celui des pendules plus courts retardé, et qu'il en résultera, pour l'ensemble, une durée d'oscillation intermédiaire. Il y aura donc un pendule simple, de longueur intermédiaire entre celles du plus grand et du plus petit des pendules considérés, dont l'oscillation aura la même durée que celle du pendule composé, où trouve un point qui, malgré ses liaisons avec les autres points, oscille comme s'il était seul. Ce point est appelé *centre d'oscillation*. C'est Mersenne qui, le premier, a posé le problème de la détermination de ce centre ; la solution qu'en a donné Descartes est beaucoup trop rapide et insuffisante.

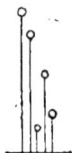

Fig. 62.

17. — La première solution générale fut donnée par Huyghens. En dehors de celui-ci presque tous les chercheurs de son époque se sont occupés de cette question et l'on peut dire qu'elle provoqua le développement des principes les plus importants de la mécanique moderne.

Huyghens partit de l'idée *nouvelle* suivante, de beaucoup plus importante que le problème lui-même : Dans tous les cas, quelles que soient les modifications que les réactions mutuelles des particules matérielles du pendule apportent au mouvement de chacune d'elles, les

vitesses acquises dans le mouvement de descente du pendule doivent
être telles que le centre des masses puisse *remonter exactement à la hau-*
teur d'où il est descendu, soit que les masses conservent leurs liaisons,
soit que ces liaisons soient détruites. Devant les doutes de ses contemporains au sujet de l'exactitude de ce principe, Huyghens se vit forcé
de faire remarquer qu'il ne contient pas autre chose que l'affirmation
du fait que les corps pesants ne se meuvent point *d'eux-mêmes* vers le
haut. Supposons en effet que le centre de gravité de masses liées entre
elles pendant la chute puisse, par la suppression des liaisons, monter à
une hauteur plus grande que celle de la descente ; il s'ensuivra que des
corps pesants peuvent, par leur propre poids, pourvu que cette opération soit répétée un nombre suffisant de fois, s'élever à une hauteur
quelconque. Si, au contraire, après la suppression des liaisons, le centre
de gravité ne peut s'élever qu'à une hauteur moindre que celle de la
chute, il suffira de renverser le sens des opérations pour que, de nouveau,
le corps s'élève par son propre poids à une hauteur quelconque. Le postulat de Huyghens était donc en réalité de ceux dont personne n'a jamais
douté et que chacun au contraire connaît *instinctivement.* Huyghens donnait toutefois à cette connaissance instinctive une valeur *abstraite* et ne
manqua pas de partir de ce point pour montrer l'inutilité de la recherche du mouvement perpétuel. Nous pouvons reconnaître dans la proposition que nous venons de développer *la généralisation d'une des con-*
ceptions de Galilée.

18. — Occupons-nous maintenant du rôle de ce principe dans la
détermination du centre d'oscillation. Considérons pour la simplicité
un pendule linéaire OA (fig. 63) formé d'un
grand nombre de masses indiquées sur la
figure par des points. Si on l'abandonne à
lui-même dans la position OA, il descendra
jusqu'en B et montera jusqu'à la position A'
pour laquelle AB = BA'. Son centre de gravité montera d'un côté aussi haut qu'il est
descendu de l'autre. Mais la solution ne peut
être déduite de cette remarque. Supposons

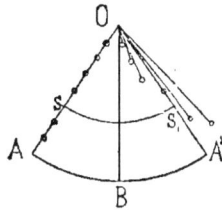

Fig. 63.

maintenant qu'au moment où le pendule passe par OB les particules
matérielles soient soudainement affranchies de leurs liaisons ; leurs vitesses acquises élèveront leur centre de gravité à la même hauteur
qu'avant cette suppression, et si l'on imagine que chacune de ses particules matérielles, oscillant librement, soit fixée à sa position *d'élévation*
maximum, les pendules plus courts se trouveront en deçà et les plus
longs au delà de OA', mais le centre de gravité du système se trouvera

sur cette ligne, à sa hauteur primitive. D'autre part les vitesses impri-
mées aux particules matérielles sont proportionnelles à leurs distances à l'axe ; une de ces vitesses étant *donnée*, toutes les autres sont
connues et la hauteur d'ascension du centre de gravité s'en déduira.
Inversement, la vitesse d'une masse quelconque est déterminée par la
hauteur du centre de gravité. Or, pour connaître tout le mouvement
d'un pendule, il suffit de la vitesse correspondant à une hauteur de
chute donnée.

19. — Ces remarques faites, nous aborderons la solution du problème. Etant donné un pendule linéaire, coupons-en un segment de
longueur 1 à partir de l'axe et soit k la hauteur d'où tombe l'extrémité
de ce segment lorsque le pendule se meut de sa position
d'écart maximum à sa position d'équilibre. Les hauteurs
de chute des masses m, m', m'',..., situées aux distances
r, r', r'',..., de l'axe, seront rk, $r'k$, $r''k$,..., et la hauteur de chute du centre de gravité sera

$$\frac{mrk + m'r'k + m''r''k + \dots}{m + m' + m'' + \dots} = k\,\frac{\Sigma mr}{\Sigma m}.$$

Fig. 64.

Ce passage à la position d'équilibre communique au point situé à la
distance 1 de l'axe une vitesse v encore inconnue. La hauteur d'ascension de ce point, après la suppression des liaisons, sera donc $\dfrac{v^2}{2g}$ et les
hauteurs correspondantes pour les autres masses seront $\dfrac{(rv)^2}{2g}$, $\dfrac{(r'v)^2}{2g}$,
$\dfrac{(r''v)^2}{2g}$,.... La hauteur d'ascension du centre de gravité des masses rendues libres sera par conséquent :

$$\frac{m\dfrac{(rv)^2}{2g} + m'\dfrac{(r'v)^2}{2g} + m''\dfrac{(r''v)^2}{2g} + \dots}{m + m' + m'' + \dots} = \frac{v^2}{2g}\,\frac{\Sigma mr^2}{\Sigma m}.$$

Le principe fondamental de Huyghens donne

$$k\,\frac{\Sigma mr}{\Sigma m} = \frac{v^2}{2g}\,\frac{\Sigma mr^2}{\Sigma m}. \qquad\qquad a)$$

Cette équation lie la hauteur de chute k à la vitesse v. Puisque tous les
mouvements pendulaires de même écartement sont phoronomiquement
semblables, il s'ensuit que le mouvement étudié est entièrement déterminé.

Pour trouver la longueur du pendule simple dont l'oscillation se fait dans le même temps que celle du pendule composé proposé, remarquons qu'entre sa hauteur de chute et sa vitesse il doit exister la même relation que dans le cas de la chute libre. Soit y la longueur de ce pendule, sa hauteur de chute est ky et sa vitesse vy, on a :

$$\frac{(vy)^2}{2g} = ky,$$

ou

$$y \cdot \frac{v^2}{2g} = k ; \qquad b)$$

en multipliant membre à membre les équations $a)$ et $b)$ il vient :

$$y = \frac{\Sigma m r^2}{\Sigma m r}.$$

On peut aussi se servir de la similitude phoronomique et procéder comme suit : $a)$ donne

$$v = \sqrt{2gk}\sqrt{\frac{\Sigma m r}{\Sigma m r^2}}.$$

Le pendule simple de longueur 1, a, dans les circonstances présentes, la vitesse

$$v_1 = \sqrt{2gk}.$$

Soit T la durée d'oscillation du pendule composé ; celle du pendule simple de longueur 1 est $T_1 = \pi\sqrt{\frac{1}{g}}$, et l'on trouve, dans l'hypothèse des écartements égaux où nous sommes placés :

$$\frac{T_1}{T} = \frac{v_1}{v},$$

d'où

$$T = \pi\sqrt{\frac{\Sigma m r^2}{g \Sigma m r}}.$$

20. — On découvre sans peine que le principe fondamental posé par Huyghens consiste dans la reconnaissance du *travail comme déterminante de la vitesse* ou plus exactement *comme déterminante de la force vive*. On appelle force vive d'un système de masse m, m', m'',..., animées des vitesses respectives v, v', v'',..., la somme

$$\frac{mv^2}{2} + \frac{m'v'^2}{2} + \frac{m''v''^2}{2} + \ldots$$

Le principe fondamental de Huyghens est identique au principe des forces vives et les additions qu'y apportèrent plus tard les autres chercheurs en intéressent bien moins le fond que la forme.

Considérons un système tout à fait quelconque de poids p, p', p'',... liés entre eux ou non, tombant de hauteurs h, h', h'',... et acquérant ainsi des vitesses v, v', v''... ; le principe de Huyghens, exprimant l'égalité de la *hauteur de chute* et de la *hauteur d'ascension* du centre de gravité, fournit l'équation

$$\frac{ph + p'h' + p''h'' + \ldots}{p + p' + p'' + \ldots} = \frac{p\frac{v^2}{2g} + p'\frac{v'^2}{2g} + p''\frac{v''^2}{2g} + \ldots}{p + p' + p'' + \ldots},$$

ou

$$\Sigma ph = \frac{1}{g} \Sigma \frac{pv^2}{2}.$$

Une fois en possession du concept « masse », qui manquait encore à Huyghens, on peut remplacer le rapport $\frac{p}{g}$ par la masse m et l'on obtient

$$\Sigma ph = \frac{1}{2} \Sigma mv^2,$$

équation que l'on peut très aisément généraliser pour le cas de forces variables.

21. — Le théorème des forces vives permet de déterminer la durée des oscillations infiniment petites d'un pendule quelconque. Abaissons,

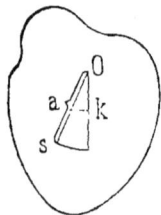

Fig. 65.

du centre de gravité S du corps, une normale à l'axe de rotation et fixons sur celle-ci le point qui se trouve à l'unité de distance de l'axe ; appelons k la hauteur verticale dont est tombé ce point au moment où il passe par sa position d'équilibre et v la vitesse qu'il possède alors. Le travail effectué pendant la chute est déterminé par le mouvement du centre de gravité ; nous avons donc :

travail effectué pendant la chute = force vive,

$$akg\mathrm{M} = \frac{v^2}{2} \Sigma mr^2,$$

M étant la masse totale du corps. Dans cette formule nous faisons un usage anticipé de l'expression de la force vive. En raisonnant comme nous l'avons fait dans le cas précédent, nous aurons :

$$\mathrm{T} = \pi \sqrt{\frac{\Sigma mr^2}{ag\mathrm{M}}}.$$

22. — Nous voyons donc que la durée de l'oscillation infiniment petite d'un pendule dépend de deux facteurs : la valeur de l'expression Σmr^2 qu'Euler a appelée *moment d'inertie* et que Huyghens emploie sans lui donner de nom particulier, et la valeur de agM. Cette dernière expression, que pour la brièveté nous appellerons *moment statique*, est le produit aP du poids du pendule par la distance du centre de gravité à l'axe de rotation. La connaissance de ces deux valeurs détermine la longueur du pendule simple de même durée d'oscillation (isochrone) et la position du centre d'oscillation.

Pour calculer la longueur de ce pendule simple isochrome, Huyghens ne possédait pas de méthodes analytiques qui ne furent découvertes que plus tard. Il employa un procédé géométrique vraiment ingénieux dont nous donnerons quelques exemples. Proposons-nous de déterminer la durée d'oscillation d'un rectangle matériel pesant ABCD, oscillant

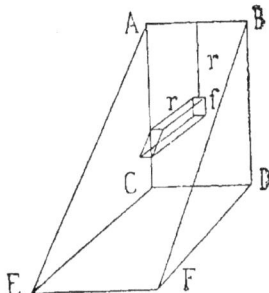

Fig. 68.

autour de l'axe AB. Partageons le en petits éléments de surface f, f', f'',... situés aux distances r, r', r''... de l'axe. La longueur du pendule simple isochrone — égale à la distance du centre d'oscillation à l'axe, — est donnée par la formule

$$\frac{fr^2 + f'r'^2 + f''r''^2 + \dots}{fr + f'r' + f''r'' + \dots}.$$

Aux points C et D élevons CE et DF perpendiculaires sur ABCD, telles que $CE = DF = AC = BD$, et construisons ainsi le prisme homogène ABCDEF. Cherchons la distance du centre de gravité de ce prisme au plan mené par AB parallèlement à CDEF. Nous devons pour cela considérer les colonnes minces fr, $f'r'$, $f''r''$..., et leurs distances r, r', r'',... à ce plan ; la distance cherchée est donnée par l'expression :

$$\frac{fr \cdot r + f'r' \cdot r' + f''r'' \cdot r'' + \dots}{fr + f'r' + f''r'' + \dots}.$$

On retrouve donc la formule précédente. Le centre d'oscillation du rectangle et le centre de gravité du prisme sont donc situés à la même distance : $\frac{2}{3}$ AC.

Dans cet ordre d'idées on reconnaît sans peine l'exactitude des propositions suivantes : Pour un rectangle homogène de hauteur h, oscillant autour de sa base supérieure, le centre de gravité est à la distance

$\frac{h}{2}$ de l'axe et le centre d'oscillation à la distance $\frac{2h}{3}$. Pour un triangle homogène de hauteur h, dont l'axe de rotation passe par le sommet et est parallèle à la base, les distances à l'axe des centres de gravité et d'oscillation sont respectivement $\frac{2}{3}h$ et $\frac{3}{4}h$. En appelant Δ_1, Δ_2 les moments d'inertie et M_1, M_2 les masses du rectangle et du triangle on trouve :

$$\frac{2}{3}h = \frac{\Delta_1}{\frac{h}{2}M_1}, \qquad \frac{3}{4}h = \frac{\Delta_2}{\frac{2}{3}hM_2},$$

d'où

$$\Delta_1 = \frac{h^2 M_1}{3}, \qquad \Delta = \frac{h^2 M_2}{2}.$$

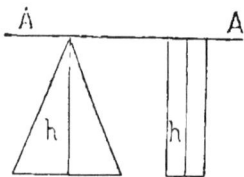 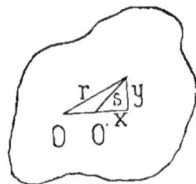

Fig. 69.   Fig. 70.

Ce procédé géométrique très élégant permet de résoudre nombre d'autres problèmes de ce genre, que l'on traite aujourd'hui d'une façon routinière mais sans contredit beaucoup plus commode.

23. — Huyghens se servit aussi, mais sous une forme un peu différente, du théorème suivant relatif aux moments d'inertie. Soit O le centre de gravité d'un corps quelconque (fig. 70) : choisissons-le pour origine d'un système d'axes coordonnés rectangulaires et supposons connu le moment d'inertie par rapport à l'axe des z. En appelant m un élément de masse et r sa distance à cet axe, ce moment d'inertie est :

$$\Delta = \Sigma m r^2.$$

Déplaçons l'axe de rotation, parallèlement à lui-même, d'une longueur a suivant l'axe x; soit O' sa nouvelle position. La distance r de l'élément de masse à l'axe devient ρ et le nouveau moment d'inertie est :

$$\Theta = \Sigma m \rho^2 = \Sigma m \left[(x - a)^2 + y^2 \right],$$
$$= \Sigma m (x^2 + y^2) - 2a \Sigma m x + a^2 \Sigma m,$$

or $\Sigma m (x^2 + y^2) = \Sigma m r^2 = \Delta$ et les propriétés du centre de gravité

donnent $\Sigma mx = 0$; d'autre part $\Sigma m = M$ est la masse totale du corps ;
par conséquent :

$$\Theta = \Delta + a^2 M.$$

Cette formule permet donc de calculer aisément le moment d'inertie
par rapport à un axe quelconque, étant donné le moment d'inertie par
rapport à une axe passant par le centre de gravité et *parallèle* au premier.

24. — Ce théorème conduit à une proposition importante. La distance du centre d'oscillation est donnée par

$$l = \frac{\Delta + a^2 M}{aM},$$

Δ, M et a conservant leurs significations précédentes. Les valeurs Δ et
M sont invariables pour un corps donné ; il s'en suit que l est constant
tant que a ne varie pas. Donc le pendule composé formé par un corps
oscillant autour d'un axe a la même durée d'oscillation pour tous les
axes *parallèles situés à la même distance* du centre de gravité. En posant
$\frac{\Delta}{M} = \varkappa$, il vient :

$$l = \frac{\varkappa}{a} + a,$$

l et a sont respectivement les distances à l'axe du centre d'oscillation et
du centre de gravité. On voit donc que le centre d'oscillation est
toujours plus loin de l'axe que le centre de gravité et que l'excès de sa
distance à l'axe sur celle du centre de gravité est $\frac{\varkappa}{a}$, qui représente donc
la distance de ces deux points. Menons par le centre d'oscillation un
axe parallèle à l'axe primitif. Choisissons-le pour nouvel axe de rotation ; la longueur l' du pendule composé nouveau ainsi formé s'obtiendra en remplaçant a par $\frac{\varkappa}{a}$ dans la formule précédente, ce qui donne

$$l' = \frac{\varkappa}{\frac{\varkappa}{a}} + \frac{\varkappa}{a} = a + \frac{\varkappa}{a} = l.$$

La durée d'oscillation est donc la même pour un axe parallèle mené
par le centre d'oscillation et, par conséquent, pour tout axe parallèle dont la distance au centre de gravité est égale à la distance $\frac{\varkappa}{a}$
du centre d'oscillation.

L'ensemble de tous les axes parallèles donnant la même durée d'oscillation et situés, par conséquent, aux distances a ou $\dfrac{x}{a}$ du centre de gravité forme donc deux cylindres coaxiaux. La durée d'oscillation est la même, quelle que soit la génératrice de ces cylindres que l'on prenne pour axe de rotation.

25. — Nous donnerons à ces deux cylindres le nom de cylindres des axes. Pour établir les relations qui existent entre eux, on peut procéder comme suit. Posons $\Delta = k^2 M$, il vient

$$l = \frac{k^2}{a} + a.$$

En cherchant la valeur de a qui correspond à une valeur donnée de l, c'est-à-dire à une durée d'oscillation donnée, il vient :

$$a = \frac{l}{2} \mp \sqrt{\frac{l^2}{4} - k^2}.$$

Donc, en général, *deux* valeurs de a correspondent à *une* valeur de l. Mais si

$$\sqrt{\frac{l^2}{4} - k^2} = 0, \qquad \text{c'est-à-dire} \qquad l = 2k,$$

ces deux valeurs coïncident et deviennent $a = k$.

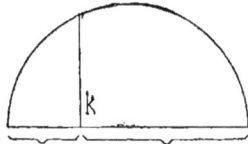
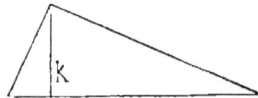

Fig. 71.   Fig. 72.

Appelons α et β les deux valeurs de a correspondant à une valeur de l, nous aurons :

$$l = \frac{k^2 + \alpha^2}{\alpha} = \frac{k^2 + \beta^2}{\beta},$$

d'où

$$\beta(k^2 + \alpha^2) = \alpha(k^2 + \beta^2),$$
$$k^2(\beta - \alpha) = \alpha\beta(\beta - \alpha),$$
$$k^2 = \alpha\beta.$$

Supposons que l'on connaisse dans un corps *deux* axes parallèles, donnant la même durée d'oscillation et situés à des distances inégales α et β du centre de gravité, — ceci aura lieu lorsque l'on connaîtra le centre d'oscillation correspondant à *un* axe de suspension quelconque. — la formule précédente nous permet alors de construire k ; il suffit de porter α et β bout à bout et de décrire sur leur somme, une demi-circonférence, dont l'ordonnée, correspondante à l'extrémité commune de α et β, est égale à k (fig. 71). Inversement, si k est donné, on pourra obtenir pour toute valeur donnée λ de *a* une autre valeur μ qui donne la même durée d'oscillation en construisant un triangle rectangle de côtés λ et k ; la perpendiculaire élevée sur l'hypothénuse à l'extrémité du côté k détermine le segment μ sur le prolongement de λ.

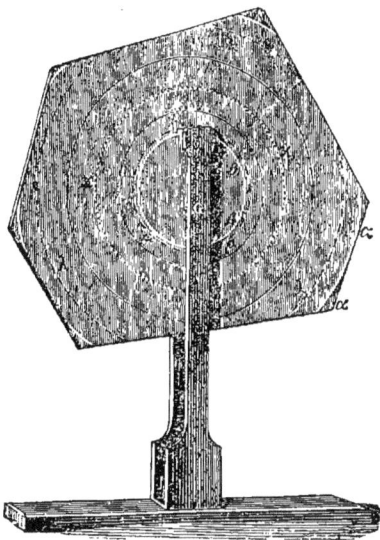

Fig. 73.

Considérons un corps quelconque, de centre de gravité O situé dans le plan du dessin (fig. 73). Faisons-le osciller autour de tous les axes perpendiculaires à ce plan. Pour ce qui a rapport à la durée d'oscillation, tous les axes qui ont leurs pieds sur l'une ou l'autre des circonférences α et β sont interchangeables entre eux. Si l'on substitue à α une circonférence plus petite λ, on doit remplacer β par une circonférence plus grande μ et, si α diminue de plus en plus, les deux circonférences finissent par se confondre en une seule de rayon k.

26. — Ce n'est pas sans raisons que nous avons tant appuyé sur ces problèmes particuliers. Ils mettent tout d'abord bien en lumière la

richesse des résultats de Huyghens, car tous ceux que nous avons
donnés ici sont contenus dans ses écrits, quoique sous une forme un
peu différente, et ceux qui n'y sont pas expressément s'y trouvent sous
une forme si voisine que l'on peut les compléter sans la moindre difficulté. Bien peu de ces résultats se trouvent dans les traités élémentaires
modernes ; un de ceux que l'on y rencontre est la réversibilité des
centres de suspension et d'oscillation, mais la façon dont il est ordinairement présenté n'épuise point le sujet. Kater s'est servi de ce résultat
pour la détermination précise de la longueur du pendule à secondes.

Les considérations précédentes nous ont été utiles aussi en ce qu'elles
ont éclairci la notion du « moment d'inertie ». Cette notion ne conduit
à aucun aperçu de principe que l'on ne puisse acquérir sans elle, mais
elle *épargne* la considération individuelle de chacune des masses du
système et permet d'en disposer une fois pour toutes. Elle conduit donc
ainsi à une solution plus rapide et plus commode et a, par conséquent,
une importance dans l'économie de la mécanique. Après des essais
moins heureux d'Euler et de Segner, Poinsot a beaucoup développé ces
idées et y a apporté de nouvelles simplifications, par l'emploi de son ellipsoïde et de son ellipsoïde central d'inertie.

27. — Les recherches de Huyghens sur les propriétés géométriques
et mécaniques de la cycloïde sont de moindre importance. Huyghens
réalisa par le pendule cycloïdal l'isochronisme des oscillations, non plus
approché, mais rigoureux, pour des oscillations d'amplitude quelconque. Ce pendule est aujourd'hui sans utilité pratique. Nous ne nous
occuperons donc pas davantage de ces études, quelle que soit d'ailleurs
leur beauté géométrique.

Quelque grands que soient les mérites de Huyghens dans les théories physiques les plus différentes, dans l'art de l'horloger, dans la
dioptrique pratique et surtout dans la mécanique, son *chef-d'œuvre*,
celui qui demanda la plus grande énergie intellectuelle et qui eut aussi
les conséquences les plus importantes, reste l'énoncé du principe par
lequel il résolut le problème du centre d'oscillation. Ce fut justement
ce principe qui ne fut pas apprécié à sa valeur par les vues peu perspi-
caces de ses contemporains et même encore longtemps après. Nous
avons montré qu'il est équivalent au principe de la force vive et nous
pensons l'avoir ainsi présenté sous son véritable jour.

28. — Il est impossible de parler ici des importants travaux de
Huyghens dans le domaine de la physique. Nous en citerons seulement
quelques-uns. Il est le créateur de la théorie vibratoire de la lumière,
qui l'a enfin emporté sur la théorie newtonienne de l'émission. Son at-

tention se tourna vers les côtés des phénomènes lumineux qui avaient échappé à Newton. En physique, il fut un ardent partisan de l'idée cartésienne du mécanisme universel, sans pourtant fermer les yeux sur ses défauts qu'il critiqua plus d'une fois d'une façon catégorique et rigoureuse. Ses préférences pour les explications purement mécaniques firent de lui un adversaire des actions à distance affirmées par l'école de Newton ; il les remplaçait volontiers par des pressions et des chocs, c'est-à-dire par des actions au contact. Dans cette controverse il émit certaines idées nouvelles, comme celle d'un flux magnétique, qui resta sans écho à cause de la grande influence de Newton, mais qui, grâce à l'impartialité de Faraday et de Maxwell, a été dans ces derniers temps apprécié à sa valeur. Huyghens fut en outre un grand géomètre et un grand mathématicien et, dans est ordre d'idées, il est nécessaire de citer sa théorie des jeux de hasard. Ses observations astronomiques et ses travaux dans la dioptrique théorique et pratique ont fait avancer considérablement ces sciences. Comme technicien, il est l'inventeur d'une machine à poudre dont l'idée a été pratiquement réalisée dans nos moteurs à gaz modernes. En physiologie, il pressentit la théorie de l'accommodation par déformation du cristallin. Tout cela peut à peine être indiqué ici. Le génie de Huyghens se révèle davantage à mesure que ses travaux viennent successivement au jour, dans la collection de ses œuvres complètes ([1]). Dans une courte notice, imprégnée d'une pieuse vénération, J. Bosscha a donné un aperçu de l'ensemble de ses travaux (cf. J. Bosscha : *Christian Huyghens* ; *Discours prononcé au* 200ᵉ *anniversaire de sa mort*, 1895).

([1]) CHRISTIAN HUYGHENS. — *OEuvres complètes*, publiées par la société hollandaise des sciences, Haarlem, 1888.

NOTE V

SUR LES ORIGINES DE LA STATIQUE

L'histoire de la *Statique* vient d'être complètement renouvelée par
P. Duhem dans l'ouvrage qu'il vient de publier sur les origines de la
Statique.

Nous croyons devoir reproduire la préface de cet important ouvrage.

Avant d'entreprendre l'étude des origines de la *Statique*, nous avions
lu les écrits, peu nombreux, qui traitent de l'histoire de cette science ;
il nous avait été facile de reconnaître qu'ils étaient, la plupart du
temps, bien sommaires et bien peu détaillés ; mais nous n'avions
aucune raison de supposer qu'ils ne fussent pas exacts, au moins dans
les grandes lignes. En reprenant donc l'étude des textes qu'ils mention-
naient, nous prévoyions qu'il nous faudrait ajouter ou modifier bien
des détails, mais rien ne nous laissait soupçonner que l'ensemble
même de l'histoire de la *Statique* pût être bouleversé par nos
recherches.

Ces recherches nous avaient amené, de prime abord, à quelques
remarques imprévues ; elles nous avaient prouvé que l'œuvre de
Léonard de Vinci, si riche en idées mécaniques nouvelles, n'était point,
comme on le supposait communément, demeurée inconnue des
géomètres de la Renaissance ; qu'elle avait été exploitée par maint
savant du xvi⁰ siècle, en particulier par Cardan et par Benedetti ;
qu'elle avait fourni à Cardan ses vues si profondes sur la puissance
motrice des machines et sur l'impossibilité du mouvement perpétuel.
Mais, à partir de Léonard et de Cardan jusqu'à Descartes et à
Torricelli, nous avions pu suivre le développement de la *Statique* sans
que la marche de ce développement nous eût semblé essentiellement
différente de celle qu'on lui attribuait communément.

Nous avions commencé à retracer ce développement en les pages
hospitalières de la Revue des questions scientifiques, lorsque la
lecture de Tartaglia, dont aucune histoire de la *Statique* ne prononce

même le nom, vint inopinément nous montrer que l'œuvre déjà amorcée devait être reprise sur un plan entièrement nouveau.

Tartaglia, en effet, bien avant Stevin et Galilée, avait déterminé la pesanteur apparente d'un corps posé sur un plan incliné ; il avait très correctement tiré cette loi du principe dont Descartes devait plus tard affirmer l'entière généralité. Mais cette belle découverte, dont aucun historien de la Mécanique ne faisait mention, n'était pas le fait de Tartaglia ; elle était, dans son œuvre, un impudent plagiat ; Ferrari le lui reprochait durement et revendiquait cette invention pour un géomètre du XIIIe siècle, pour Jordanus Nemorarius.

Deux traités avaient été publiés, au XVIe siècle, comme représentant la *Statique* de Jordanus ; mais ces deux traités étaient si différents, ils se contredisaient parfois si formellement, qu'ils ne pouvaient être l'œuvre d'un même auteur. Si nous voulions connaître exactement ce que la Mécanique devait à Jordanus et à ses disciples, il nous fallait recourir aux sources contemporaines, aux manuscrits.

Force nous fut donc de dépouiller tous les manuscrits relatifs à la *Statique* que nous avons pu découvrir à la Bibliothèque Nationale et à la Bibliothèque Mazarine. Ce dépouillement laborieux, pour lequel M. E. Bouvy, Bibliothécaire de l'Université de Bordeaux, voulut bien nous aider de ses conseils très compétents, nous a conduit à une conséquence absolument imprévue.

Non seulement le moyen âge occidental avait reçu, soit directement, soit par l'intermédiaire des Arabes, la tradition de certaines théories helléniques relatives au levier et à la balance romaine, mais encore sa propre activité intellectuelle avait engendré une *Statique* autonome, insoupçonnée de l'Antiquité. Dès le début du XIIIe siècle, peut-être même avant ce temps, Jordanus de Nemore avait démontré la loi du levier en partant de ce postulat : Il faut même puissance pour élever des poids différents, lorsque les poids sont en raison inverse des hauteurs qu'ils franchissent.

L'idée dont le premier germe se trouvait dans le traité de Jordanus avait grandi, suivant un développement continu, au travers des écrits des disciples de Jordanus, de Léonard de Vinci, de Cardan, de Roberval, de Descartes, de Wallis, pour atteindre sa forme achevée dans la lettre de Jean Bernoulli à Varignon, dans la *Mécanique Analytique* de Lagrange, dans l'œuvre de Willard Gibbs. La Science dont nous sommes aujourd'hui si légitimement fiers dérivait, par une évolution dont il nous était donné de marquer les phases graduelles, de la Science qui naquit vers l'an 1200.

Ce n'est point seulement par les doctrines de l'École de Jordanus que la Mécanique du moyen âge a contribué à la formation de la

Mécanique Moderne. Au milieu du xiv⁰ siècle, l'un des docteurs qui honoraient le plus la brillante École nominaliste de la Sorbonne, Albert de Saxe, inaugurait une théorie du centre de gravité qui devait avoir la plus grande vogue et la plus durable influence. Impudemment plagiée au xv⁰ siècle et au xvi⁰ siècle par une foule de géomètres et de physiciens qui la reproduisaient sans en nommer l'auteur, cette théorie florissait encore en plein xvii⁰ siècle ; à qui l'ignore, plus d'une controverse scientifique, ardemment débattue à cette époque, demeure incompréhensible. De cette théorie d'Albert de Saxe est issu, par une filiation qui n'a point subi d'interruption, le principe de *Statique* énoncé par Torricelli.

L'étude des origines de la *Statique* nous a conduit ainsi à une conclusion ; au fur et à mesure que nous avons poussé nos recherches historiques plus avant et en des directions plus variées, cette conclusion s'est imposée à notre esprit avec une force croissante ; aussi oserons-nous la formuler dans sa pleine généralité : La science mécanique et physique dont s'enorgueillissent à bon droit les temps modernes découle, par une suite ininterrompue de perfectionnements à peine sensibles, des doctrines professées au sein des écoles du moyen âge ; les prétendues révolutions intellectuelles n'ont été, le plus souvent, que des évolutions lentes et longuement préparées ; les soi-disant renaissances que des réactions fréquemment injustes et stériles ; le respect de la tradition est une condition essentielle du progrès scientifique.

TABLE DES MATIÈRES

CHAPITRE PREMIER

LES MATHÉMATIQUES CHEZ LES ÉGYPTIENS ET LES PHÉNICIENS

PREMIÈRE PÉRIODE

LES MATHÉMATIQUES SOUS L'INFLUENCE DE LA CIVILISATION GRECQUE

*Cette période commence avec l'enseignement de Thalès, environ 600 avant
J.-C. et prend fin avec la prise d'Alexandrie par les Mahométans, ou vers
641 après J.-C. Cette période se distingue par le développement de la
géométrie.*

CHAPITRE II

LES ÉCOLES IONIENNE ET PYTHAGORICIENNE (D'ENVIRON — 600 A — 400)

CHAPITRE III

LES ÉCOLES D'ATHÈNES ET DE CNIDE VERS — 420 A — 300

CHAPITRE IV

LA PREMIÈRE ÉCOLE D'ALEXANDRIE D'ENVIRON — 300 A — 30

CHAPITRE V

SECONDE ÉCOLE D'ALEXANDRIE DE 30 AVANT J.-C. A 641 APRÈS J.-C.

CHAPITRE VI

L'ÉCOLE BYZANTINE 641 A 1453

CHAPITRE VII

SYSTÈMES DE NUMÉRATION ET ARITHMÉTIQUE PRIMITIVE

SECONDE PÉRIODE

LES MATHÉMATIQUES AU MOYEN-AGE ET PENDANT LA RENAISSANCE

Cette période qui commence vers le sixième siècle peut être considérée comme prenant fin avec l'invention de la géométrie analytique et du calcul infinitésimal. Elle est essentiellement caractérisée par la création ou le développement de l'arithmétique moderne, de l'Algèbre et de la trigonométrie.

CHAPITRE VIII

LA NAISSANCE DE L'ENSEIGNEMENT DANS L'EUROPE OCCIDENTALE DE 600 A 1200

CHAPITRE IX

LES MATHÉMATIQUES CHEZ LES ARABES

CHAPITRE X

INTRODUCTION EN EUROPE DE LA SCIENCE ARABE ENVIRON 1150-1450

CHAPITRE XI

DÉVELOPPEMENT DE L'ARITHMÉTIQUE ENVIRON 1300-1637

CHAPITRE XII

LES MATHÉMATIQUES PENDANT LA RENAISSANCE, ENVIRON 1450-1637

CHAPITRE XIII

FIN DE LA RENAISSANCE, ENVIRON 1586-1637

TROISIÈME PÉRIODE

LES MATHÉMATIQUES MODERNES

Cette période commence avec l'invention de la géométrie analytique et du calcul infinitésimal. Les mathématiques sont bien plus complexes que dans les deux périodes précédentes, mais durant les dix-septième et dix-huitième siècles on peut les considérer généralement comme caractérisées par le développement de l'analyse et par ses applications aux phénomènes de la nature.

CHAPITRE XIV

L'HISTOIRE DES MATHÉMATIQUES MODERNES

CHAPITRE XV

HISTOIRE DES MATHÉMATIQUES DE DESCARTES A HUYGENS (1635-1675) ENVIRON

————

NOTES

—

SAINT-AMAND (CHER). — IMPRIMERIE BUSSIÈRE

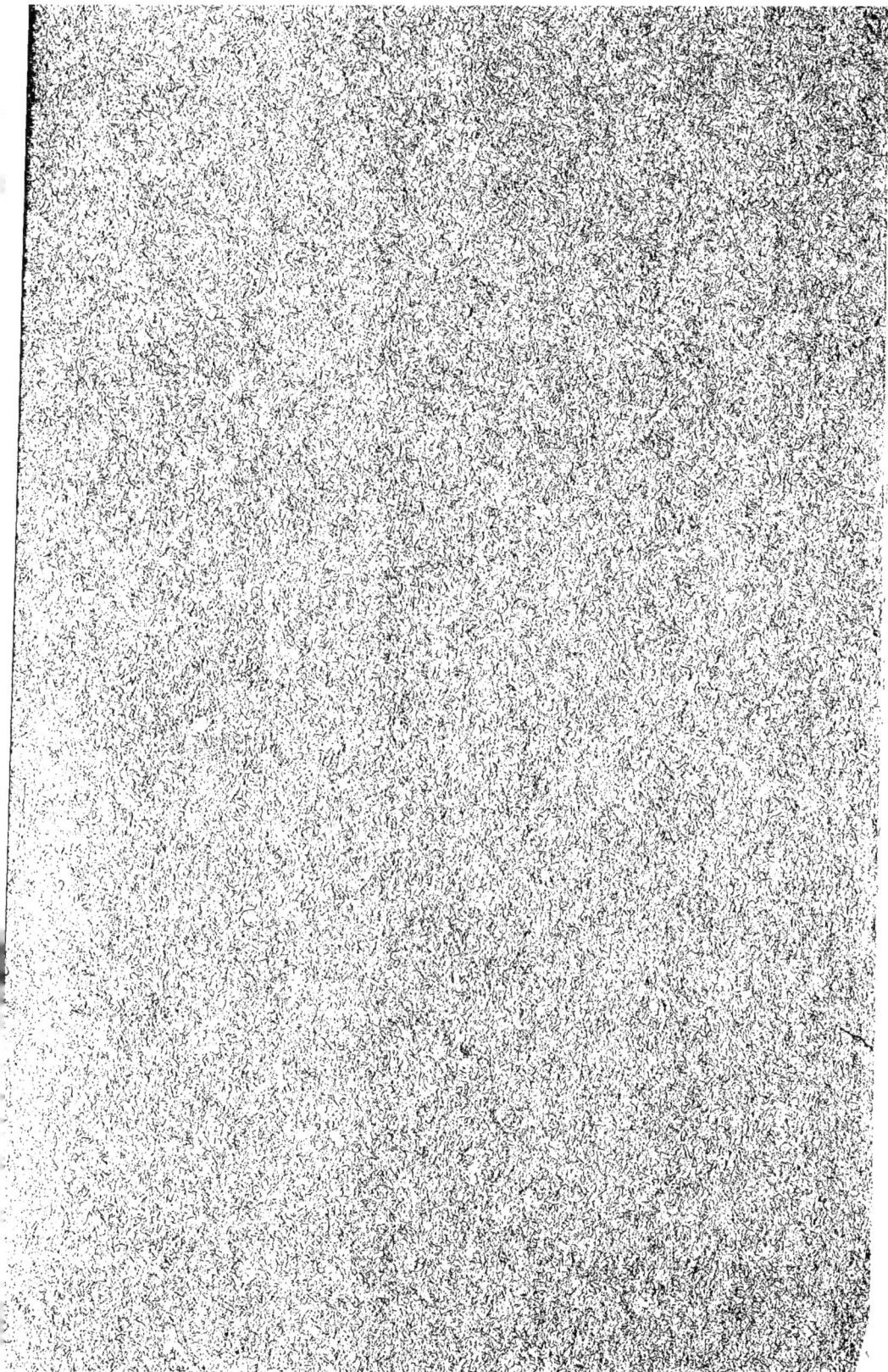

www.ingramcontent.com/pod-product-compliance
Lightning Source LLC
Chambersburg PA
CBHW060946220326
41599CB00023B/3610